Elektromagnetische Verträglichkeit in der Praxis

Dieter Stotz

Elektromagnetische Verträglichkeit in der Praxis

Design-Analyse – Interpretation der Normen – Bewertung der Prüfergebnisse

3. Auflage

Dieter Stotz
Babenhausen/Bayern, Deutschland

ISBN 978-3-662-62220-9 ISBN 978-3-662-62221-6 (eBook)
https://doi.org/10.1007/978-3-662-62221-6

Die Deutsche Nationalbibliothek verzeichnet diese Publikation in der Deutschen Nationalbibliografie; detaillierte bibliografische Daten sind im Internet über http://dnb.d-nb.de abrufbar.

Springer Vieweg

Springer Vieweg ist ein Imprint der eingetragenen Gesellschaft Springer-Verlag GmbH, DE und ist ein Teil von Springer Nature.
Die Anschrift der Gesellschaft ist: Heidelberger Platz 3, 14197 Berlin, Germany

Meiner Frau Karin Smiley gewidmet

Zum Gedenken an meinen Vater

Vorwort zur ersten Auflage

Elektromagnetische Verträglichkeit (EMV) hat heute nicht mehr den Status eines Kunstwortes. Es ist vielmehr allgegenwärtig – allerdings häufig sehr zum Leidwesen der Firmen. Denn die Einhaltung der Richtlinien und Gesetze ist formal betrachtet nicht gewinnbringend, sondern erst einmal mit enormen Kosten verbunden. Die fatale Konsequenz daraus ist oftmals die Vernachlässigung der EMV bei der Entwicklung von Produkten. Spätestens beim Einsatz im Feld respektive beim Kunden wirken sich derartige Mankos kostenintensiv aus – manche dadurch notwendig gewordenen Rückholaktionen können gar die Existenz der Herstellerfirma gefährden. Zumindest geht ein enormer Image-Schaden mit einem solchen Vorfall einher, und dieser Schaden äußert sich früher oder später stets negativ in den Umsatzzahlen.

Die Einhaltung der EMV-Richtlinie hat natürlich nicht nur eine rechtliche Motivation, sondern auch eine technische. Letztlich soll ja eine Steigerung der Zuverlässigkeit erzielt werden – und dies im Zusammenspiel mit anderen, möglicherweise unbekannten Komponenten. Der technische Fortschritt bringt leider selten Erleichterung bezüglich der Forderungen an Störfestigkeit oder Störaussendungspotenzial.

Bereits Ende der 80er-Jahre wurde von der Europäischen Gemeinschaft eine offizielle Richtlinie (die EMV-Richtlinie) aufgestellt. Das Ziel war eine Harmonisierung zwischen unterschiedlichen Forderungen einzelner Länder.

Der Leser wird intuitiv mit dem Thema vertraut gemacht. Bereits während der Entwicklungsphase bietet das Buch als Nachschlagewerk Hilfe für Fragen zum Design. Doch auch dann, wenn bereits Probleme aufgetaucht sind, wird man hier eine strukturierte Hilfe finden. Somit ist auch nach einem Störfall noch Rettung in Sicht.

Bei der Verfassung und Aufbereitung kam es mir vor allem darauf an, dem Leser den Praxisbezug des Stoffes zu vermitteln. Somit liegt der Schwerpunkt nicht auf der detaillierten mathematischen Beschreibung, sondern auf der Anschauung. Der Leser soll ein Gespür für EMV und die einhergehenden Wellen- und Feldeffekte bekommen, sodass das Einschätzen von Problemen und passender Lösungen möglich wird. Dieser Praxisbezug geht sogar so weit, dass der ambitionierte Leser durchaus eigene Hilfsmittel für EMV-Messungen wird herstellen können. Die Begleitung in ein EMV-Testhaus erfolgt nach der Lektüre mit einem gesteigerten Kritikbewusstsein, sodass das EMV-Personal nicht nur einen Kunden vor sich sieht, sondern einen kompetenten Partner, der in der EMV-Problematik mitreden kann. Auf diese Weise ist auch gewährleistet, dass Tipps zur Verbesserung besser verstanden und umgesetzt werden können.

Das Vakuum zwischen Firmenkundschaft und EMV-Firmen muss verschwinden und mit Entwickler-Knowhow aufgefüllt werden, auf diese Weise wird sich die EMV-Struktur noch weiter verfeinern und an echten und realistischen Bedürfnissen ausrichten.

Schwerpunkte dieses Buches sind die Analyse von EMV-Problemen auf Simulationsebene und die Durchführung praktischer Messungen – jedoch nicht nur EMV-Messungen nach Norm.

Viele Entwickler empfinden häufig die Anwendung der korrekten, relevanten Normen als Unsicherheitsfaktor. Die richtige Interpretation der Norm ist dabei ebenso wichtig wie die Bewertung der Prüfergebnisse. Normen-Ausgaben ändern sich zwar, jedoch hat man hier auch einen Weg aufgezeigt, wie man an die richtige Norm kommt.

Wer eigenes Equipment anschaffen möchte, dem wird dieses Buch eine hilfreiche Stütze sein für den Einstieg, den adäquaten Betrieb der Messgeräte sowie den korrekten Messaufbau. Doch auch für Leser ohne teuren Messgerätepark gibt es in diesem Buch einige Tipps, wie mit einfachen Mitteln reproduzierbare Trendmessungen anzustellen sind.

Bei der Darlegung von komplexer und zum Teil etwas trockener Themen findet oft eine Auflockerung durch Praxisbezüge statt, die in eingerückter Sonderschrift erscheinen. Zum einen soll damit die Thematik etwas transparenter werden – außerdem spornt der beabsichtigte Aha-Effekt zum Weiterlesen an. Dem Leser mag vielleicht die Aufteilung der Kapitel etwas ungewöhnlich erscheinen – es war jedoch durchaus beabsichtigt, nicht nur an Themen orientiert zu strukturieren, sondern daran, welche Voraussetzungen beim individuellen Leser bestehen (z. B. will er nur Grundlagen zu EMV-Messungen erwerben oder möchte er mit geringstem Aufwand Eigenmessungen durchführen, hat er gar spezifische Probleme mit seinem Mikrocontroller-Konzept?).

Das Gesamtwerk ist unterteilt in zwei Teile: Grundlagen und Festlegungen einerseits und praktische Tipps und Vorgehensweisen andererseits. Diese Separation scheint sinnvoll, so kann sich der Leser orientieren an Gegebenheiten, Standards und Richtlinien, er kann aber auch seiner eigenen Inspiration folgen und Anregungen befolgen oder intuitive Grenzen überschreiten.

Das Literaturverzeichnis am Ende des Buches korrespondiert mit Stellen im Text, die am Ende von Absätzen durch [nn] bezeichnet sind. Dabei handelt es sich teils um Basisliteratur und teils um weiterführende Werke (da ja manche Details hier nur ein wenig tangiert werden).

Das Buch entstand unter Aufbringung großer Sorgfalt. Trotzdem sind natürlich Fehler oder Unklarheiten nicht ganz auszuschließen. Für die Aufdeckung von Sach- und Rechtschreibfehlern bzw. für die Darlegung von Verbesserungen sind Verlag und Autor dankbar.

Mein Dank gilt nachstehenden Personen und Firmen (in alphabetischer Reihenfolge), die mir mit ihren Bereitstellungen große Dienste geleistet haben. Natürlich habe ich auch nicht zuletzt dem Springer-Verlag zu danken, denn ohne ihn wäre es kaum möglich, solch qualitative Werke der Wissenschaft und Technik herzustellen.

- EM Software & Systems GmbH, Herr René Fiedler – Simulations-Programm *FEKO*
- EM Test GmbH
- Ing.-Büro FRIEDRICH – Layout-Programm *TARGET*
- Langer, EMV-Technik GmbH
- mikes-testingpartners gmbh
- Schwarzbeck Mess Elektronik OHG
- Tera Analysis – Simulations-Programm *Quickfield*

Babenhausen/Schwaben, Deutschland Dieter Stotz
August 2012

Vorwort zur zweiten, verbesserten und erweiterten Auflage

Mit wachsender Industrialisierung in puncto IoT (Internet of Things) und der damit zusammenhängenden Automatisierung und Sensorik sind die Anforderungen weiterhin gewachsen. Dies gilt sowohl in Bezug auf Störfestigkeit als auch auf Störaussendung. Sensoren werden immer empfindlicher, die Störkulisse immer hartnäckiger – da fällt es schwer, für Geräte einen sicheren und störungsfreien Betrieb zu gewährleisten. Hersteller von solchen Geräten müssen dies jedoch, und sie müssen dies sogar messtechnisch und dokumentarisch belegen können.

Die aktuelle Richtlinie 2014/30/EU (EMV-Richtlinie) hat sich in einem Punkt gegenüber der bisherigen Fassung 2004/108/EG markant geändert: Es ist vom Hersteller eine Risikoanalyse und -bewertung zu erstellen, die einer Überprüfungsbehörde ggf. vorzulegen sind. Es genügt demnach nicht mehr, die EMV-Konformität anhand von Prüfberichten zu belegen, sondern es sind weitreichende Mehrarbeiten an Dokumentation zu bewältigen. Wie eine solche Analyse auszusehen hat, darüber ist derzeit im Internet noch relativ wenig zu recherchieren. Ein Grund, dies zum Thema der Neuauflage dieses Buches zu erklären. Ein ganzes Unterkapitel wurde hierzu verfasst.

Ergänzungen bezüglich entwicklungsbegleitender Tests, Koppelmechanismen und Normenaktualisierungen sowie Diskussionen bei Nichterfüllung einer Prüfung erhielten ebenfalls besonderes Augenmerk.

Mein Dank gilt Tobias Kauer der *Fa. tobka Electronics*, der mir freundlicherweise einen Datenlogger zur Verfügung stellte und Anpassungen am Programm durchführte.

Dem Springer-Verlag habe ich zu danken, namentlich Frau Bromby, für die Lenkung des Organisatorischen und die hochqualitative Aufbereitung des Buches.

Babenhausen/Schwaben, Deutschland — Dieter Stotz
Januar 2019

Vorwort zur dritten, verbesserten und erweiterten Auflage

Es sind tatsächlich keinerlei neuen physikalischen Effekte zu erwarten, wenn die tägliche EMV-Testpraxis scheinbar neue, merkwürdig anmutende Symptome zutage treten lässt. Die hohe Kunst bei der Analyse von EMV-Problematiken ist jene, von spezifischen Erscheinungen auf deren Ursache zu schließen. Und die zugrunde liegenden Ursachen sind hier häufig alles andere als offensichtlich.

Um also primär merkwürdig erscheinende Symptome zu beurteilen, sind Erfahrungen mit neuen Fällen unerlässlich. Solche Fallstudien wurden in dieser vorliegenden Auflage aufgenommen. Weiterhin kam ein Bauvorschlag für einen Generator samt Vorerstärker mit in die Ergänzung, sodass kleinere Firmen für bestimmte Precompliance-Messungen keine teuren Geräte anschaffen müssen. Vieles von dem, was Unsicherheit erzeugt, könnte vermieden werden, wenn nicht unbekanntes Mess-Equipment nötig ist. Stattdessen ist der Einsatz selbstgebauter Geräte geeignet, nicht nur, um Geld zu sparen, sondern sich mit der Materie noch besser auseinanderzusetzen.

Ergänzt wurde das Buch ferner durch eine Kurzbeschreibung der Simulations-Software *Multisim* von National Instruments, das sich bestens zur Bauteile-Dimensionierung und auch zum Nachstellen von Störungsphänomenen eignet.

Wie immer danke ich dem Springer-Verlag für die reibungslose Zusammenarbeit, selbst in Zeiten der Corona-Krise.

Babenhausen/Schwaben, Deutschland
August 2020

Dieter Stotz

Inhaltsverzeichnis

Teil I Grundlagen und Festlegungen

Teil I

Grundlagen und Festlegungen

1 Grundlagen zur Messtechnik und Wellenausbreitung

Zusammenfassung

Im EMV-Bereich gehört Messtechnik zum unverzichtbaren Werkzeug bei der Arbeit mit den zu untersuchenden Geräten oder Komponenten. Ein Schwerpunkt bildet dabei das Messen und Bewerten von Pegeln. Deshalb liegt dort auch das Augenmerk bei den nachfolgenden Ausführungen. Gemeinsam mit den theoretischen Festlegungen sind ein paar Beispielrechnungen eine Einführung in die praktische Messtechnik.

Die Wellenausbreitung ist ein weiterer grundlegender Bereich. Alle theoretischen Grundlagen können wir hier jedoch nicht darlegen, lediglich solche zum Verständnis der Zusammenhänge im EMV-Bereich. Gerade für Einstrahlung und Abstrahlung sind Strukturen vorausgesetzt, die die Ursachen in einem klareren Licht erscheinen lassen können.

Da es in diesem Kapitel um allgemeine Fragen der Messung geht, ist ein kleiner Bereich dem Umgang mit Messmitteln gewidmet. Hier im Grundlagenkapitel sind diese Hilfestellungen ganz gut platziert, denn sie bilden das Bindeglied zu den Detailmessungen in den folgenden Kapiteln, die durch Handhabungstipps nicht allzu sehr gestört werden sollten.

1.1 Absolutpegel und Bezugsgrößen

Pegel sind Angaben zur Stärke eines Signals. Genauer gesagt, wird beim Pegel der Logarithmus eines Verhältnisses gebildet, welches sich aus der auszudrückenden Größe A zu einer Bezugsgröße A_0 ergibt. Da der Zehnerlogarithmus selbst keine Einheit hat, hat man zur Kennzeichnung des Pegelmaßes dennoch eine Pseudoeinheit angefügt, nämlich das *Bel*. Dies ist historisch bedingt und bezieht sich auf *A. G. Bell*.

D. Stotz, *Elektromagnetische Verträglichkeit in der Praxis*,
https://doi.org/10.1007/978-3-662-62221-6_1

$$a = \log \frac{A}{A_0} \tag{1.1}$$

Anfänglich waren bei jeglichen Pegelberechnungen hauptsächlich Leistungen beteiligt. Wenn die Bezugsgröße beispielsweise P_0 = 1mW ist, so hätte die Leistung P von 2 W folgenden Pegel in Bel:

$$\log \frac{P}{P_0} = \log \frac{2\ \mathrm{W}}{1\ \mathrm{mW}} \approx 3{,}3\ \mathrm{B(el)} \tag{1.2}$$

Da die Zahlenwerte für diese Rechnung etwas unhandlich schienen, entschied man sich dafür, mit dem zehnten Teil, dem *Dezibel*, zu rechnen. Für das obige Zahlenbeispiel ergibt sich dann:

$$10 \cdot \log \frac{P}{P_0} = 10 \cdot \log \frac{2\ \mathrm{W}}{1\ \mathrm{mW}} \approx 33\ \mathrm{dBm} \tag{1.3}$$

Das **m** in der Einheit **dBm** deutet darauf hin, dass die Bezugsgröße 1 mW ist. Neben der Leistung gibt es noch viele weitere Bezugsgrößen in der Elektrotechnik und Elektronik, nämlich Spannung und Strom. Um nun bei einer definierten Last von der Leistung auf die Spannung bzw. auf den Strom zu schließen, sind folgende Umrechnungsgleichungen erforderlich:

$$P = \frac{U^2}{R} = I^2 \cdot R \tag{1.4}$$

Setzt man den Term mit dem Spannungsquadrat von Gl. 1.4 in Gl. 1.3 ein, so ergibt sich:

$$10 \cdot \log \frac{\frac{U^2}{R}}{\frac{U_0^{\,2}}{R}} = 20 \cdot \log \frac{U}{U_0} \tag{1.5}$$

Der Exponent **2** bewirkt die Verdopplung des Logarithmus', aus der **10** wird die **20** als vorangestellter Faktor. Die Größe des Lastwiderstands fällt heraus, solange dieser beim Schritt von Leistungspegel nach Spannungspegel konstant bleibt.

Faktor 10 bedeutet für Spannungen und Ströme 20 dB, für Leistungen jedoch nur 10 dB. In Tab. 1.1 sind einige spezielle Werte dargestellt.

Für ein und dieselbe Situation – genauer gesagt für dieselbe Last (R) – ist es gleichgültig, ob man zur Berechnung des Pegels die Leistungswerte oder die Spannungswerte heranzieht. Lediglich bei Leistungspegeln beträgt der Skalierungsfaktor **10**, bei einfachen Größen wie Strom und Spannung beträgt er **20**, damit die Pegelmaße übereinstimmen.

Tab. 1.1 Spezielle Pegelwerte

Wert	Bezugsgröße	Bedingungen	Pegel
0,775 V	1 mW	Lastimpedanz 600 Ω	0 dBm
1 μV	1 mW	Lastimpedanz 50 Ω	−107 dBm
0,775 V	1 V	keine def. Last	−2,2 dBu
0,224 V	1 mW	Lastimpedanz 50 Ω	0 dBm
0,224 V	1 μV	Lastimpedanz 50 Ω	107 dBμV

Speziell in der EMV-Technik sind Pegelangaben vornehmlich für Feldstärken wichtig. Dabei unterscheidet man zwischen elektrischer E und magnetischer Feldstärke H. Bezugsgrößen sind hierbei μV/m und μA/m. Also:

$$\text{E-Feld-Pegel:} \quad a_E = 20 \cdot \log \frac{E}{E_0} = 20 \cdot \log \frac{E}{1\ \mu\text{V/m}} \left[\text{dB} \frac{\mu\text{V}}{\text{m}} \right] \tag{1.6}$$

$$\text{H-Feld-Pegel:} \quad a_H = 20 \cdot \log \frac{H}{H_0} = 20 \cdot \log \frac{H}{1\ \mu\text{A/m}} \left[\text{dB} \frac{\mu\text{A}}{\text{m}} \right] \tag{1.7}$$

1.2 RMS-Wert

Der RMS-Wert (RMS = **R**oot **M**ean **S**quare) einer Wechselspannung (auch Effektivwert genannt) entspricht derjenigen Gleichspannung, die an einem ohmschen Verbraucher dieselbe Leistung umsetzen würde wie im zeitlichen Mittel die Wechselspannung.

Somit ergibt sich der RMS-Wert aus der Wurzel des zeitlichen Mittels des Spannungsquadrates. Man betrachte hierzu Abb. 1.1.

Natürlich gibt es für Wechselströme oder Felder ebenfalls Effektivwerte. In Abschn. 1.8 weiter unten werden wir sehen, dass der Effektivwert zwar als Bewertung eines Störsignals wenig Bedeutung hat, allerdings beziehen sich alle Bewertungsarten auf diesen.

1.3 Relativpegel

Bei den im letzten Abschnitt erwähnten Absolutpegeln gibt es stets eine Bezugsgröße mit definiertem Wert. Stellt man dagegen zwei unabhängige Werte gegenüber, so ergibt sich ein relatives Pegelmaß dieser beiden zueinander. In diesem Falle steht nach der Pseudoeinheit dB keine weitere Deklaration. Beispielsweise sei vor einem Verstärker eine Spannung von U_1 = 1 V gemessen, am Verstärkerausgang seien U_2 = 10V vorhanden. Damit ergibt sich analog zu Gl. 1.5:

$$a_U = 20 \cdot \log \frac{U_2}{U_1} = 20 \cdot \log \frac{10\text{V}}{1\text{V}} = 20\ \text{dB} \tag{1.8}$$

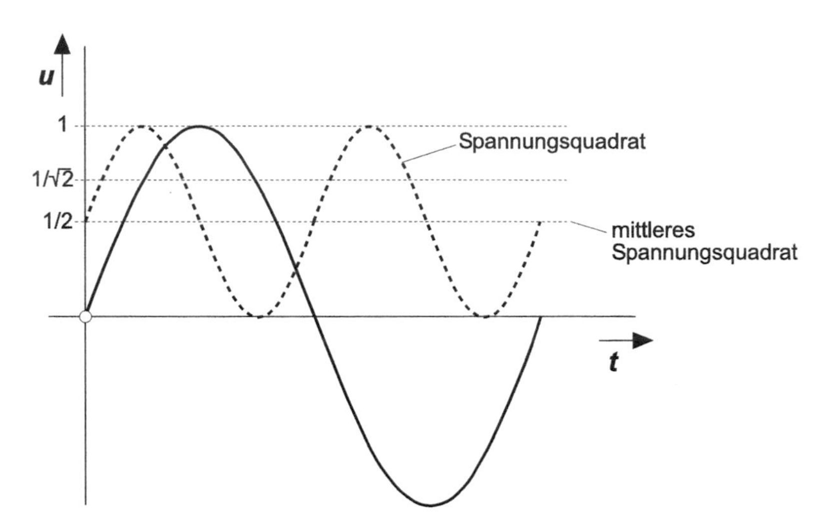

Abb. 1.1 Zur Herleitung des RMS-Wertes. Er ist abgeleitet vom mittleren Leistungsumsatz, also ist aus dem Signalverlauf (hier Sinus) zunächst die Leistungskurve zu bilden. Bei rein ohmschen Verbrauchern ist diese komplett im Positiven, also auch der Verlauf des Spannungsquadrates, welches ja bei U_2/R die einzige Veränderliche ist. Die normierte Darstellung bewirkt bei beiden Sinuskurven die Position des Maximalwertes bei **1**. Der Mittelwert des Spannungsquadrates liegt bei 1/2. Die Wurzel daraus liefert somit die normierte Effektivspannung $1/\sqrt{2}$. Nicht zu verwechseln ist dieser Wert mit dem arithmetischen Mittel des Gleichrichtwerts, der nämlich bei $2/\pi$ liegt

Dieser Wert entspricht der Verstärkung von U_2 gegenüber U_1. Das auf Leistung bezogene *Verstärkungsmaß* beträgt ebenfalls 20 dB (damit das so ist, gibt es die beiden verschiedenen Skalierfaktoren 10 und 20 – siehe oben).

Dagegen ist das Dämpfungsmaß der Spannung U_2 gegenüber U_1:

$$a_U = 20 \cdot \log \frac{U_1}{U_2} = -20 \cdot \log \frac{U_2}{U_1} \tag{1.9}$$

Die Betrachtung des Dämpfungsmaßes gegenüber dem Verstärkungsmaß und umgekehrt bedeutet verständlicherweise stets eine Negation der dB-Werte.

Der Vorteil, mit Pegeln anstatt mit Spannungen oder Leistungen zu rechnen, liegt klar auf der Hand: Die Werte sind durch einfache Addition bzw. Subtraktion miteinander zu verrechnen, denn es handelt sich ja Logarithmen, also um Exponenten zur einheitlichen Basis 10. Viele Komponenten in einer Kette sind meist mit logarithmischen Werten für Verstärkung oder Abschwächung spezifiziert, sodass eine schnelle und einfache Berechnung von resultierenden Pegeln möglich ist.

1.4 Signalüberlagerung und Einzelpegel

Überlagern sich mehrere Signale wie in Abb. 1.2, so addieren sich deren Einzelleistungen zur Gesamtleistung. Eine Rückrechnung auf Pegel muss stets über die Kenntnis der Einzelleistungen erfolgen:

$$P_{ges} = P_1 + P_2 \tag{1.10}$$

Oftmals sind Gesamtleistung und eine der Einzelleistungen (z. B. P_1) über deren Pegel messbar, dann ergibt sich:

$$\begin{aligned} P_{ges} &= 1 \text{ mW} \cdot 10^{\frac{a_{ges}}{10}} \\ P_1 &= 1 \text{ mW} \cdot 10^{\frac{a_1}{10}} \end{aligned} \tag{1.11}$$

Nach Gl. 1.10 ergibt sich für P_2:

$$P_2 = P_{ges} - P_1 \tag{1.12}$$

Und dann für den gesuchten Pegel a_2:

$$a_2 = 10 \cdot \log \frac{P_2}{1 \text{ mW}} \tag{1.13}$$

Bei einem Spektrogramm kann für *Rauschsignale* nicht angegeben werden, wie hoch der Pegel innerhalb eines bestimmten Frequenzintervalls ist. Hierzu muss der Analyzer eine Berechnung anstellen und den RMS-Wert oder -Pegel als Zahlenwert ausgeben. Die

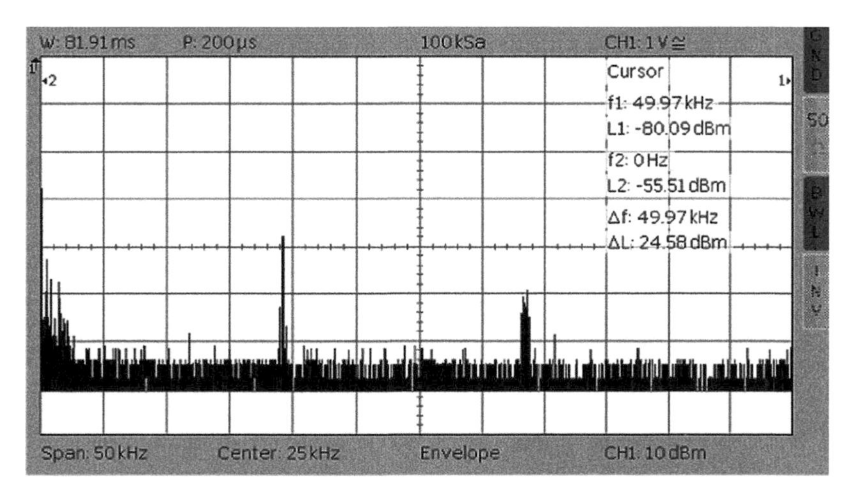

Abb. 1.2 Rauschsignal und herausragender Peak. Je nachdem, wie weit der Peak aus dem Hintergrundrauschen herausragt, ist seine Spannung genau bestimmbar

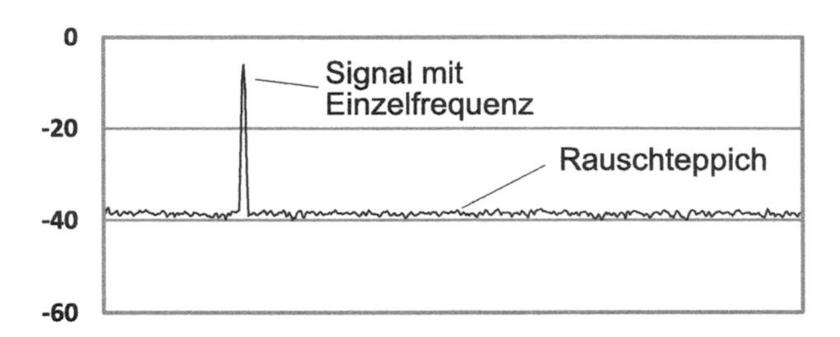

Abb. 1.3 Rauschteppich und Tonsignal. Beide Signale ergeben für sich gesehen dieselbe Spannung, obwohl der Rauschteppich im Spektrogramm wesentlich niedriger liegt. Nach Gl. 1.15 haben die Spannungen ein Verhältnis von 64:1 zueinander, die Pegel sollten ca. 36 dB auseinanderliegen. Die tatsächlichen Anzeigen hängen jedoch noch etwas vom *Bewertungsfenster* sowie vom *Crest-Faktor* des Rauschens ab

sich ergebende Spannung u_r eines Rauschsignals ist mit D_r als *Rauschspannungsdichte* und *Bandbreite* B:

$$u_r = D_r \cdot \sqrt{B} \tag{1.14}$$

Auf welchem Niveau sich der Rauschpegel bei einem Spektrogramm bewegt, lässt sich nicht vorhersagen, denn dies hängt von den genannten Werten der Rauschspannungsdichte und der Bandbreite ab. Wir werden weiter unten bei der Beschreibung des Messempfängers sehen, dass die Bandbreite durch diesen bzw. durch die Normen definiert ist. Auch bei einem Spektrumanalyzer ist die Bandbreite wählbar. Durch Ablesen des Rauschniveaus und bekannter Bandbreite lässt sich die Rauschspannungsdichte ermitteln. Siehe auch Abb. 1.3.

Bei digitalen Systemen, bei denen keine feste Bandbreite vorgegeben ist, sondern die bei der FFT (**F**ast **F**ourier **T**ransformation) eine Strichzahl q aufweisen (meist Zweierpotenz), kann für das Spannungsniveau u_{hor} des Rauschteppichs geschrieben werden:

$$u_{hor} = D_r \cdot \sqrt{\frac{B}{q}} \quad \text{und} \quad u_r = u_{hor} \cdot \sqrt{q} \tag{1.15}$$

Sind also Strichzahl q und Bandbreite B des Spektrums bekannt, so lässt sich aus der Höhe des abgelesenen Spannungsniveaus u_{hor} die Rauschspannungsdichte D_r errechnen. Ferner lässt sich die tatsächliche Rauschspannung u_r aus Strichzahl q und abgelesenem Niveau u_{hor} bestimmen.

1.5 Pegel-Rechenbeispiele

Ein paar Berechnungen aus der Praxis sollen hier helfen, gängige Situationen an Messaufgaben zu bewältigen.

1.5.1 Eingangsspannung für einen HF-Verstärker

Ein HF-Verstärker sei mit einer Verstärkung von +29 dB angegeben. Außerdem sei der Maximalpegel am Ausgang +30 dBm. Wir benötigen für eine Messaufgabe eine Spannung von 5 V an einer Impedanz von 50 Ω.

Wir können die Spannung für 0 dBm an 50 Ω nach Gl. 1.4 ausrechnen oder aber aus Tab. 1.1 entnehmen. Dies entspricht dem Pegel von 0 dBm. Der zulässige Pegel am Verstärkerausgang liegt laut Angabe um 30 dB höher. Um daraus die Maximalspannung zu ermitteln, benötigt man die Umkehrgleichung zu Gl. 1.8:

$$\frac{U_{\max}}{0{,}224\ \mathrm{V}} = 10^{\frac{30}{20}} \Rightarrow U_{\max} = 0{,}224\ \mathrm{V} \cdot 31{,}6 = 7{,}08\ \mathrm{V} \tag{1.16}$$

Das bedeutet, der Verstärker ist noch in der Lage, ohne Beschädigung die geforderten 5 V zu liefern. Jetzt kann die erforderliche Eingangsspannung ermittelt werden:

$$\frac{5\ \mathrm{V}}{U_{\mathrm{in}}} = 10^{\frac{29}{20}} \Rightarrow U_{\mathrm{in}} = \frac{5\ \mathrm{V}}{28{,}2} = 0{,}177\ \mathrm{V} \tag{1.17}$$

Wenn ausgangsseitig Effektivspannung gemeint ist, muss für die Eingangsspannung dasselbe gelten.

Es ist erwähnenswert, dass bei Amplituden-Modulation die mittlere Leistung ansteigt. Weiter unten werden wir sehen, wie sich die Spannung unter Modulation verändern muss. Außerdem ist bezüglich der Belastung des Verstärkers zu bedenken, dass die maximale Dauerleistung meist unter der Maximalleistung liegt. Bei Messaufbauten kommt dieses Problem noch zur Sprache.

1.5.2 Ausgangsleistung eines HF-Verstärkers

Nehmen wir das Beispiel von oben, so lässt sich die Verstärkerausgangsleistung einfach berechnen:

$$30\ \mathrm{dBm} = 10 \cdot \log \frac{P_{\max}}{1\ \mathrm{mW}} \Rightarrow P_{\max} = 1\ \mathrm{mW} \cdot 10^{\frac{30}{10}} = 1\ \mathrm{W} \tag{1.18}$$

Die tatsächliche Leistung ist über die gegebenen Werte von 5 V und 50 Ω einfach zu berechnen (siehe Gl. 1.4):

$$P = \frac{(5\ \mathrm{V})^2}{50\ \Omega} = 0{,}5\ \mathrm{W} \tag{1.19}$$

Wie gefordert liegt Wert unter dem maximalen.

1.5.3 Pegelberechnung bei Signalüberlagerung

Bei relativ kleinen Nutzsignalen, die sich nur wenig vom Rauschpegel des Messgeräts herausheben, spiegelt der nach Abb. 1.2 dargestellte Peak nicht genau den Pegel des zu untersuchenden Signals wider, sondern einen etwas höheren Pegel.

Ein Messempfänger registriert ein verrauschtes Signal mit der Pegelhöhe von −78 dBm, während das Niveau des Rauschens ohne Eingangssignal bei −85 dBm liegt (Eingang abgeschlossen mit 50 Ω). Daraus ergeben sich folgende Leistungen (lt. Gl. 1.11):

$$P_{ges} = 1\ \text{mW} \cdot 10^{\frac{-78}{10}} = 15{,}8 \cdot 10^{-12}\,\text{W}$$
$$P_1 = 1\ \text{mW} \cdot 10^{\frac{-85}{10}} = 3{,}16 \cdot 10^{-12}\,\text{W} \tag{1.20}$$

Nach Gl. 1.12 ergibt sich eine Leistung für das zu bestimmende Signal zu:

$$P_2 = P_{ges} - P_1 = (15{,}8 - 3{,}16) \cdot 10^{-12}\,\text{W} = 12{,}64 \cdot 10^{-12}\,\text{W} \tag{1.21}$$

Und damit der Pegel:

$$a_2 = 10 \cdot \log 12{,}64 \cdot 10^{-9} = -79\ \text{dBm} \tag{1.22}$$

Der ermittelte Pegel ist somit immerhin um ca. 1 dB geringer als das abgelesene Niveau am Peak. Ein Spektrumanalyzer würde übrigens die Leistung eines Peak genauer anzeigen, weil das Rauschen normalerweise breitbandig ist und somit im Bereich des Peak nur wenig Leistung produziert. Allerdings ist diese Methode nur für sehr schmalbandige Messsignale geeignet, andernfalls ist der Pegel nicht ablesbar. Wir werden aber bei den praktischen Messungen noch genauer darauf zu sprechen kommen.

1.6 Feldstärke

Sowohl für die Störemission als auch für die Immunität ist die Größe der *Feldstärke* von entscheidender Bedeutung. Die Feldstärke E verhält sich dabei wie die zeitliche Abhängigkeit der Sinusfunktion der Spannung, die zwischen zwei Punkten im Raum mit dem Abstand d:

$$E = \frac{U_0}{d} \cdot \sin(\omega t) \tag{1.23}$$

Da sich die Distanz d im Raum befindet, ist die Feldstärke natürlich auch als Raumvektor darstellbar, was für spätere Betrachtungen noch in Kap. 9 behandelt wird.

Die elektrischen Feldvektoren sind in Begleitung mit magnetischen, wobei diese senkrecht auf den ersteren und senkrecht zur Ausbreitungsrichtung der Wellen stehen.

1.7 Modulation

Während Modulation in der Nachrichtentechnik essenziell wichtig ist, um Informationen zu übertragen, spielt sie in der EMV-Technik hauptsächlich die Rolle der Authentizität einer Störumgebung. Manche Schaltungen von Prüflingen demodulieren ein Signal, sodass die Nachfolgeschaltung mit dem Modulationssignal zurechtkommen muss. Mit konstantem Träger wäre die Störunterdrückung einfach mit kapazitiver Entkopplung möglich.

Während ein unmodulierter Träger im Frequenzbereich nur einen diskreten Strich im Spektrum ausmacht, wird jegliche Art von Modulation eine Verbreiterung der Geometrie zur Folge haben.

1.7.1 Amplituden-Modulation

Viele Geräteschaltungen bilden unabsichtlich einfache Hüllkurvendemodulatoren an, also im Grunde genommen Gleichrichter plus Glättung, denn eine einfache BE-Strecke eines Transistors bildet bereits den Gleichrichter. Aber auch Operationsverstärker werden auf Hochfrequenzspannungen gleichrichtend reagieren. Bei Immunitätsprüfungen mittels schmalbandiger Einstrahlung wird die Spannung bzw. das Feld deshalb mit einer Amplituden-Modulation versehen. Die Modulationsfrequenz f_m ist hierbei 1 kHz, die Modulationstiefe 80 %, siehe Abb. 1.4.

Rein rechnerisch ergibt sich für eine amplitudenmodulierte Spannung mit der Amplitude des Trägers U_0, der Modulationstiefe k, der Trägerfrequenz f_0 und der Modulationsfrequenz f_m:

$$u = \left[1 + k \cdot \sin\left(2\pi f_{\mathrm{m}} t\right)\right] \cdot U_0 \cdot \sin\left(2\pi f_0 t\right) \tag{1.24}$$

Das Ziel der Modulation ist nicht etwa, etwas breitbandiger zu werden, sondern dem zu testenden Gerät (Device under Test = DUT) eine Störung anzubieten, die durch Demodulation besonders wirksam wird. Wie bereits erwähnt, bilden viele Schaltungsbereiche ungewollt Demodulatoren. Wir kommen in Kap. 9 noch näher darauf zu sprechen. In der Praxis sind die Störer ebenfalls meist nicht mit konstanter Amplitude.

Bei EMV-Messungen ist man übereingekommen, mit einer AM mit 80 % Modulationsgrad und einer Modulationsfrequenz von 1 kHz zu arbeiten.

1.7.2 Frequenz-Modulation

Obwohl bei EMV-Messungen eigentlich Frequenz-Modulation (FM) nicht vorkommt, ist sie dennoch zu erwähnen, denn spezielle Störer arbeiten mit FM, und auch Geräte für Datenübertragung sind bei Verwendung dieser Modulationsmethode besser gefeit gegenüber „normalen“ Störsignalen. Siehe hierzu auch Abschn. 9.3.

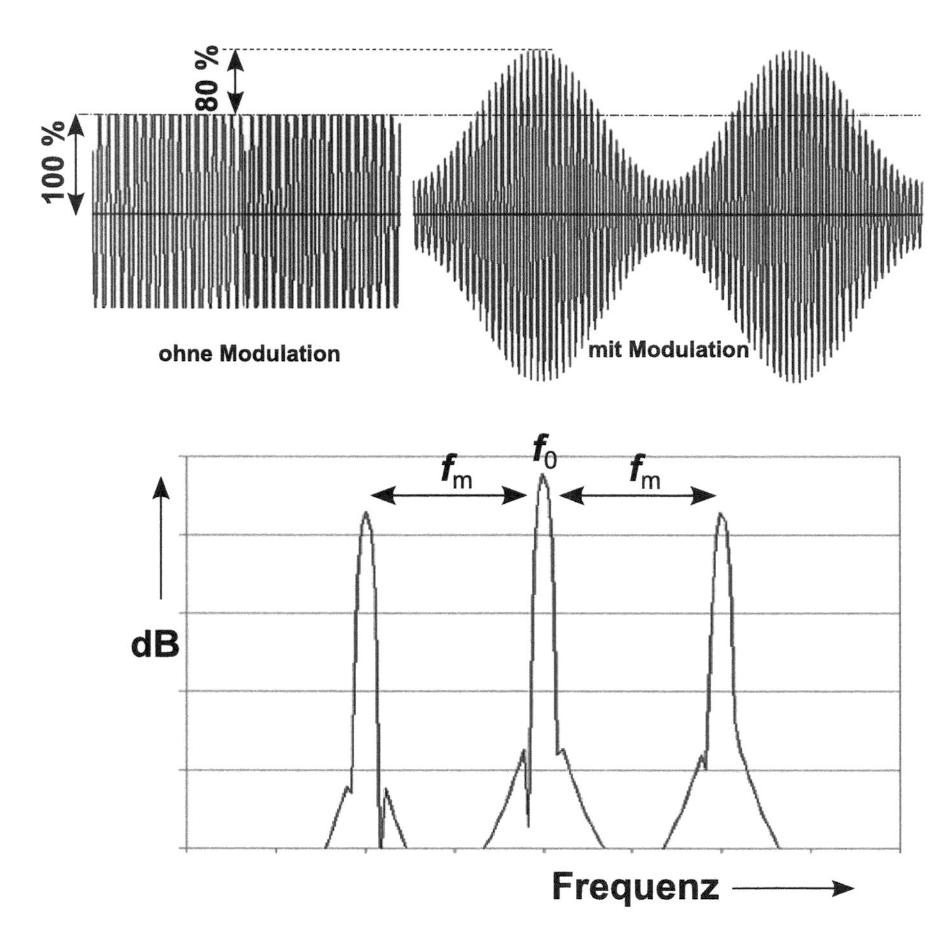

Abb. 1.4 Amplitudenmoduliertes Signal mit einem Modulationsgrad von 0,8, Zeitbereich und Frequenzbereich. Es zeigen sich drei Peaks, nämlich der der Trägerfrequenz und die der beiden Seitenfrequenzen, die durch Addition und Subtraktion der Modulationsfrequenz f_m bezüglich der Trägerfrequenz f_0 entstehen. Bei einem Modulationsgrad von 1,0 sind die Seitenschwingungen halb so groß wie die Trägerschwingung

Ein FM-Signal sei in Abb. 1.5 dargestellt. Vereinfacht gesprochen unterliegt eine Trägerfrequenz einer Größe, die mit der Elongation des modulierenden Signals proportional zusammenhängt. Mathematisch spiegelt sich die Zeitfunktion einer FM so wider:

$$u_{\mathrm{FM}} = U_0 \cdot \cos\left[2\pi f_0 t + \underbrace{\frac{\Delta f_0}{f_{\mathrm{m}}}}_{k} \cdot \sin\left(2\pi f_{\mathrm{m}} t\right)\right] \qquad 1.25)$$

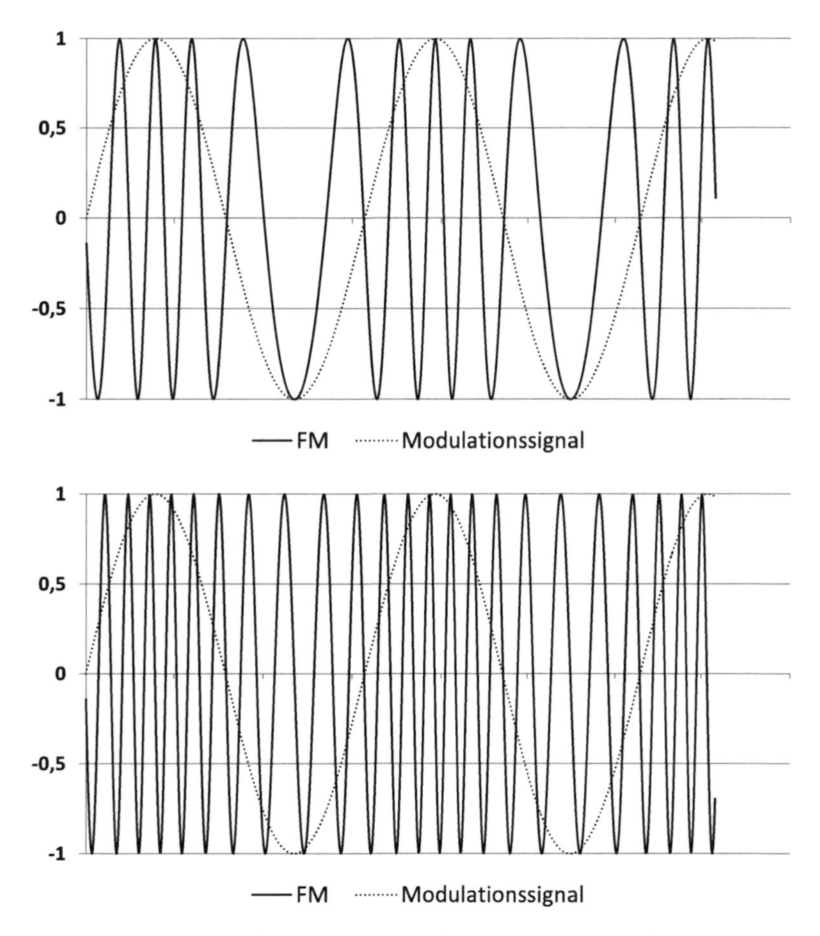

Abb. 1.5 Frequenzmoduliertes Signal im Zeitbereich. Je nach Modulationsindex kann das Spektrum so entarten, dass der Träger gänzlich verschwindet. Dargestellt sind zwei unterschiedliche Verhältnisse von Trägerfrequenz zu Modulationsfrequenz, aber bei konstant gehaltenem Modulationsindex

Darin sind U_0 die Amplitude des Trägers, k der Modulationsindex, f_0 die Trägerfrequenz und f_m die Modulationsfrequenz.

Der Modulationsindex k ist das Verhältnis aus maximalem Frequenzhub des Trägers und der Frequenz des Modulationssignals. Ist die Amplitude des Modulationssignals konstant und variiert die Frequenz, so ändert sich auch der Modulationsindex.

Auch bei dieser Modulationsart verteilt sich die Leistung auf eine größere Bandbreite, was u. U. dazu führt, dass nachher bei der Messung der Störemission ein zeitlich bewerteter Pegel geringer ausfällt als ohne Modulation.

1.8 Pegelbewertung

Viele Störemissionen verhalten sich zeitlich nicht stabil. Deshalb sind Messwerte einer Bewertung zu unterziehen, die dann eine plausiblere Störqualität widerspiegeln.

Die nachfolgend beschriebenen Bewertungen der Störsignale sind allesamt so aufgebaut, dass sie zwar z. B. auf Spitzen- oder Mittelwerte reagieren, allerdings erfolgt am Spannungsausgang der jeweiligen Bewertungsdetektoren eine Skalierung. Ziel hiervon ist, dass ein durch den Messempfänger demoduliertes konstantes Sinussignal stets denselben Pegel anzeigt, unabhängig von der gewählten Bewertung. Der Wert soll gleich dem RMS-Wert sein.

Weicht das Störsignal von der reinen Sinusform ab und/oder ist zudem noch bezüglich Amplitude nicht konstant, so werden die Bewertungsmethoden auch unterschiedliche Störpegel liefern.

1.8.1 Messempfänger – Aufbau und Wirkungsweise

Der Messempfänger ist eines der wichtigsten Geräte bei der EMV-Ausrüstung. Er ist gleichzeitig auch der teuersten. Der innere Aufbau geht aus Abb. 1.6 hervor. Das Prinzip ist ja relativ einfach und kann mit ein paar Ausnahmen auch mit der Funktion eines

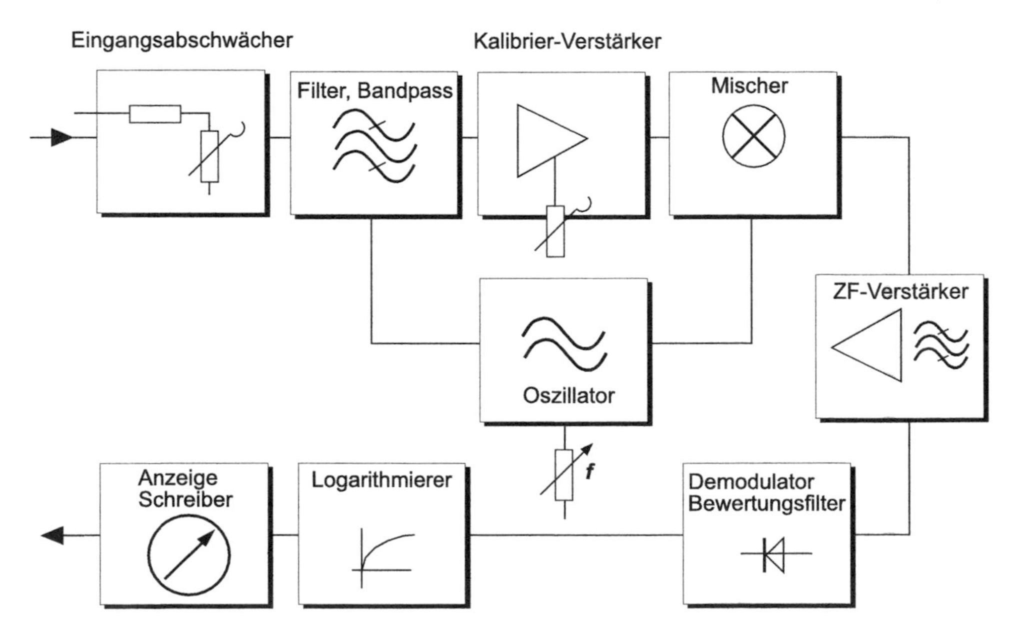

Abb. 1.6 Blockschaltbild des Messempfängers. Prinzipiell liegt ein Empfänger in Superhet-Schaltung vor, der allerdings ohne Regelung arbeitet. Ziel ist hier, auf die Amplitude des Trägers zu schließen, nicht unbedingt eine qualitativ hochwertige Demodulation durchzuführen

normalen Superhet-Empfängers verglichen werden. Die größte Abweichung ist die, dass keine übliche Regelschaltung dazu dient, sich auf die zu empfangenden Pegel einzustellen. Die Verstärkung kann sich je nach Ausführung zwar automatisch anpassen, aber die aktuelle Empfindlichkeit wird stets mit eingerechnet und ausgewertet. Im einfachsten Falle ist die Abschwächung manuell einzustellen. Die Stellung des Abschwächers ist als relativer Pegel dann zum Ablesepegel zu addieren.

Damit man eine Prüfungsmöglichkeit für die Funktion des Messempfängers hat, sind einige Modelle mit einem Kalibrier-Generator ausgestattet. Der ZF-Verstärker hat eine bestimmte, für den jeweiligen Frequenzbereich vorgeschriebene Bandbreite, damit ein Störpegel immer genormt zur Messung kommt. Dem Demodulator schließt sich ein Bewertungsfilter an, das diskret aufgebaut aus einem RC-Netzwerk besteht (siehe folgende Abschnitte).

Als Ausgabegröße ist normalerweise nicht oder nicht nur die Spannung am Eingang abzulesen, sondern ein Pegel, der üblicherweise in dBµV angegeben wird. Zu diesem Zweck ist ein genauer Logarithmierer erforderlich. Das Durchstimmen im zu untersuchenden Frequenzbereich geschieht von Hand, halbautomatisch oder vollautomatisch in diskreten Schritten.

Moderne Messempfänger arbeiten nicht nur weitgehend digital, sondern sind auch in der Lage, Messwerte aufzuzeichnen und für eine weitere Dokumentation aufzubereiten (Schreiber, Datenlogger usw.).

1.8.2 Quasi-Spitzenwert

Der Quasi-Spitzenwert (auch *Quasipeak* genannt) eines Störsignals ist wichtig, weil bei vielen Grenzwerten genau dieser Wert entscheidend ist. Bei Störsignalen, die sporadisch oder auch periodisch als Knacke auftreten, ist vor allem die Impulsfläche relevant für die Störgröße. Es finden hierbei physiologische Aspekte Anwendung, denn der Eindruck der Störgröße hängt von der Breite der Impulse und von ihrer Häufigkeit ab.

Um den elektrischen Störimpuls nach den genannten Kriterien bewerten zu können, muss er ein RC-Netzwerk passieren, welches prinzipiell nach Abb. 1.7 aufgebaut ist.

Die einzelnen Komponenten in dieser Schaltung bzw. die einzelnen Zeitkonstanten sind abhängig vom untersuchten Frequenzbereich. Tab. 1.2 zeigt die vorgeschriebenen Werte.

Bei allen Spitzenwert-Anzeigen ist die Reaktion auf ein Anwachsen der Störspannung schnell, das Abklingen der Messspannung aber langsamer. In welchem Verhältnis diese beiden Zeitkonstanten stehen, ist ein Merkmal der Art der Spitzenwert-Anzeige. Ferner sind absolute Reaktionsgeschwindigkeit und Anklingzeit charakterisierende Merkmale. So kommt es, dass in Tab. 1.2 drei Zeitkonstanten für einen Frequenzbereich definiert sind.

Dass man die Zeitkonstanten auf die zu untersuchende Störfrequenz anpassen muss, leuchtet ein, da die Art der Störungen und ihre Ursachen verschieden sind.

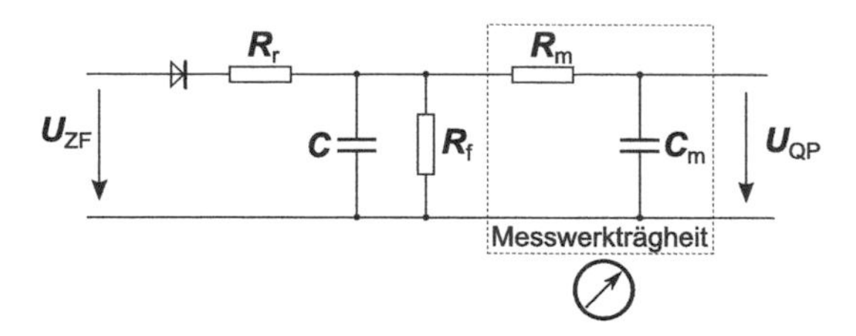

Abb. 1.7 Quasipeak-Detektor. Die Zeitkonstante für das mechanische Anzeigegerät kann selbstverständlich ebenfalls elektronisch nachgebildet werden. Wichtig ist, dass der hier dargestellte Gleichrichter möglichst ideale Eigenschaften aufweisen sollte (Präzisionsgleichrichter), außerdem ist die maximale ZF-Bandbreite vom Gleichrichter abzudecken (bis 120 kHz bei Bereich bis 1 GHz). Das letzte RC-Glied ist stellvertretend für die mechanische Trägheit des Instruments und darf die vorangehende Schaltung nicht belasten, was für $R_f \ll R_m$ hinreichend erfüllt ist (hätte das Instrument den Innenwiderstand R_f und die geforderte Trägheit, so könnte das letzte RC-Glied entfallen)

Tab. 1.2 Zeitkonstanten für den Quasipeak-Detektor

	Anstiegs-Zeitkonstante	Abfall-Zeitkonstante	mechanische Zeitkonstante
Frequenzbereich	R_rC	R_fC	τ_m
10–150 kHz	45 ms	500 ms	160 ms
150 kHz–30 MHz	1 ms	160 ms	160 ms
30 MHz–1 GHz	1 ms	550 ms	100 ms

1.8.3 Mittelwert

Die Anzeige bzw. Detektion des Mittelwerts (auch *Average* genannt) ist einfacher, siehe Abb. 1.8. Hier erfolgt lediglich eine Gleichrichtung und Glättung des Signals aus dem ZF-Verstärkers.

Die Zeitkonstanten gehen aus Tab. 1.3 hervor. Im Vergleich zu Quasi-Peak handelt es sich um eine trägere Auswertung. Kurzfristige Peaks wirken sich nicht so stark aus.

1.8.4 CISPR-Mittelwert

Eine weitere Art der Mittelwert-Messung ist nach CISPR festgelegt (**C**omité **I**nternational **S**pécial des **P**erturbations **R**adioélectriques). Hiernach folgt auf den „normalen" Mittelwert-Detektor eine Maximalwert-Bildung, die für jedes Messzeit-Intervall den Maximalwert speichert und abbildet und dann für die kommende Messung wieder zurücksetzt. Die Zeitkonstante für die Anzeige beträgt hier 160 ms bei Frequenzen bis 30 MHz, für höhere Frequenzen 100 ms.

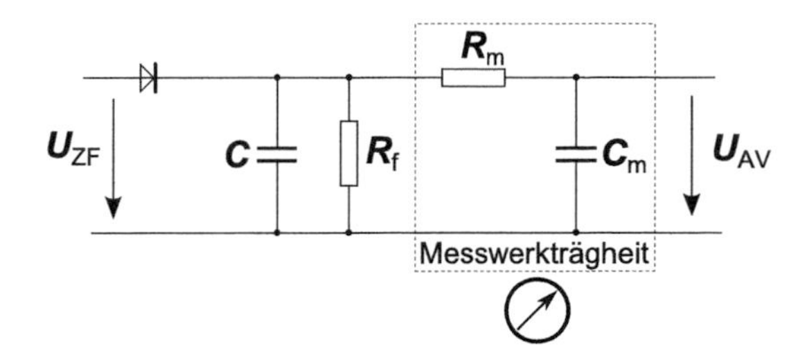

Abb. 1.8 Average-Detektor. Man vergleiche mit dem Quasi-Peak Detektor in Abb. 1.7. Es ist lediglich der Widerstand R_r entfallen

Tab. 1.3 Zeitkonstanten für den Average-Detektor

	Abfall-Zeitkonstante	mechanische Zeitkonstante
Frequenzbereich	$R_f C$	τ_m
10–150 kHz	500 ms	160 ms
150 kHz–30 MHz	160 ms	160 ms
30 MHz–1 GHz	550 ms	100 ms

1.8.5 Spitzenwert

Beim Spitzenwert lädt sich der Kondensator in Abb. 1.9 zunächst solange nur auf, bis nach einer definierten Messzeit ein Schalter oder auch ein Widerstand den Kondensator entlädt und somit den Messwert zurücksetzt.

Für schnelle Durchgänge der Messungen ist die Messung des Spitzenwertes eine gute Methode, denn bei Einhaltung der Grenzwerte für Quasipeak (die stets unter dem Peak-Wert liegen) ist letztere Messung überhaupt nicht mehr nötig.

1.8.6 Gegenüberstellung der Bewertungsfilter

Je nach Art der Störung bzw. ihrer Häufigkeit werden sich unterschiedliche Verhaltensweisen der Bewertungsfilter einstellen. Beispielsweise sind permanente Störer mit moduliertem oder unmoduliertem Träger besser mit dem Mittelwert zu erfassen, wohingegen überlagerte Störnadeln das Quasipeak-Filter besser detektiert.

Ein Vergleich der Anzeigewerte beider Filter zeigt uns Abb. 1.10. Das Zeitverhalten des Quasipeak-Detektors entspricht dort dem für den Frequenzbereich 150 kHz–30 MHz.

Anzeige bei konstanter Sinusspannung

Liegt ein unmodulierter Träger als Störquelle vor, so würde in allen drei Fällen dieselbe Anzeige entstehen, denn alle Filter bzw. Anzeigemethoden sind auf den Effektivwert kalibriert.

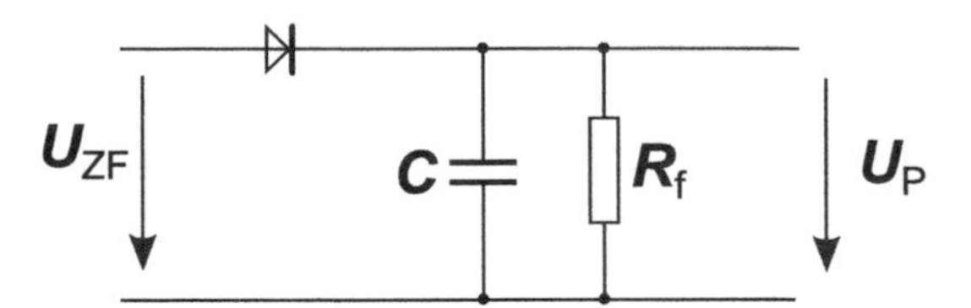

Abb. 1.9 Peak-Detektor (Spitzenwert-Detektor). Mit hinreichender Genauigkeit sind die Spitzenamplituden zu erfassen, obwohl die verarbeitete Ausgangsspannung dem Effektivwert entspricht. Eine dauerhafte Sinusspannung bewirkt also als Anzeige den Effektivwert. Der Entladewiderstand R_f sollte so groß gewählt sein, dass auch kurze Impulse die Spannung bis zum Maximalwert führen. Alternativ dazu könnte auch ein Kurzschlussschalter den Ladekondensator periodisch initialisieren

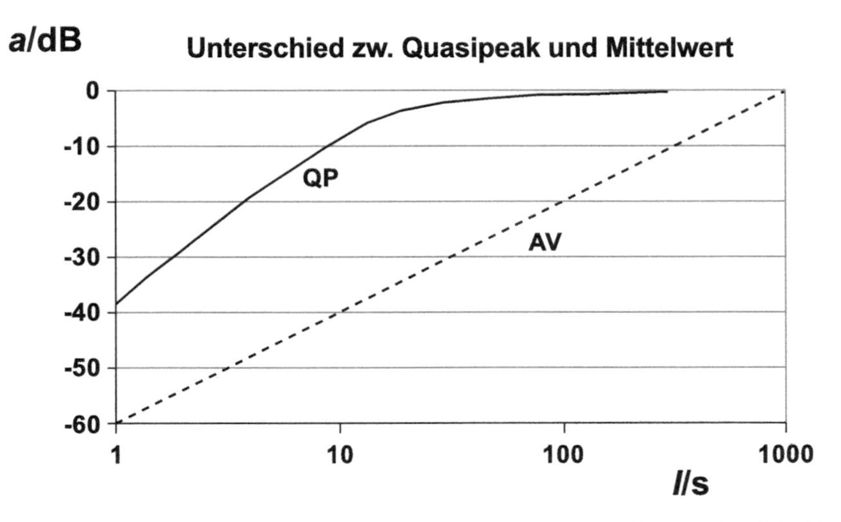

Abb. 1.10 Vergleich der einzelnen Bewertungsfilter bei verschiedenen Störsignalen. Die Situation ist idealisierend, denn hier kommt ein Gleichspannungsimpuls zur Betrachtung, der eine Länge von exakt 1 ms besitzt. Ein solcher Rechteckimpuls wird aus dem ZF-Verstärker und Demodulation eines Messempfängers nicht vorliegen, aber der prinzipielle Vergleich kann der Anschauung dienen. Der Spitzenwert würde stets bei 0 dB stehen, während Quasipeak (**QP**) immer oberhalb von Average (**AV**) liegt. Erst bei einer Steigerung der Störimpuls-Häufigkeit findet eine Näherung statt

1.8.7 Demodulation im Messempfänger

Normalerweise benötigt der Messempfänger keinen speziellen Demodulator, weil er eigentlich nur das Ausgangssignal des ZF-Verstärkers gleichrichtet. Wie dann dieses Gleichrichtsignal weiter zu behandeln ist (Glättung usw.), hängt vom verwendeten Bewertungsfilter ab. Formal handelt es sich also stets um eine Amplituden-Demodulation (auch Hüllkurven-Demodulator genannt).

Neben dem Spannungsindikator weisen aber fast alle Messempfänger auch einen Audioverstärker mit Lautsprecher auf, damit der Anwender den Störer (und ggf. irgendwelche Korrelationen zu bestimmten Geräten) hörbar machen kann. Dabei ist es üblich, die

Demodulationsart zu wählen zwischen AM und FM. Zuweilen sind auch Betriebsarten BFO (Beat Frequency Oscillator) zu finden, auf die hier nicht weiter eingegangen werden soll.

Nur in besonderen Fällen wird eine Störung zu messen sein, die eindeutig frequenzmoduliert ist. Es kann natürlich vorkommen, dass ein Ortssender entsprechende Störungen am Probanden verursacht.

1.9 Wellenfortpflanzung

Ein Gespür für Wellenausbreitung und alle damit zusammenhängenden Phänomene entwickeln zu können, hilft auch bei der Beurteilung von EMV-Problemen. Viele Bereiche zeigen hierzu große Zusammenhänge (wie z. B. schnelle Transienten, leitungsgebundene Störungen und Feldeinstrahlung und -abstrahlung).

Bei einer (zweidimensionalen) Darstellung einer Welle ist zu beachten, dass längs der Wellenachse nicht – wie etwa bei der Darstellung einer Schwingung üblich – die Zeit t abgetragen ist, sondern der Weg x. Folglich wird deswegen bei Fortschreiten der Welle im Raum auch an einem definierten Punkt x_1 das Potenzial ihrer zeitlichen Charakteristik zu beobachten sein (also bei einer Sinuswelle erscheint eine Sinusspannung). Im freien Raum (Vakuum) wird sich eine elektromagnetische Welle mit Lichtgeschwindigkeit c ausbreiten, somit besteht zwischen der Zeit t und dem Weg x der einfache Zusammenhang:

$$x = c \cdot t \tag{1.26}$$

Die Elongation der Feldstärke entspricht an einem Ort also dem Verlauf des Sinus, während zu einem festen Zeitpunkt ja nur ein statischer Wert vorherrscht.

Wir unterscheiden zwischen Nahfeld und Fernfeld. Zum Vergleich beider betrachten wir Abb. 1.11 und 1.12, wo eine Quelle ein elektrisches Feld erzeugt, welches in einiger Entfernung – nach der Ablösung der Welle – auch magnetische Wellenfelder erzeugt.

Zur Betrachtung der Wellenablösung ist die Modellvorstellung des Hertzschen Dipols nützlich. Es handelt sich dabei um ein sehr kurzes gerades Leiterstück, welches von Wechselstrom durchflossen ist. Die in der Abbildung dargestellten Zeitpunkte sind markant bezüglich elektrischem und magnetischem Feld bzw. ob gerade das Maximum an Spannung zwischen den Enden herrscht oder ob gerade maximaler Strom fließt. Für exakte und mathematisch detaillierte Abhandlungen sei auf besondere Literatur verwiesen [4].

Ohne Begrenzung der Wellenfortbewegung durch die Lichtgeschwindigkeit würde es zu keinen Wellenerscheinungen kommen, denn im Raum hätte man dann lediglich statische Felder, die stets der Quellengröße unmittelbar folgten. Da dies nicht so ist, kann ein Kondensator nach Abb. 1.11 weiter entfernte Feldkomponenten nicht mehr unmittelbar beeinflussen.

Eine klare räumliche Grenze für Nah- und Fernfeld gibt es nicht, oder sie beruht auf definitionsgemäßen Angaben. Allerdings sind die kausalen und tendenziellen Abgrenzungen eindeutig. Diese Aussagen sehen wir weiter unten im Inforahmen.

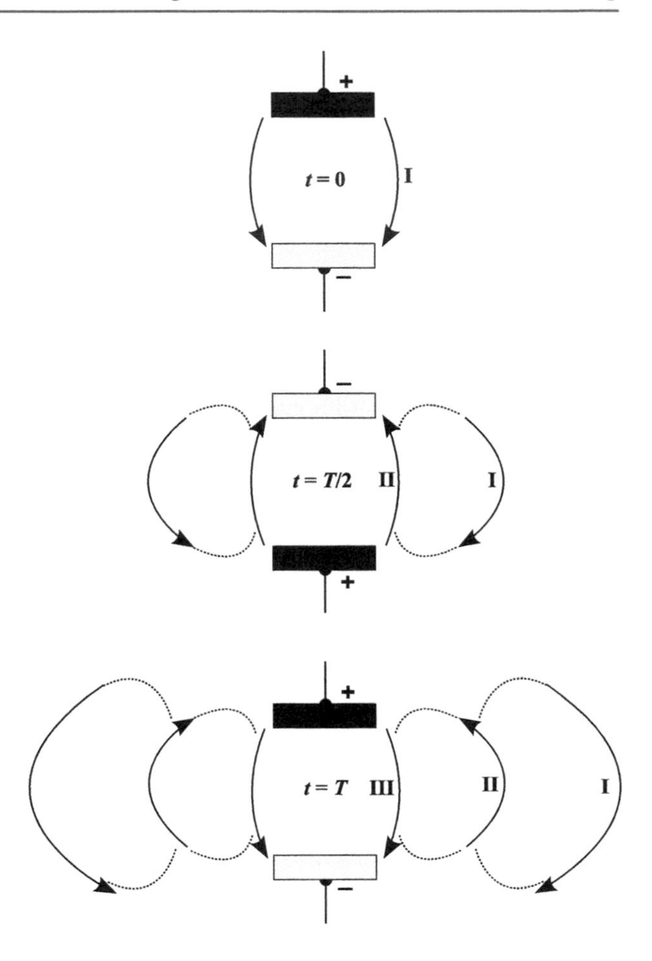

Abb. 1.11 Prinzip der Wellenablösung. Dargestellt sind drei Zeitpunkte, die gerade eine volle Periodendauer abdecken. Zwischen den Platten des offenen Kondensators entsteht bei Anlegen einer Wechselspannung ein divergentes elektrisches Wechselfeld. Die mit Lichtgeschwindigkeit nach außen wandernden Feldlinien schließen sich mit den neu erzeugten. Dadurch entstehen weitere, nierenförmige Feldlinien, die sich immer weiter weg von der Quelle – dem Kondensator – bewegen. Zum Detailverständnis ist die Beherrschung der Maxwellschen Gleichungen vorauszusetzen, entsprechende Literatur geht auf die Thematik näher ein [3]

Wir machen auch Angaben zur Pegelabnahme. Dies ist jedoch nur gültig für Antennenabstrahlung, für irgendwelche Kugelstrahler gelten andere Charakteristika.

1.9.1 Nahfeld

Existiert eine Feldquelle, so unterscheidet man zwischen mehreren Zonen, in der die Feldeigenschaften von unterschiedlicher Natur sind. Eine Zone, bei der man von *Nahfeld* spricht wird i. Allg. keine Ausgewogenheit zwischen magnetischem und elektrischem Feldvektor bestehen. Man spricht dabei auch von der *Fraunhofer-Zone*. Wenn die Quelle das Ausmaß q und die Wellenlänge λ sei, dann gilt für den Abstand A_{nah}:

$$A_{\text{nah}} \ll \frac{q^2}{\lambda} \tag{1.27}$$

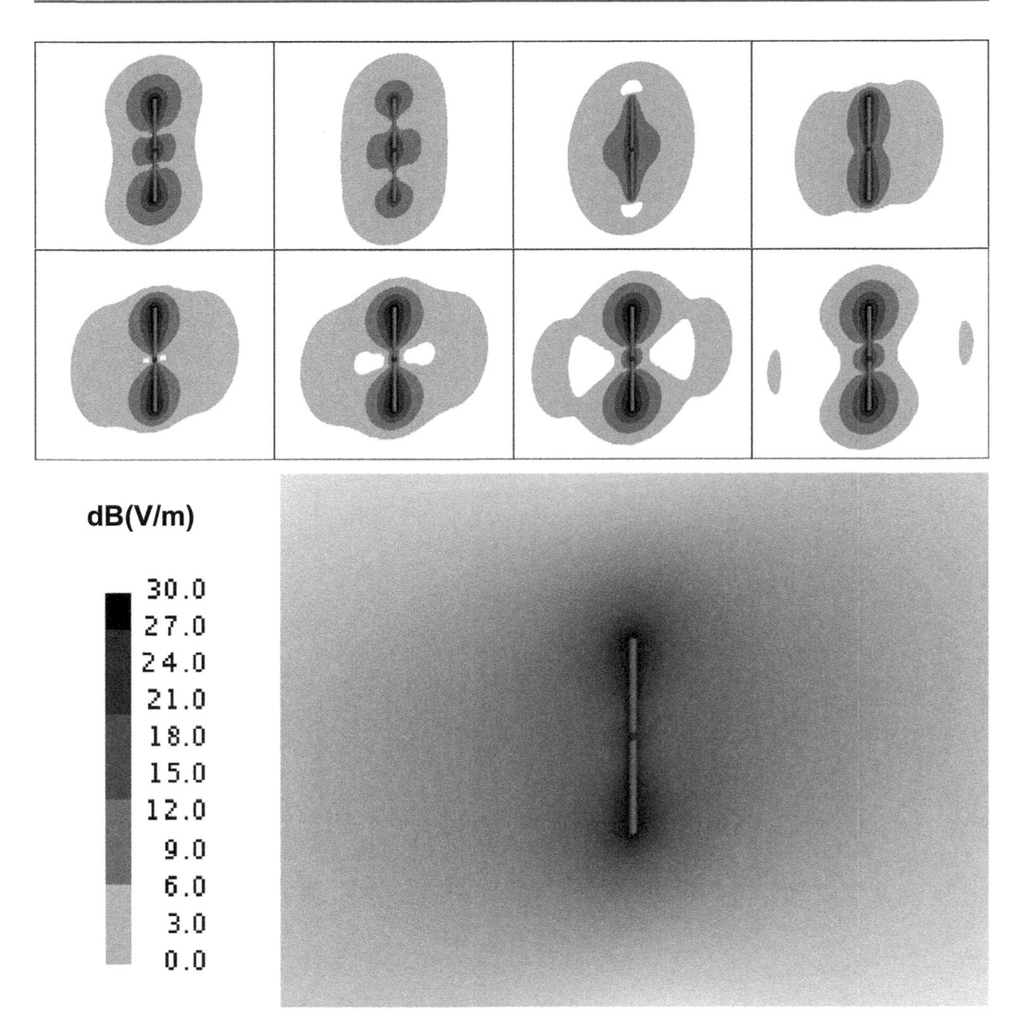

Abb. 1.12 Wellenablösung mit Verteilung der Feldstärken. Die acht Bilder sind Momentaufnahmen nach jeweils nach 22,5° der Phase, also insgesamt ist eine halbe Periode dargestellt. Das größere Bild zeigt die räumliche Verteilung der Amplituden [1]

Als Quelle kann man beispielsweise eine Antenne betrachten, in der Optik kann dies aber auch der Spalt einer Blende sein. Zur Beurteilung, ob das Kriterium für das Nahfeld erfüllt ist, genügt also nicht nur der Abstand von der Quelle und die Wellenlänge, sondern die geometrische Ausdehnung der Quelle ist von entscheidender Bedeutung.

Nach Abb. 1.13 wird klar, dass im Nahfeld die Quelle entscheidend ist für die Ausprägung der Art des Feldes. Im Fall des Beispiels war der elektrische Feldvektor im Vordergrund, der magnetische Anteil war nicht nachweisbar. Theoretisch gibt es auch Fälle, die umgekehrt ausfallen. Hier wäre eine Spule als Quelle ausgebildet, die gesamte Anordnung müsste eine elektrische Abschirmung erhalten, dergestalt, dass nur magnetische Feldlinien nach außen dringen können.

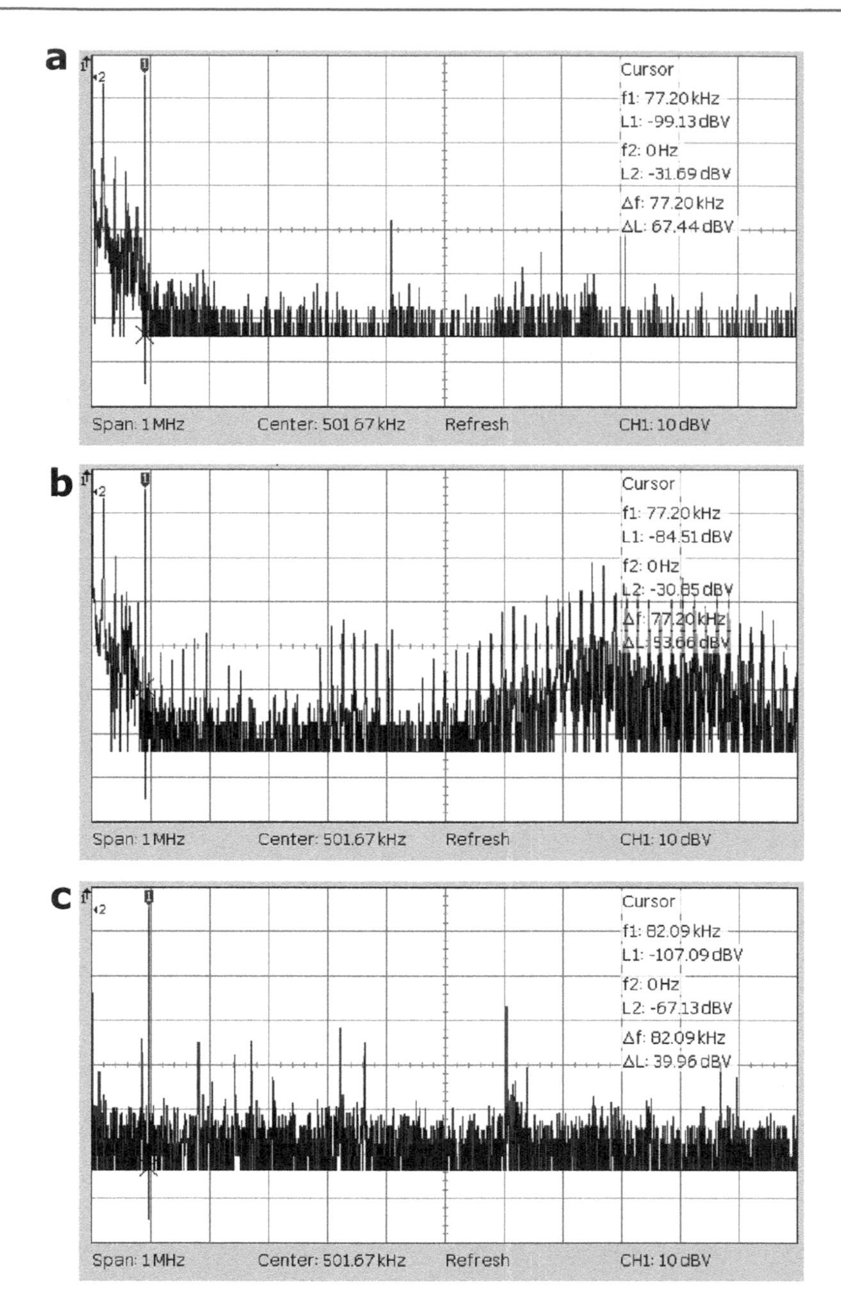

Abb. 1.13 Störquellen im Nahbereich. Die obere Aufnahme des Spektrums (**a**) entstand durch die offene Tastkopfspitze eines Oszilloskops. Es handelt sich also um die Darstellung der elektrischen Felder als Spektrum. Vereinzelte Peaks deuten auf das Vorhandensein von Sendern im Langwellenbereich hin. Unter gleichen Bedingungen ergab sich die mittlere Aufnahme (**b**), sie zeigt einen starken breitbandigen Störer. Bei der unteren Aufnahme (**c**) wurde der Tastkopf an eine einlagige Luftspule angeschlossen – auch sie zeugt von Sendern, der Störer von (**b**) wurde jedoch hier nicht erfasst, weil es sich um eine im Nahfeld befindliche Quelle handelte, die nur elektrische Felder repräsentierte

Die Abnahme der Feldstärke mit dem Abstand x erfolgt nach $1/x^2$ bzw. $1/x^3$.

1.9.2 Fernfeld

Im Fernfeld lauten die geometrischen Verhältnisse genau komplementär zum Nahfeld:

$$A_{\text{fern}} \gg \frac{q^2}{\lambda} \tag{1.28}$$

Die Abnahme der Feldstärke folgt normalerweise dem Zusammenhang $1/x$, da im Gegensatz zum Nahfeld keine typische Verteilung in einem Raumwinkel vorherrscht, sondern durch Polarisation eine „flache" Welle.

Weitere vier entscheidende Unterschiede bestehen beim Fernfeld im Gegensatz zum Nahfeld:

- Beide Feldarten, elektrisches und magnetisches Wechselfeld, weisen dieselbe Energiedichte auf.
- Magnetischer Feldvektor und elektrischer Feldvektor stehen senkrecht aufeinander und gleichzeitig beide senkrecht zur Ausbreitungsrichtung.
- Beide Wellen sind in Phase miteinander (im Nahfeld bis 90° Phasenversatz).
- Es besteht keine direkte Quellenabhängigkeit mehr – schaltet man diese aus, breiten sich die Wellen immer noch aus, zeitlich nur begrenzt durch die Absorption.

Diese Charakteristika sind eng verknüpft mit der Tatsache, dass die elektromagnetische Welle dadurch entsteht, dass der magnetische Wellenzug den elektrischen Wellenzug generiert und umgekehrt.

Die Energie-Volumendichte für das elektrische und das magnetische Wechselfeld lauten (im Vakuum):

$$w_{\text{el}} = \frac{1}{2}\varepsilon_0 E^2 \quad \text{(elektrische Energiedichte)} \tag{1.29}$$

$$w_{\text{mag}} = \frac{1}{2}\mu_0 H^2 \quad \text{(magnetische Energiedichte)} \tag{1.30}$$

Mit E als elektrische Feldstärke in V/m und H als magnetische Feldstärke in A/m, der el. und magn. Feldkonstante ε_0 bzw. μ_0 (siehe Anhang).

Da die beiden Anteile aus sich heraus unter vollständiger Umwandlung und bei fehlender Absorption verlustfrei entstehen, sind beide Energieformen aus Gl. 1.29 und 1.30 gleichzusetzen:

$$\frac{1}{2}\varepsilon_0 E^2 = \frac{1}{2}\mu_0 H^2$$
$$\Rightarrow \varepsilon_0 E^2 = \mu_0 H^2 \tag{1.31}$$
$$\Rightarrow \sqrt{\frac{\mu_0}{\varepsilon_0}} = \frac{E}{H} \approx 377\ \Omega$$

Die letzte Zeile dieser Gleichung bezeichnet den *Feld-Wellenwiderstand* des Vakuums bzw. den Freiraum-Wellenwiderstand. Grundsätzlich kann man diese Konstante als Verhältnis zwischen E- und H-Feld bei einer elektromagnetischen Welle (im Vakuum) ansehen. Ein Zusammenhang mit der Berechnung des Wellenwiderstandes einer Leitung besteht allerdings ebenfalls:

$$Z_\mathrm{w} = \sqrt{\frac{\sqrt{R'^2 + (\omega\mu_0\mu_\mathrm{r})^2}}{\sqrt{G'^2 + (\omega\varepsilon_0\varepsilon_\mathrm{r})^2}}} \tag{1.32}$$

Mit R' als Widerstandsbelag (in Ω/m) und G' als Leitfähigkeitsbelag (in S/m) der Leitung, der el. und magn. Feldkonstante ε_0 bzw. μ_0 (siehe Anhang A.1 sowie der Kreisfrequenz ω).

Im Vakuum bzw. ohne Leitung sind beide Größen R' und G' gleich null sowie μ_r und ε_r gleich eins zu setzen. Damit fällt auch die Kreisfrequenz ω heraus, somit ergibt sich dasselbe wie in Gl. 1.31.

1.9.3 Wellenüberlagerung

Genauso wie bei stationären Schwingungen ist bei Wellen eine Überlagerung (Superposition) möglich. Bei sinusförmigen Wellen lässt sich der Vorgang anhand von Zeigerdiagrammen anschaulich verdeutlichen. Allerdings muss man bei zweierlei Frequenzen beachten, dass die Zeiger mit unterschiedlicher Frequenz rotieren. Sind beide Frequenzen gleich, lassen sich beide Zeiger durch Vektoraddition zu einem reduzieren. Grundsätzlich findet immer eine Addition der Feldvektoren zu jedem Ortspunkt (bei Schwingungen Zeitpunkt) statt, wie aus Abb. 1.14 zu entnehmen ist.

1.9.4 Polarisation

Was bei optischen Wellen zu den besonderen Erscheinungen zählt, kommt bei elektromagnetischen Funkfrequenzen häufig vor: Die Wellen sind polarisiert. Bei der linearen Polarisation sind die Feldvektoren parallel und zeigen in eine diskrete Richtung. Wenn es dann nur noch eine Ausbreitungsrichtung gibt, sind die Feldvektoren nicht nur parallel

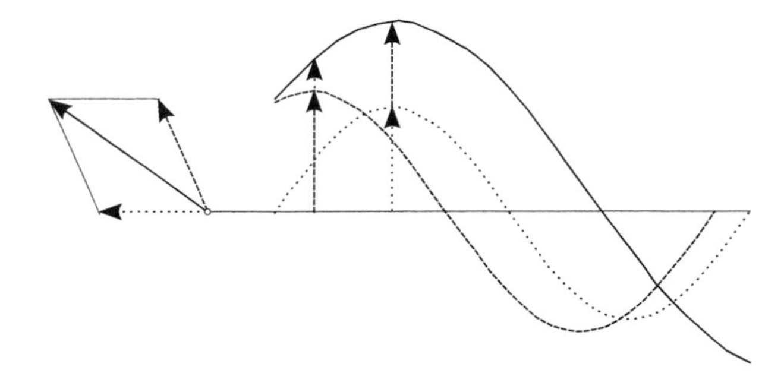

Abb. 1.14 Wellenüberlagerung. Beide Wellen ergeben eine neue durch Vektoraddition. Hier sehen wir den Spezialfall, dass beide Wellen dieselbe Frequenz aufweisen, somit führt die Addition der Zeiger zu einem neuen Zeiger, der phasenstarr zu den anderen ist

zueinander, sondern liegen auch noch alle auf einer Ebene. Das ist auch der Fall, den man grafisch übersichtlich darstellen kann. Siehe hierzu auch Abb. 2.7. Zur Betrachtung einer elektromagnetischen Welle muss man sich entscheiden, ob man den elektrischen oder den magnetischen Anteil heranzieht.

Überlagert man nun zwei linear polarisierte Wellen (z. B. elektrische) gleicher Frequenz, deren Feldvektoren senkrecht aufeinander stehen und gleichzeitig eine Phasenlage von 90° aufweisen (also eine Viertelschwingung verschoben sind), so addieren sich die einzelnen Feldvektoren zu einer fortlaufenden Spirale, d. h. geht man in Ausbreitungsrichtung, so ändert sich die Polarisationsrichtung kreisförmig. Man spricht daher von Zirkularpolarisation oder – wenn beide Wellen von unterschiedlicher Amplitude sind, die Phasenverschiebung oder die Winkellage der Feldvektoren von 90° differiert – elliptische Polarisation. Besteht dagegen keine Phasenverschiebung, so entsteht trotz senkrecht aufeinander stehender Feldvektoren der beiden Wellen keine zirkulare oder elliptische, sondern eine lineare Polarisation, da die beiden Richtungsanteile immer im festen Verhältnis zueinander stehen. Man darf aber diese Überlagerung nicht etwa mit dem elektrischen und magnetischen Anteil der elektromagnetischen Welle verwechseln, da sich diese unterschiedlichen Größen nicht sinnvoll überlagern lassen.

Bei terrestrischen Rundfunkwellen liegt normalerweise Linearpolarisation vor, was man an der Ausrichtung der Dipolantennen erkennen kann. Dabei sind letztere meist horizontal ausgerichtet, nur in vereinzelten Ausnahmen wurde in Übereinstimmung mit den Sendeantennen vertikal ausgerichtet. Bei Störfeldern sind derartige Vorzugsrichtungen kaum vorhersagbar, d. h. es sind i. Allg. ganze Winkelbereiche an Polarisation aktiv.

1.9.5 Wellenausbreitung auf Leitungen

Bislang hatten wir Wellen im freien Raum bzw. im Vakuum betrachtet. Doch eine Wellenausbreitung kann auch auf Leitungen stattfinden. Siehe hierzu Abb. 1.15. Eine idealistisch betrachtete Verbindung von zwei Punktepaaren mittels zweier Leiter birgt noch keine charakteristischen Eigenschaften einer Wellenleitung. In Schaltplänen oder auch Simulationsmodellen kommen diesen Verbindungen auch keinerlei Wellenleitereigenschaften zuteil. Was sind nun solche Eigenschaften?

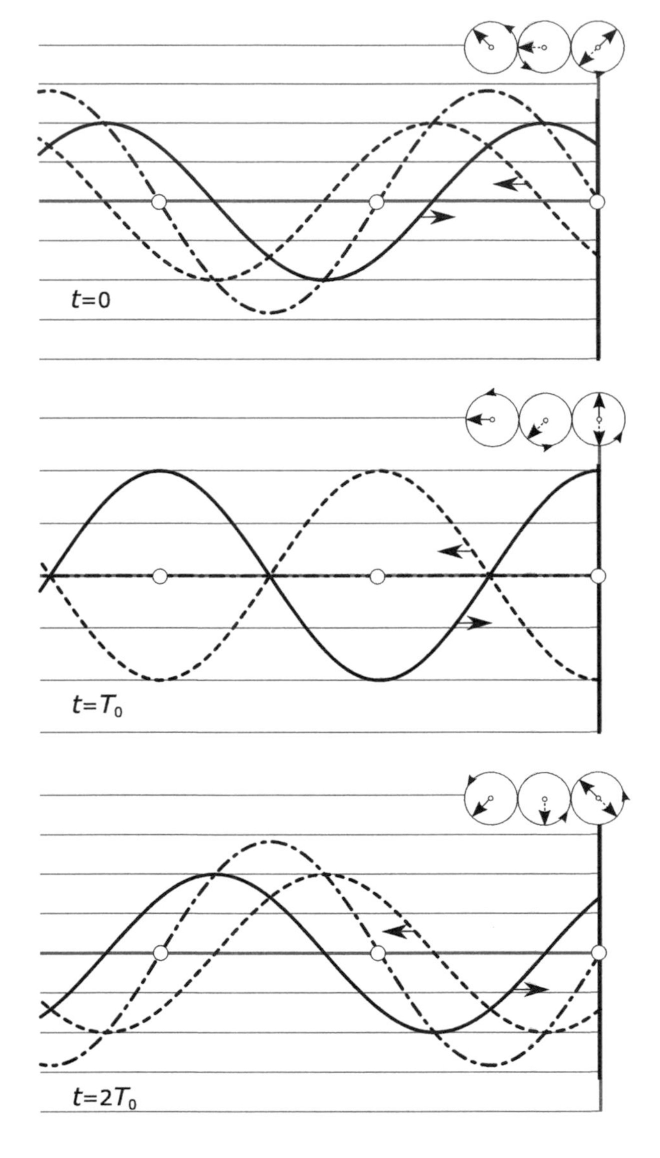

Abb. 1.15 Zur Entstehung einer stehenden Welle bei einer totalen Reflexion am Ende einer Leitung. Dargestellt ist der letzte Abschnitt einer am Ende offenen Leitung. Die Wellen stehen für den Spannungsverlauf auf der Leitung. Die volle Linie ist die ankommende Welle, die gestrichelte die reflektierte und die Strichpunktlinie die Summe beider

Nun, bei idealen Verbindungen sind Spannungspotenziale und Ströme an allen Stellen der Leiter zu einem Zeitpunkt identisch. Das ist bei einer Wellenleitung nicht der Fall. Ein Spannungssprung am einen Ende kommt am anderen erst mit einer gewissen Zeitverzögerung an. Gibt man ein harmonisches Sinussignal auf die Leitung, erscheint sie am anderen Ende mit einer Phasenverschiebung bzw. einer *Phasenlaufzeit* τ_φ. Letztere hängt wiederum mit der *Phasengeschwindigkeit* v_φ zusammen, das ist diejenige Geschwindigkeit, mit der sich die Welle auf der Leitung fortpflanzt. Sie ist abhängig von der Dielektrizitätszahl ε_r des Mediums zwischen den Leitern und der Lichtgeschwindigkeit c_0 des Vakuums:

$$v_\varphi = \frac{c_0}{\sqrt{\varepsilon_r}} = f \cdot \lambda \tag{1.33}$$

Eine Leitung der Länge l wird also folgende Phasenlaufzeit aufweisen:

$$\tau_\varphi = \frac{l}{v_\varphi} = \frac{l \cdot \sqrt{\varepsilon_r}}{c_0} \tag{1.34}$$

Bei üblichen zweipoligen Leitungen unterscheidet man prinzipiell die Koaxialleitung und symmetrische Leitungen (z. B. Streifenleitung, verdrillte Leitung usw.).

Zur Unterscheidung von Leitungen zu „normalen" Verbindungen muss man sich vorstellen, dass Signale und deren Energie über magnetische und elektrische Wechselfelder übertragen werden. Dann handelt es sich auch um keine einfache Verbindung mehr, sondern um die Aufteilung in unendlich kleine induktive und kapazitive Elemente, wie in Abb. 1.16 demonstriert.

Ist die Dielektrizitätszahl ε_r von der Frequenz abhängig, spricht man von den Effekten der *Dispersion*. Hat man ferner ein Signalgemisch aus zwei unterschiedlichen Frequenzen, so werden sich die zugehörigen Wellen mit unterschiedlichen Phasengeschwindigkeiten auf der Leitung ausbreiten. Wir betrachten hierzu die Welle in Abb. 1.17, die sich durch die Überlagerung der genannten zwei Wellen unterschiedlicher Frequenzen f_1 und f_2 überlagern. Man erhält ein Bild ähnlich dem einer Amplituden-Modulation. Es handelt sich jedoch nicht um eine solche, sondern nur um die Addition von Wellen.

Aus der Bewegung der Einhüllenden folgt die *Gruppengeschwindigkeit* v_g. Würden sich beide Teilwellen gleich schnell fortbewegen, würde sich auch die *Einhüllende* so schnell bewegen. Dann wäre die Phasengeschwindigkeit v_φ gleich der Gruppengeschwindigkeit v_g. Sind die Phasengeschwindigkeiten dagegen unterschiedlich, dann erhalten wir auch ein Gruppengeschwindigkeit, die wiederum von beiden Phasengeschwindigkeiten differiert:

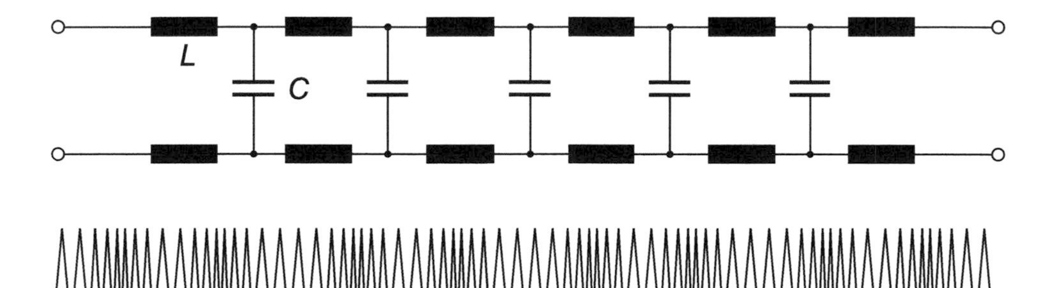

Abb. 1.16 Ersatzmodell für eine Leitung. Man stelle sich eine unendlich fein in induktive und kapazitive Einzelelemente aufgeteilte Kombination vor, die in der Lage ist elektrische und magnetische Energie zu speichern und beides ineinander überführen zu können. Analog dazu passt ein Federsystem, das Tensionsenergie und Bewegungsenergie und alle Übergangsstufen hiervon beinhaltet

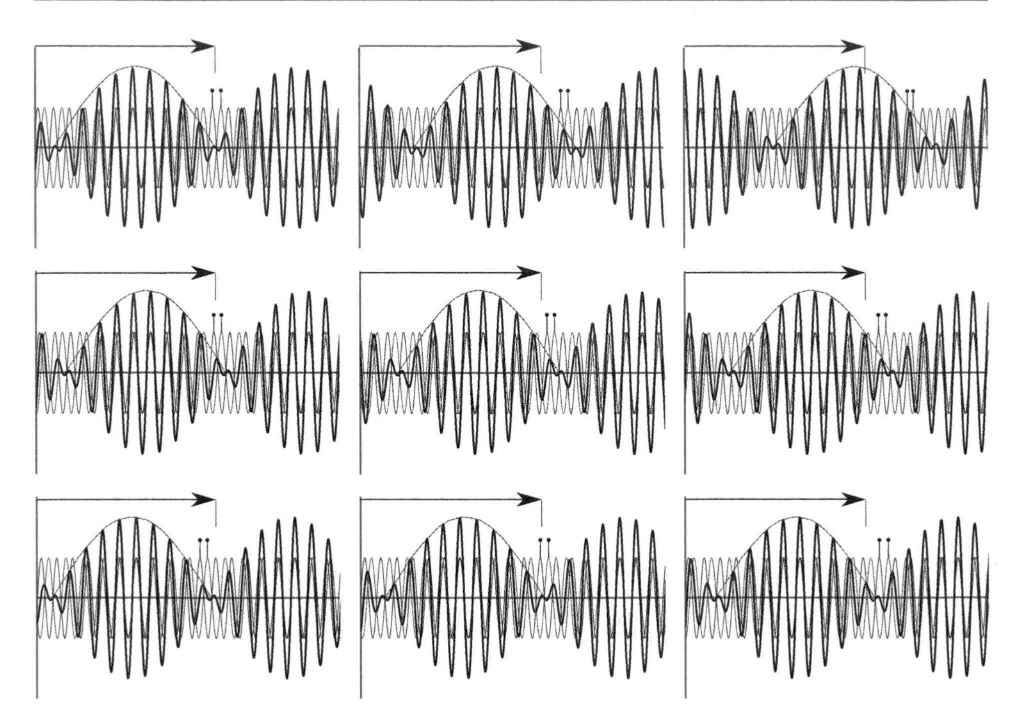

Abb. 1.17 Dispersion und unterschiedliche Phasengeschwindigkeiten. Die dünnen Linien sind die beiden sich überlagernden Wellen, die dicke Linie ist die resultierende Welle. Die Einhüllende (gestrichelt gezeichnet) bewegt sich mit Gruppengeschwindigkeit voran. Es sind jeweils drei Zeitpunkte dargestellt. Die Bewegung der einzelnen Wellen sind an einem Marker (Punkt) zu beobachten. Im oberen Teil der Abbildung ist die Gruppengeschwindigkeit geringer als die Phasengeschwindigkeiten, im mittleren Teil sind Gruppen- und Phasengeschwindigkeit gleich, im unteren Teil ist die Situation umgekehrt. Bezeichnend ist vor allem die Tatsache, dass Informationen unterschiedlicher Frequenzen auch nicht gleichzeitig am anderen Leitungsende ankommen

$$v_g = \frac{f_2 - f_1}{\lambda_2 - \lambda_1} \tag{1.35}$$

Dabei kann v_g größer oder kleiner als die sich unterscheidenden Werte für v_φ sein.

Bei verlustarmen Leitungen ist die Dispersion gering, d. h. $v_g \approx v_\varphi \approx \text{const.}$

In der Optik findet man ein klassisches Phänomen der Dispersion, aufgrund dieser erst Lichtbrechung stattfinden kann.

1.9.6 Wellenreflexion

Betrachten wir eine Leitung, an die eine hochfrequente Spannungsquelle angeschlossen ist. Die Leitung sei am anderen Ende kurzgeschlossen. Allein diese Tatsache bedeutet, dass die Spannung an diesem Punkt zu jedem Zeitpunkt gleich null ist.

Die Pfeile deuten die Bewegungsrichtung an. Die kleinen Kreise an den Diagrammen oben rechts sind die Zeiger der Schwingungen an den jeweiligen Orten. Es leuchtet ein, dass die Phasenlagen beider Wellen stets unterschiedliche sind, wenn man sich vom Leitungsende wegbewegt, weil beide Verschiebungen gegenläufig sind. Entgegengesetzte Zeiger ergeben Auslöschungen, also Knotenpunkte, während gleichphasige Zeiger zu einer Verdopplung der Amplitude der Resultierenden führt. Es sind drei aufeinanderfolgende Zeitpunkte dargestellt.

Ein kurzgeschlossenes Leitungsende bedeutet Spannungsknoten, ein offenes folglich Stromknoten.

Im vorliegenden Fall unterliegt die gesamte Energie der vorlaufenden Welle der Reflexion – kein Anteil wird absorbiert. Eine solche Situation besteht im Idealfall, wenn man ein Kabel an einen Hochfrequenzgenerator anschließt und dabei das andere Ende entweder offen lässt oder kurzschließt.

In der Praxis handelt es sich um eine Situation dazwischen, i. Allg. ist dann der Reflexions-Anteil zwar noch existent, jedoch ist er geringer als die einfallende Welle. Diesen Fall sehen wir in Abb. 1.18. Die resultierende Welle ist nicht mehr stehend, sondern sie bewegt sich langsam nach links. An einem festen Punkt gemessen ergibt sich somit eine Schwebung zwischen zwei Wellen (keine Amplituden-Modulation!). Dasselbe erhielte man beim Entlanggleiten auf der Leitung, wenn eine stehende Welle vorhanden ist.

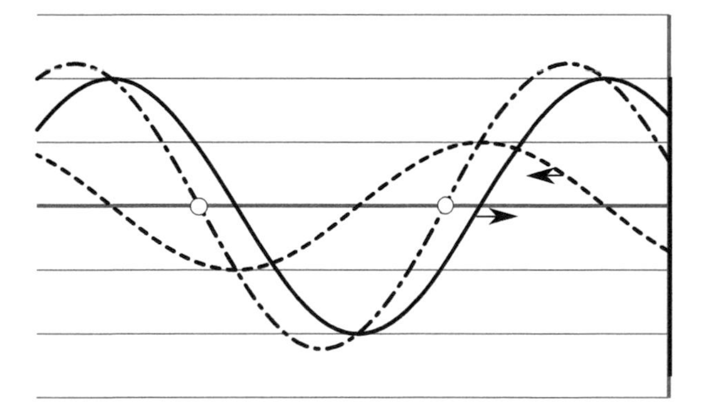

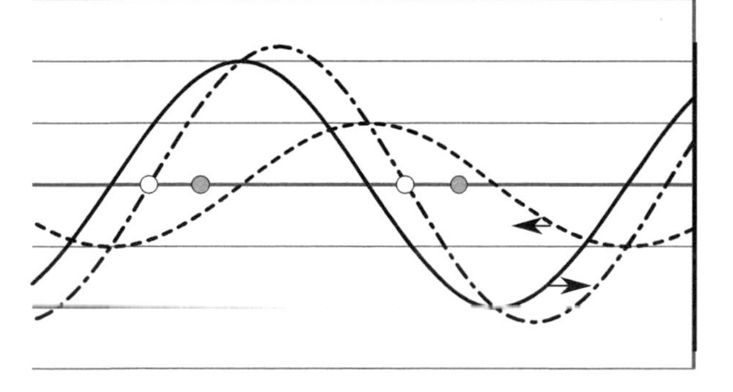

Abb. 1.18 Teilweise Reflexion. Im Gegensatz zu Abb. 1.15 liegt am rechten Ende der Leitung keine Totalreflexion vor, sondern nur noch eine partielle. Die zurückgeworfene Welle (gestrichelte Linie) weist in diesem betrachteten Falle nur noch die Hälfte der Amplitude auf. Der untere Teil der Abbildung stellt den Schnappschuss zu einem späteren Zeitpunkt dar – die Summe beider Wellen (Strichpunktlinie) führt zu keiner stehenden Welle mehr, sondern zu einer, die sich langsam nach links bewegt

An allen Stellen der Leitung, wo Inhomogenitäten oder Sprünge von geänderten elektrischen Eigenschaften existieren, entstehen Reflexionen. Eine dieser Eigenschaften ist der Wellenwiderstand.

1.9.7 Angepasste Leitung - Wellenwiderstand

Bei einem bestimmten Widerstandswert am Ende der Leitung ist die Reflexion sogar verschwunden. Dies ist ein Spezialfall und bedeutet Anpassung der Leitung. Doch zuvor wollen wir uns nochmals die beiden Extreme – offenes und kurzgeschlossenes Leitungsende – durch Abb. 1.19 vergegenwärtigen.

Zwischen diesen Fällen haben sich der Wellenzug der Spannung bezüglich des Stromes um 180° phasenverschoben. Es handelt sich beides mal um Blindleistung an der Leitung – bei offener Leitung bedeutet sie eine kapazitive Last, bei kurzgeschlossener eine induktive. Genau dazwischen existiert eine Situation, bei der Strom- und Spannungswelle in Phase sind, siehe Abb. 1.20.

In diesem Fall wird die gesamte Energie an den Widerstand abgegeben, der sich am Ende der Leitung befindet. Also ist der Wellenwiderstand der Leitung gleich dem (ohmschen) Abschlusswiderstand. Dieser verhindert letztlich die Reflexion einer Welle. Somit könnte man auch sagen, der Wellenwiderstand wird von einer unendlich langen Leitung an

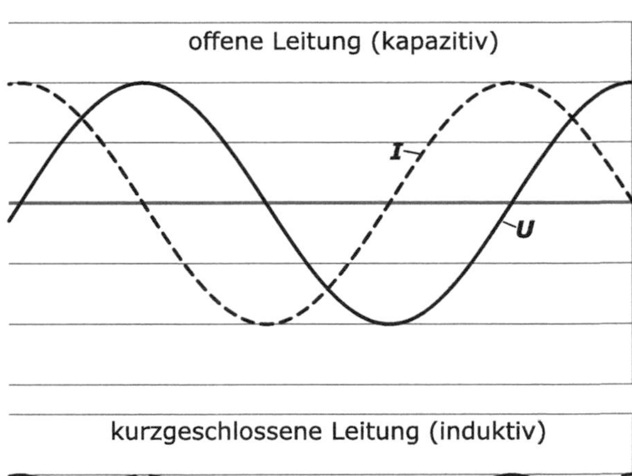

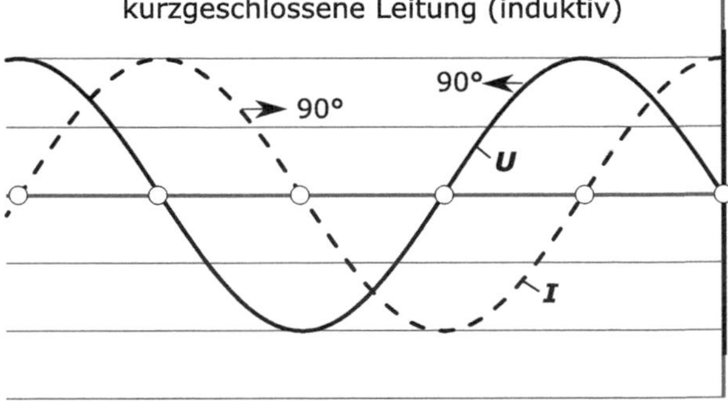

Abb. 1.19 Beide Situationen der offenen und kurzgeschlossenen Leitung. Im ersten Fall stellt sie eine rein kapazitive Last dar, im anderen eine rein induktive Last. Die Phasenverschiebung ist jeweils 90° in unterschiedliche Richtungen, also gegeneinander um 180°. Hier aber handelt es sich durchweg um stehende Wellen – man verwechsle diese Darstellung nicht mit Abb. 1.15, wo erst durch Addition der voranlaufenden und zurückgeworfenen Welle eine stehende Welle entstand

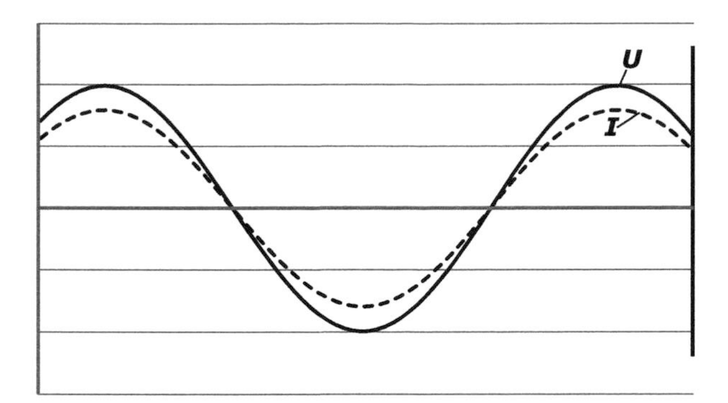

Abb. 1.20 Die Leitung ist weder am Ende kurzgeschlossen noch ist sie offen – sie ist mit einem reellen Widerstand abgeschlossen, dem Wellenwiderstand der Leitung. Die Folge davon ist, dass an jedem Ort die Welle der Spannung und die des Stromes in Phase sind. Es gibt keinen reflektierten Anteil mehr. Die gesamte Energie wird an diesem Abschlusswiderstand in Wärme umgesetzt. Am anderen Ende verhält sich jetzt die Leitung so, als ob sie unendlich lang wäre und deshalb keine Reflexion mehr entstehen ließe

einem Ende **A** dargestellt – unabhängig davon, was am anderen Ende ist, denn der Zustand dort wirkt sich für **A** nicht aus.

Wie wird der Wellenwiderstand Z_w gemessen? Definitionsgemäß ist dieser:

$$Z_w = \sqrt{\frac{\sqrt{R'^2 + (\omega L')^2}}{\sqrt{G'^2 + (\omega C')^2}}} \tag{1.36}$$

Hierin sind R' der Widerstandsbelag in Ω/m, L' der Induktivitätsbelag in H/m, G' der Leitfähigkeitsbelag in S/m, C' der Kapazitätsbelag in F/m sowie ω die Kreisfrequenz.

Diese Gleichung enthält alle Größen – bei höheren Frequenzen fallen allerdings mehr und mehr die Glieder R' und G' heraus, sodass näherungsweise gesetzt werden kann:

$$Z_w = \sqrt{\frac{L_k}{C_o}} = \sqrt{X_L \cdot X_C} \tag{1.37}$$

Hierin sind L_k die Induktivität bei kurzgeschlossenem Leitungsende, C_o die Kapazität bei offenem Leitungsende und X die entsprechenden Wechselstrom-Widerstände.

Statt der Blindwiderstände sind auch die Scheinwiderstände heranzuziehen, damit wird die Bestimmung noch genauer.

Das Herausfallen der statischen Glieder bewirkt auch, dass das Ganze nunmehr nicht mehr frequenzabhängig ist.

Es ist noch die Frage zu klären, was an Leistung am Generator bzw. seinem Innenwiderstand R_i umgesetzt wird, wenn das Leitungsende Totalreflexion vollführt – also offen oder kurzgeschlossen ist – und der Wellenwiderstand der Leitung ebenfalls R_i entspricht. Betrachten wir hierzu Abb. 1.21.

Die Leitungslänge sei bei gegebener Frequenz so gewählt, dass auf der Generatorseite gerade ein Spannungsknoten ist. Für die kurzgeschlossene Leitung bedeutet dies, dass gerade $1/2\lambda$, λ, $3/2\lambda$ usw. „hineinpasst", während es bei der offenen Leitung $1/4\lambda$, $3/4\lambda$, $5/4\lambda$ usw. sind. Spannungsknoten bedeutet, für den Generator herrscht dieselbe Situation wie bei Kurzschluss desselben. Für andere Leitungslängen liegt kein Kurzschluss vor, sondern eine Impedanz mit mehr oder weniger kapazitivem oder induktivem Charakter. Es wird also dann Scheinleistung umgesetzt.

Zwischen den oben genannten Leitungslängen gibt es jeweils welche, bei denen der Generator die Leistung $P = 0$ umsetzt – dies ist der Fall für Stromknoten am Leitungseingang. Dort herrscht dann die volle Generatorspannung vor, wie man von der Reflexionsbetrachtung in Abschn. 1.9.6 ersehen kann.

Wie der Abbildung zu entnehmen ist, wirkt die Leitung von den angegebenen Längen ausgehend – bei Verlängerung (oder Verkleinerung der Frequenz) zunehmend kapazitiv und bei Verkürzung (oder Vergrößerung der Frequenz) zunehmend induktiv.

Als Fazit also ist zu sagen, dass jegliche Fehlanpassung im schlimmsten Fall dazu führt, dass der Generator das Doppelte an Leistung im eigenen Innenwiderstand umsetzt, als er es bei optimaler Anpassung tun würde. Damit ist zu rechnen, weil häufig die Leitungslänge bzw. auch die Frequenz unbekannt sind.

Im Idealfall soll eine an eine Leitung angeschlossene Antenne möglichst wenig auf diese zurück reflektieren, sondern die gesamte Energie abstrahlen. Um dahingehend eine Aussage treffen zu können, sind nachfolgend beschriebene Verfahren entstanden.

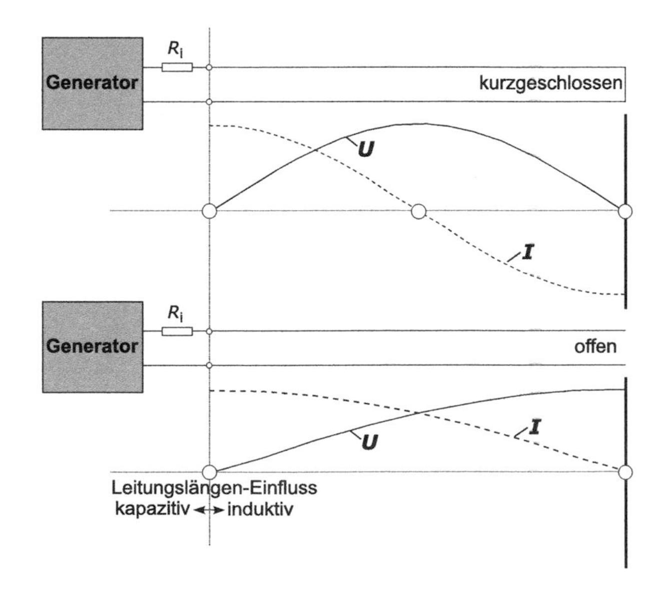

Abb. 1.21 Konstellationen für Fehlanpassung. Wenn am Verbindungspunkt der Leitung mit dem Generator ein Spannungsknoten ist, liegt de facto der Kurzschlussfall vor und der Generator setzt maximale Leistung um, und zwar in seinem Innenwiderstand R_i. Die verlustfreie Leitung reflektiert am rechten Ende die Welle

1.9.8 Stehwellenverhältnis

Obwohl das *Stehwellenverhältnis* (engl. **V**oltage **S**tanding **W**ave **R**atio = VSWR) keine bei EMV-Messungen direkt vorkommende Größe darstellt, wollen wir sie hier etwas näher erläutern, da selbst durchgeführte Tests bei Feldeinstrahlung häufig zu Fehlmessungen führen, dass die in eine G-TEM-Zelle oder eine Antenne eingespeiste Spannung nur im Idealfall den Schluss auf die erreichte elektrische Feldstärke zulässt. Ferner ist auch i. Allg. bei der Messpraxis vorkommende Fehlanpassung und die damit verbundenen Zusammenhänge besser verständlich, wenn die Grundlagen dafür präsent sind.

Mathematisch ergibt sich die VSWR (k) aus der Beziehung:

$$k = \frac{U_\mathrm{v} + U_\mathrm{r}}{U_\mathrm{v} - U_\mathrm{r}} \tag{1.38}$$

Mit U_v der Effektivspannung der vorlaufenden Welle und U_r der Effektivspannung der rücklaufenden (reflektierten) Welle.

Der einheitenlose Wert ist ein Maß für die Anpassung einer Leitung. Ist $k = 1$, dann besteht optimale Anpassung – es findet keine Reflexion statt. Bei maximaler Reflexion geht $k \to \infty$.

Die Messung von k erfolgt über die Einzelwerte der Spannungen. Ältere Stehwellengeräte (etwa für den Amateurfunk) setzen sog. *Kreuzzeiger-Instrumente* ein. Es handelt sich dabei eigentlich um zwei zwei Drehspul-Instrumente in einem Gehäuse, die so angeordnet sind, dass sich ihre Zeiger stets in einem Bereich innerhalb der Skala kreuzen. Die Werte auf der Skala sind nach Werten für k kalibriert.

Wie stehen beide Werte an einem Punkt einer Leitung zur Verfügung? Um diese Frage zu klären, betrachten wir den Aufbau eines Richtkopplers in Abb. 1.22.

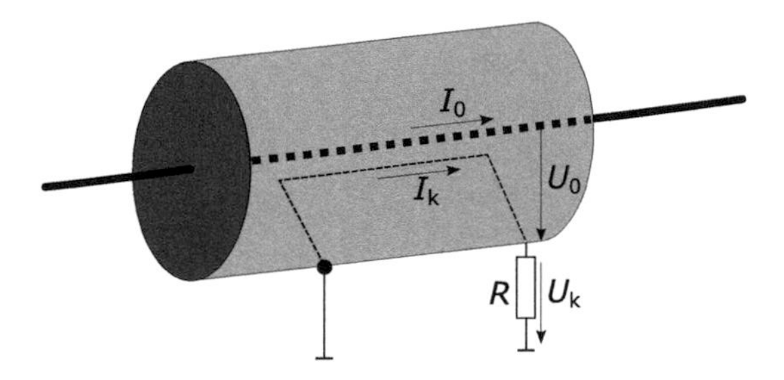

Abb. 1.22 Prinzip des Richtkopplers. Die Zeichnung deutet lediglich die Auskopplung für die vorwärtslaufende Welle an. Die rückwärtslaufende Welle ist ebenfalls auskoppelbar, es ist lediglich eine Schleife in entgegengesetzter Richtung zu legen, die ebenfalls auf einen Auskoppelwiderstand R führt

Um zu zeigen, dass es sich bei der Spannung U_k tatsächlich um eine Größe handelt, die nur von der Spannung der Vorwärtswelle abhängig ist, sehen wir uns die nachfolgende Herleitung an.

Die Drahtschleife weist einen Koppelfaktor κ auf, aus dem sich aus den Ursprungsgrößen die Werte für U_k und I_k ergeben:

$$U_k = \kappa \cdot U_0 + \kappa \cdot Z_w \cdot I_0 \tag{1.39}$$

Die resultierende Spannung U_0 und Strom I_0 ergibt sich aus den komplexen Werten der Vor- und Rückwärtswelle wie folgt:

$$\underline{U_0} = \underline{U_{vor}} + \underline{U_{rück}} \quad \text{und} \quad \underline{I_0} = \frac{\underline{U_{vor}} - \underline{U_{rück}}}{Z_w} \tag{1.40}$$

Gl. 1.39 in Gl. 1.40 eingesetzt:

$$U_k = 2 \cdot \kappa \cdot U_{vor} \tag{1.41}$$

Eine entsprechende Herleitung würde für eine Drahtschleife in entgegengesetzter Richtung gelten, nur mit dem Unterschied, dass in Gl. 1.39 ein Minuszeichen zwischen den Termen steht. Damit entstünde statt Gl. 1.41 der Zusammenhang mit der rücklaufenden Spannung $U_{rück}$.

In der Praxis haben Richtkoppler sehr unterschiedliches Aussehen, was auch an den Frequenzbereichen liegt, für die sie ausgelegt sind. Ein Beispiel niedrige Frequenzen bis zum hohen UHF-Bereich sehen wir in Abb. 1.23. Mitunter sind auch Eigenbau-Modelle im Internet publiziert, die sich aber hauptsächlich auf Anwendungen im Amateurfunk beschränken. Sie beschränken sich auf isolierte Drähte, die unter die Abschirmung des Ko-

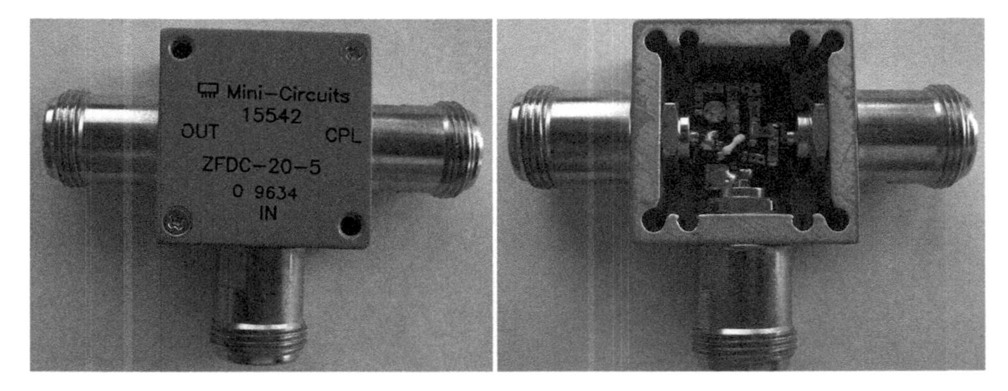

Abb. 1.23 Das Innenleben eines Richtkopplers für einen Breitband-Bereich von 0,1 bis 2000 MHz (Minicircuits). Das Element gibt nur einen „Kanal" zurück, laut Hersteller handelt es sich dabei um die vorwärtslaufende Welle. Der ausgegebene Anteil ist noch nicht gleichgerichtet, deswegen muss dieser auch über eine HF-Buchse laufen. Der sichtbare Aufbau in diesem Modell zeigt, dass es nicht ganz einfach ist, über einen weiten Frequenzbereich konstante Koppelfaktoren zu erzielen. Das Modell besitzt einen HF-Transformator, mehrere Widerstände sowie einen Trimmkondensator

axkabels geschoben sind und je an einem Ende einen Abschlusswiderstand gegen den Schirm erhalten. Das offene Ende führt man einem Dioden-Demodulator zu. Die Linearität über einen weiten Frequenzbereich ist auf diese Weise meist nicht gegeben, was aber dem Zweck nicht abträglich ist. Für EMV-Messungen allerdings gibt es deswegen Einschränkungen.

Natürlich bietet die Messung des VSWR nicht nur die Möglichkeit, Fehlanpassungen in Bezug auf Leitungsanschlüsse aufzudecken, sondern vor allem die Abstrahlleistung von Antennen oder G-TEM-Zellen zu bewerten bzw. nachzuregeln. Eine Anwendung des letzteren sei in Abb. 1.24 dargestellt.

Kalibrierung des Richtkopplers

Bei einem Richtkoppler, der Werte für beide Richtungen ausgibt, können diese zur Ermittlung der VSWR direkt herangezogen werden, denn nach Gl. 1.38 kürzt sich ein Koppelfaktor heraus, wenn er für beide Richtungen identisch ist. Bei einem Richtkoppler hingegen, der z. B. nur die Vorwärtsrichtung ausgibt, ist eine Kalibrierung nötig. Wie hat diese zu erfolgen? Der Ausgang des Richtkopplers ist – bei abgeschaltetem Leistungsverstärker – von der Leitung zur Antenne bzw. zur G-TEM-Zelle zu trennen und stattdessen ein Abschlusswiderstand mit 50 Ω direkt anzuschließen. Maximalleistung dabei beachten! Der vom Koppelausgang gelieferte Wert entspricht dem relativen Vorwärtswert von 100 % bzw. 0 dB. Alle anderen Werte, die sich bei wieder angeschlossener Antenne oder G-TEM-Zelle ergeben, sind dem Referenzwert in Beziehung zu setzen. Der Vorgang der Kalibrierung ist in Abb. 1.25 schematisch dargestellt.

Für die Konstanz und Homogenität der Feldstärke innerhalb eines Raumes oder einer G-TEM-Zelle ist die exakte Nachführung der eingehenden Leistung keineswegs hinreichend – es ist nur eine der Möglichkeiten, auf die Charakteristik des Abstrahlelements zu antworten.

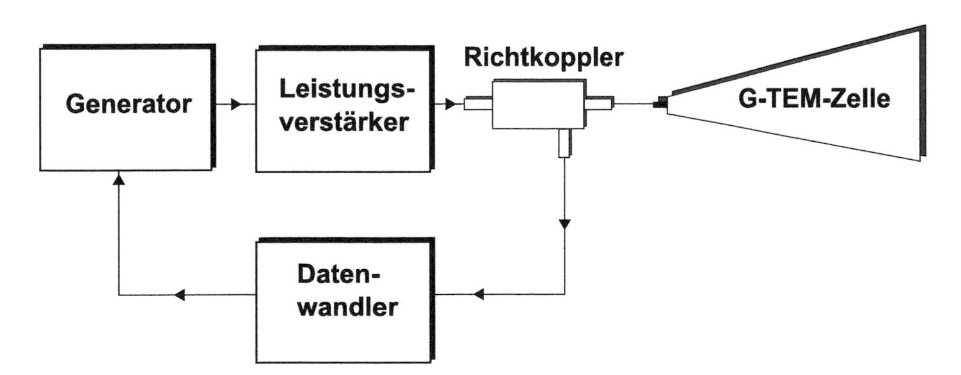

Abb. 1.24 Leistungsregelung bei einer G-TEM-Zelle (Blockschaltbild, Aufbau siehe Abb. 12.6). Kernstück der Regelung ist ebenfalls ein Richtkoppler, der jedoch an den Generator Daten zur Stabilisierung der Leistung zurückgibt. Der Generator bzw. das Rechnerprogramm müssen in Bezug auf Schnittstelle und Datenverarbeitung entsprechend präpariert sein

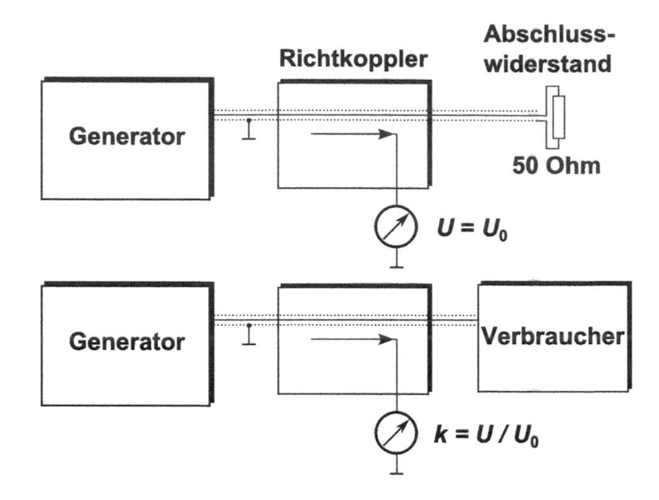

Abb. 1.25 Vorgang der Kalibrierung eines Richtkopplers. Zunächst erhält der Ausgang einen Abschlusswiderstand. Der gemessene Referenzwert entspricht 100 %. Nun wird der eigentliche Verbraucher angeschlossen – der anstehende Messwert wird ins Verhältnis zum Referenzwert gesetzt, das ergibt den Vorwärtsfaktor *k*

Man kann auf die automatische Nachführung auch verzichten und stattdessen eine Kennlinie der G-TEM-Zelle aufzeichnen und dies dann dem Generator als Kompensation anbieten. Das Steuerprogramm für den Generator reguliert dann die Amplitude dementsprechend. Siehe Abb. 1.26.

Es gelten folgende Grundsätze bei der Betrachtung von Wellen:

- Eine verlustfreie unendlich lange Leitung belastet eine Quelle mit dem Widerstand ihres Wellenwiderstandes. Dasselbe gilt für eine endlich lange Leitung, solange kein reflektierter Anteil zurückgeworfen wurde.
- Eine Wechselspannungsquelle mit der Quellenspannung U_0 und dem Innenwiderstand R_i sieht beim Anschließen an eine Leitung mit dem Wellenwiderstand $Z_0 = R_i$ genau diesen Wert als ohmsche Belastung. Zu diesem Zeitpunkt, solange es also nur eine voranschreitende Welle gibt, beträgt die Amplitude die Hälfte der Quellenspannung.
- Die Hälfte der Quellenspannung liegt auch vor, wenn die Leitung mit ihrem Wellenwiderstand abgeschlossen ist.
- Je nach Länge der Leitung, der Frequenz und der Tatsache, ob das Leitungsende offen oder kurzgeschlossen ist, muss der Generator Werte zwischen Kurzschlussleistung und Leerlaufleistung (Leistung null) aufbringen.
- Die maximal entnehmbare Leistung ist die halbe Kurzschlussleistung des Generators. Hierfür muss Leistungsanpassung vorliegen, d. h. Quelleninnenwiderstand, Wellenwiderstand und Lastwiderstand am Leitungsende müssen gleich groß sein.

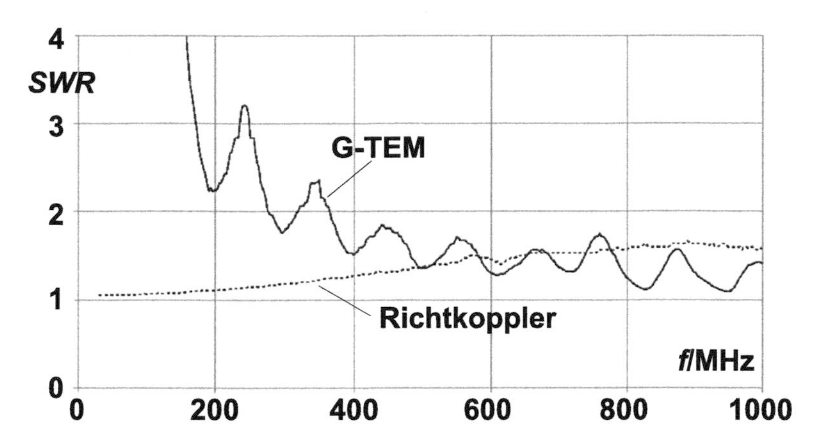

Abb. 1.26 Kennlinie einer G-TEM-Zelle, mit einem Richtkoppler und einem Oszilloskop oder Spektrumanalyzer aufgezeichnet. Daraus ergibt sich die an der 0-dB-Linie gespiegelte Kompensationstabelle. Man muss für eine korrekte Darstellung die Kalibrier-Kennlinie für den Richtkoppler mit einbeziehen. Übrigens wird ein in die Zelle eingeführter Proband i. Allg. die Kennlinie verändern, denn es finden dann Reflexionen statt. Auch eine leere Zelle zeigt Reflexionen, die sich in ausgeprägten Maxima und Minima zeigen. Dies hängt vor allem mit der Größe der Zelle zusammen. Im vorliegenden Fall wiederholen sich die Maxima etwa alle 100 MHz, weil $\lambda/2$ bei dieser Frequenz „hineinpasst“

1.9.9 Skin-Effekt

Ein in der Hochfrequenztechnik sehr häufig anzutreffendes Phänomen ist der *Skin-Effekt*. Man versteht darunter die Tendenz eines hochfrequenten Stromes, im Querschnitt eines Leiters die Stromdichte auf der Außenfläche zu verteilen. Im Zentrum des Leiters ist dann der Strom kaum noch nachweisbar, sodass auf dieses Leitermaterial verzichtet werden könnte, ohne dass der wirksame Widerstand merklich höher werden würde.

Man spricht in diesem Zusammenhang von der Eindringtiefe δ des Stromes in einem Leiter. In dieser Tiefe ist gegenüber der Wandung der Strom auf den relativen Wert $1/e$ abgefallen, also auf ca. 37 %. Ferner gilt, dass ein Hohlleiter mit der Wandungsdicke δ denselben ohmschen Widerstand hätte wie der volle Leiter bei Wechselstrom.

Diese Größe δ hängt von den Materialeigenschaften *Leitfähigkeit* κ und *Permeabilität* μ sowie von der Frequenz f bzw. von der Kreisfrequenz ω ab (näherungsweise bis in den Gigahertz-Bereich):

$$\delta = \sqrt{\frac{2}{\omega \cdot \kappa \cdot \mu}} \tag{1.42}$$

Beispielsweise beträgt bei einem Kupferdraht bei 100 MHz die Eindringtiefe nur noch ca. 7 µm.

Der Verlauf des Stromes mit Anfangswert am Rand I_0 in Abhängigkeit von der Materialtiefe d beträgt:

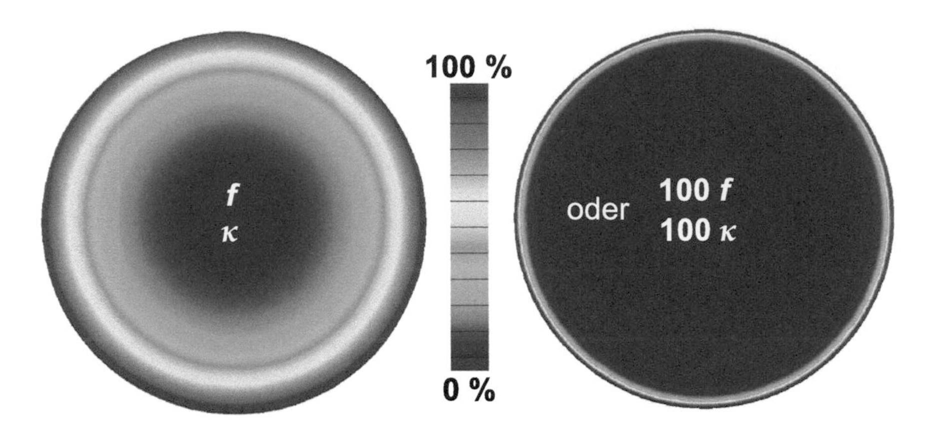

Abb. 1.27 Stromdichte-Verteilung beim *Skin-Effekt.* Die Skala reicht von 0 bis 100 %. Im linken Leiter ist die Stromdichte noch recht weit bis in den Querschnitt hinein verteilt, während im rechten Leiter die Frequenz oder die Leitfähigkeit um den Faktor 100 vergrößert wurde [2]

$$I = I_0 \cdot \mathrm{e}^{-d/\delta} \tag{1.43}$$

Zwei Leiter mit kreisrundem Querschnitt, die sich stark in ihrer Leitfähigkeit unterscheiden, zeigen eine Stromdichten-Verteilung nach Abb. 1.27.

1.9.10 Verkürzungsfaktor

Da sich Wellen in Leitern – vor allem Koaxialleitern – der *Permittivität* ϵ_r des *Dielektrikums* zufolge langsamer ausbreiten, muss man bei den Längenberechnungen (z. B. bezüglich Reflexionen) einen *Verkürzungsfaktor* k berücksichtigen. Die *Ausbreitungsgeschwindigkeit* c ist proportional zum Verkürzungsfaktor:

$$c \propto k = \frac{1}{\sqrt{\epsilon_r}} \tag{1.44}$$

Bei Polyethylen als Isolierstoff zwischen Innen- und Außenleiter ergibt sich $k \approx 0{,}67$.

1.10 Kleine Praxistipps zum Umgang mit Messgeräten

Hier kommen keine reinen Grundlagen zur Sprache, sondern nur solche im Zusammenhang mit dem Einsatz von Messmitteln. Es handelt sich jedoch um allgemeine Probleme, sodass eine separate Behandlung berechtigt ist. Es geht dabei auch um die Vermeidung von Messfehlern, den Schutz der Geräte und die korrekte Bedienung.

1.10.1 Gebrauch eines Spektrum-Analyzers

Ein analog arbeitender Spektrum-Analyzer ist in Abschn. 12.7 beschrieben (siehe Abb. 12.12). Er setzt die *Sweep-Methode* ein, aufgrund derer benachbarte Frequenzanteile mittels Mixerbausteinen aufgespürt werden. Die Sweep-Methode hat den Nachteil, dass nur zeitweilig auftretende Störsignale außerhalb des zeitlichen Erfassungsbereichs liegen und somit überhaupt nicht zur Darstellung kommen. In Abb. 1.28 ist dieser Effekt anschaulich dokumentiert.

Die horizontal verlaufende Frequenzachse des Analyzers hat formal auch die Bedeutung eines Zeitfensters. Liegt die durch Sweep erzeugte Messfrequenz nie in unmittelbarer Nähe (Bandbreite!) der Frequenz des Störsignals, so wird letzteres gar nicht erfasst. Die Bedingung ist eigentlich nur dann sicher erfüllt, wenn der Störer permanent präsent ist.

Wie lässt sich dieses Problem umgehen? Nun, die Anwendung eines Spektrum-Analyzers zur Beurteilung von unbekannten Störgrößen bedeutet immer eine Einschränkung bezüglich Sicherheit der Erfassung. Dafür ist diese Messung schneller als ein allmählicher Sweep und Verweildauer mit einem Messempfänger. Wenn man die Störfrequenz jedoch kennt, ist auch ein Analyzer besser darauf einzustellen. Hierzu sind lediglich die untere und obere Sweep-Frequenz näher an die Störfrequenz zu bringen. Im Grunde macht man nur eine „Ausschnittvergrößerung". Die Wiederholrate um den relevanten Frequenzbereich herum ist jetzt wesentlich größer, als wenn man stets das größtmögliche Intervall abfährt.

Eine alternative Möglichkeit ist die Verwendung eines Analyzers, der das Signal ununterbrochen abtastet, digitalisiert und in einen Speicherpuffer schreibt. Auf diese Weise kommen auch sporadische Störimpulse zur Erfassung. Das Zeitfenster für die Abtastung

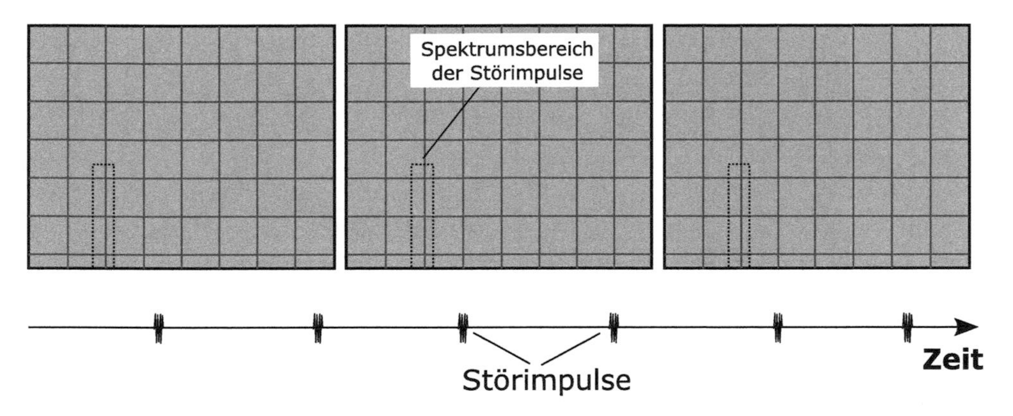

Abb. 1.28 Spektrum-Analyzer mit Sweep-Methode: Störimpulse, die außerhalb des Zeitmessfensters liegen, werden ignoriert. Dargestellt sind drei zeitlich aufeinanderfolgende Bildschirme, zu denen man auch die entsprechenden Abschnitte in der Zeitachse zuordnen kann. Die zu messenden Störimpulse sind direkt auf der Zeitachse zu sehen – doch während ihres Auftretens ist der Analyzer stets auf einer anderen Frequenz „empfindlich", deshalb treten die Impulse auch nicht im Spektrum auf

muss natürlich genau diesen Störimpuls beinhalten. Die Wandlung erfolgt durch FFT (Fast Fourier Transformation). Je nachdem, wie lange ein Störimpuls in diesem Zeitfenster anhält, wird seine Höhe im Spektrum ausfallen. Ist die Zeit des Störimpulses t_s und die Gesamtzeit für das Sampling T_0, so fällt die entsprechende Spannung u_s auf einen Bruchteil zusammen:

$$u_s = U_0 \cdot \sqrt{\frac{t_s}{T_0}} \tag{1.45}$$

Oder im logarithmischen Maßstab:

$$a = 20 \cdot \log \frac{u_s}{U_0} = 20 \cdot \log \left(\frac{t_s}{T_0} \right)^{1/2} = 10 \cdot \log \frac{t_s}{T_0} \tag{1.46}$$

Der Wurzelzusammenhang rührt daher, dass sich der zeitliche Anteil proportional auf die Energie bzw. die mittlere Leistung auswirkt, und somit mit der Wurzel auf die Effektivspannung. In Abb. 1.29 seien zwei verschiedene Situationen dargestellt.

Auffällig ist auch die Breite im Spektrum, wenn es sich nur um einen kurzen Impuls handelt. Bei der Messung handelte es sich lediglich um zehn Perioden des Signals mit abruptem Anfang und Ende. Eine solche Diskontinuität im zeitlichen Ablauf bedeutet stets eine Verbreiterung des Spektrums (genauso hat ein Gleichspannungssprung ein breites Spektrum).

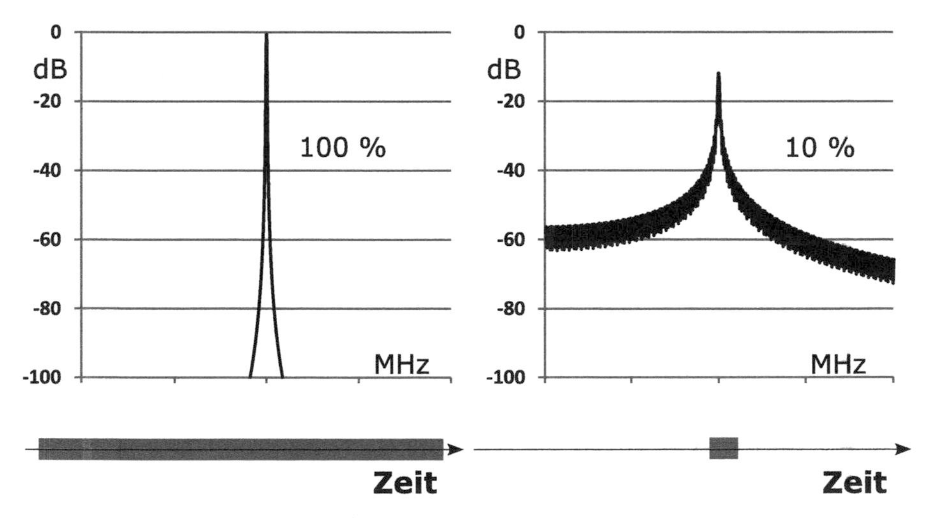

Abb. 1.29 Spektrum-Pegel bei verschiedenen zeitlichen Anteilen eines Signals. Besteht dieses während der gesamten Dauer des Sampling-Fensters, liegt der Spektrum-Ausschlag 10 dB höher als bei einem kurzen Impuls des Signals mit 10 % im gesamten Fenster

1.10.2 Gebrauch eines Oszilloskops

Ähnlich wie beim Spektrum-Analyzer hat auch das Oszilloskop einen empfindlichen Eingang. Im Normalzustand ist dieser sogar hochohmig und nicht mit 50 Ω abgeschlossen.

In erster Linie soll das Oszilloskop Signale im zeitlichen Verlauf darstellen. Viele moderne digitale Geräte sind heute jedoch auch in der Lage, eine Darstellung im Frequenzbereich zu erzeugen. Eine Umrechnung erfolgt oft mittels *Fast Fourier Transformation* (FFT).

Um Störsignale im Zeitbereich darzustellen, bedarf es oft einer besonderen Triggerung, denn der Aufbau von Störungen ist meist komplex. Treten Störimpulse periodisch auf und man hat Zugang zum Takt, so ist wiederum eine einfache, externe Triggerung möglich, um die Störungen darstellen zu können. Ist der Takt zwar quarzstabil, aber nicht so einfach zugänglich, so kann man mittels externem Zusatzgenerator eine Triggerung vornehmen – das Bild wird dann mehr oder weniger schnell durch den Schirm laufen.

Treten sie dagegen sporadisch und selten auf, so empfiehlt sich die Triggereinstellung *Einzel/Single*, sodass nur ein einziger Sample-Vorgang ausgelöst wird.

Digitale Oszilloskope zeigen leider bei manchen Anwendungen Artefakte durch Aliasing-Effekte. Dies treten dann auf, wenn das Messsignal Frequenzen f_m enthält, die höher als die halbe Abtastfrequenz f_a sind. Es treten dann Aliasing-Produkte mit der Frequenz $f_a - f_m$ auf.

Am Schirmbild ist zunächst nicht zu erkennen, ob darin Artefakte enthalten sind oder nicht. Auffällig wird es, wenn sich die Signalform beim Umschalten der Zeitbasis (oder genauer beim Umschalten des Sampling-Taktes) ändert.

Eine weitere Ursache beim Entstehen eines fehlerhaften Schirmbildes kann auch sein, dass zwar bei der Digitalisierung kein Aliasing entsteht, sondern erst bei der Rasterdarstellung am Schirm. Durch die zeitliche Spaltenaufteilung kann ein weiteres Aliasing entstehen. Auch hier ändert sich der prinzipielle Verlauf bei Wechsel der zeitlichen Auflösung.

Häufig muss bei einer Messung das niederfrequente Störsignal ausgeblendet werden, welches durch das Stromnetz entsteht. Hierfür lässt sich ein einfaches Hochpassfilter direkt vor den Oszilloskop-Eingang schalten.

1.10.3 Gebrauch eines Messempfängers

Zur Beurteilung von Störpegeln genügt es nicht, sich auf den angezeigten Pegel zu verlassen. Beim Einsatz eines Messempfängers ist es sehr wichtig, die korrekte Bandbreite (abhängig vom beobachteten Frequenzbereich) zu wählen, das passende Bewertungsfilter (entscheidend für die Grenzwerte) einzuschalten und die richtige Demodulation (meist AM) zu nutzen.

Außerdem empfiehlt es sich, das Messgerät regelmäßig selbst zu prüfen und auch extern kalibrieren zu lassen. Die eigene Prüfung kann mit einem kalibrierten Generator erfolgen.

1.10.4 Gebrauch eines Stehwellen-Messgeräts

Das Stehwellen-Messgerät (SWR-Meter) dient der Bewertung der Anpassung und der Messung von Sendeleistung.

Grundsätzlich hat jedes SWR-Meter einen Funktionsschalter, der die Positionen *Kalibrieren* und *Messen/SWR* aufweist. Das Gerät ist zwischen HF-Verstärker und Antenne bzw. G-TEM-Zelle zu schalten. Der Funktionsschalter ist in Stellung *Kalibrieren* zu bringen, mit einem Drehsteller ist die Anzeige auf Endausschlag (∞) zu bringen. Nach dem Umschalten auf *Messen/SWR* wird das Stehwellenverhältnis angezeigt.

Prinzipiell enthält das SWR-Meter einen Richtkoppler und zusätzlich einen Demodulator bzw. HF-Gleichrichter zur weiteren Signalverarbeitung. Beim Einsatz ist darauf zu achten, dass die eingespeiste Leitung das Messgerät nicht überlastet.

1.10.5 Überlastung von Messeingängen

In vielen Messgeräten ist zwar ein Schutz gegen Überlastung vorgesehen, meist ist seine Wirksamkeit recht beschränkt – es geht schließlich auch darum, Messgrößen durch parasitäre Eigenschaften von Schutzelementen nicht zu verfälschen.

Wenn der Spektrum-Analyzer sehr empfindlich eingestellt ist, kann er kleinste Störpegel noch darstellen. Meist geht die Skala vertikal über 6 oder 8 Gitterkästchen, und pro Teilung ist ein Unterschied von üblicherweise 10 dB. Das bedeutet einen Messumfang von mindestens 60 dB, was einem Spannungsverhältnis von 1000:1 entspricht. Diese Dynamik ist schon enorm, aber leider kommt es dennoch immer wieder zu sehr viel höheren Störimpulsen, die nicht nur den Messverstärker begrenzen lassen, sondern auch oft seine Eingangsstufe beschädigen.

Für solche Fälle ist ein *Transienten-Limiter* von Vorteil. Dieses kleine, passiv arbeitende Vorschaltglied hat normalerweise selbst eine kleine Durchgangsdämpfung, weil die Begrenzungselemente nicht ohne Vorwiderstand auskommen. Ein solches Teil ist in Abb. 1.30 dargestellt. Ist also anzunehmen, dass sehr hohe Empfindlichkeit benötigt wird und gleichzeitig starke Störer zu erwarten sind, ist der Einsatz des Transienten-Limiters zu empfehlen.

Grundsätzlich sollte gelten, vor allen Messungen den Eingangsteiler von Messempfängern, Oszilloskopen und Spektrum-Analyzern auf eine unempfindliche Stellung zu bringen. Erst nach dem Augenschein des Messergebnisses ist es sinnvoll, die Empfindlichkeit zu steigern.

Problematischer ist es, wenn das Gesamtsignal große Spikes aufweist, jedoch kleinere Signale ebenfalls aufzulösen sind. In diesem Fall kann es nützlich sein, das Signal per Zenerdiode oder Suppressordiode und Längswiderstand zu begrenzen.

Abb. 1.30 Transienten-Limiter zum Schutz gegen hohe Störimpulse

Literatur

1. Fa. EM Software & Systems GmbH.
2. Fa. Tera Analysis, Programm Quickfield.
3. Landstorfer, Friedrich: Wellenablösung und Energietransport im Nahfeld von Stabantennen im Sendefall. TU München 1971.
4. Küpfmüller, Mathis, Reibinger: Theoretische Elektrotechnik. Berlin, Heidelberg: Springer-Verlag 2004.

2 Arten der Störfestigkeit

Zusammenfassung

Störfestigkeit wird nach verschiedenen Kriterien beurteilt. Kurze, durch Schaltfunken hervorgerufene, multiple Spannungsspitzen zeigen häufig eine breite, aber unspezifische Frequenzverteilung. Dagegen wirken sich Geräte mit Übertragungsfunktion mehr mit diskretem spektralen Aufbau aus, dafür sind diese Einflüsse häufig von dauerhafter Natur.

Neben elektromagnetischen Störungen sind auch statische Größen von Bedeutung, beispielsweise elektrostatische Entladung, starke Magnetfelder oder Stoßspannung und Stoßstrom.

Alle Störeffekte haben unterschiedliche Entstehungsursachen und Charakteristik. Dieses Kapitel beleuchtet die Prinzipien und Zusammenhänge, jedoch keine Grenzwerte und standardisierte Messanordnungen, welche in späteren Kapiteln genauer betrachtet werden.

2.1 Schnelle Transienten (Burst)

In industriellen Anlagen treten Störungen, die durch Induktion entstehen, sehr häufig auf. Das ist auch der Grund, warum viele Elektronik-Entwickler ihr Augenmerk hauptsächlich auf eine entsprechende Störfestigkeit legen.

In Kap. 9 sind einige Gegenmaßnahmen zur Verbesserung der entsprechenden Störfestigkeit dargelegt. Natürlich gilt auch hier der Grundsatz, je niedriger der Störpegel, umso einfacher die Erreichung der Störfestigkeit.

D. Stotz, *Elektromagnetische Verträglichkeit in der Praxis*,
https://doi.org/10.1007/978-3-662-62221-6_2

2.1.1 Entstehung und Eigenschaften schneller Transienten

Zur Entstehung der Störung betrachten wir zunächst Abb. 2.1.

Die Ursachen auf Komponentenseite ist zu suchen bei abschaltenden Ventilen, Transformatoren oder Motoren, kurz gesagt alles, was eine Induktivität beinhaltet. Doch auch längere Kabel bilden eine nicht zu vernachlässigende Induktivität und stellen deshalb eine mögliche Störquelle dar.

Schnelle Transienten sind als Breitbandstörer einzuordnen. Das Spektrum reicht bis in den hohen Megahertz-Bereich hinein. Ein im Feld entstandener Burst zeigt ein unspezifisches Spektrum. Dagegen sind künstlich erzeugte Störungen mittels Generator relativ reproduzierbar bezüglich ihres Spektrums. Das Burst-Spektrum eines solchen Generators ist in Abb. 2.2 zu sehen.

2.1.2 Einkopplung schneller Transienten

Für die Einkopplung der Störung auf ein Gerät kommen mehrere Wege in Frage, die in Abb. 2.3 anschaulich dargestellt sind.

Eine der normalen Nutzspannung (z. B. die Versorgungsspannung des Probanden) überlagerte Störspannung verursacht in Schaltungen bzw. Platinen Ströme und somit wiederum Spannungen, die die Funktion verständlicherweise stören können. Wir werden in Abschn. 4.2.2 sehen, dass beim Messaufbau für die Störfestigkeit die Einkopplung nur halbseitig galvanisch erfolgt, die Rückleitung geschieht auf einem massebezogenen Plateau. Bei sehr langen Leitungen oder bei Betrachtung der höheren Frequenzen haben wir

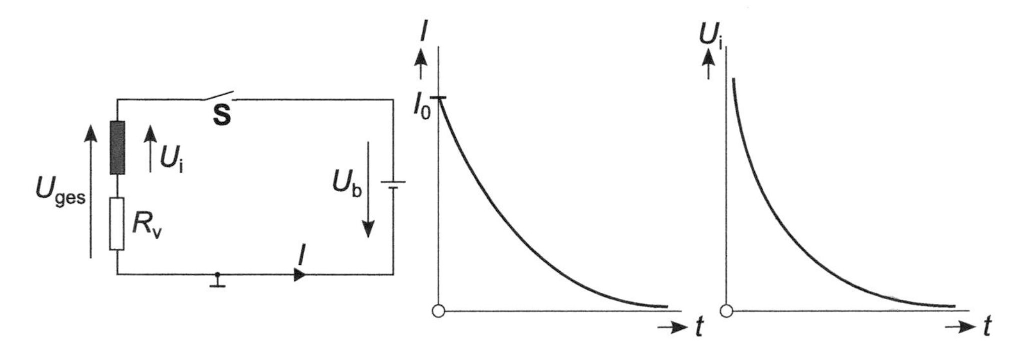

Abb. 2.1 Zur Entstehung der Burst-Störung. Die Induktivität führt im eingeschwungenen Zustand bei geschlossenem Schalter einen bestimmten Strom I. Zum Zeitpunkt des Öffnens des Schalters wird dieser Strom aufrechterhalten, auch wenn der Schalter schnell öffnet. Der sich einstellende Widerstand zwischen den Schalterkontakten (oder auch die entstehende Funkenstrecke) wird durch eine extrem anwachsende Induktionsspannung überwunden. Diese ist somit umso größer, je größer der zu überwindende Widerstand ist. Die Bildung der Funkenstrecke und die Spannung zwischen den Kontakten ist ein oft über Millisekunden lange dauerndes Wechselspiel. Somit sind Spannungsflanken unterschiedlicher Steilheit und Höhe zu erwarten

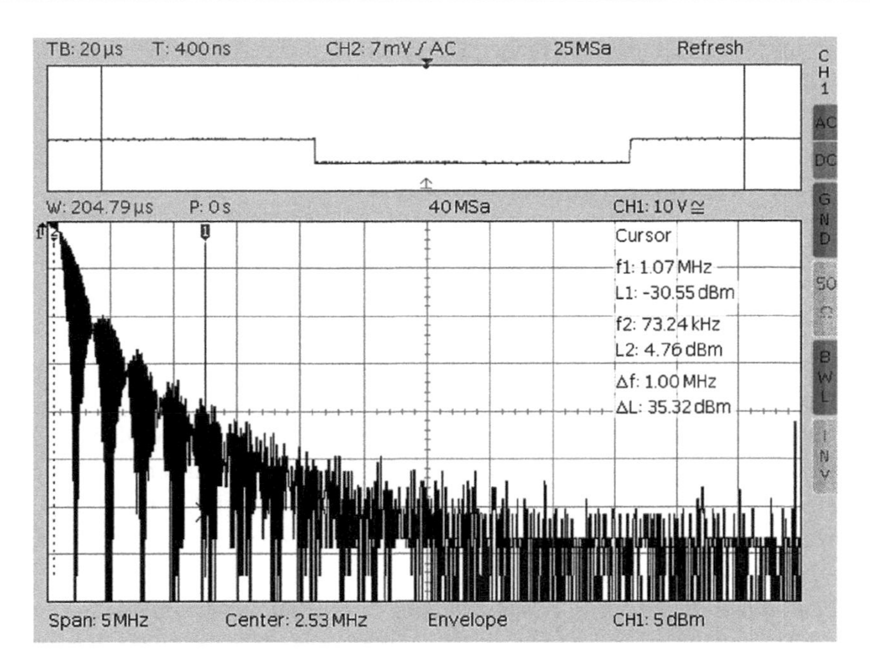

Abb. 2.2 Spektrum eines Burst-Signals, das von einem Generator stammt

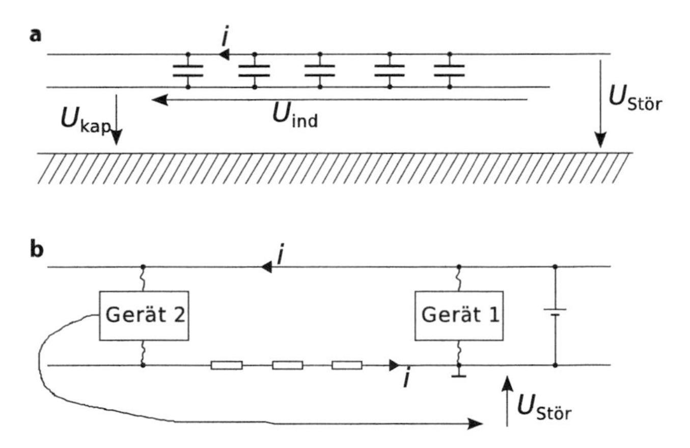

Abb. 2.3 Eine Möglichkeit der Einkopplung (**a**) erfolgt kapazitiv z. B. durch parallel geführte Leitungen in Anlagenkanälen. Ebenfalls kann die parallele Führung von Leitungen die induktive Kopplung einer Störung bewirken, wobei dann nicht die Spannungstransienten, sondern die Stromtransienten für das Maß der Störkopplung verantwortlich sind. Der einfachste Fall (**b**) der Einkopplung der schnellen Transienten geschieht auf galvanischem Wege, d. h. die Spannungsspitzen des Entstehungsnetzes koppeln auf das Netz des Probanden. Zu beachten ist der Leitungswiderstand in der Rückführung, daran kann bei schwankendem Strom eine Wechselspannung entstehen, die sich dann zu eigentlichen Nutzausgangsspannung eines Gerätes hinzuaddiert. Zu erwähnen ist natürlich auch eine Einstrahlung durch elektromagnetische Wellen, was prinzipiell immer stattfindet

mehr und mehr den Fall, dass auf beiden Leitungen ähnliche Wechselpotenziale vorherrschen. Wir kommen darauf noch zu sprechen im Abschn. 2.2.2.

2.1.3 Auswirkungen schneller Transienten

Schnelle Transienten können sich durchaus schädigend auf elektronische Schaltungen auswirken. Das heißt, es liegen nicht nur Funktionsstörungen *während* der Störung vor, sondern auch *bleibende* Bauteildefekte. Je nach Schärfegrad können Spannungen von bis zu 4 kV auftreten – im Vergleich dazu sind maximale Spannungen an MOS-Schichten von ca. 40 V lediglich 1 %.

Für Schädigungen sind natürlich nicht nur Überschläge in feinen MOS-Strukturen in Betracht zu ziehen, sondern auch beispielsweise ein *Latch-Up* . Man versteht darunter das Zünden des *parasitären Thyristors* in einer MOS-Struktur durch Überspannung, sodass der Baustein einen Kurzschluss verursacht und durch den damit verbundenen Überstrom in einer thermischen Zerstörung endet [1].

Für Funktionsstörungen des Gerätes sind hohe Ströme durch die Schaltung – auch entlang einer Massefläche – verantwortlich. Der breitbandige Charakter schneller Transienten führt dazu, dass alle erdenklichen Kopplungsarten denkbar sind. Solange Störungsströme an der Schaltung vorbeigeleitet werden, ist eine Vermeidung der Ausfälle möglich.

Energiebetrachtung zu schnellen Transienten
Nach der Form eines einzelnen Burst-Impulses ist seine Energie bei 1 kV (und bei 50 Ω Quellen- und Lastwiderstand) auf ca. 3/4 mJ zu veranschlagen. Es besteht ein quadratischer Zusammenhang mit der Spannung, sodass bei 2 kV bereits das Vierfache an Energie zu erwarten ist. Bei einer Impulsfrequenz von 5 kHz sind das pro Burst-Paket 45 mJ und pro Sekunde 135 mJ. Die maximale Impulsleistung beträgt (wieder bei 1 kV Nennspannung) 5000 W [3].

2.2 Leitungsgeführte Störspannung

Im Gegensatz zu den schnellen Transienten ist die leitungsgeführte Störspannung von schmalbandigem Charakter, dafür ist das Auftreten weniger impulsartig, sondern permanent. Das zu prüfende Gerät erhält die Störung ebenfalls über seine Leitungsanschlüsse, und zwar Versorgung und Daten- oder Signalleitungen.

2.2.1 Entstehung und Eigenschaften von leitungsgeführter Störspannung

Häufige Ursachen für spektrumdiskrete Störspannungen auf Leitungen sind beispielsweise elektronische Zerhackerschaltungen jedweder Art, also Frequenzumrichter, Schalt-

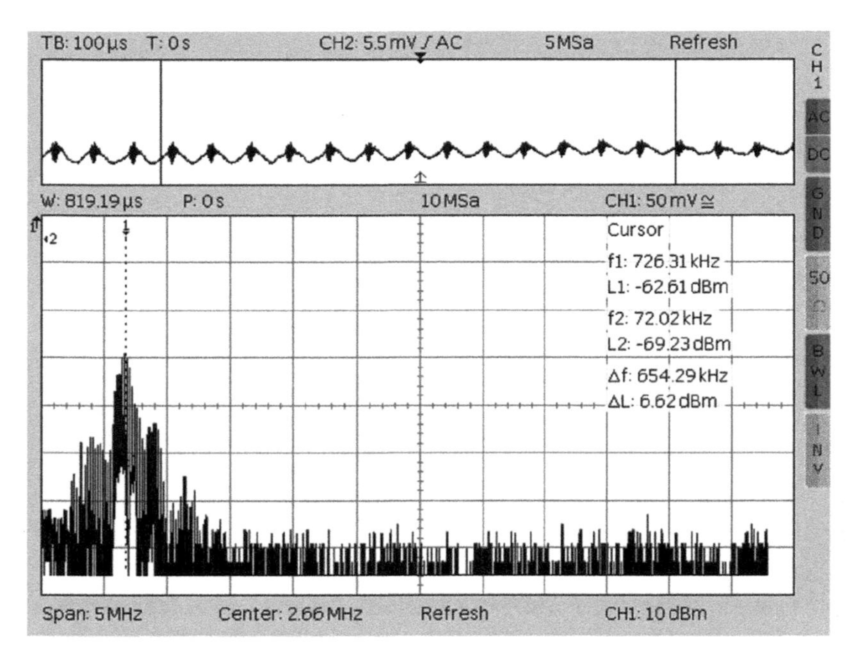

Abb. 2.4 Ein durch ein Schaltnetzteil entstandenes Störspektrum. Es hat sein Pegelmaximum bei ca. 100 kHz, im höheren Bereich zeigen sich nur noch die Harmonischen

netzteile usw. Da diese vornehmlich auf einer Frequenz arbeiten, treten die Spektralanteile meist nur als einzelne Linien auf. Ein Beispiel solcher Störungen bzw. ihr spektraler Aufbau ist in Abb. 2.4 zu sehen.

Natürlich kommen auch Störungen vor, die von kommerziellen Sendeanlagen stammen. Betrachten wir Frequenzen des Mittelwellen-Bereichs, so kommt es häufig vor, dass nicht weit entfernte Rundfunksender ein durchaus deutliches Spektrum aufweisen. Man braucht an den Eingang eines Spektrum-Analyzers lediglich eine kleine Antenne von z. B. 50 cm anzuschließen, so ergeben sich Peaks nach Abb. 2.5.

Obwohl wir hier den Fokus auf leitungsgeführte Störeinkopplung legen, sind solche Signale dennoch in der Lage, sich als Welle durch den Raum fortzubewegen. Wir werden bei den Abschn. 2.2 und 4.5 zu den Messaufbauten sehen, warum dennoch eine strikte Trennung zwischen leitungsgeführter Störeinkopplung und Störeinstrahlung vorzunehmen ist.

2.2.2 Einkopplung leitungsgeführter Störspannungen

Obwohl die Einkopplung über Leitungen zu betrachten ist, kann die Störung dennoch durch den Raum durch Einstrahlung erfolgt sein. Entscheidend ist die Art der Spannung *auf* den Leitungen zum Probanden. Die trivialere Einkopplung ist die galvanische, d. h. andere Geräte, die im selben Versorgungsnetz in Betrieb sind, „verschmutzen" die entsprechenden Leitungen, die auch zum Probanden führen.

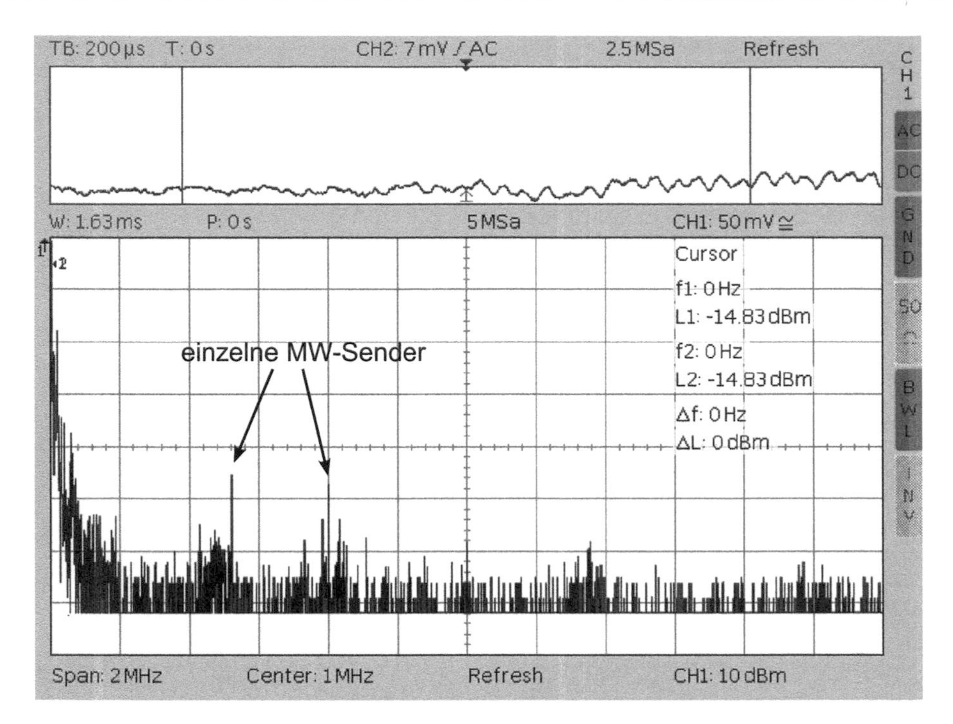

Abb. 2.5 Ein Störspektrum durch naheliegende Mittelwellensender. Die Bandbreite eines einzelnen Senders wechselt ständig, denn das den Träger modulierende Signal ist nicht konstant

Theoretisch könnte man für den gesamten Frequenzbereich, in dem schmalbandige, aber permanente Störer präsent sein können, eine Einstrahlung über elektromagnetische Felder vornehmen. Man hat jedoch für Frequenzen unterhalb 80 MHz gesehen, dass eine Anordnung zur direkten leitungsgeführten Störeinkopplung viel einfacher und reproduzierbarer durchzuführen ist. Dies eröffnet die Möglichkeit, bis hinunter nach 150 kHz noch Störeinstrahlung über eine galvanische Einkopplung zu simulieren. Dabei ist eine Gleichtakt-Impedanz von 150 Ω festgelegt, die zwischen Störquelle und Prüfling wirkt, zumindest für den Frequenzbereich zwischen 150 kHz und 30 MHz.

Je nach Entstehungsart handelt es sich bei der Störspannung um eine symmetrische oder asymmetrische Charakteristik. Obwohl man bei zwei Versorgungsleitungen eigentlich primär meist den symmetrischen Fall annimmt, tritt der asymmetrische erstens häufiger auf und ist zweitens auch wesentlich schwerer zu bekämpfen. Zur Veranschaulichung und Unterscheidung beider Fälle diene Abb. 2.6.

2.2.3 Auswirkungen leitungsgeführter Störspannungen

Die leitungsgeführten Störspannungen geringer Bandbreite haben pinzipiell ähnliche Wirkungspfade wie die schneller Transienten. Faktisch können sie sich jedoch anders auswir-

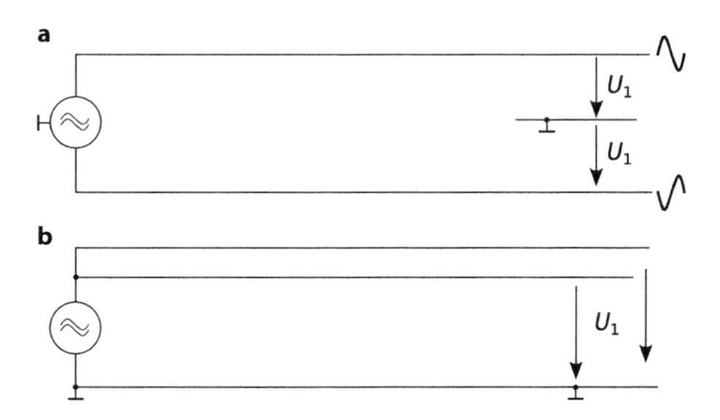

Abb. 2.6 Symmetrische und asymmetrische Störspannung. Bei der symmetrischen Charakteristik (**a**) liegt die Störspannung einfach *zwischen* beiden Versorgungsanschlüssen (gegenphasige Störung). In diesem Fall ist meist ein einfaches HF-Filter am Eingang zum Versorgungsteil der Probandenschaltung ausreichend, um die Störung hinreichend zu unterdrücken. Im Gegensatz dazu führen bei der asymmetrischen Charakteristik (**b**) (gleichphasige Störung) beide Versorgungsleitungen gegenüber der Bezugserde gleiche Potenziale, also phasengleiche Spannungen. Zur Filterung sind beide Leitungen als Einheit zu betrachten und das Filter entsprechend gegenüber dem Erdanschluss durchzuführen

ken. Wir stellen uns vor, das Gerät arbeitet mit einem Nutzsignal, dessen Frequenz nahe bei 1 kHz liegt. Da das Störsignal mit genau 1 kHz amplitudenmoduliert ist, könnte es in der Schaltung zu einer ungewollten Demodulation kommen, sodass das Nutzsignal direkt gestört ist. Die Burst-Störung ist zwar breitbandig, wird aber bei langsamer Auswertung keine Fehler verursachen. Je nach Konstellation des Prüflings könnte jedoch auch der umgekehrte Fall auftreten, bei dem der Burst sich stärker auswirkt.

Bei der Gleichtaktstörung bewegt sich das Potenzial am Einspeisepunkt des Probanden gegenüber der Bezugserde. Problematisch sind bei Sensoren größere Kapazitäten gegenüber der Erdplatte, also z. B. eine Stabelektrode. Hier sind dann nämlich u. a. kapazitive Ströme zu erwarten. Wir werden in den nächsten Kapiteln erfahren, wie solchen Effekten zu begegnen ist.

2.3 HF-Störfeld

Das HF-Feld ist grundsätzlich nicht leitungsgebunden. Es ist als elektromagnetische Welle zu verstehen, die als Störung auf den Probanden einwirkt.

2.3.1 Entstehung und Eigenschaften des HF-Störfeldes

Genauso wie leitungsgebundene Störspannungen können Störfelder die unterschiedlichsten Ursachen haben. Da im heutigen Leben nicht nur unerwünschte Störeffekte beim Betrieb von Maschinen entstehen, sondern auch beabsichtigte Signalfelder an bestimmten Geräten Funktionseinbrüche bewirken können, sind die „Störer" meist nicht zu entschärfen. Vergleichen wir die Situation mit derjenigen der schnellen Transienten: Dort war es grundsätzlich möglich, Induktionsspannungen abzumildern – die Abstrahlung eines Handys ist nicht durch Eingriffe an demselben zu beseitigen. Man muss also mit dem Vorhandensein der Störgrößen leben.

Man betrachtet bei den Störfeldern Frequenzen ab 80 MHz, weil tiefere Frequenzen einfacher per Leitung einzukoppeln sind. Üblicherweise handelt es sich nicht um eine diskrete Frequenz, sondern um einen engen Bereich, der beispielsweise durch Amplituden-Modulation entsteht.

2.3.2 Einkopplung des HF-Störfeldes

Zur Einkopplung ist nicht viel zu sagen: Es findet durch Wellenausbreitung auf den Probanden oder auf seine Zuleitungen statt. Zu beachten ist, dass elektromagnetische Wellen polarisiert sein können, d. h. ihr Feldstärkenvektor kann unterschiedliche Richtungen aufweisen. Siehe hierzu Abb. 2.7.

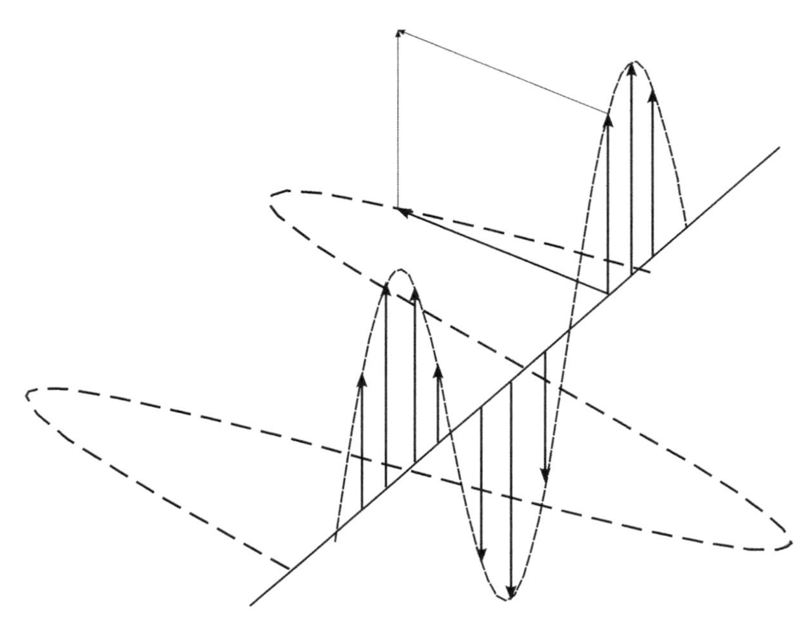

Abb. 2.7 Feldpolarisation. Dargestellt sind zwei senkrecht aufeinander stehende Polarisationsrichtungen. Alle dazwischen liegende Winkel sind denkbar. Auch ist die Möglichkeit gegeben, dass sich zwei Feldvektoren einer Welle überlagern, dann entstünde als Resultierende eine elliptisch polarisierte Welle, d. h. alle Polarisationsrichtungen sind präsent. Im Gegensatz zu mechanischen Wellen hat man sich die Wellen bzw. ihre Feldvektoren nicht räumlich vorzustellen, sondern die beiden Richtungen horizontal und vertikal stellen jeweils die Feldstärke dar. Mit anderen Worten: Auf der Ausbreitungslinie zeigen die Feldvektoren in die dargestellte Richtung, die Länge der Vektoren ist jedoch ein Maß ihrer Feldstärke

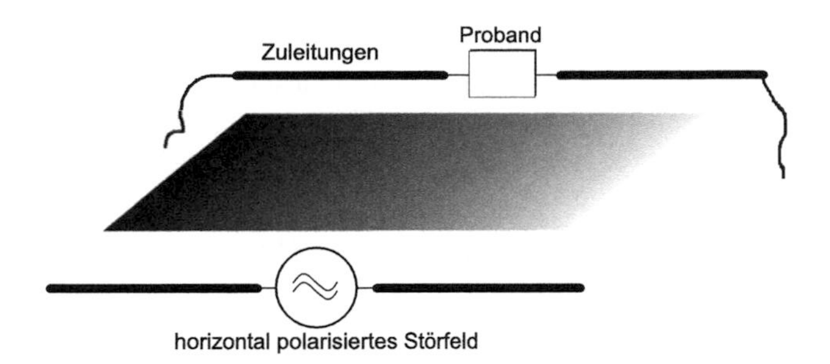

Abb. 2.8 Einstrahlung auf die Leitungen zu einem Probanden. Dargestellt ist die beste Voraussetzung, weil bei optimal abgestimmtem Dipol des Störers auch günstigste Störbedingungen seitens des Probanden vorliegen. Es ist leicht einzusehen, dass bei unterschiedlichen Polarisationswinkeln ebenfalls ein Anteil beim Probanden ankommt, nämlich der Projektionsanteil $\cos\delta$ des Feldvektors auf die Dipolebene des Empfängers (Proband)

Das Feld koppelt nicht nur ausschließlich auf das zu prüfende Gerät, sondern üblicherweise auch auf ein Stück seiner Zuleitungen. Bei relativ kleinen Abmessungen und kurzen Zuleitungen zum Probanden ist verständlich, dass bei gleicher Feldstärke bis zu einer bestimmten Grenze höhere Frequenzen stärkere Störamplituden hervorrufen werden als niedrige. Das ist auch Ursache dafür, dass bei oberwellenreichen Signalen trotz normalerweise abklingender Amplitude bei höheren Ordnungen der Harmonischen gerade diese sich stärker auswirken. Wir sehen das in Abb. 2.8.

Speziell bei Messgeräten oder Sonden mit Stabelektroden ist eine Störeinkopplung hierüber zu befürchten, weil exponierte Stäbe häufig Antenneneigenschaften aufweisen.

2.3.3 Auswirkungen des HF-Störfeldes

Grundsätzlich gilt hier das in Abschn. 2.2.3 Gesagte. Auch hier handelt es sich bei der Prüfung um ein amplitudenmoduliertes Signal, wobei in der Praxis auch ein unmoduliertes Signal vorliegen könnte (das aber i. Allg. kein solch hohes Störpotenzial besitzt).

Die Kopplung erfolgt durch den Raum, sodass nicht nur Anschlussleitungen, sondern auch sonstige exponierte metallische Dinge (wie z. B. Elektroden) als Störungs-Portal dienen kann. Besonders bei diesen höheren Frequenzen ab 80 MHz treten häufig Resonanzen auf, sodass Störfälle vornehmlich bei diskreten Frequenzen vorkommen.

2.4 Elektrostatische Entladung (ESD = Electrostatic Discharge)

Eine ganz andere Art der Störbeeinflussung bildet die ESD. Sie ist nicht minder wichtig bei EMV-Messungen, denn die Häufigkeit von durch ESD hervorgerufenen permanenten oder vorübergehenden Ausfallen ist kann beträchtlich sein. Meist ist der Anwender selbst Verursacher der Störung, denn bei der Bedienung eines Gerätes kann es passieren: Der geladene menschliche Körper führt seine Ladung an einem der Anschlusspunkte ab. Dabei entstehen sehr kurzfristig enorme Ströme, die zumindest einen Controller-Baustein außer Tritt bringen können.

2.4.1 Entstehung und Eigenschaften von ESD

Bevor ESD entsteht, muss es eine Ladungsumverteilung gegeben haben. Meist assoziiert man damit die Aufladung (oder besser Umladung) von aneinander geriebenen Festkörpern, hauptsächlich Isolatoren. In Wirklichkeit handelt es eigentlich um eine *Ladungsumverteilung durch Berührung* zweier Stoffe mit unterschiedlichen Fermi-Energieniveaus . Diese Größe gibt das Bestreben an, Elektronen abzugeben. In der *triboelektrischen Reihe* sind verschiedene Materialien sortiert nach ihrer Elektronenaffinität. Der Reibevorgang unter den Materialien begünstigt die sehr engen, in Molekulargrößenordnungen befindlichen Abstände, die für die Elektronenübergänge Voraussetzung sind. Diesen Verteilprozess beobachtet man auch zwischen Gasen oder zwischen Gasen und Festkörpern. Die Ladungsverschiebung oder -trennung kann mehr oder weniger lange andauern, denn der Ladungsausgleich wird durch die Isolation verhindert. Der Vorgang ist (stark vereinfacht) in Abb. 2.9 dargestellt.

Wie schon erwähnt, gibt es ESD auch zwischen Gasen und Gasen sowie zwischen Festkörpern und Gasen. Naturereignisse sind Zeugen dieser Entstehung (Wolken und Luft

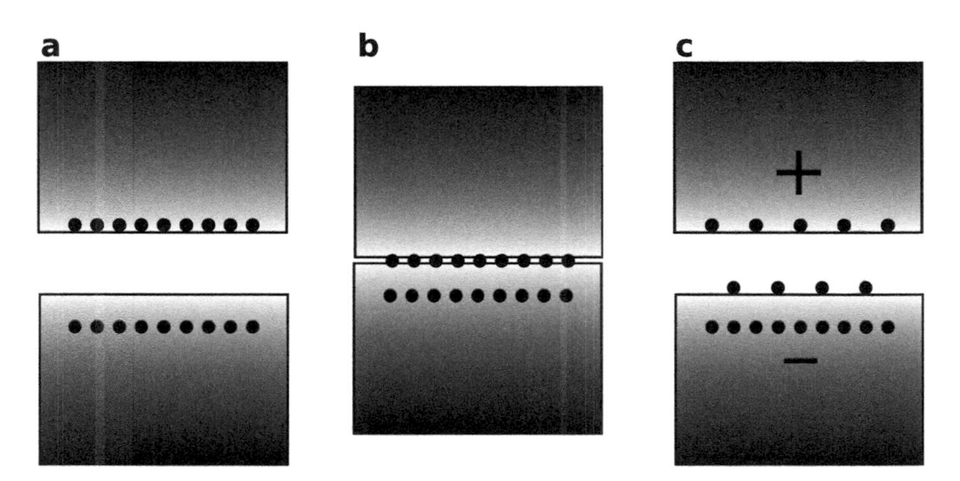

Abb. 2.9 Entstehung von Elektrostatik. Links in (**a**) sind zwei Materialien mit unterschiedlich ausgeprägtem Bestreben, Elektronen abzugeben, noch weit entfernt voneinander. Das Ablösen der Elektronen ist beim oberen Material leichter zu bewerkstelligen als beim unteren. Man erkennt dies dadurch, dass sich die Elektronen näher an der Materialoberfläche befinden. Beim Zusammenbringen beider Materialien (**b**) verteilen sich die Elektronen gleichmäßig und beim Trennen (**c**) werden die Elektronen in ihrer letzten Konzentration an der Grenzschicht auf beide Blöcke verteilt. Das Resultat ist eine Ladungsverteilung vom oberen Block weg zum unteren, wodurch dieser negativ aufgeladen ist

oder auch bei Vulkanausbrüchen). Auch in der Prozesstechnik kommt es zu enormen Aufladungen: Man stelle sich isolierendes Schüttgut vor, welches an anderen isolierenden Körpern vorbeistreift. Auch dann liegt die Situation der Elektrizität durch Berührung vor.

Bei Entstehung von elektrostatischen Ladungen an Personen spielen Kleidung, Schuhe, Sitzmöbel und Fußboden entscheidende Rollen.

Ähnlich dem Burst handelt es sich bei ESD um eine transiente Störung, die ein breites Spektrum aufweist. Solange die Ladung nicht abfließen kann und damit präsente hohe Spannung erhalten bleibt, sind üblicherweise keine Probleme zu befürchten. Erst wenn es zur Entladung kommt, bewirken die damit einhergehenden kurzen, aber hohen Ströme einen Störeinfluss auf elektronische Schaltungen.

Ein Überschlag kann sich je nach Aufbau der Elektronik auch über feinste Halbleiterstrukturen fortpflanzen. Im trivialen Fall ist dies die Isolierschicht eines MOS-Schaltkreises oder -Transistors. Sehr empfindlich sind jedoch auch andere Halbleiter, wenn sie bezüglich ihrer Sperrrichtung überlastet werden. Die bei ESD vorliegenden Spannungen überwinden spielend die mikroskopischen Distanzen derartiger Schichten und zwingen den Komponenten den Stromstoß auf.

Der ESD-Impuls für die Testsimulation besitzt genormten Verlauf, wenn die Belastung 2 Ω beträgt. Dieser Verlauf wiederum ist durch die Parameter des ESD-Simulators gegeben, auf die wir in Abschn. 4.7.1 noch eingehen. Die Stromanstiegszeit für die Überstreichung von 10 bis 90 % des Endwertes sind Zeiten von nur 0,7 bis 1,0 ns erlaubt. Damit ist der ESD eines der schnellsten Ereignisse bei den EMV-Prüfungen.

2.4.2 Einkopplung des ESD

Wir sprachen schon von Entladungen durch Personen, die Anschlusspunkte von Geräten berühren. Da man in vielen Bereichen nicht verlangen kann, das Bedienpersonal trage leitfähige Schuhe zur Ableitung von Ladungen, sind Maßnahmen zum Schutze der Geräte zu treffen. Doch darauf gehen wir in Abschn. 9.4 näher ein.

Der einfachste Fall von ESD ist wie gesagt die Berührung. Wenn die Potenzial-Unterschiede groß genug sind, kann der Entladungsfunke jedoch auch bereits beim Annähern überspringen. Während im ersteren Falle ein vollständiger Potenzialausgleich stattfindet, bleibt bei Funkenbildung durch die Luft ein Potenzialunterschied bestehen.

Zwei unterschiedliche Situationen seien in Abb. 2.10 dargestellt. Es ist möglich, dass sich eine Person auflädt und einen Potenzialausgleich mit der Erde herbeiführt. Auf der anderen Seite könnte sie sich auch gegenüber einem isoliert aufgestellten Metallteil entladen.

Im Prinzip stellen Metallregale einen guten Schutz bezüglich ESD in fertigungstechnischer Hinsicht dar. Doch auch selbst bei einer „weichen“ Anbindung auf Schutzerde (über einen Widerstand 1 M Ω) kann eine aufgeladene Person hohe Entladungsströme hervorrufen, denn die große Fläche des Metallregals stellt eine große Kapazität dar.

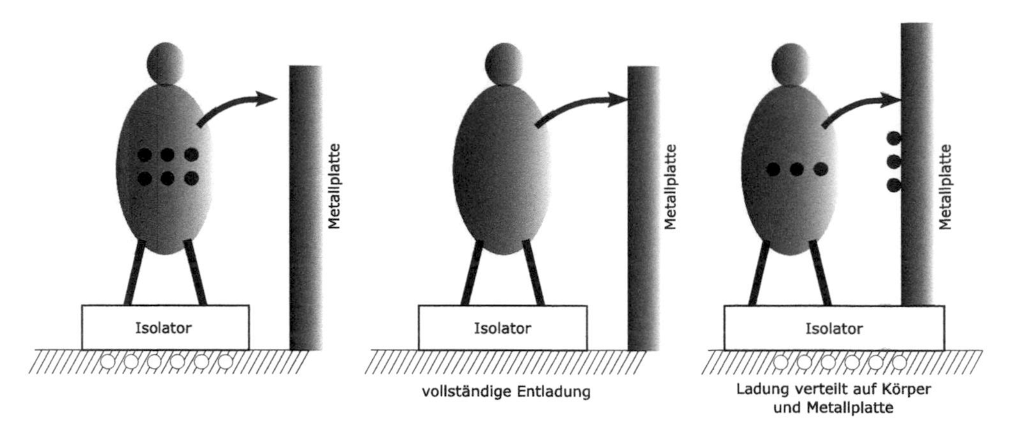

Abb. 2.10 Ladungsfluss bei geerdeten und nicht geerdeten Gegenständen. Ist der menschliche Körper aufgeladen gegenüber dem Erdpotenzial, so wird er sich beim Berühren der Metallplatte vollständig entladen, wenn diese geerdet ist. Ist sie jedoch isoliert aufgestellt, so wird sich die Ladung entsprechend der beiden Kapazitäten Mensch/Erde und Metallplatte/Erde verteilen. Also auch bei isolierter Metallplatte wird eine statische Entladung vonstatten gehen

Wir kennen alle das Phänomen der statischen Entladung, wenn man aus dem Auto aussteigt und unmittelbar die Türe oder eine andere metallische Stelle des Fahrzeugs berührt. Die Entladung führt zum Potenzialausgleich mit dem Chassis bzw. der Karosserie des Fahrzeugs. Letzteres stellt eine Kapazität dar (auch gegenüber der Erdoberfläche). Zu verhindern sind solche Entladungen – die zwar nicht gefährlich aber doch unangenehm sind – dadurch, dass man bereits beim Aussteigen aus dem Fahrzeug ununterbrochenen Kontakt zu Metallteilen des Fahrzeugs sucht. Auf diese Weise kann Ladung bereits im Entstehen wieder abfließen.

2.4.3 Auswirkungen von ESD

Bei kleinsten Strukturen in immer höheren Packungsdichten ist es leicht einzusehen, dass schnelle Entladungen auch bei kleinen Energien große Stromdichten hervorrufen können. Als kleines Rechenbeispiel betrachten wir folgenden Fall:

Die Kapazität des menschlichen Körpers sei mit $C_\mathrm{h} = 30$ pF angenommen, die Aufladespannung sei $U_\mathrm{ESD} = 3$ kV. Die Entladezeit betrage $T_\mathrm{dis} = 100$ ns und der Leiterquerschnitt der betrachteten Komponente $A = 10^{-9}$ mm². Bei Annahme einer gleichmäßigen Entladung würde sich folgender Strom ergeben:

$$I = \frac{U \cdot C_\mathrm{h}}{T_\mathrm{dis}} = \frac{3 \cdot 10^3 \cdot 30 \cdot 10^{-12}}{100 \cdot 10^{-9}} = 0{,}9\ \mathrm{A} \tag{2.1}$$

Und als Stromdichte:

$$D = \frac{I}{A} = \frac{0{,}9}{10^{-9}\ \mathrm{mm}^2} = 0{,}9\ \frac{\mathrm{GA}}{\mathrm{mm}^2} \tag{2.2}$$

Fast ein ganzes Giga-Ampère durch einen Quadrat-Millimeter, das ist ein ganz enormer Wert. In der Praxis ist natürlich noch zu berücksichtigen, dass der menschliche Körper einen Widerstand darstellt, der den Strom begrenzt. Die Werte variieren in weiten Bereichen. Eine realistische Größenordnung liegt bei ca. 1 kΩ, sodass im genannten Fall nur maximal 30 A fließen können.

Daneben ist jedoch auch die Entladung von Metallflächen denkbar, und hier sind die Innenwiderstände wesentlich geringer. Als strombegrenzend wirkt hier mehr die Induktivität des Metallobjekts.

ESD ist in jedem Falle ein dynamisches – also zeitlich veränderliches – Vorkommnis. Die tatsächlich fließenden Ströme sind alles andere als typisch und einheitlich, sodass eine genormte Prüfung (ESD-Normimpuls) nur gewisse verallgemeinernde Verhältnisse nachbilden kann. Was bei jeder Entladung jedoch ähnlich ist, ist der extrem schnelle Stromanstieg nach Ausbildung des Funkens. Die Werte liegen bei 30 ns bis zur Erreichung von 90 % des Stromscheitelwertes [4].

Durch solch schnelle Stromanstiege, die sich kaum durch die Störsenke – das gestörte Objekt – beeinflussen lassen, entstehen neben hohen Spannungen auch induktive Kopplungen über Leiterbahnen, die den Prüfling zum Ausfall bringen.

Anhand dieses Beispiels ist nachvollziehbar, dass feinste Strukturen in integrierten Schaltkreisen oder auch Bauelementen einer Degradation (= Verschlechterung der Funktion) bis hin zum Totalausfall unterliegen können. Diese Fälle machen einen Austausch des Geräts oder der Baugruppe erforderlich.

Natürlich kann es auch zu leichteren Auswirkungen kommen, bei denen kein physischer Bauteilschaden entsteht, aber sehr wohl ein temporärer Ausfall oder eine Fehlfunktion. Bei Verwendung von Mikrocontrollern führt ESD häufig zum Programmabsturz oder zum Reset des Schaltkreises. Dadurch ist zumindest vorübergehend eine Einschränkung zu verbuchen. Bleibt der Programmablauf permanent verhindert, so ist auch die Gerätefunktion normalerweise blockiert. Eine weitere Störungskategorie betrifft eine permanente Änderung von Programm- oder Parameterdaten durch Beschreiben eines Datenspeichers. Auch ein solcher Zustand kann fatale Auswirkungen haben und ist unter allen Umständen zu vermeiden.

Energiebetrachtung zu ESD

Die Energie pro Entladung ist normalerweise hier noch geringer als beim Burst. Sie hängt ganz von der Kapazität der Quelle und der Höhe der Ladespannung ab. Bei Luftentladung Annahme der Kapazität von 150 pF und einem vernachlässigbaren Innenwiderstand der Quelle kommt man bei 1 kV auf eine Energie von:

$$E_{1k} = 1/2\ C \cdot U^2 = 1/2 \cdot 150 \cdot 10^{-12} \cdot 10^6\,\text{J} = 75\ \mu\text{J} \tag{2.3}$$

Es kann sich je nach Prüfung jedoch um weit höhere Spannungen handeln, z. B. 8 kV, sodass die Energie bis auf ca. 5 mJ ansteigen kann, was durchaus vergleichbar ist mit der Energie eines einzelnen Burst-Impulses.

2.5 Stoßspannungen und Stoßströme

Im Englischen heißt *Surge* wörtlich *Woge* oder *Welle*, im technischen Sinne ist damit eine Überspannung oder Stromstoß gemeint. Im weitesten Sinne deckt man mit einem entsprechenden Test die Immunitätsprüfung für Blitzeinschlag ab. Es kann sich hierbei nicht um einen Direkteinschlag handeln, sondern um die abgeschwächte Form, die über das Leitungsnetz zum Gerät gelangen kann.

2.5.1 Entstehung und Eigenschaften des Surge

Die Ursache für eine Überspannung kann ein Blitzeinschlag im entfernten Kabelnetz sein. In verschiedenen Ländern ist die Häufigkeit solcher Störungen mehr oder minder stark ausgeprägt. Es ist jedoch überall auf der Welt möglich, dass Geräte ohne Schutzmaßnahmen gegen Überspannungen reichlich Schaden nehmen können.

Um dem Geschehnis des entfernten Blitzeinschlags durch Simulation nahezukommen, hat man den Verlauf einer Stoßspannung standardisiert. Darin sind alle relevanten Zeiten sowie die Höhe der Spannungen spezifiziert – siehe Abb. 2.11.

Eine nach obigen Erläuterungen vorliegende Stoßspannung sagt noch nichts darüber aus, welche Ströme durch den Probanden fließen. Man kann lediglich eine Aussage zur Spannungsfestigkeit bzw. Isolationseigenschaft treffen. Sobald Prüflinge spannungsbegrenzende Elemente aufweisen, die nach Überschreiten sehr niederohmig werden können,

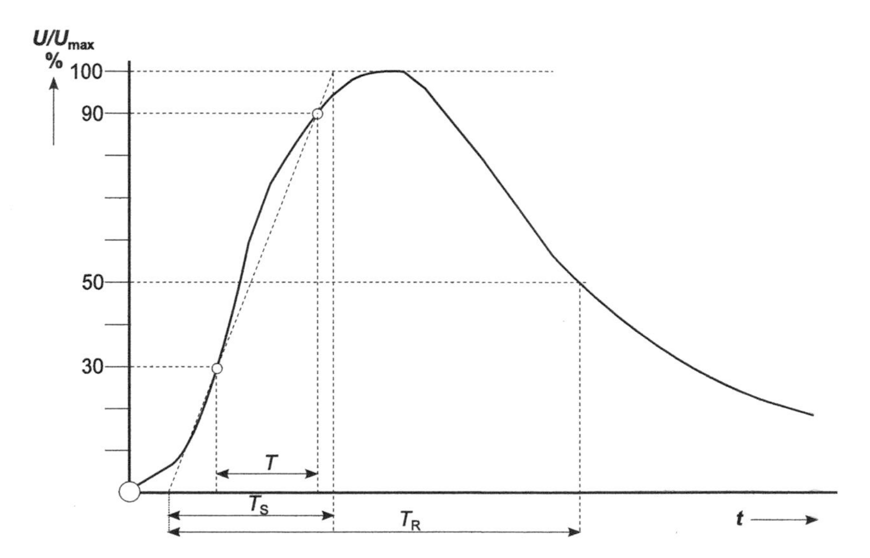

Abb. 2.11 Definition der Zeiten beim genormten Stoßspannungs-Impuls 1,2/50. Darin sind definiert die Stirnzeit T_S mit 1,2 µs und die Rückenhalbwertzeit T_R mit 50 µs. Durch die Punkte mit 30 % und 90 % legt sich eine Gerade, aus der sich der Zusammenhang aus Stirn- und Anstiegszeit T ergibt. Nach ENV 50142 (Störfestigkeit gegen Stoßspannungen) gilt $T_S = 1{,}67T$

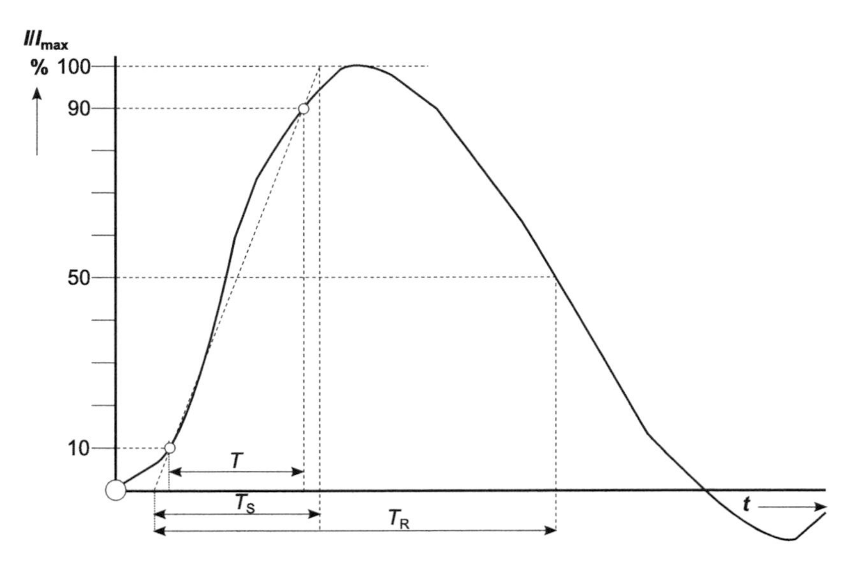

Abb. 2.12 Definition der Zeiten beim genormten Stoßstrom-Impuls 8/20. Darin sind definiert die Stirnzeit T_S mit 8 µs und die Rückenhalbwertzeit T_R mit 20 µs. Durch die Punkte mit 10 und 90 % legt sich eine Gerade, aus der sich der Zusammenhang aus Stirn- und Anstiegszeit T ergibt. Nach ENV 50142 (Störfestigkeit gegen Stoßspannungen) gilt $T_S = 1{,}25T$

ist stattdessen ein standardisierter Kurzschluss-Stoßstrom zu beschreiben. Der Verlauf spiegelt sich in Abb. 2.12 wider.

Der Stoßstrom hat ähnlichen Verlauf wie die Stoßspannung, allerdings klingt dieser nicht mit einer reinen e-Funktion ab, sondern es ist auch eine Abklingkomponente vorhanden, die dafür sorgt, dass der Strom auch ins Negative gehen kann. Das Überschwingen entsteht durch die Komponenten des Generators, bei dem in diesem Falle die Charakteristik eines Serienschwingkreises zutage tritt.

2.5.2 Einkopplung des Surge

Bei der Einkopplung ist nicht viel zu sagen, denn sie findet gänzlich auf den Zuleitungen statt. Als Nebenwirkung können bei Stoßströmen auf Leitungen auch induzierte Spannungen und Ströme entstehen, die aber normalerweise geringer sind als die direkte Kopplung.

Da sich die Überspannung über ein Leitungsnetz ausbreitet, muss als Impedanz dieser Quelle auch die Spezifik dieses Netzes gelten. Diese Impedanz liegt bei wenigen Ohm, sodass die Aufrechterhaltung der Spannung ausgeprägt ist bzw. bei spannungsbegrenzenden Komponenten hohe Ströme zu erwarten sind.

2.5.3 Auswirkungen des Surge

Zur genauen Berechnung des Energieumsatzes bei Surge ist die Leistungskurve durch Multiplikation der Spannungs- und Stromkurve zu ermitteln und daraus das zeitliche Integral zu bilden. In der Praxis sind im Gegensatz zu ESD nicht mehr nur mikroskopische Veränderungen auffindbar, sondern man kann beim Surge schon richtige partielle Brände und Schmorstellen entdecken. Manche Bauteile sind regelrecht geplatzt. Und Leiterbahnen sind teilweise vom Träger abgelöst zufolge Hitze, teilweise sind Leiterzüge auch schlicht verdampft.

Energiebetrachtung zum Surge

In der Skala der wirksamen Energie liegt der Surge deutlich über den anderen beiden transienten Ereignissen wie Burst und ESD. Allerdings ist es aus Sicht der zeitlichen Energiedichte (also der Leistung) anders. Setzt man die Werte der Leerlaufspannung mit 2 kV und den Innenwiderstand mit 2 Ω an, so ergibt sich ein maximaler Kurzschlussstrom von 1000 A. Für ein spannungsbegrenzendes Element wie einen Varistor oder eine Suppressordiode bei einer Spannungsgrenze von ca. 36 V (gängiger Wert für den Schutz von 24-V-Industriegeräten) hätte man mit einem Energieumsatz von 360 mJ pro Impuls zu rechnen. Die Gesamtenergie des Generators wäre jedoch weitaus größer, denn an seinem Innenwiderstand fällt für die meiste Zeit eine größere Spannung als an der Suppressordiode ab.

Bei der Berechnung Resistenz gegen Stoßströme sind die Schutzglieder bezüglich Maximalleistung und Energie großzügig auszulegen. Die Datenblätter geben hierzu Auskunft. Siehe Anhang A.4.

Die größten Zerstörungen sind meist in der Nähe des Kabeleintritts bzw. des Anschlusses auf der Leiterplatte zu vermuten. Allerdings sind nicht nur Versorgungsleitungen relevant, sondern auch – vor allem in Kabelschächten verlegte – Leitungen, die zu einem Eingang des Probanden führen (z. B. Antennenanschluss).

Ein unangenehmer Nebeneffekt für das Auftreten von Überspannungen ist der, dass ein Einbruch oder eine Unterbrechung der normalen Versorgungsspannung entstehen kann. Je nachdem, wie oft diese Unterbrechungen oder wie lange sie sind, ist mit einem weiteren Störfall zu rechnen, nämlich dem der Spannungseinbrüche oder Flicker (siehe weiter unten in Abschn. 2.7).

2.6 Niederfrequente Magnetfelder

In großen Industrieanlagen sind auch niederfrequente Magnetfelder oder mitunter auch Gleichfelder zu erwarten (z. B. Galvanik). In Industrieanlagen kommen öfters auch Magnetismus durch Elektromagneten vor, weshalb man hier auf eventuelle Auswirkungen achten sollte.

2.6.1 Entstehung und Eigenschaften von niederfrequenten Magnetfeldern

In der Nähe großer Transformatoren oder auch Überlandleitungen sind teilweise nicht nur elektrische Felder messbar, sondern auch Magnetfelder. Extrem große Magnetfelder, die jedoch üblicherweise Gleichfelder sind, findet man in medizinischen Kernspin-Spektrographen . Doch im Moment des Einschaltens kann auch eine Induktion auftreten. Ferner sind elektrische Transportmittel wie Züge, Straßenbahnen etc. teilweise von kräftigen Wechselfeldern umgeben.

2.6.2 Einkopplung von Magnetfeldern

Niederfrequente Magnetfelder koppeln induktiv ein in Leiterschleifen, offene und auch geschlossene Spulen mit und ohne Kern. Wir betrachten als Beispiel zwei benachbarte Leiter in Abb. 2.13, von denen einer mit Wechselstrom beschickt wird. Es ergibt sich an den Enden des anderen Leiters eine Induktionsspannung, die einen maximalen Kurzschlussstrom ermöglicht, abhängig ist von der Kopplung der beiden Leiter, also vom Abstand und der Frequenz.

Anhand der Zahlen ist herauszulesen, dass ein reziproker Zusammenhang zwischen Abstand und induziertem Gesamtstrom besteht, zumindest solange der Abstand groß gegenüber der Kantenlänge der Leiter ist. Die Frequenzabhängigkeit der Leerlaufspannung sollte direkt proportional sein, der Kurzschlussstrom dagegen wächst nicht linear, denn dieser erzeugt selbst ein Feld, das entgegengerichtet ist. Die allgemeinen Zusammenhänge für den Fluss ϕ, Flussdichte B, Frequenz f und Abstand x sind:

$$\left|U_{\text{leer}}\right| = \frac{d\phi}{dt} \propto \frac{dB}{dt} \propto B_0 \cdot f \tag{2.4}$$

$$B_0 \propto \frac{1}{x} \tag{2.5}$$

Erwähnenswert ist auch die Stromverteilung bei höheren Frequenzen, denn dort kommt mehr und mehr der *Skin-Effekt* zum Tragen.

Je nach Lage eines auf solche Felder reagierenden Gerätes können die Effekte mehr oder minder intensiv ausfallen. Feldlinien sind auf begrenztem Raum in eine Richtung weisend, sodass offene Leiterschleifen – z. B. als Bahn auf der Platine – Spannungen entsprechend des Wechselfeldes aufweisen. Hohe Ströme auf Zuleitungen zeigen ebenfalls aus denselben Gründen Auswirkungen auf Leiterbahnen einer Schaltung.

Übrigens koppeln im Gerät selbst erzeugte Magnetfelder auch in benachbarte Leiter und in metallische Flächen wie Gehäuse usw. Dabei spielen die aufgespannte Fläche des

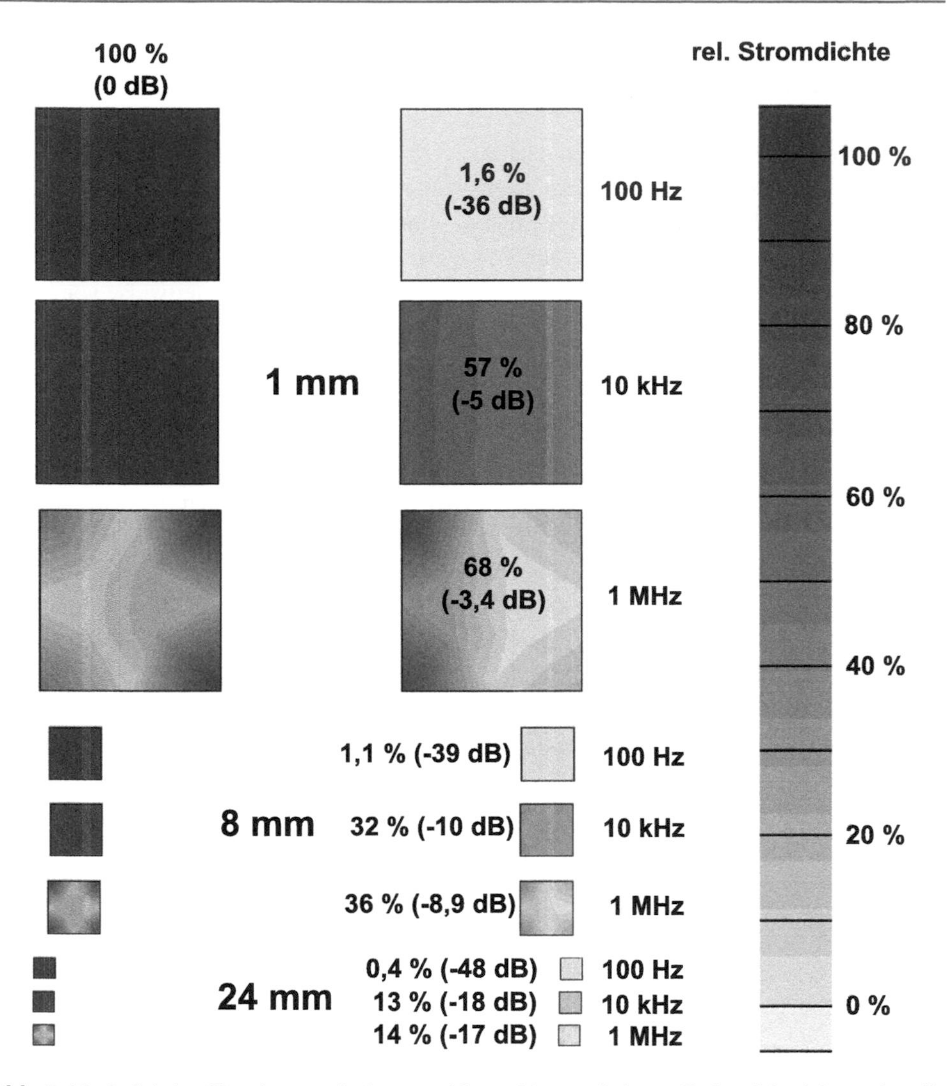

Abb. 2.13 Induktive Kopplung zwischen zwei benachbarten Leitern. Es handelt sich um jeweils rechteckige Leiterquerschnitte der Kantenlänge von 1 mm, wobei der linke Leiter stets von einem definierten Gesamtstrom von durchflossen wird. Es ergeben sich verschiedene Kopplungsintensitäten, abhängig von der Entfernung der Leiter und der Frequenz. Aus dem Programm QuickField [2]

Leiters, der Abstand zur Metallfläche und auch die Frequenz eine entscheidende Rolle. Illustriert sei dies in Abb. 2.14.

Eigenerzeugte Magnetfelder sind natürlich auch Thema für die Emissionsarten, was im Kap. 3 beleuchtet wird. Um die Felder nach außen hin abzuschirmen, ist bei höheren Frequenzen nur die gezeigte Metallplatte notwendig, eine zweite Platte, die von der inneren isoliert ist, bewirkt eine weitere Abschirmung. Wir sehen in Abschn. 3.3, wie sich eine solche Abschirmung verhält.

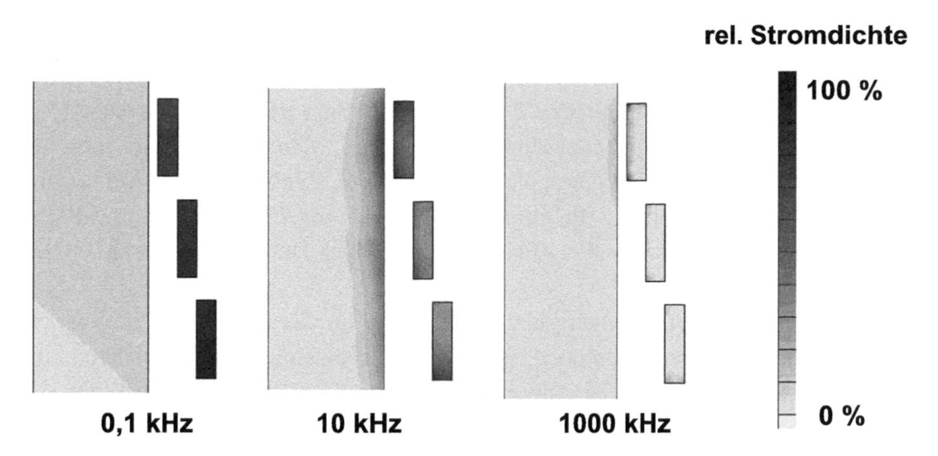

Abb. 2.14 Induktive Kopplung eines Leiters auf eine Metallfläche. Induktionsspannungen oder -ströme bedeuten auch in Masseflächen, Ursache für Störungen zu sein. Weitgehende Abschwächung dieses Effektes gelingt durch Vermeidung des Aufspannens einer Fläche, also durch parallele, enge Führung der Leiterschleife. Platte mit Dicke 6 mm, dort fließen als Gesamtstrom auch ca. 1 A, unabhängig von der Frequenz und in den gezeigten Verhältnissen auch weitgehend unabhängig vom Abstand zwischen Leiter und Platte. Gut sichtbar ist hier ebenfalls der *Proximity-Effekt* , wodurch der *Skin-Effekt* beim initiierenden Leiter asymmetrisch ausfällt. Aus dem Programm QuickField, [2]

2.6.3 Auswirkungen von Magnetfeldern

Ähnlich wie im gezeigten Beispiel kann ein magnetisches Wechselfeld auch auf einen einzelnen Leiter wirken und in ihm eine Spannung induzieren. Verlaufen die Feldlinien des homogenen Feldes B senkrecht zum geradlinigen Leiter zu beiden Seiten, so ergibt sich die Spannung *null* an den Leiterenden. Umschließt der Leiter jedoch als Schleife eine Fläche A, so misst man an den offenen Enden der Schleife die Spannung (das Wechselfeld habe die Kreisfrequenz $\omega = 2\pi f$):

$$U = -B \cdot \omega \cdot A \tag{2.6}$$

Sind in einem Gerät Spulen mit offenen Ferritkernen eingesetzt, so kann bereits ein Gleichfeld dafür sorgen, dass der Kern in Sättigung gerät. Die induktiven Eigenschaften gestalten sich dann so, als ob es sich um eine Luftspule handele, denn der Arbeitspunkt im flachen Gebiet der Magnetisierungs-Kennlinie bedeutet eine sehr viel kleinere Permeabilität.

Wechselfelder koppeln ebenfalls merklich in geschlossene Kerne wie *Schalenkerne* etc., sodass das Störsignal sich direkt einem Nutzsignal überlagern kann. Ein nachträgliches Herausfiltern ist dann nicht mehr einfach möglich. Hinzu kommt, dass die magnetische Feldstärke oft nicht streng sinusförmig ist, sondern Verzerrungen und somit Oberschwingungen aufweist. Auch Ringkerne weisen einen Streuverhalten auf, wodurch auch magnetische Einkopplung möglich ist.

2.7 Spannungseinbrüche

Ist der Prüfling an einem öffentlichen Versorgungsnetz angeschlossen, so ist die Möglichkeit von Störungen durch Spannungseinbrüche gegeben. Man muss also erörtern, ob das Gerät gegen derartige Vorfälle gewappnet ist oder nicht. Zur Sicherheit ist eine entsprechende Prüfung vorzunehmen. Die englische Bezeichnung *Flicker* rührt eigentlich von einem sichtbaren Effekt, wenn das Auge ein kurzzeitiges Dunkelwerden einer Beleuchtung wahrnimmt.

Die Folge von kurzen Spannungseinbrüchen kann im Gerät ebenfalls zu einer Spannungsschwankung führen, wenn energiespeichernde Elemente nicht ausreichend puffern können. Wir sehen in Abb. 2.15 eine einfache Netzteilschaltung mit den Folgen eines kurzzeitigen Spannungseinbruchs auf der Speiseseite.

2.7.1 Entstehung und Eigenschaften von Spannungseinbrüchen

Wenn starke Verbraucher in Haushalt oder Industrie angeschaltet werden, ist der Stromverbrauch so groß, dass sich ein Abfall in den Verlustzonen (Transformatoren, Zuleitungen) bemerkbar machen kann. Ein Ausgleich könnte bald darauf kommen, jedoch meist erst nach einer gewissen Regelzeit. Zwischen Verbraucher und Regeleinheit wird der erhöhte Stromverbrauch jedoch eine bleibende Verringerung der Spannung verursachen.

Große Verbrauchssprünge entstehen in der Regel heute bei vielen mittelständischen Betrieben, wenn diese morgens die Hauptversorgung einschalten. Sehr viele Geräte sind

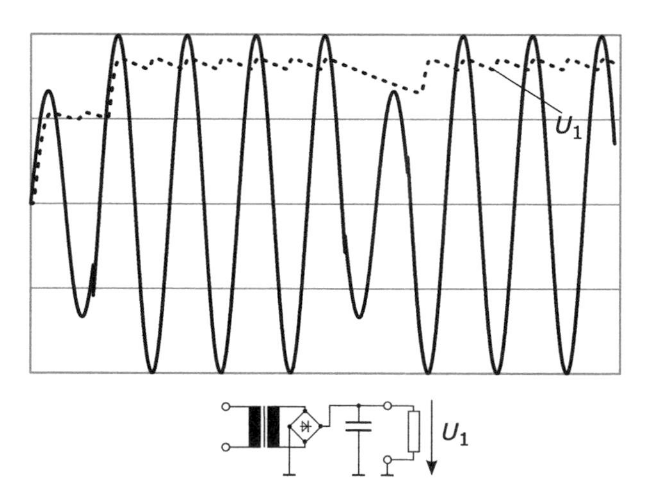

Abb. 2.15 Spannungseinbruch und Auswirkungen in einer einfachen Schaltung. Die eingangsseitige Wechselspannung ist für eine Halbschwingung auf einen geringeren Wert reduziert, was sich sofort an der Ladekurve zum Pufferkondensator äußert. Falls nachfolgende Spannungsregler knapp bemessen sind, kann es auch an ihren Ausgängen zu Einbrüchen kommen, d. h. ihre Regelnennspannung ist dann unterschritten

tagsüber im Standby-Betrieb, d. h. nicht vom Netz getrennt. Ein Einschalten der Hauptversorgung lässt solche Geräte meist einen Initialisierungslauf beginnen (Drucker, Kopierer, Docking-Station, sonstige Geräte, die nicht abgeschaltet werden usw.), sodass viele Verbraucher zugleich Strom ziehen.

Induktive Lasten wie Transformatoren oder Motoren können im Einschaltmoment zufolge Remanenz des Kernes und somit Sättigung einen sehr viel höheren Strom fließen lassen (Inrush-Current) als nach Erreichen des eingeschwungenen Zustands. Auch bei Auslösen der Überstromsicherung wird das Netz kurzzeitig stark belastet, und die Spannung bricht vorübergehend ein.

Die Dauer derartiger Einbrüche ist kaum voraussehbar. Die Flicker-Prüfung sieht jedoch bestimmte Zeiten vor.

2.7.2 Auswirkungen von Spannungseinbrüchen

Ein temporärer Abfall der Versorgungsspannung kann unterschiedliche Effekte bei einem Gerät hervorrufen. Erhält eine vom Mikrocontroller gesteuerte Einheit eine Versorgungsspannung unterhalb eines einzustellenden Niveaus, so wird ein Reset ausgelöst. Man spricht in diesem Falle von einem *Brownout* , der aber meist auf Software-Ebene explizit einzustellen ist. Ein Reset wiederum veranlasst eine Neu-Initialisierung wie bei einem kompletten Neustart (Einschalten des Geräts). Für die Zeit des Anlaufens steht meist keine ordnungsgemäße Betriebsfunktion zur Verfügung.

Analoge Schaltungen verändern bei Spannungseinbruch den Arbeitspunkt. Es entstehen Verzerrungen an Signalen, fehlerhafte Auswertespannungen, Abriss von Oszillationen usw. Die erwartete Funktion gibt fehlerhafte Werte aus oder hört gänzlich auf zu arbeiten. Nach Wiedererscheinen der vollen Versorgungsspannung ist die Funktion jedoch i. Allg. unmittelbar wieder präsent.

Es gibt jedoch auch Geräte und Anordnungen, die nach einem Ausfall nicht mehr korrekt anzeigen oder auswerten können. Stellen wir uns einen Zähler vor, dem während des Fehlers einige Impulse verlorengegangen sind. Diese sind natürlich nicht wieder einholbar – es kommt zur permanent falschen Anzeige. Auch Apparaturen, die einen mechanischen oder chemischen Prozess aufrechterhalten sollen, wird die Ausfallzeit immer anhängen.

Unauffälligere Erscheinungen sind geringe Messfehler als Folge eines Spannungseinbruchs. Diese sind zwar bei einer Prüfung meist verborgen, dennoch gilt das Gerät eigentlich gestört, denn es arbeitet nicht mehr innerhalb seiner Spezifikationen.

2.8 Allgemeines zur Störeinkopplung

Obwohl eine Störung leitungsgebunden eingekoppelt wird, muss der Wirkungspfad keineswegs ausschließlich über die galvanische Verbindung verlaufen. Sehr häufig spielt die kapazitive Kopplung zur Massefläche und/oder von den Anschlussleitungen bis zu offenen und nicht abgeschirmten Bereichen des Prüflings, speziell zu besonders empfindlichen Stellen eines Sensors.

Wir betrachten hierzu drei Fälle, die man teilweise durch bestimmte Maßnahmen identifizieren kann (siehe auch Abschn. 9.2.2).

2.8.1 Störeinkopplung über Versorgung

Bei Geräten mit *Funktionserdung* kann ein Störstrom über die Anschlussleitungen direkt oder über Bauelemente und das Gehäuse (welches mit Erde verbunden ist) abfließen (Abb. 2.16). Eine Filterschaltung an den Anschlüssen soll verhindern, dass die Störung in das Innere der Schaltung gelangen kann und somit zu Störungen führt. Jegliche Filterschaltung arbeitet dabei nicht ideal, sodass immer Reste an Störströmen nicht vom Filter abgehalten oder vorbeigeführt werden, sondern tatsächlich in Schaltungsbereichen ihr Unwesen treiben können. Je nach Gerätefunktion äußert sich dies durch Messfehler, unerwünschtes Schalten oder gar Absturz einer Mikrocontroller-Steuerung.

2.8.2 Störeinkopplung durch kapazitive Ableitung

Vor allem bei Geräten ohne Funktionserdung und ohne Metallgehäuse oder sonstige Schirmungsmaßnahmen kann die von außen zugeführte Störspannung über einen kapazitiven Weg zu einem Störstrom führen, der dann letztlich zu Fehlfunktionen führt.

Es sind jedoch auch Situationen denkbar, bei denen auch ein Gerät mit Funktionserdung durch kapazitive Störströme beeinflusst wird. Vor allem dann ist diese Möglichkeit in Betracht zu ziehen, wenn es durch einen empfindlichen Schaltungsbereich (z. B. Sensor) keine andere Möglichkeit gibt, als das Metallgehäuse hier offen zu halten. Genau dort entsteht eine kapazitive Kopplung nach außen (Abb. 2.17). Diese Schaltungsbereiche sind verständlicherweise sehr empfindlich, da dort oft sehr geringe Messgrößen zu verarbeiten sind.

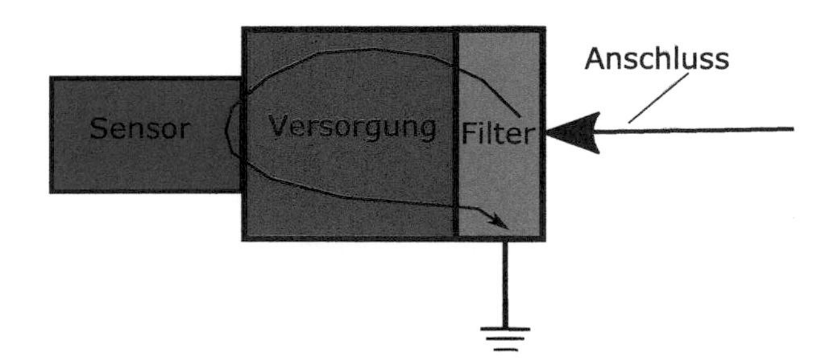

Abb. 2.16 Direkte Ableitung des Störstromes. Über die Versorgungs- oder andere Anschlussleitungen fließt der Störstrom über das geerdete Gehäuse ab

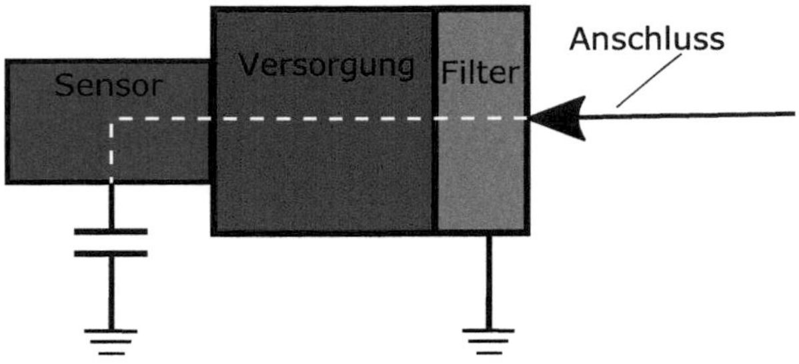

Abb. 2.17 Störstrom über kapazitive Kopplung des Sensors. Gegenüber Abb. 2.16 gelangt ein Teilstrom über die i. Allg. sehr empfindlichen Schaltungsbereiche des Sensors

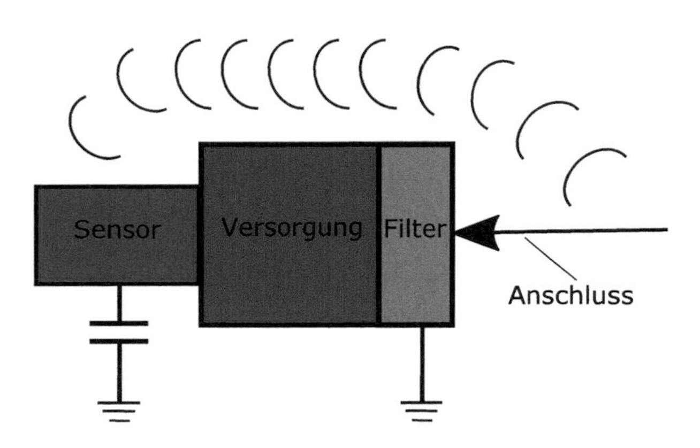

Abb. 2.18 Einstrahlung zum Sensor über Anschlussleitungen. Ein Teil der Störkopplung kann durchaus über die Anschlussleitungen als gestrahlte Störungen (Felder) auf den Sensor wirken

2.8.3 Störeinkopplung über Leitungsfelder

Neben der kapazitiven Bindung eines Sensors mit der umgebenden Masse ist es ebenfalls möglich, dass eine Einstrahlung erfolgt. Wenn die Zuleitungen zum Gerät eine Störspannung beinhalten, kann diese elektromagnetisch auch merklich abstrahlen, und zwar genau in diesen Sensorbereich hinein (Abb. 2.18). Dies kann umso stärker auftreten, je höher die Frequenz der Störung ist. Gegenmaßnahmen durch spezifische Schaltungsdimensionierung sind mitunter recht komplex oder sogar unmöglich. Die Lage der Anschlussleitungen in Bezug auf die Öffnung des Sensors kann maßgeblich sein für das Maß der Störungsauswirkung.

Literatur

1. Tietze, U., Schenk, C.: Halbleiter-Schaltungstechnik. Berlin, Heidelberg: Springer-Verlag 1991.
2. Fa. Tera Analysis, Programm Quickfield.
3. Hartl, Krasser, Pribyl, Söser, Winkler: Elektronische Schaltungstechnik mit Beispielen in PSpice. Pearson Studium 2008.
4. Schwab, A., Kürner, W.: Elektromagnetische Verträglichkeit. Berlin, Heidelberg, New York: Springer Verlag 2007.

3 Arten der Störaussendung

Zusammenfassung

Dieses Kapitel beleuchtet in einem groben Überblick, mit welchen Erscheinungen als Störaussendung von Prüflingen zu rechnen ist. In weiteren Kapiteln kommt im Detail zur Sprache, wie diese genormt zu messen sind und wie auch eine Vermeidung bzw. Reduzierung der Störgrößen zu realisieren ist.

Ganz ähnlich wie bei den Arten der Störfestigkeit sind Störgrößen in ihrer Richtung auch umkehrbar, d. h. sie werden im Prüfling erzeugt und gelangen nach draußen und ins Umfeld anderer Geräte, die dann ihrerseits mit Störerscheinungen reagieren.

Dabei werden insbesondere leitungsgeführte Störspannungen und HF-Felder unter Augenschein genommen. Dagegen bleiben Stoßspannungen, ESD und Burst außen vor, da diese teilweise nicht dort entstehen oder aber über die beiden oben genannten Prüfungen erfasst werden.

3.1 Leitungsgeführte Störspannung

Die Versorgungs- und auch Ein-/Ausgangsleitungen eines Probanden führen zur Außenwelt. Über diesen Weg gelangen auch Störspannungen in das weitere Netz. Dadurch können natürlich andere Geräte in ihrer Funktion beeinträchtigt werden, was zu vermeiden ist.

3.1.1 Entstehung und Eigenschaften von Störspannungen

Bei der Entstehung von Störspannungen tut man sich normalerweise beim eigenen Gerät leichter, da es in seiner Funktion hinreichend bekannt ist. So dürfte es z. B. kein Problem

D. Stotz, *Elektromagnetische Verträglichkeit in der Praxis*,
https://doi.org/10.1007/978-3-662-62221-6_3

sein, bestimmte Frequenzen vorherzusagen, wo Störpegel liegen könnten, wenn das Gerät mit einer bestimmten Frequenz in seinem Nutzsignal arbeitet. Nennen wir ein Beispiel: Ein Sensor zur Erfassung von Füllständen arbeitet mit der Methode, die Kapazitätsänderungen erfasst. Hierzu kommt ein Testsignal mit 600 kHz zur Anwendung. Es leuchtet ein, dass gerade in dieser Frequenz ausgehende Störpegel zu erwarten sind. Im Testhaus bzw. auch bei eigenen Laboruntersuchungen wird man daher besonderes Augenmerk auf dieses Frequenzgebiet richten.

3.1.2 Auskopplung von Störspannungen

Die Auskopplung von Störspannungen auf angeschlossene Leitungen geschieht meist dadurch, dass das zu prüfende Gerät eine gewissen Kapazität zur umgebenden Erde bzw. (Bezugsplatte bei der Prüfung) darstellt. In Bezug dazu gelangen geringe Restspannungen auf die Leitungen.

Die sich ergebende Kapazität rührt von der allgemeinen Massefläche der Platine oder dem Gehäuse. Oftmals gibt ein Spektrumanalyzer darüber Aufschluss, ob tatsächlich diese kapazitive Auskopplung vorliegt. Dann nämlich wird eine Verzerrung des Störspektrums zu beobachten sein, dahingehend, dass harmonische Anteile wegen der geringeren kapazitiven Impedanz mit höherem Pegel vorliegen.

Die ins Umfeld wirkende Kapazität ist bei manchen Anordnungen auch dadurch gegeben, dass möglicherweise irgendwelche Elektroden oder Sensoranschlüsse nach draußen führen. In diesem Fall ist sogar häufig kaum eine Gegenmaßnahme sinnvoll, denn das Störsignal im Sinne der EMV-Prüfung liegt dann zwischen Elektrode und Masse des Gerätes und ist auch zwischen diesen Potenzialebenen nicht zu entfernen. Auf derartige Probleme kommen wir ebenfalls in Kap. 10 zu sprechen.

3.2 HF-Störfeld

Obwohl viele Geräte nicht direkt mit drahtloser Signalübertragung arbeiten, so erzeugen sie dennoch ungewollt Störstrahlung, die ganz unterschiedlicher Art sein kann. Die Emissionsgrenzen sind mit 40 bzw. 47 $\mathrm{dB}[\mu \cdot \mathrm{V/m}]$ in einem Abstand von 10 m recht streng laut Norm. Sie sind häufig mit sehr geringen Leistungen des Gerätes bereits überschritten.

3.2.1 Entstehung und Eigenschaften von HF-Feldern

Viele nicht nur digital arbeitende Schaltungen beinhalten Oszillatoren, deren Ströme und Spannungen als Störgröße das Gehäuse verlassen können und nicht mehr direkt zu beeinflussen sind. Viele stromsparende Anwendungen verwenden heute immer häufiger Schaltwandler, die sowohl direkt Störspannungen als auch Störfelder aussenden.

Manche Sensoren arbeiten mit Hochfrequenzsignalen, die sie auf einen Sensor leiten. Zwangsläufig ergeben sich dadurch Störfelder, die nach außen dringen. Sofern die Frequenzen unter 30 MHz liegen, fallen sie nicht mehr in den zu prüfenden Bereich. Man sollte sich jedoch darüber im Klaren sein, dass die Signal von Harmonischen begleitet sind, die dann dennoch in den Prüfbereich hineinreichen.

Nicht zuletzt seien Quarzoszillatoren erwähnt, die Taktgeber für digitale Bausteine darstellen. Obwohl diese Spannungen normalerweise örtlich sehr begrenzt auftreten, sind sie äußerlich dennoch meist nachweisbar.

3.2.2 Auskopplung von HF-Feldern

Wir hatten oben die Sensoren erwähnt, die ein hochfrequentes Pilotsignal erhalten. Sind die Zuleitungen von gewisser Länge oder ist der Sensor stabförmig, sind sogar Antenneneigenschaften zu befürchten – ein Umstand, der häufig zu ungewöhnlich hohen Störstrahlungen führt.

Wir betrachten einmal ein HF-Feld auf einer Platte und in seiner engeren Umgebung, welches man noch als Nahfeld ansehen kann. In Abb. 3.1 sei dies demonstriert.

Es handelt sich dabei um ein Gleichfeld, also die Feldabnahme findet ohne Berücksichtigung einer Wellenausbreitung statt. Immerhin handelt es sich in einem Abstand von 10 m immer noch um ein Feldstärkemaß von ca. 70 dB[$\mu \cdot$ V/m]. Wir konnten in Abb. 1.12 in Abschn. 1.9 sehen, wie der Verlauf der Feldstärken aussieht.

Wie sich elektromagnetische Felder unterbinden bzw. abschirmen lassen, davon werden wir in späteren Kapiteln berichten (z. B. Kap. 10).

3.3 Eigenerzeugte Magnetfelder

Obwohl es sich bei eigenerzeugten bzw. abgestrahlten Magnetfeldern nicht um eine EMV-relevante Größe handelt, ist das Thema geeignet, *Schirmung* zu qualifizieren und zu quantifizieren. Gelingt die Abschirmung von magnetischen Wechselfeldern, ist auch die Befürchtung der Abstrahlung von elektromagnetischen Feldern hinfällig. Denn bei der Abschirmung verschwindet die elektrische Komponente komplett – wenn dann noch die magnetische Komponente wegfällt, kann sich keine Abstrahlung mehr bilden.

Ströme durch Leiter jedweder Art lassen Magnetfelder entstehen. Für die Flussdichte B ist dabei entscheidend, wie groß die mittlere Stromdichte innerhalb einer Fläche ist. Deshalb wirkt sich im magnetischen Sinne ein Leiter mit großem Querschnitt und großem Gesamtstrom genauso stark aus wie viele Einzelleiter mit jeweils kleinem Querschnitt, wie dies bei einer gewickelten Spule der Fall ist.

Verläuft der Pfad des Rückstroms parallel und in unmittelbarer Nähe zu dem des Hinstroms, so heben sich im Idealfall die Flussdichten auf. Der Vergleich der Flussdichten-Verteilung bei unterschiedlichen Leiterabständen sei in Abb. 3.2 gegeben.

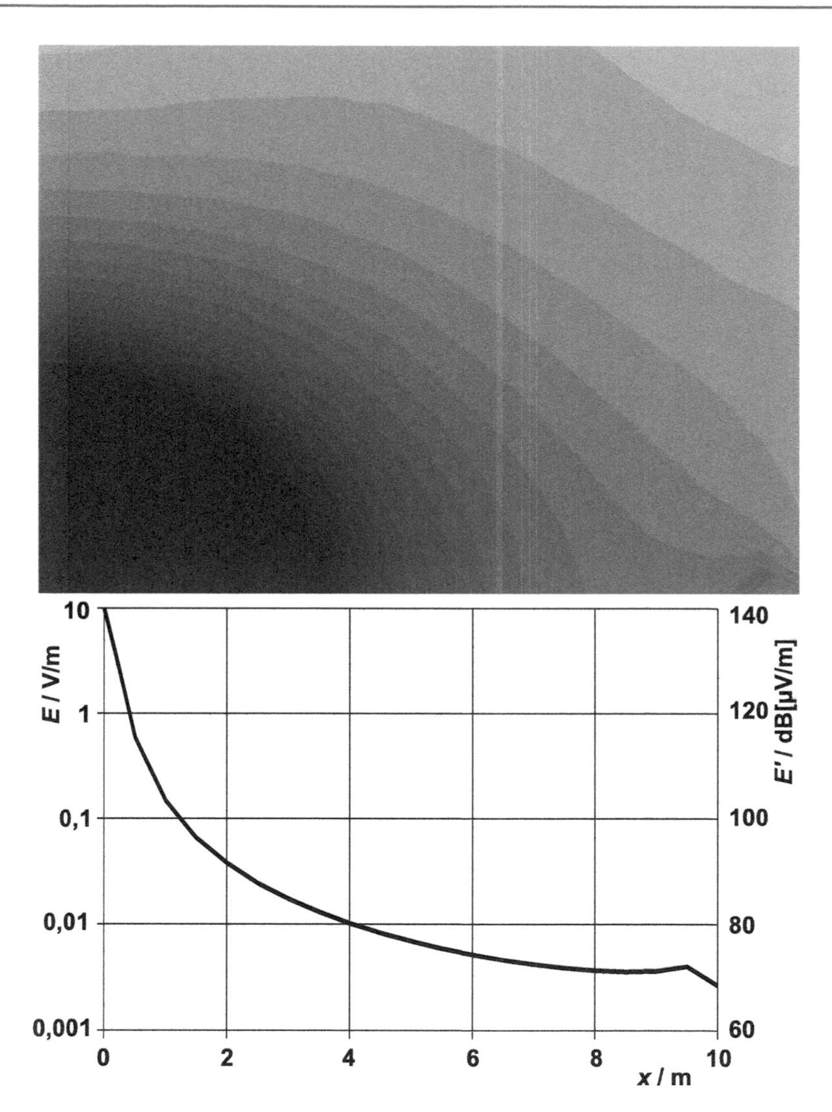

Abb. 3.1 Verteilung eines statischen E-Feldes im Abstand weniger Meter. Es handelt sich um eine Elektrode von 0,1 m Länge, die sich im Abstand von 0,1 m von einer neutralen Erdplatte befindet und ein Potenzial von 1 V aufweist. Selbst in 10 m Entfernung ist bei fehlender Störung ein Restfeld von ca. 0,003 V/m zu messen. Aus dem Programm QuickField, siehe [2]

Ein magnetisches Wechselfeld erzeugt ein elektrisches Wirbelfeld um sich herum auf. Durchdringt das magnetische Wechselfeld senkrecht eine Metallfläche, so entstehen in ihr konzentrisch verlaufende Wirbelströme, deren Höhe vom Fluss und von der Frequenz ist. Der Skineffekt wirkt bei höheren Frequenzen dem weiteren Anwachsen des Stromes wieder entgegen.

Das Entstehen der Wirbelströme ist technisch nutzbar, indem sie nämlich zur Schirmwirkung beitragen. Ein simuliertes Modell für dies sei in Abb. 3.3 dargestellt.

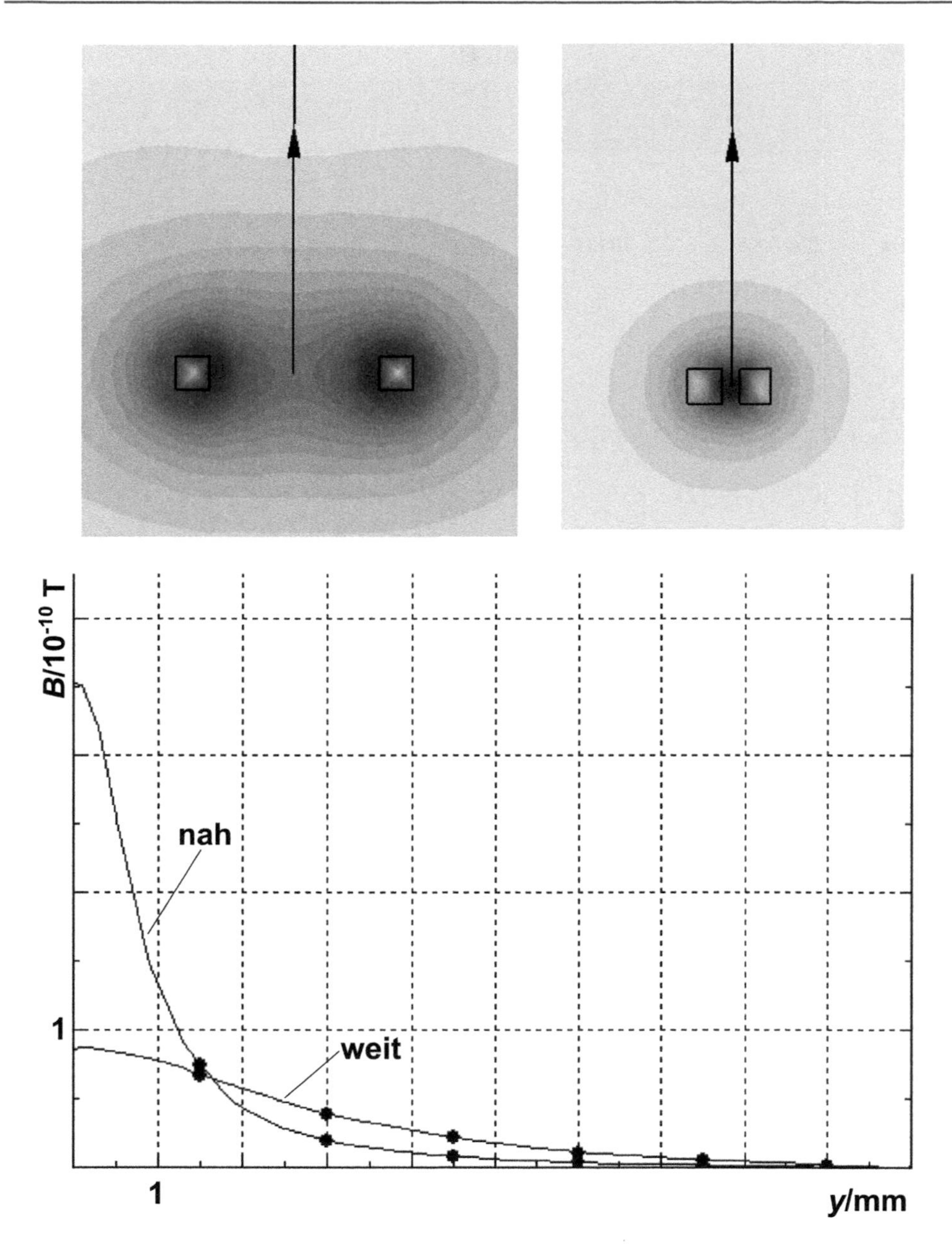

Abb. 3.2 Magnetfeld bei Leitern mit entgegengesetzten Stromrichtungen und unterschiedlichen Abständen. Es wird deutlich, dass bei engliegenden Leitern zwar das Nahefeld größer ist, jedoch in weiterem Abstand ist der Feldabfall größer. Aus dem Programm QuickField, siehe [2]

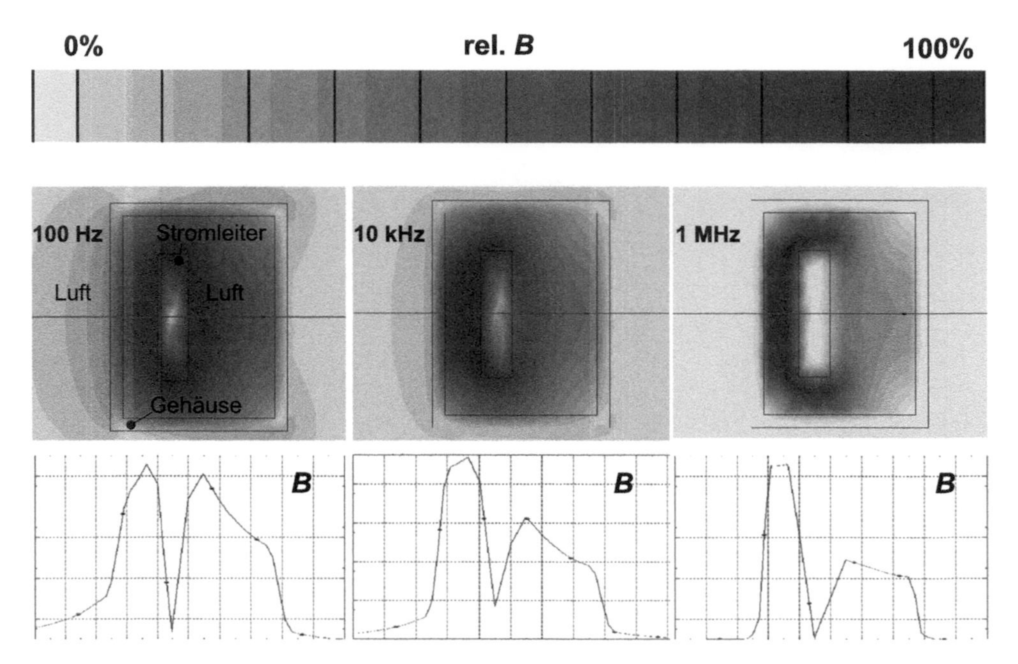

Abb. 3.3 Abschirmung von magnetischen Wechselfeldern. Ein Leiter mit einer Dicke von 1 mm wird von einem Wechselstrom durchflossen. Dargestellt ist ein nicht-ferromagnetisches Metallgehäuse mit der halben Dicke. Analysiert sei dann der Verlauf der Flussdichte B längs der eingezeichneten Achse. Besonderer Augenmerk sei darauf gerichtet, wie groß die Flussdichte außerhalb des Gehäuses ist. Hier ist auffällig, dass bei großen Frequenzen der Schirmeffekt am besten ist, d. h. außerhalb des Gehäuses wird dann B vernachlässigbar. Aus dem Programm QuickField, siehe [2]

Die Schirmwirkung ist bei hohen Frequenzen deutlich gesteigert. Sollen Magnetfelder tiefer Frequenzen ebenfalls geschirmt werden, bietet sich die Wahl eines ferromagnetischen Materials für das schirmende Gehäuse an. Siehe Abb. 3.4.

Sehr gute Ergebnisse lassen sich beispielsweise mit *Mu-Metall* (*Permalloy*) erzielen, welche eine relative Permeabilität von mehr als 50.000 aufweisen. Auch Anordnungen wie eine doppelschichtige Abschirmung bringen Vorteile, was wir in den Kap. 9 und 10 noch näher untersuchen werden.

3.4 Spannungsschwankungen – Rückwirkungen ins Netz

Entsprechend der in Kap. 2 beschriebenen Störfestigkeit gegenüber Spannungsschwankungen gibt es analog dazu auch den umgekehrten Fall, der das Verhalten von Geräten und Maschinen in Bezug auf verursachende Spannungsschwankungen und Rückwirkungen ins Versorgungsnetz beschreibt.

Auf die Ursachen und Auswirkungen wollen wir hier nicht näher eingehen, weil entsprechende Geräte und Maschinen zur Kategorie gehören, die mehr dem größeren Ma-

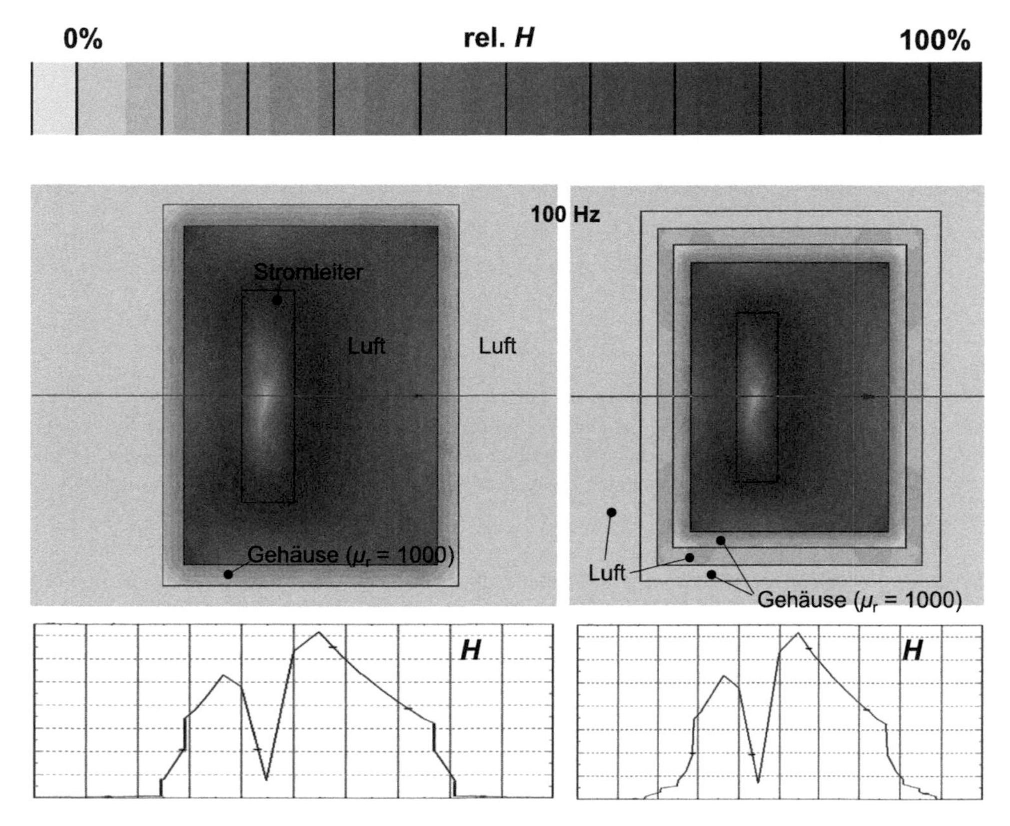

Abb. 3.4 Abschirmung von magnetischen Wechselfeldern mit ferromagnetischen Gehäusen. Die Qualität der Abschirmung von magnetischen Feldern tiefer Frequenzen lässt sich steigern, indem man dem Gehäuse ferromagnetische Eigenschaften verleiht. Auch eine zweite Schicht verbessert den Schirmeffekt weiter. Aus dem Programm QuickField, siehe [2]

schinenbau zuzuordnen sind. Dennoch sollen noch die Ursachen für hohe *Einschaltströme* besprochen werden, da dieser Fall recht häufig vorkommt.

Es leuchtet ein, dass jegliche Art erhöhter Einschaltströme von Geräten und Maschinen außer den schon bekannten Induktionsspannungen auch Spannungsabfälle auf den Netzleitungen verursachen. Die Höhe dieser Abfälle hängt wiederum von der Länge der Leitungen bzw. deren Impedanz und nicht zuletzt ihrem ohmschen Widerstand ab.

3.4.1 Einschaltströme bei Beleuchtungen

Da Glühlampen die Charakteristik eines *Kaltleiters* aufweisen, ist ihr Widerstand vor dem Einschalten relativ niedrig. Die Folge ist ein anfänglicher hoher Strom, der nach wenigen Millisekunden auf den normalen Wert abklingt. Eine angelegte Wechselspannung von Netzfrequenz wird die Ströme jedoch auch bei Betriebstemperatur nicht streng proportional zur

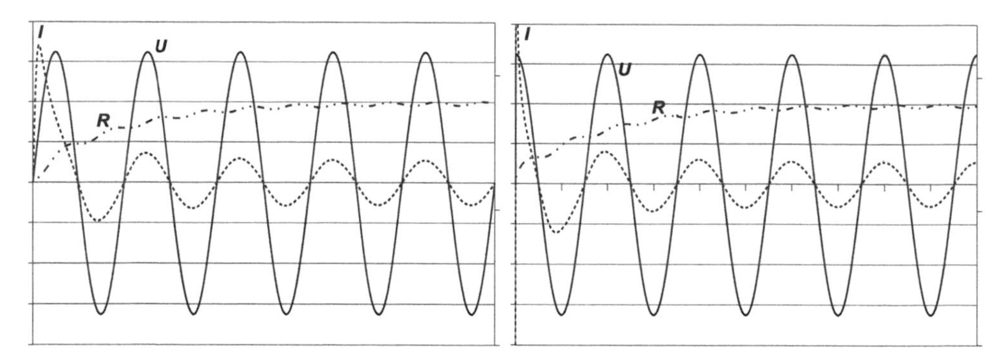

Abb. 3.5 Verlauf von Spannung, Strom und Widerstand einer Glühlampe kurz nach dem *Einschaltmoment* . Fällt der Einschaltpunkt mit dem Nulldurchgang der Spannung zusammen (*linkes Teilbild*), ist der anfängliche Strom nicht so viel größer als im ausgeglichenen Zustand. Dagegen kann der Strom immens hohe Werte annehmen, wenn die Lampe bei Spannungsmaximum eingeschaltet wird (*rechtes Teilbild*)

Spannung werden lassen, denn der Widerstand schwankt noch leicht im Takte der doppelten Netzfrequenz. Wir sehen die Verläufe von Spannung, Strom und Widerstand in Abb. 3.5.

Der erhöhte Strom während des Einschaltmoments wird das Netz erwartungsgemäß belasten. Allerdings fällt Höhe des Stromimpulses wesentlich geringer aus, wenn während des Nulldurchgangs der Spannung eingeschaltet wird.

Eine ganz andere Art der Netzbelastung entsteht durch *Leuchtstofflampen* oder auch sog. *Energiesparlampen* . Wir sehen die Stromkurve in Abb. 3.6.

Während konventionelle elektromechanische Starter bei Leuchtstoffröhren ein unstetiges Verhalten des Stromes mit mehreren Unterbrechung während der Einschaltphase bewirken, sind moderne Systeme in Stromsparlampen weniger diskontinuierlich, was den Einschaltstrom angeht.

3.4.2 Einschaltströme bei induktiven Komponenten

Bei großen Maschinen, die Induktivitäten, Transformatoren usw. enthalten, kommt es häufig vor, dass während des Einschaltmoments der Strom teilweise bis Faktor 50-mal höher ist als beim Normalbetrieb. Dieser Effekt beruht darauf, dass irgendwann während des Betriebs abgeschaltet wurde, ohne eine entmagnetisierende Abschaltung vorgenommen zu haben. Die Folge ist, dass im Kern der betreffenden Induktivität eine *Remanenz* vorliegt, die teilweise recht hoch sein kann und die gedachte Magnetisierungskurve bis kurz vor dem Knick ausfährt. Dieser sog. *Rush-Effekt* ist in Abb. 3.7 illustriert.

Durch die Remanenz und den Stromanstieg gelangt der Kern in Sättigung, was zu einem drastischen Abfall der Induktivität führt. Die Spule des Transformators weist für die Wechselspannung als strombegrenzende Komponente nur noch den ohmschen Widerstand auf (zuzüglich der Streuinduktivität, die jedoch meist einen sehr geringen Anteil ausmacht).

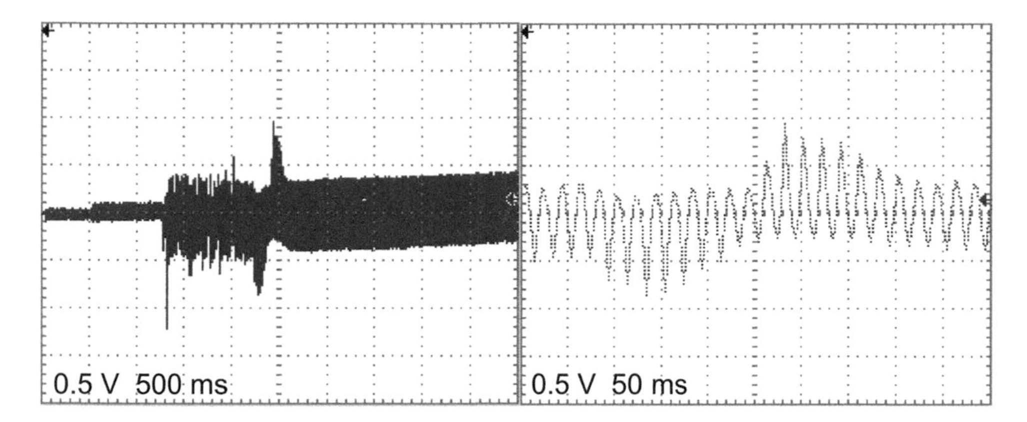

Abb. 3.6 Verlauf des Stromes einer Leuchtstofflampe kurz nach dem Einschaltmoment. Anfänglich sind kleine Ströme sichtbar, es handelt sich dabei um die Aufheizphase. Danach kommen Zündphase und Brennphase. Die Zündphase beinhaltet höhere Ströme, vor allem aber schnelle Stromänderungen, die einen großen Beitrag leisten für Störeffekte

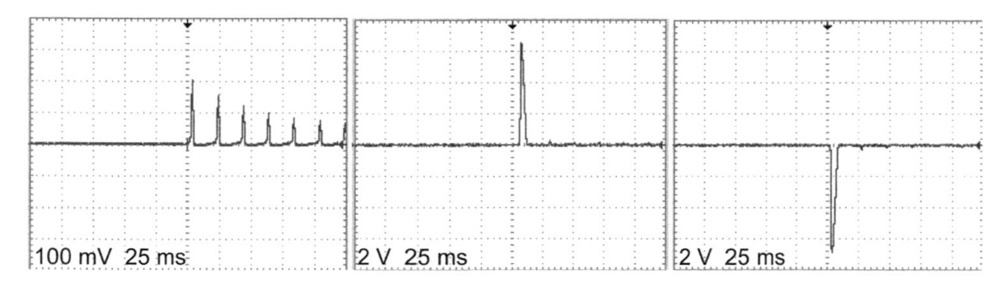

Abb. 3.7 Verlauf des Stromes bei einer starken Induktivität mit remanentem Kern. Es handelt sich um einen im Leerlauf befindlichen Ringkerntrafo der Größe 50 V A. Bei Einrechnung des Messwiderstandes von 1 Ω ergeben sich Einschaltströme von über 6 A, das bedeutet, der Strom wird während der Einschaltphase nur noch vom ohmschen Widerstand der Primärspule begrenzt. Die Polarität kann sporadisch wechseln, je nachdem, in welchem Magnetisierungszustand das letzte Mal abgeschaltet wurde

Wie dort ebenfalls ersichtlich ist, ist der unangenehme Stromimpuls dadurch zu umgehen, dass der Einschaltzeitpunkt mit dem Maximum der Spannung zusammenfällt. Dadurch beginnt der Strom im Nullpunkt, und nach wenigen Zyklen ist die anfängliche Remanenz beseitigt.

3.4.3 Einschaltströme bei Motoren

Hohe Einschaltströme bei Motoren (selbst bei fehlender Last) liegen darin begründet, dass Massen des Ankers erst beschleunigt werden müssen bzw. der Motor erst Fahrt aufnehmen muss, damit überhaupt eine nennenswerte Gegeninduktion stattfinden kann. Bei ständiger Last am Motor reduziert sich der Strom jedoch nicht so stark wie ohne Last. Die zeitliche Länge eines solchen Einschaltstromes hängt vom Beschleunigungsverhalten des Systems ab. Sehr große Motoren mit einem hohen Trägheitsmoment benötigen oft länger zum Anfahren und deshalb ist das Abklingen des Anfangsstromes langsamer. Ein typisches Einschaltstromverhalten bei einem Asynchron-Motor ist in Abb. 3.8 zu sehen.

Ein Teil des hohen Einschaltstromes bei einem Wechselstrom-Motor kann ebenfalls durch Restremanenz entstehen. Auch hier könnte ein definierter Einschaltzeitpunkt in Richtung höherer Spannung Abhilfe schaffen.

3.4.4 Einschaltströme bei Schaltnetzteilen

Der *Inrush-Current* bei Schaltnetzteilen rührt von der anfänglichen Ladephase des Elektrolytkondensators. Moderne Schaltungen verwenden jedoch einen Heißleiter (NTC) zur Begrenzung des Einschaltstromes. Nach dem Erwärmen des Bauteils geht sein Widerstand drastisch zurück, sodass der Leistungsanteil an ihm gegenüber der Gesamtleistung vernachlässigbar ist. Ein Beispiel eines kleineren Netzteils zeigt uns Abb. 3.9.

Es leuchtet ein, dass viele solcher Netzteile, wenn sie gleichzeitig eingeschaltet werden, eine erhebliche Belastung bedeuten. Da kann schon mal eine Überlastsicherung ansprechen, wenn der Hauptschalter die PCs gemeinsam mit dem Netz verbindet.

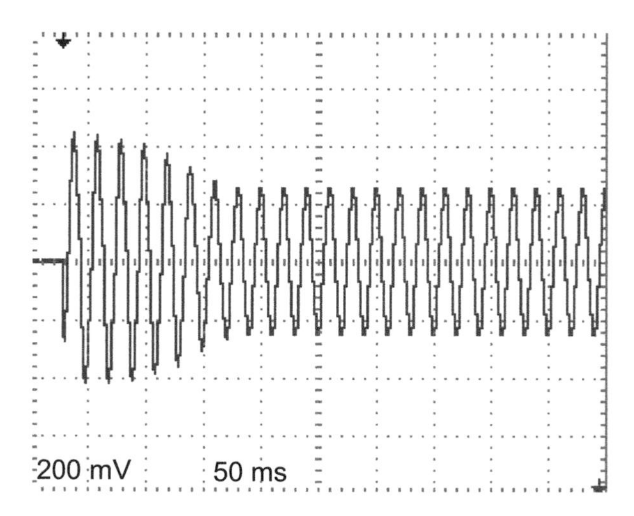

Abb. 3.8 Einschaltstrom eines nicht belasteten Asynchron-Motors. Deutlich erhöht ist der Strom während der anfänglichen Beschleunigungsphase. Da es sich bei diesem Beispiel um einen Kondensatormotor handelt, ist das Anlaufmoment recht gering. Würde man diesen Motor beim Anlaufen stark belasten, würde er gar nicht anlaufen. Bei einem echten Mehrphasenmotor könnte die Anlauflast hoch sein und dementsprechend würde auch der Anlaufstrom viel größer sein als beim Normallauf

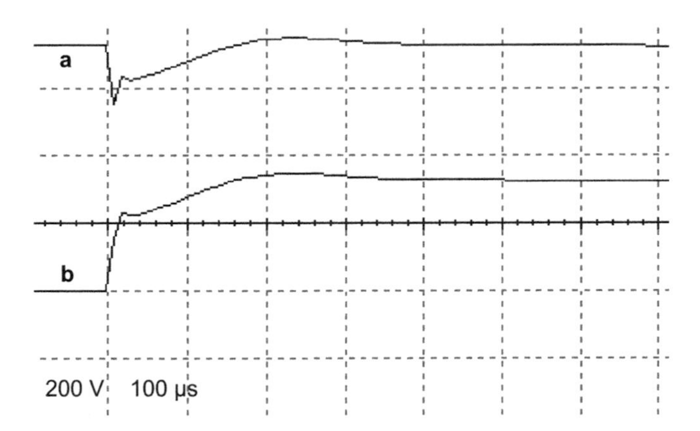

Abb. 3.9 Einschaltstrom eines nicht belasteten Schaltnetzteils für Notebooks. Der Nullpunkt ist für das Signal (**a**) um eine Teilung nach oben, bei (**b**) um eine Teilung nach unten verschoben. Die Netzspannung, die in (**a**) gerade ihren Scheitelpunkt verlässt, bricht für wenige Mikrosekunden erheblich ein, während die gleichgerichtete Spannung (**b**) im Netzteil steigt

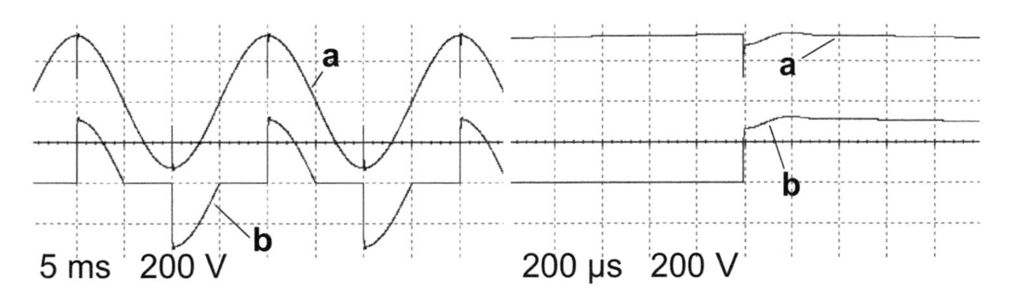

Abb. 3.10 Belastung der Netzspannung durch Phasenanschnittschaltung. Der allgemeine Spannungsverlauf ist links zu sehen – im rechten Bildteil ist das Ganze nochmals stark gespreizt. Es handelt sich um eine Last mit Nennleistung 2000 W, die genau an den Spannungsscheiteln eingeschaltet wird. Die *Netzimpedanz* wird genormt durch eine *Netznachbildung* vom Typ 1 definiert. Die Kurvenformen (**a**) zeigen die Spannungseinbrüche auf der Versorgung, die in (**b**) ist der Verlauf an der Last nach der Phasenanschnitt-Schaltung

3.4.5 Wechselbelastung durch Phasenanschnittschaltungen

Phasenanschnitt war bereits 1970 eine einfache Möglichkeit, relativ verlustarm die Leistung einer Lampe oder eines Motors zu reduzieren. Die einfachsten Schaltungen setzen einen *Triac* ein, der zwei anti-parallel geschalteten *Thyristoren* entspricht. Ab einem bestimmten Betrag am Gate, schließt der Triac fast wie ein Schalter. Diese Zündspannung kann im einfachsten Falle über ein RC-Glied und einem zwischengeschalteten *Diac* generiert werden [1].

Die durch die starke Wechselbelastung hergerufenen Spannungsschwankungen sind systembedingt kaum abzumildern, lediglich ihre Flankensteilheit bzw. die Steilheit der

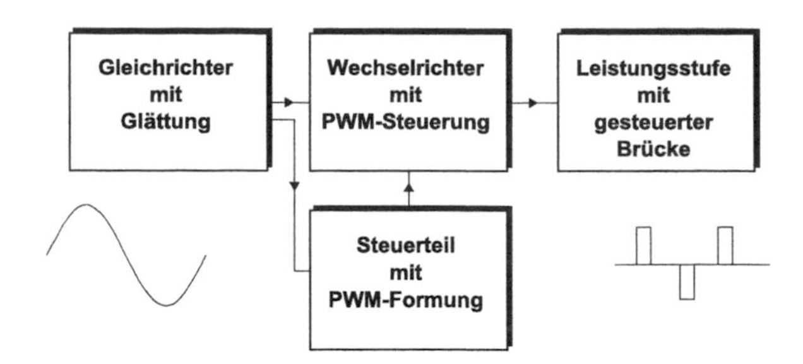

Abb. 3.11 Prinzip eines Frequenzumrichters. Bei der einfachsten Art des Frequenzumrichters erfolgt eine Wandlung der eingespeisten Wechselspannung fester Frequenz in eine Wechselspannung variabler Frequenz bzw. variabler *Pulsweite*

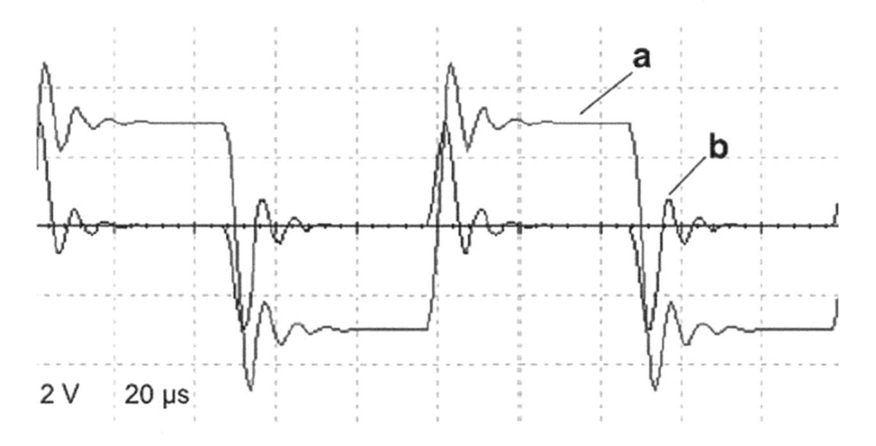

Abb. 3.12 Störspannung in der Nähe eines Frequenzumrichters. Es handelt sich bei (**a**) um Rechteckspannungen der Schalter im Umrichter, die Ausklingschwingungen rühren von sonstigen Kombinationen aus Induktivitäten und Kapazitäten (teilweise von den Anschlussleitungen verursacht). Die Schaltfrequenz beträgt hier 10 kHz. Die 50-Hz-Schwingung der Versorgung ist bei dieser Darstellung unterdrückt. Eine parallel dazu laufende Leitung erfährt eine kapazitive Kopplung, wodurch ein Hochpasseffekt entsteht – die Ausklingvorgänge erscheinen in (**b**) stärker

Stromanstiege – dies hilft jedoch lediglich zur Reduzierung einer Abstrahlung oder einer kapazitiv bzw. induktiv gekoppelten Störung. Siehe auch Abb. 3.10.

Die in der Wechselspannung sichtbare Verzerrung der Sinusform kann in anderen Systemen manchmal für Unruhe sorgen – auch übliche Transformatoren können teilweise ihre normale Funktion gestört haben. Auf jeden Fall ist die Funktion von Systemen gestört, die eine Synchronisation vom Netz ableiten.

3.4.6 Wechselbelastung durch Frequenzumrichter

Für viele Leistungsmaschinen, wie Motoren hat man schon seit einigen Jahren sehr effiziente Regelungseinheiten entworfen, die in der Lage sind, die Drehzahl lastunabhängig nachzuregeln. Solche Elektronikschaltungen wie in Abb. 3.11 zerhacken die Wechselspannung des Netzes entweder direkt oder indirekt nach einer Gleichrichtung. Die entstehenden Rechteckflanken wirken sich dabei als Störung auf das restliche Netzwerk aus, wie in Abb. 3.12 zu sehen ist.

Die alleinige Wechselbelastung wird eine Rechteckstörspannung auf der Versorgungsleitung entstehen lassen, die jedoch mit einigen Kilohertz als relativ hochfrequent gelten kann. Somit lassen sich derartige Gegentaktspannungen auch einfach für andere Systeme herausfiltern. Anders sieht es schon bei den kapazitiven Störkopplungen aus, die mitunter recht hochfrequent sein können und sich merklich auch im Raum ausbreiten.

Wie stark sich die Störung auf andere Leitungen auswirkt, hängt von der Flankensteilheit des Rechtecksignals ab. Diese ist häufig sogar einstellbar. Jedoch ist zu konstatieren, dass mit geringerer Flankensteilheit auch der Wirkungsgrad abnimmt.

Literatur

1. Springer, Günter: Fachkunde Elektrotechnik. Wuppertal: Verlag Europa-Lehrmittel 1989.
2. Fa. Tera Analysis, Programm Quickfield.

4 Messungen zur Prüfung der Störfestigkeit

Zusammenfassung

Zur Beurteilung der Störfestigkeit einer Anordnung oder eines Gerätes müssen Messaufbau und Störgrößen möglichst exakt und reproduzierbar normativen Vorgaben entsprechen. Nur so ist gewährleistet, dass Grenzwerte auch tatsächlich eingehalten werden. Manche Normen lassen gewisse „Spielräume", diese sollten jedoch zur Feststellung der relevanten Störfestigkeit eine untergeordnete Rolle spielen.

Die geltenden Grenzwerte richten sich nach dem anzuwendenden Schärfegrad. Üblich sind hier Industriebereich und Wohnungsbereich . Da im Industriebereich schwerere „Störer" zu vermuten sind, muss der Proband folgerichtig dort auch höhere Störpegel vertragen. Wir werden im Kap. 8 die unterschiedlichen Schärfegrade und die daraus resultierenden Grenzwerte etwas genauer betrachten.

4.1 Ungünstigster Betriebsfall

Zur Durchführung von Immunitätsmessungen ist der Proband in einen Betriebsmodus zu setzen, in welchem er am empfindlichsten gegenüber Störeinflüssen von außen ist. Dieser Modus muss aber durch den Anwender auch wählbar sein, es darf also nicht irgendein Service-Modus sein.

Verfügt ein Gerät beispielsweise über unterschiedliche Empfindlichkeitsstufen, so ist die empfindlichste für die Prüfung einzustellen, wenn anzunehmen, dass dann Störspannungen oder Störfelder den größten Einfluss haben werden. Andererseits ist bei einem

D. Stotz, *Elektromagnetische Verträglichkeit in der Praxis*,
https://doi.org/10.1007/978-3-662-62221-6_4

detektierenden Gerät (z. B. Schaltsensor für Füllstand) mit zwei möglichen Ausgangszuständen genau zu überlegen, welcher davon sich am leichtesten durch Störungen beeinflussen lässt. Im Zweifelsfall muss man beide Zustände (also bei einem Füllstandssensor Leerdetektion und Volldetektion) als ungestörten Zustand herstellen, bevor die Störgröße aktiviert wird. Wichtig ist dabei, dass ggf. auch die Entfernung der Schaltschwelle eine entscheidende Rolle spielen kann.

Strittig ist das Thema des äußeren Ambientes während der Immunitätsprüfung. Es gibt Geräte, die sich im normalen Betriebsfall nicht irgendwo in einem beliebigen Umfeld befinden, sondern beispielsweise in einem metallischen Tank, der als geerdet anzunehmen ist. In diesem Fall ist eigentlich auch eine entsprechende Situation zu simulieren, in der ein Sensorbereich nicht einfach dem Störfeld ausgesetzt, sondern durch eine geerdete metallische Kapselung geschützt ist. Diese dem natürlichen Betriebsfall nachempfundene Abschirmung darf natürlich auch nur den Bereich schützen, den dieser Behälter auch abdecken würde, also nicht das gesamte Gerät. – Würde diese „Erleichterung" nicht gelten, so brächte man sicherlich kaum einen der empfindlichen Sensoren, die mit Hochfrequenzfeldern arbeiten, durch eine Immunitätsprüfung.

Es ist also im Vorfeld bereits genau zu definieren, wie der Prüfaufbau bezüglich Proband genau auszusehen hat. Als Kunde müssen Sie entscheiden, welche Situation das Testhaus prüfen soll. Lediglich die Testprozedur selbst ist Sache des Testpersonals.

Bei etwaigen Unsicherheiten darüber, welche Situation später im Feld tatsächlich als Worst Case vorliegen kann, sollte man immer mehrere Prüfungen durchführen.

Ein heikles Thema ist stets die Zuführung von Versorgungsleitungen zum Probanden und ggf. das Netzgerät selbst. Handelt es sich beim Prüfling um einen Versorgungs- und Datenanschluss per Kabelkanäle, sollten diese auch nachgestellt werden (siehe Abschn. 4.5). Weitere Punkte, die zu beachten sind:

- Sind Daten- und Eingangs-/Ausgangsleitungen laut Gebrauchsanweisung abgeschirmt zu halten?
- Sind Versorgungs- und Eingangs-/Ausgangsleitungen getrennt zuzuführen? Ist beides möglich, was im Normalfall gilt, sollte man sich überlegen, welches die schlechtere Situation darstellt.
- Gibt es unterschiedliche Gerätevarianten, so sind entweder alle zu prüfen oder nur dasjenige, welches für Störungen am empfänglichsten ist (beispielsweise wäre die Einstrahlung auf ein Gerät mit Kunststoffgehäuse meist aussagekräftiger als auf eines mit Metallgehäuse).
- Sind Zuleitungen im bestimmungsgemäßen Betrieb kürzer als 3 m, entfallen diverse Prüfungen (schnelle Transienten, asymmetrische leitungsgebundene Störspannung auf Signalleitungen).
- Prüfung für Stoßspannungen entfällt, wenn die Zuleitungen kürzer als 30 m im bestimmungsgemäßen Betrieb sind.

4.2 Messungen zur Burst-Störfestigkeit

Zur Prüfung der Störfestigkeit gegenüber schnellen Transienten steht ein einfaches System mit Generator und definiertem Messaufbau zur Verfügung. Bei der Durchführung ist zu beachten, dass die Störeinkopplung entweder auf die Versorgungsleitungen oder auf Ein-/Ausgabeleitungen erfolgen soll. Beide Aufbauten unterscheiden sich, weil die Kopplung auf Versorgungsleitungen üblicherweise galvanisch über ein Netzwerk erfolgt (welches normalerweise im Burstgenerator integriert ist), während für die Ein-/Ausgabeleitungen eine kapazitive Koppelstrecke dient (siehe weiter unten in diesem Abschnitt).

4.2.1 Burst-Equipment

Die Ausrüstung für den Burst-Immunitätstest beginnt mit dem Generator. In Abb. 4.1 sehen wir ein Geräteexemplar der Firma EM Test, ein gemessenes Burst-Signal ist in Abb. 4.2 dargestellt.

Wie wir weiter unten sehen werden, gehört zur Burst-Prüfung auch ein Test der Eingangs- und Ausgangsleitungen, falls der Proband solche Anschlüsse überhaupt aufweist. Die Einkopplung erfolgt hier aber nicht wie bei den Versorgungsleitung galvanisch, sondern über eine kapazitive Koppelstrecke, wie sie in Abb. 4.3 dargestellt ist.

Dass diese Art der Einkopplung nicht rein kapazitiv ist, liegt auf der Hand. Die Verteilung der Kapazität über eine Länge von 1 m bewirkt, dass entlang den Platten Ströme fließen, die zu einer induktiven Einkopplung auf die parallel dazu verlaufenden Leitungen führen. Dies entspricht auch dem in der Praxis vorliegenden Fall, bei dem die störende Leitung nicht nur punktuell kapazitive auf die gestörte Leitung einkoppelt, sondern über eine größere Länge und damit auch induktiv.

Damit die Streukapazität zur Massefläche am Boden (siehe Abb. 4.5) nicht zu groß wird, werden die Platten der Koppelstrecke in einem definierten Abstand von 100 mm zur Massefläche gehalten.

Hilfreich ist mitunter auch eine Burst-Sonde, die eine flächige Form hat und eine diskret-lokale kapazitive Einkopplung auf den Prüfling erlaubt. Der Aufbau geht aus Abb. 4.4 hervor. Diese Sonde ist ähnlich zu handhaben wie die kapazitive Koppelstrecke, nur dass sie eine flexible Positionierung ermöglicht. Die eingekoppelte Störgröße ist hier verständlicherweise quantitativ relativ unbestimmt, jedoch erlaubt diese Methode das Aufspüren der Zonen des Probanden, die besonders sensitiv sind.

4.2.2 Messaufbau zur Burst-Störfestigkeit

Der Messaufbau setzt einen Holztisch voraus, auf dessen Platte ein Kupferblech befestigt ist. Der Messaufbau für die Burst-Störfestigkeit geht aus Abb. 4.5 hervor.

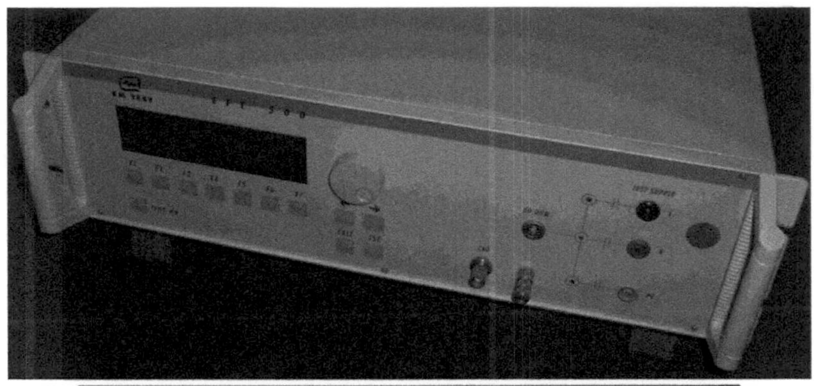

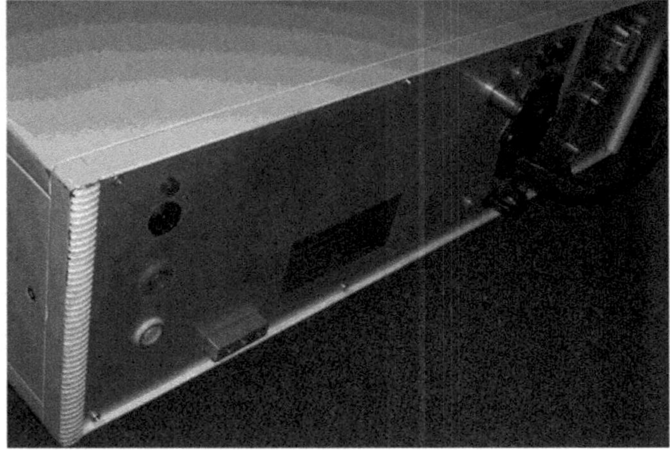

Abb. 4.1 Front- und Rückansicht eines Burstgenerators. Neben den eigentlichen Bedienelementen besteht ein Burst-Generator stets aus den frontseitig herausgeführten Ausgangsanschlüssen, auf denen den durchgeschleiften Versorgungsleitungen die Störimpulse überlagert werden. Dort ist der Proband unter Beachtung der korrekten Polarität anzuschließen. Auf der Rückseite des Gerätes findet man ebenfalls Buchsen – diese sind mit der Versorgungsquelle zu verbinden. Mit entsprechenden Adaptern lassen sich meist auch das normale Stromnetz anschließen (in älteren Geräten ist dies der Normalfall, während man eine Niedervoltquelle von z. B. 24 V über Adapter anzuschließen hat). Die Frontplatte bietet weiterhin einen Spezialanschluss für ein Koaxkabel zur Verbindung mit einer kapazitiven Koppelstrecke, den Anschluss für die Referenzmasse sowie eine BNC-Buchse, um ein kontrollierendes Oszilloskop einsetzen zu können

Der Proband muss auf einer isolierenden Unterlage liegen, die einen Abstand von 100 mm zur Kupferfläche gewährleistet. Der Bezugspunkt des Burst-Generators sollte möglichst impedanzarm mit der Kupferfläche verbunden sein. Hierzu darf der Generator ruhig mit auf dem Tisch stehen und mit einem Kupferband mit der Platte verbunden sein. Die Leitungslängen zum Probanden sollten 0,5 m nicht übersteigen.

Der in Abb. 4.1 dargestellte Burst-Generator bietet nicht nur die Möglichkeit, Probanden mit Netzspannung zu versorgen. Sehr wohl können den rückwärtig angeordneten

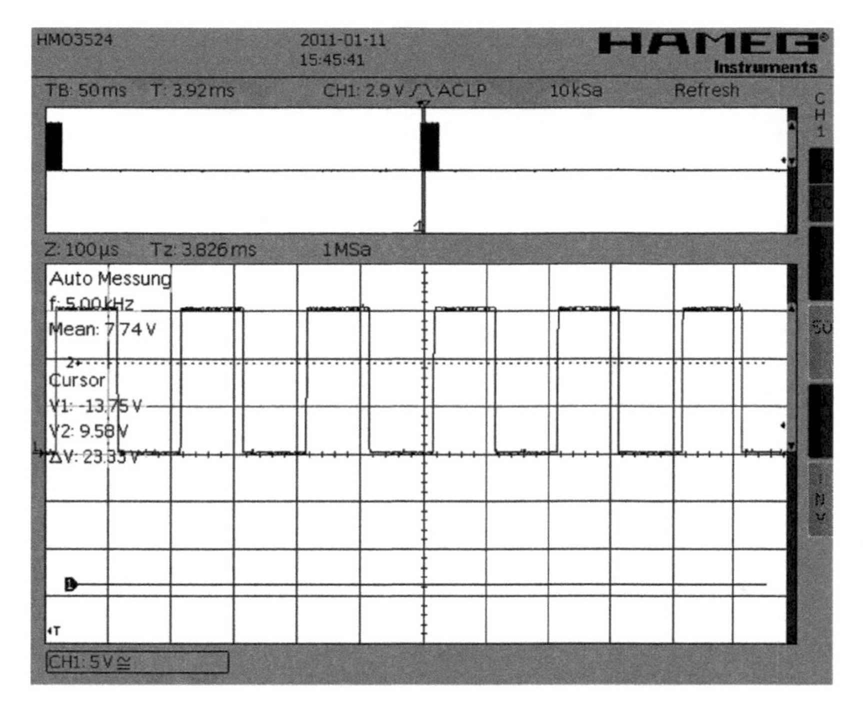

Abb. 4.2 Signal aus dem Burstgenerator. Im oberen Bildausschnitt sieht man die einzelnen Burst-Pakete, die im Abstand von 300 ms aufeinanderfolgen. Der untere Bildteil vergrößert einen Teil des Pakets, man sieht die eigentliche Burst-Frequenz von 5 kHz (*Spike-Frequency*), und die Höhe der Pulse muss wegen des Teilerverhältnisses mit dem Faktor 100 multipliziert werden

Buchsen auch andere Niederspannungen (z. B. 24 V=) zugeführt werden. Auf der Vorderseite sind die einzelnen Anschlüsse über Geräteklemmen zu erreichen.

Hat der Proband eine Erdungsklemme oder ist über sein Gehäuse mit Erde verbunden, sollte der Prüfaufbau ebenfalls über eine solche Erdverbindung verfügen. Diese muss dann ebenfalls möglichst impedanzarm ausgeführt sein.

Aufbau für Einkopplung auf Signalleitungen

Der Prüfaufbau für Signalleitungen – aus einem Prüfling heraus oder in ihn hinein – sieht etwas anders aus. Diese Anschlüsse werden nicht direkt mit dem Burst-Generator verbunden, sondern in die kapazitive Koppelstrecke nach Abb. 4.3 eingelegt. Normalerweise befindet sich ein daran angeschlossenes Zusatzgerät (z. B. Multimeter, falls eine Spannung an den Signalleitungen gemessen werden soll) ebenfalls um 0,1 m erhöht isoliert auf der Massefläche des Prüftisches. Die Leitungslängen von der Koppelstrecke weg sind auf eine Länge von 0,5 m zu halten. Die Koppelstrecke selbst ist über ein (meist spezielles) Koaxialkabel mit dem Burst-Generator verbunden. Die Norm verlangt weiterhin, dass die Versorgungsanschlüsse zum Prüfling über ein Entkoppelnetzwerk zu erfolgen hat.

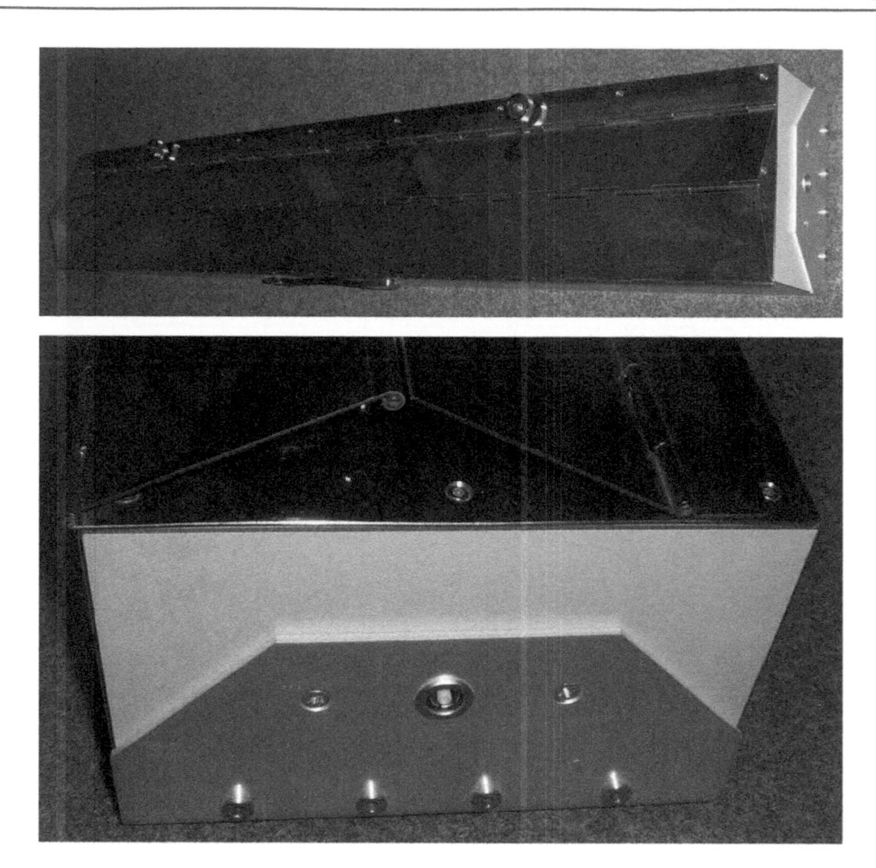

Abb. 4.3 Kapazitive Koppelstrecke. Zwischen zwei Metallplatten, die über ein Scharnier miteinander verbunden sind, werden die I/O-Leitungen eingeklemmt. Das ergibt meist eine Kapazität zu den Leitungen im Bereich 50 bis 200 pF, die jedoch über einen Bereich verteilt ist

4.2.3 Durchführung der Messungen zur Burst-Störfestigkeit

Je nach Härtegrad verlangt die Prüfung unterschiedliche Spannungen der Burst-Signale, z. B. 2 kV an den Versorgungsleitungen für den industriellen Bereich (siehe hierzu Anhang C). Wichtig ist dabei, dass unterschiedliche Kombinationen der Leitungen für die Beaufschlagung der Störung durchgeführt werden, ebenfalls sind beide Polaritäten der Burst-Spannung zu wählen. Der Betriebszustand ist zu beobachten, und zwar für jede Kombination aus Leitungsbeaufschlagung und Polarität mindestens 1 min. Die Bewertung des Ergebnisses erfolgt nach den Ausführungen in Abschn. 6.6. Wenn sich das Gerät überhaupt nicht stören lässt, ist dies natürlich das beste Ergebnis, und es bedarf keiner weiteren Bewertung oder Erklärung. Praktische Messaufbauten zum Burst-Test sind in Abb. 4.6 und 4.7 zu sehen.

Abb. 4.4 Bewegliche kapazitive Sonde (Foto: Fa. Langer EMV-Technik GmbH)

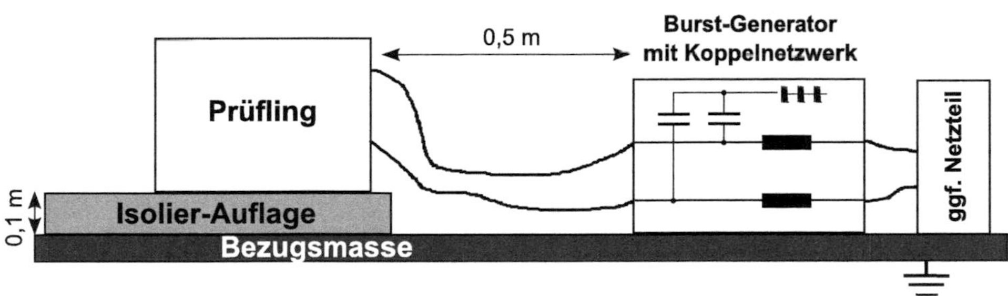

Abb. 4.5 Messaufbau zur Burst-Prüfung. Neben den Längenmaßen ist hier noch besonders wichtig und entscheidend für das Ergebnis die gut leitfähige Kupferplatte auf der Oberseite als Bezugsfläche. Daran anzuschließen sind auf kürzestem Wege der Masseanschluss des Generators und – nur falls für das zu prüfende Gerät eine Erdung vorgeschrieben ist – des Prüflings

Es empfiehlt sich, zunächst die Messung von Gleichtakt-Störungen zu bewerkstelligen, weil diese mehr der Realität entsprechen (durch den parallelen Verlauf der Leitungen in Kabelkanälen und auch diverse Gleichschaltungselemente an den Anschlussklemmen). Das bedeutet für den Burst-Generator, dass er auf allen benötigten Anschlüssen gleichzeitig die Störsignale ausgeben soll.

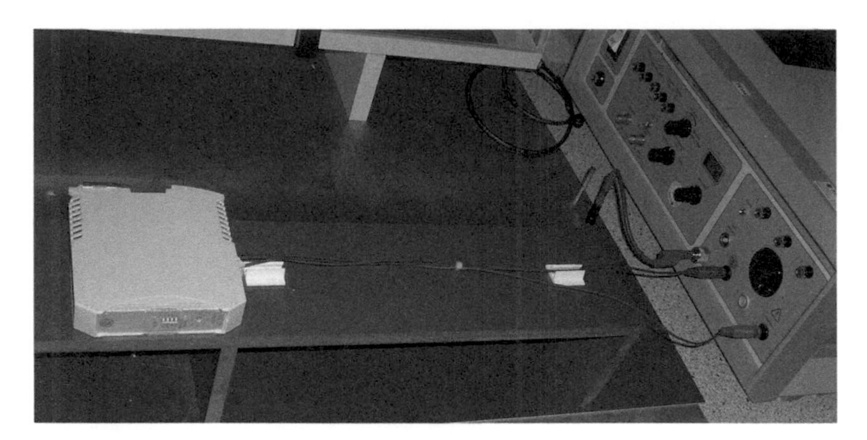

Abb. 4.6 Foto eines Messaufbaus für schnelle Transienten

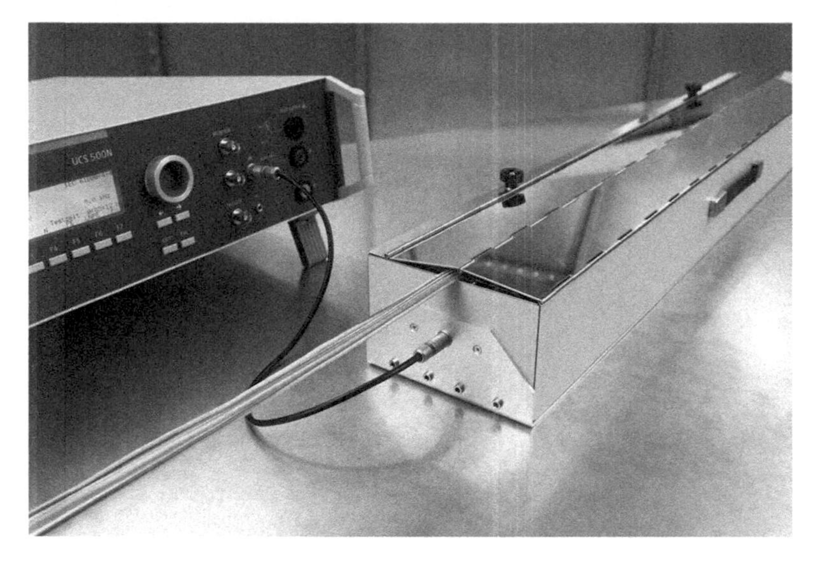

Abb. 4.7 Messung für schnelle Transienten mit Koppelstrecke für Signalleitungen (Foto: Fa. EM TEST GmbH)

4.3 Messungen zur Störspannungsfestigkeit

Ähnlich zur Burst-Prüfung werden auch hier Störspannungen den Versorgungs- bzw. Signalleitungen überlagert. Diese sind jedoch im Gegensatz zu schnellen Transienten von schmalbandigem Charakter. Dafür ist die Dauer der Störung (*Duration*) formal permanent. Natürlich ist durch den Sweep durch das gesamte Spektrum die Dauer begrenzt. Bekannte Parameter für das Störsignal sind der Bereich von 150 kHz bis 80 MHz, eine Spannungsamplitude von 10 V (Effektivwert, definiert für fehlende Modulation) sowie

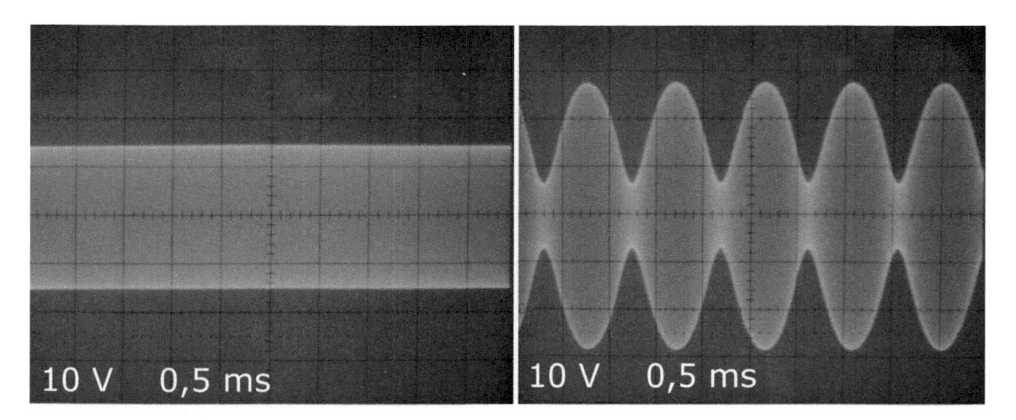

Abb. 4.8 Leitungsgebundene Störspannung und Effektivwert. Dieses Signal ist laut Prüfaufbau aus Abb. 4.11 als U_0 direkt am unbelasteten Generatorausgang zu messen

eine *Amplituden-Modulation* mit einem Grad von 80 %. Das Signalaussehen geht aus Abb. 4.8 hervor.

Man vergleiche auch mit Abb. 1.4. Die Effektivspannung wird bei fehlender Modulation (*Continuous Wave, CW*) definiert bzw. gemessen. Bei aktiver Amplituden-Modulation ist dann die mittlere Amplitude noch gleich wie vorher. Zur Berechnung der erforderlichen Verstärkerleistung siehe Anhang D.3. Beides, die mittlere Verstärkerleistung und auch die Spitzenleistung wird bei AM höher als ohne AM. Für die Spitzenleistung ist die Spitzenspannung maßgeblich.

4.3.1 Equipment zur Messung der Störspannungsfestigkeit

Zur Durchführung der Prüfung sind neben einem Tisch mit Kupferblech (ähnlich der Burst-Prüfung) noch ein AM-fähiger Generator und ein Leistungsverstärker notwendig, siehe Abb. 4.9. Außerdem benötigt man ein Einkoppelnetzwerk (*CDN, Couple-Decouple-Network*). Dies gewährleistet definierte und über den kompletten Frequenzbereich stabile Impedanzverhältnisse. Ferner bildet es ein Filter, das Stromversorgung bzw. Zusatzgeräte vom Prüfling entkoppelt. Auf diese Weise wird verhindert, dass einerseits das Netzgerät durch zu hohe Störspannungen beeinflusst wird und andererseits auch zusätzliche Störungen vom Netzgerät auf den Prüfling gelangen.

Der Generator muss einen Frequenzumfang von 0,15 bis 80 MHz abdecken und Amplituden-Modulation mit einem Grad von 80 % ermöglichen. Siehe auch Abschn. 12.2.

Innerer Aufbau eines CDN

Wir wollen ein solches Koppelnetzwerk etwas näher betrachten, siehe Abb. 4.10. Eine Festlegung, die getroffen wurde, heißt: Die Impedanz des CDN an den Anschlüssen zum Prüfling im Common-Mode beträgt 100 Ω. Die Widerstände, die vom Einkoppelanschluss

Abb 4.9 HF-Generator und daran angeschlossener Verstärker. Die gesondert verlaufenden zwei Litzen zum gekühlten Verstärker (Minicircuits ZHL-32A) dienen der Versorgung mit 24 V

des Generators auf die Leitungen zum Prüfling führen, müssen demnach in Parallelschaltung diesen Wert ergeben, da die Einkoppelkondensatoren eine vernachlässigbare Impedanz besitzen. Handelt es sich um Netzwerk mit zwei Leitungen, so muss jeder dieser Widerstände 200 Ω aufweisen, bei drei Leitungen 300 Ω usw. Zusammen mit dem Generator-Innenwiderstand von üblicherweise 50 Ω ergibt sich also eine Common-Mode-Impedanz von 150 Ω gegenüber der Masseplatte. Diese Quellimpedanz, zusammen mit den normativ festgelegten Störspannungswerten, ist für Frequenzen < 30 MHz geeignet, um auf den Prüfling vergleichbare Beeinflussung zu erreichen wie bei den festgelegten Feldstärken bei höheren Frequenzen.

Der Generator wird meist nicht direkt an das CDN angeschlossen, sondern über einen 6-dB-Abschwächer. Der Grund hierfür wird weiter unten bei der Erläuterung zum Messaufbau genannt.

4.3.2 Messaufbau zur Störspannungsfestigkeit

Zum Messaufbau für die Störspannungsfestigkeit sei auf Abb. 4.11 verwiesen. Wie bei der Burst-Prüfung hat auch hier der Holztisch eine Kupferblechauflage, mit der alle massebezogenen Anschlüsse auf kürzestem Wege zu verbinden sind.

Das CDN liegt mit seinem Metallgehäuse satt auf dem Kupferblech des Tisches auf – besser wäre noch zusätzliche Masseverschraubung. Wie erwähnt gelangt der Generator

Abb. 4.10 CDN (Couple-/Decouple-Network) und Innenleben. Deutlich zu erkennen sind die EUT-Buchsen, die mit dem Prüfling zu verbinden sind. Im inneren Aufbau sehen wir u. a. die Ringkerne, mit denen stromkompensierte Drosseln aufgebaut sind. Zu erkennen sind auch die beiden Zementwiderstände, die von der BNC-Buchse über jeweils einen Kondensator auf die EUT-Anschlüsse führen

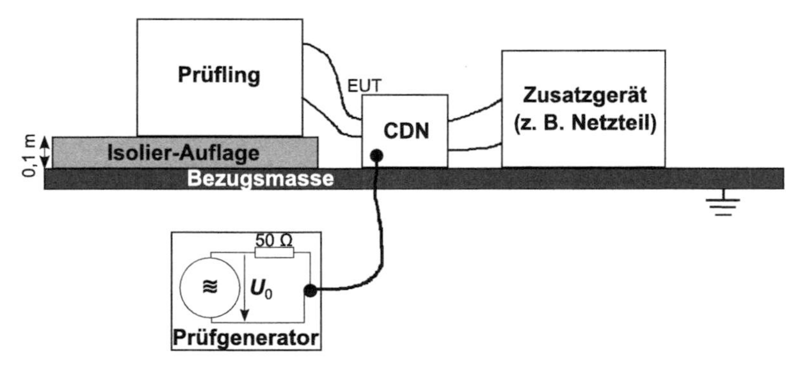

Abb. 4.11 Messaufbau zur Immunitätsprüfung bei leitungsgekoppelter Störspannung. Die definierte Effektivspannung lässt sich als U_0 messen. Die Leitungslänge zwischen CDN und Prüfling sollte zwischen 0,1 und 0,3 m liegen

zunächst auf einen 6-dB-Abschwächer, dann erst auf das Netzwerk. Dies liegt darin begründet, dass der Generator (bzw. der Verstärkerausgang) eine Impedanz von 50 Ω stellt – ein direkter Anschluss an die Eingangsimpedanz von 100 Ω des CDN würde daher eine starke Fehlanpassung darstellen und den Verstärker möglicherweise überlasten. Der Ab-

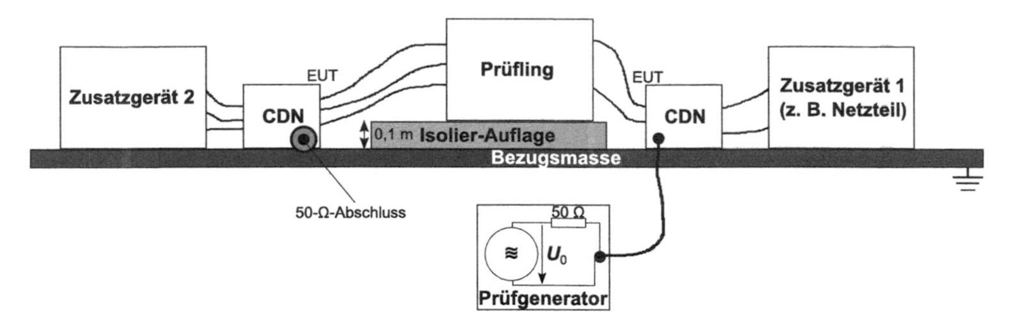

Abb. 4.12 Siehe letzte Abbildung, jedoch ist am Prüfling ein weiteres Gerät angeschlossen

schwächer mildert diese Fehlanpassung, allerdings geht das auch auf Kosten der anzulegenden Spannung.

Der Prüfling ist wieder isoliert im Abstand von 100 mm zur Tischplatte aufgestellt. Ein eventuell vorhandener Erdanschluss oder ein Metallgehäuse ist ebenfalls impedanzarm mit der Tischplatte zu verbinden.

Gehört zur ordnungsgemäßen Funktion des Prüflings ein weiteres externes Gerät, welches jedoch nicht prüfungsrelevant ist, so ist ein Messaufbau nach Abb. 4.12 zu wählen. Zu beachten ist, dass der Einkoppelanschluss des zweiten CDN natürlich nicht einfach frei bleiben kann, sondern dieser mit 50 Ω abzuschließen ist.

Kabellängen, die über 0,3 m hinausgehen, sind wiederum mäanderförmig (nicht einfach aufrollen!) zusammenzuwickeln, damit zusätzliche Induktivitäten und Laufzeiten vermieden werden. Siehe hierzu Abb. 4.13.

Auch in Normschriften liest man, man solle den Ausgang des Verstärkers bzw. Generators nicht direkt mit dem CDN verbinden, sondern über einen 6-dB-*Abschwächer*. Als Grund wird meist angegeben, dass der Ausgang sonst zu stark unter Fehlanpassung leiden könne. Das gilt jedoch nicht, wenn die Länge des Koaxkabels deutlich unter dem Viertel der Wellenlänge der höchsten Frequenz liegt. Für 80 MHz sind dies ca. 0,94 m, jedoch kommt bei Koaxkabeln noch der sog. *Verkürzungsfaktor* hinzu, weil das *Dielektrikum* die *Ausbreitungsgeschwindigkeit* reduziert. Bei Polyethylen ergibt sich ein Verkürzungsfaktor von ca. 0,67, demnach wird $\lambda/4$ etwa 0,63 m. Wenn man also nur sehr kurze Koaxkabel (< 20 cm) zum CDN verwendet, kann man auf den Abschwächer verzichten. Siehe Abschn. 1.9.10.

4.3.3 Weitere Anschlüsse und Zusatzgeräte des Prüflings

Besitzt der Prüfling weitere Anschlüsse für Zusatzgeräte, die für die Prüfung relevant sind, sollten diese Zusatzgeräte auch angeschlossen werden. Ist für die Verbindung ein Kabel notwendig, muss eine weitere Koppeleinheit zum Einsatz kommen. Das jeweilige CDN muss stets passend zu den Signalanforderungen sein (siehe Abschn. 12.2). Macht ein

Abb. 4.13 Lange Leitungen, die richtig verkürzt werden, indem man sie mäanderförmig zusammenfasst. Die Laufweite sollte möglichst gering sein

Zusatzgerät wiederum ein (nicht mitzuprüfendes) Netzgerät nötig, ist ein drittes CDN erforderlich, welches den Pfad zur Versorgung schafft.

4.3.4 Durchführung der Messungen zur Störspannungsfestigkeit

Nach der korrekten Einstellung der Störspannung am Prüfling (s. u.) und der Aktivierung der Amplituden-Modulation kann der Test durchgeführt werden. Dabei ist nicht zu vergessen, den Probanden auf einen Modus zu setzen, der am störanfälligsten ist.

Einstellung der Effektivspannung

Mit einem Spannungsmessgerät, das wieder eine Impedanz von 50 Ω aufweist, ist der erforderliche Effektivwert der unmodulierten Störspannung nicht ohne Beeinflussung am Einkoppelpunkt messbar. Günstiger ist es, den Probanden zunächst nicht anzuschließen und stattdessen ein Impedanz-Reduzierglied (100/50- Ω) zu verwenden, um an dessen Ausgang erst das Spannungsmessgerät (Oszilloskop oder HF-Voltmeter) anzuschließen, siehe Abb. 4.14. Das Reduzierglied beinhaltet lediglich einen Widerstand von 100 Ω. Die geforderte Effektivspannung von (unmoduliert) 10 V am unbelasteten Generator- bzw. Verstärkerausgang ergibt am Reduzierglied samt Voltmeterimpedanz eine Spannung von 10 V · 1/6 = 1,67 V. Ist dieser Wert eingestellt, kann anstelle des Reduzierglieds der Proband treten, und man kann davon ausgehen, dass nun die korrekte Spannung eingestellt ist. Zur Durchführung der Prüfung ist nun die Amplituden-Modulation mit einem Grad von 80 % einzuschalten.

Nun kann der komplette Frequenzbereich von 0,15 bis 80 MHz durchlaufen werden. Hierzu ist folgende Forderung einzuhalten:

Um Auswirkungen der Störbeaufschlagung sicher zu erfassen, ist eine gewisse Verweildauer an jeder Generatorfrequenz zu wählen. Diese Zeit hängt in erster Linie davon ab, wie der Prüfling reagiert. Zu kurze Verweilzeiten lassen ihn eventuell überhaupt nicht

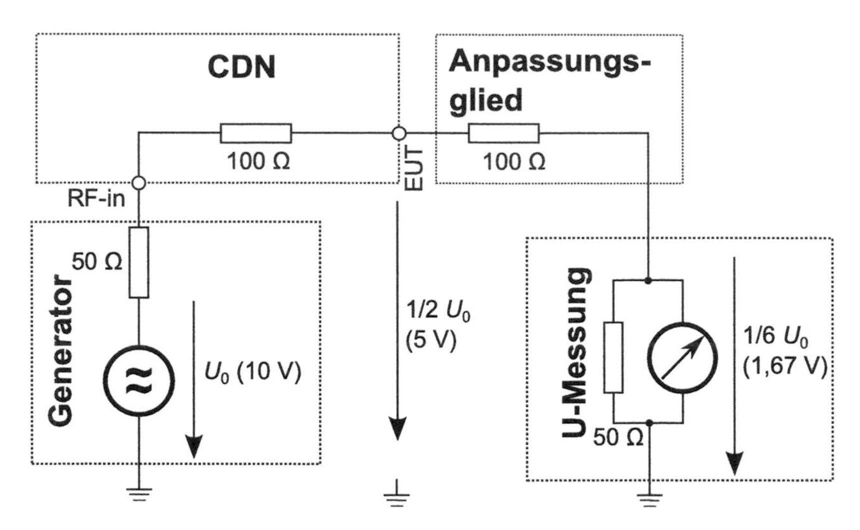

Abb. 4.14 Zur Einstellung der Effektivspannung mithilfe eines Anpassungsgliedes

reagieren, zu lange verzögern die Prüfungsdauer unnötig. Die Wahl der richtigen Zeit ist Ermessenssache, der Produktentwickler muss diesen Parameter richtig einschätzen (und dokumentieren!). Bei Geräten mit Mikrocontroller ist auch dessen systematische maximale Reaktionszeit (also Schleifenzyklusdauer) zu berücksichtigen.

Für Orientierungsmessungen kann aber stets ein schnellerer Sweep ablaufen.

Zusatzinformationen aus dem Prüfling

Vor der endgültigen Durchführung des Tests ist zu erörtern, ob man aus dem Probanden noch eine aufschlussreiche Analoggröße herausziehen kann (z. B. eine spezifische Spannung innerhalb der Schaltung). Dies könnte in einem Störfall hilfreich sein zur Aussage darüber, welcher Schaltungsteil gestört wurde und wie stark. Ein Mitloggen der Größe wäre ebenfalls anzuraten, um eventuell vorhandene Korrelationen mit der Frequenz herstellen zu können.

4.4 Messungen zur Störstromfestigkeit

Es handelt sich hierbei um eine Alternative zur Messung der Störspannungsfestigkeit. Wir werden an dieser Stelle nur auf die Änderungen eingehen.

Statt der Überlagerung von Störspannungen ist auch eine Einkopplung per *Koppelzange* möglich. Dies bietet sich an, wenn es sich bei der Probandenleitung um einen umfangreichen Kabelbaum handelt, der kaum eine Kopplung per CDN erlaubt. Bei der Koppelzange handelt es sich eigentlich um einen Transformator, der eine induktive Überlagerung eines Störstromes bewerkstelligt. Es handelt sich um eine aufklappbare Ferritstrecke, in die die Leitung des Probanden zum Zusatzgerät (z. B.) eingelegt wird. Parallel

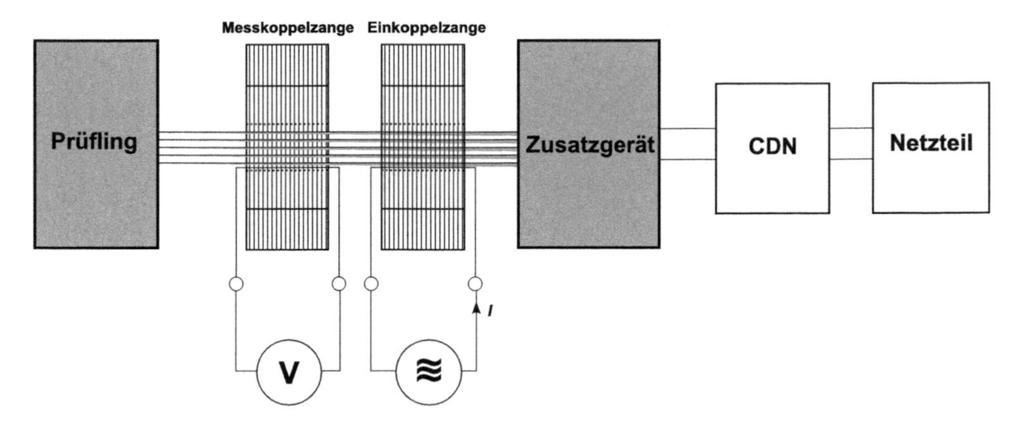

Abb. 4.15 Störstromeinkopplung per Koppelzange

dazu verläuft eine einkoppelnde Schleife, die über eine HF-Buchse zum Prüfgenerator führt.

Wie groß der eingekoppelte Strom ist, hängt von den Impedanzen ab, die der Proband plus Zusatzgeräte und CDNs mit Erde bildet. Eine zweite induktive Koppelzange, die ebenfalls des Kabelbaum und eine Messschleife umschließt, gibt eine Signalspannung aus, die ein Maß für den eingekoppelten Strom ist. Das Prinzip einer solchen Störstrom-Messung ist in Abb. 4.15 dargestellt.

4.5 Messungen zur Störfeldfestigkeit

Prinzipiell wird bei dieser Messung der Frequenzbereich von 80 bis 1000 MHz abgedeckt. Erweiterte Frequenzbereiche werden weiter unten erläutert. Für die Feldimmunität wird verständlicherweise keine Spannung als Grenzwert definiert, sondern eine Feldstärke. Im industriellen Bereich gilt laut Norm (siehe Kap. 8) üblicherweise eine Feldstärke von 10 V/m, der der Prüfling standhalten soll, ohne gestört zu werden. Ferner ist wiederum – wie bei der Störspannung auf Leitungen – eine Amplituden-Modulation des Grades 80 % zu wählen. Die oben genannte Feldstärke gilt bei fehlender Modulation.

4.5.1 Equipment zur Messung der Störfeldfestigkeit

Wie bei der leitungsgeführten Störspannung ist auch hier ein AM-fähiger Generator erforderlich, ggf. mit nachgeschaltetem Verstärker. Exakte Messungen eines akkreditierten Testhauses verwenden i. Allg. anspruchsvolles Equipment wie in Abb. 4.16, und der Sender wird in seiner Leistung per Tabelle geregelt, die man bei einem Einmessverfahren für die *Absorberhalle* und die jeweilig verwendete Antenne gewonnen hat.

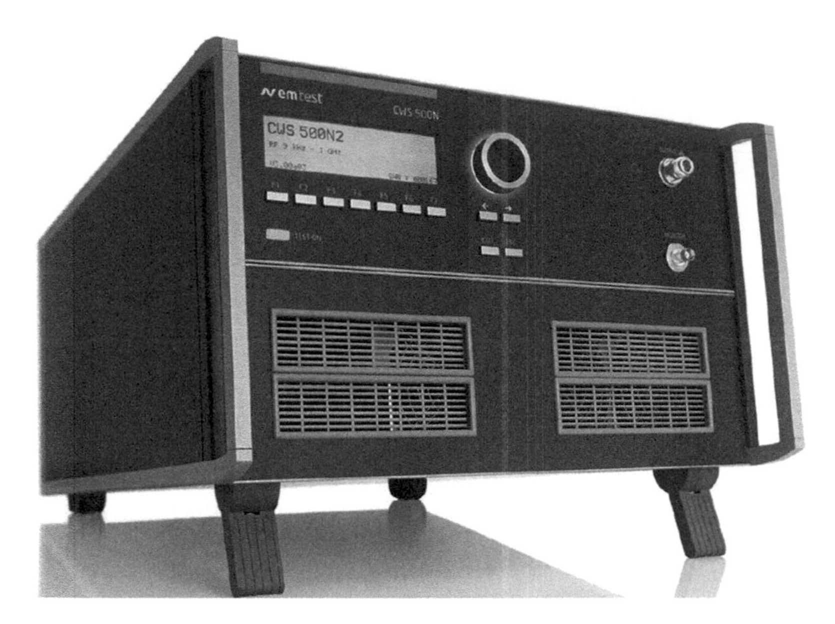

Abb. 4.16 Generator mit Leistungsverstärker zur Erzeugung des HF-Feldes (Foto: Fa. EM TEST GmbH)

Drehtisch

Ein Drehtisch dient der Einstellung des Einstrahlwinkels zum Probanden. Üblicherweise strahlt man von drei unterschiedlichen Richtungen, die orthogonal zueinander stehen. Dabei sind die in der Praxis möglichen Einstrahlwinkel zu beachten. Natürlich lassen sich verschiedene Winkel auch von Hand durch entsprechenden Umbau der Anordnung realisieren. Der Tisch darf im Gegensatz zum Burst- und Störspannungstest keine Metallplatte haben – ein normaler Holztisch ist ausreichend.

Breitband-Antenne

Um eine Strahlung auf den Probanden richten zu können, ist eine Breitband-Antenne vonnöten. Meist sind sogar zwei verschiedene Antennen erforderlich, denn eine Einstrahlung von 80 bis 1000 Hz würde für eine einzige Antenne einen zu großen Bereich bedeuten, darin würde ihre Gewinnkennlinie zu stark schwanken, sodass die Leistung des Senders ebenfalls über einen großen Bereich nachzuführen wäre. Deshalb teilt man normalerweise in zwei Bereiche auf. Die Antennen sorgen neben ihrer Richtwirkung auch für die (gewollte) Polarisation der Strahlcharakteristik.

Absorberhalle

Eine Absorberhalle (siehe Abb. 4.17) hat die Aufgaben, für homogene Feldverhältnisse ohne Schattenzonen oder Reflexionen zu sorgen und von außen keine Fremdstörungen eindringen zu lassen. Hierfür sind an den Außenwänden leitfähige Schaumstoff-Pyramiden

Abb. 4.17 Ein Absorberhalle zur Sicherstellung homogener Feldverhältnisse. Das Prüfobjekt ist hier ein ganzer Schaltschrank, die Antenne ist fahr- und schwenkbar. Im Hintergrund sind die absorbierenden Pyramiden zu sehen, die dem Raum seine reflexionsarme Charakteristik verleihen (Foto: Fa. mikes-testingpartners GmbH)

angebracht, die jegliche Strahlleistung absorbieren sollen. Somit dringt nichts nach außen und es entstehen auch keine Reflexionen, die sich störend dem eigentlichen Testfeld überlagern würden. Ohne diese Absorption würde neben der Feldamplitude auch die Polarisationsrichtung schwanken. Der Boden der Halle ist mit hoch-leitfähigen Metallplatten ausgelegt. Die stellt sozusagen die Groundplane dar. Die Ausführung der Halle unterliegt natürlich gewissen Sicherheitsstandards – so ist es z. B. auszuschließen, dass sich jemand im Raum befinden darf, während das HF-Feld aktiv ist.

Freifeld
Die oben beschriebene Absorberhalle ist eigentlich „nur" die Nachbildung eines Freifeldes. Dieses darf man ruhig wörtlich verstehen, und viele Testhäuser verfügen neben einer Absorberhalle auch über eine Freifeld-Einrichtung. Siehe hierzu Abb. 4.18. Am Fußpunkt des Antennenmasts ist auch das Netz der Bodenplatte, der Groundplane, angeschlossen. Der Proband befindet sich dabei oft in einer kleinen Hütte, die strahlungsneutral ist, d. h. die keinerlei Absorptions- oder Reflexions-Eigenschaften besitzt. Die Versorgung der Antenne geschieht normalerweise wieder über einen Raum im Gebäude, die Zuführung erfolgt unterirdisch.

Abb. 4.18 Freifeld, Antennenmast und Groundplane (Foto: Fa. mikes-testingpartners GmbH)

G-TEM-Zelle

Die in den letzten Jahren verstärkt aufgekommene TEM- oder G-TEM-Zelle (**G**igahertz **T**ransverse **E**lectro**M**agnetic) soll eigentlich die Absorberhalle durch ein preisgünstiges und raumsparendes System ersetzen. Es handelt sich dabei um eine offen zugängliche Koaxleitung, die wie die Absorberhalle ein homogenes Feld ohne störende Einflüsse bereitstellen soll, siehe Abb. 4.19. Inwieweit dies praktikabel ist bzw. wo die Einschränkungen liegen, darüber soll weiter unten berichtet werden (Abschn. 4.6).

Weitere Hilfsmittel

In vielen Absorberhallen sind noch schwenkbare Kameras installiert, die hauptsächlich dazu dienen, die Funktion des Prüflings beobachten zu können. Vom Regieraum aus kann dann das Geschehen verfolgt werden. Alternativ können natürlich auch über unterirdische Kanäle Steuerleitungen vom Regieraum bis zum Prüfling laufen, die auch seinen Zustand jederzeit preisgeben.

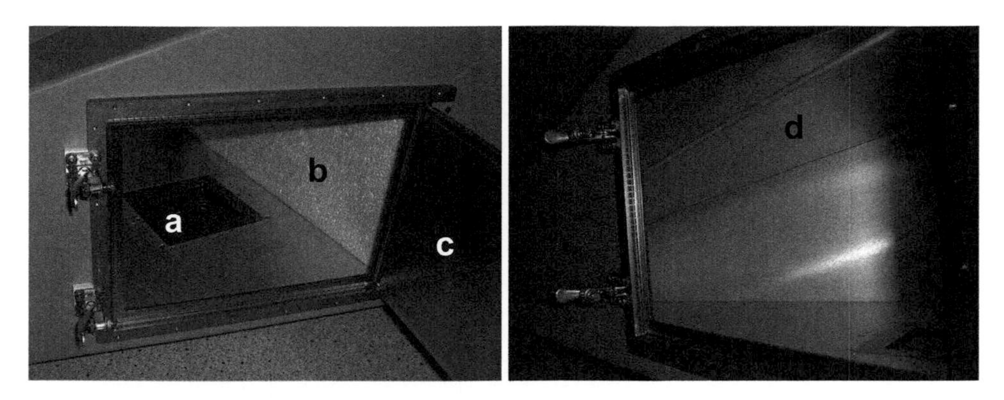

Abb. 4.19 Eine kleine G-TEM-Zelle mit kleinen Fenstern (**a**) und (**c**) zur Einbringung des Prüflings und Wegführung von Leitungen. Hinter der Styroporplatte (**b**) befindet sich der (breitflächige) Abschlusswiderstand. Das *Septum* ist in (**d**) zu sehen

4.5.2 Messaufbau zur Störfeldfestigkeit

Obwohl laut Normen der Aufbau eigentlich definiert sein sollte, gibt es dennoch immer mal wieder Streitfragen oder Konstellationen, die im Detail nicht ganz geklärt sind. Auch erfahrene Leute in den Testhäusern können nicht immer alle Fragen klar beantworten. Zum Beispiel sind im Sensorbereich Situationen möglich, die bei der EMV-Messung nicht oder wenig praxisnah sind. Nehmen wir an, der Sensor befinde sich in einem metallischen Tank, der geerdet ist. Es handelt sich dabei um eine gänzlich andere Situation als wenn man den Sensor dem Störfeld ungeschützt aussetzt. Andererseits bleibt die Frage offen, ob ein dem Tank entsprechendes Gebilde (z. B. Rohr) mit der Bodenplatte der Absorberhalle, also mit Erde zu verbinden ist oder nicht.

Wir betrachten zunächst die Feldverhältnisse im Raum, wenn dort ein metallischer Stab, der dem Sensor entsprechen soll, eingebracht ist. Siehe Abb. 4.20.

Obwohl das Bild durch Simulation entstanden ist, bei der lediglich ein statisches Feld Berücksichtigung fand, ist es doch interessant bezüglich der Einflüsse auf die Homogenität des Feldes. Man muss sich bei entsprechenden Aufbauten bewusst darüber sein, dass eine Anbindung ein metallisches Gebilde immer eine Inhomogenität des Feldes bewirken wird – auch abhängig davon, ob dieser Metallgegenstand mit der Bodenplatte verbunden ist oder nicht. Ein Beispiel sehen wir in Abb. 4.21.

Die inneren Ströme sind dagegen aufgrund des *Skin-Effektes* vernachlässigbar klein.

Der in der Absorberhalle befindliche Tisch ist nichtleitend (Holz) und meist drehbar angeordnet, damit der Proband aus unterschiedlichen Richtungen mit Störfeldern beaufschlagt werden kann. Die Höhe der Tischplatte gegenüber der leitfähigen Erdplatte beträgt 80 cm. In der Nähe der Drehplatte befinden sich abnehmbare Bodenplatten, damit man dort unterirdisch die Leitungen zum und vom Probanden nach draußen führen kann.

Der Abstand der Antennenspitze zum Prüfling beträgt normalerweise 3 m.

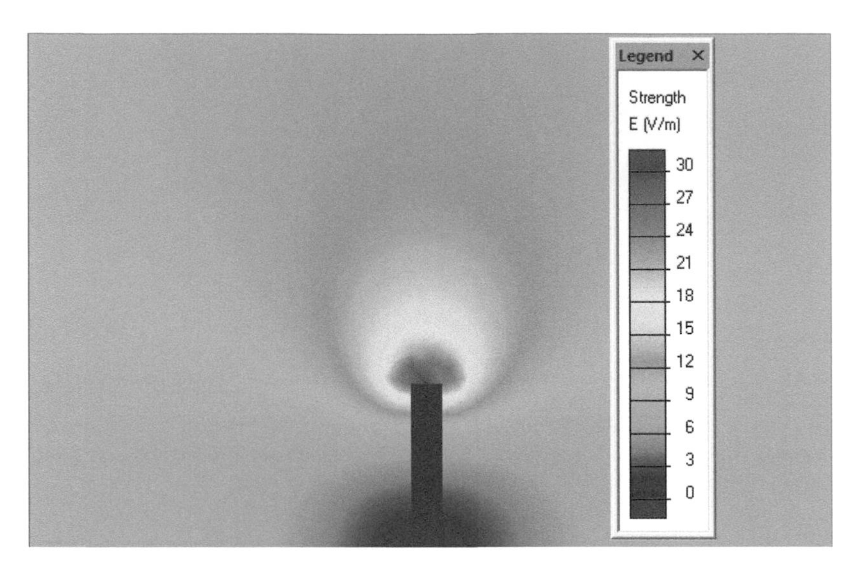

Abb. 4.20 Feldstärken innerhalb eines vorher homogenen Feldes durch Einbringung eines Stabes (aus dem Programm QuickField, Fa. Tera Analysis)

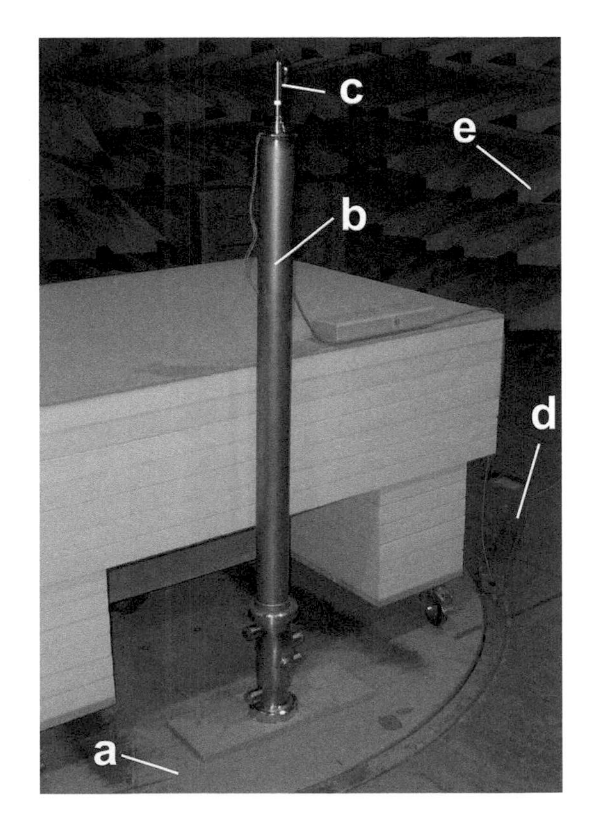

Abb. 4.21 Testaufbau zur Feldeinstrahlung. Der eigentliche Prüfling (**c**) befindet sich hier innerhalb des Rohres (**b**) und oberhalb. Das Metallrohr (**b**) soll den späteren Verwendungszweck simulieren, nämlich, dass der Prüfling in einem Metalltank eingeschraubt ist. (**a**) ist der drehbare Untergrund, (**d**) ein Ferrit-Mantelschirm, (**e**) die Absorberpyramiden an der Wand der Halle

Normalerweise lässt man Zuleitungen frei und offen, wie es im normalen Betrieb auch der Fall sein wird. Den Teil der Leitung, der nicht bestrahlt werden soll, umhüllt man mit einer Ferrit-Abschirmung. Auf diese Weise ist nur der dem Probanden zugewandte Teil der Zuleitung für Einstrahlung empfindlich.

4.5.3 Durchführung der Messungen zur Störfeldfestigkeit

Während der Messung ist der Absorberhalle durch eine Sicherheitstüre aus Stahl abgeschlossen. Während des Betriebs ist der Zugang zur Halle aus Sicherheitsgründen untersagt.

Zusatzinformationen aus dem Prüfling
Genauso wie in Abschn. 4.3.4 ist auch hier zu bemerken, dass ggf. analoge Größen aus dem Probanden nach draußen verkabelt sein sollten, falls dadurch wichtige Informationen zur Störintensität abgebildet werden könnten.

Erweiterte Frequenzbereiche
Laut neueren Normen kommen bei der Einstrahlung noch die Frequenzbereiche 1,4–2,0 GHz mit einer Feldstärke von 3 V/m und 2,0–2,7 GHz mit einer Feldstärke von 1 V/m zur Anwendung. Wie sonst üblich, ist auch hier AM mit 1 kHz und 80 % zu benutzen.

Polarisation
Für jeden Messdurchgang ist die Antenne einmal horizontal und einmal vertikal zu stellen, damit beide Polarisationswinkel abgedeckt werden.

Einstrahlwinkel
Entsprechend der beiden Polarisationswinkel sind auch unterschiedliche Einstrahlwinkel zum Prüfling zu testen, weil (vor allem bei Geräten ohne Metallgehäuse) voneinander abweichende Störempfindlichkeiten möglich sind.

Verweildauer und Sweep
Wenn der Test gestartet wird, bleibt der Sender bei jeder Frequenz für eine definierte Zeit stehen, damit man beurteilen kann, ob der Proband Störverhalten annimmt. Entscheidend für die Verweildauer ist der Proband selbst – falls er auf eine Störung reagiert, ist die Zeit bis zur Reaktion als Mindestdauer zu wählen. Der Sweep über den Frequenzbereich wird normalerweise in Schritten von 1 % zunehmender Frequenz gefahren.

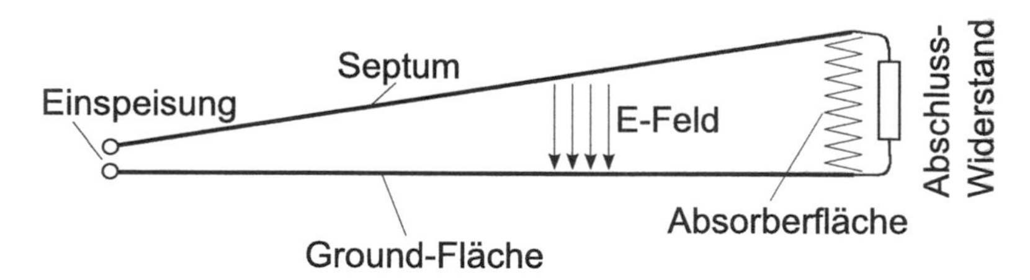

Abb. 4.22 Zur Veranschaulichung der G-TEM-Zelle. Es handelt sich eigentlich um eine geöffnete Leitung, in deren Zwischenraum das E-Feld liegt. Wie jede Leitung muss auch diese abgeschlossen sein, andernfalls würden unerwünschte Reflexionseffekte entstehen

4.6 G-TEM-Zelle – Möglichkeiten und Grenzen

Die Verwendung einer G-TEM-Zelle, deren Prinzip aus Abb. 4.22 hervorgeht, wurde weiter oben bereits erwähnt. Sie dient meist als kostengünstiger Ersatz für eine Absorberhalle oder für ein Freifeld.

Es handelt sich dabei um eine weiträumige, geöffnete Koaxialleitung, deren Innenleiter aus dem *Septum* besteht. Zwischen diesem und der unteren Außenwand soll sich ein homogenes Feld ausbilden, in welches der Prüfling einzubringen ist. Das Größte Problem bei Verwendung der G-TEM-Zelle ist die räumliche Begrenzung für Prüflinge. Selbst wenn sie gut Platz finden, ist Homogenität des Feldes meist stärker gestört als in einer Absorberhalle. Es bleibt also ungewiss, ob man vergleichbare Ergebnisse erzielen kann. Für eine reproduzierbare Tendenzmessung ist die Zelle aber dennoch ausreichend.

4.7 Messungen zu ESD

Bei den Entladungsmessungen unterscheidet man grundsätzlich zwischen *Kontaktentladung* und *Luftentladung*. Nicht bei jedem Prüfling sind immer beide Messungen anwendbar. Für ersteres sind jeweils beide Polaritäten und eine Spannung von ± 4 kV und für letzteres ± 8 kV einzustellen. Neben diesen beiden Tests ist auch noch eine indirekte Entladung über Koppelplatten vorgesehen, wie wir beim Messaufbau weiter unten sehen werden.

4.7.1 Equipment zur ESD-Messung

Für die ESD-Messung ist ein spezieller *Hochspannungsgenerator* notwendig, der die nötigen Spannungen bis mindestens 8 kV bereitstellen kann. Da die Energie relativ gering ist, sind im Handel viele mobile Handgeräte erhältlich. Dieser Simulator bzw. Generator liefert die Spannung über eine Kapazität von 150 pF, der Auskoppelwiderstand beträgt 330 Ω. Somit ist eine ESD-Quelle definiert, die mit der Praxis vergleichbar ist. Der Kur-

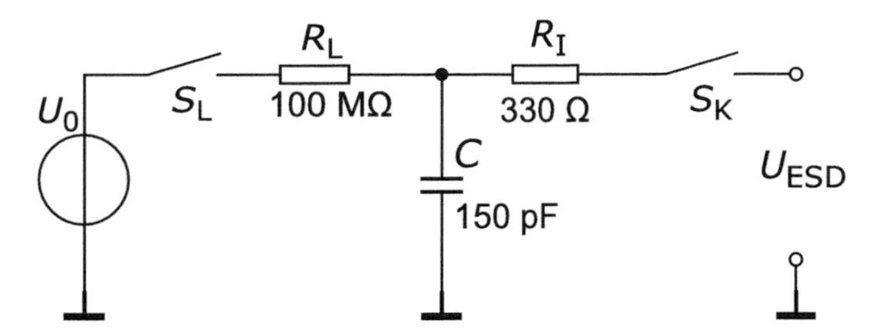

Abb. 4.23 Schematischer Aufbau eines ESD-Generators. Nachdem der Schalter S_L geschlossen wird, beginnt sich die Kapazität auf die Quellenspannung aufzuladen. Für Luftentladung muss der Schalter S_K geschlossen sein, dieser kommt nur beim Kontaktentladungstest zum Einsatz

venverlauf des ESD-Impulses wird jedoch noch merklich von der Induktivität der Rückleitung und der Streukapazität zwischen Generator und Bezugsplatte beeinflusst. Das Prinzip der Impulserzeugung ist in Abb. 4.23 ersichtlich.

4.7.2 Messaufbau zur ESD-Messung

Der Aufbau geht aus Abb. 4.24 hervor. Neben den in der Abbildung angegebenen Distanzen sind noch folgende Maßgaben zu beachten:

- Die Bezugsplatte **(A)** (auf dem Boden) soll mindestens 0,25 mm dick und aus Kupfer oder Aluminium bestehen.
- Die Bezugsplatte **(A)** soll eine Fläche von mindestens 1 m^2 aufweisen und den Prüfling **(E)** an allen Seiten horizontal um mindestens 0,5 m überragen.
- Auf dem Holztisch befindet sich die horizontale Koppelplatte **(B)** mit den Abmessungen 1,6 × 0,8 m, ebenfalls mind. 0,25 mm dick aus Kupfer oder Aluminium.
- Die horizontale Koppelplatte **(B)** soll den Prüfling **(E)** an allen Seiten horizontal um mindestens 0,1 m überragen.
- Die Isolierplatte **(D)** muss mindestens 0,5 mm dick sein.
- Die vertikale Koppelplatte **(F)** (mit denselben Eigenschaften wie die horizontale) hat die Abmessungen 0,5 × 0,5 m.
- Beide Koppelplatten sind über je zwei Widerstände zu 470 kΩ mit der Bezugsplatte **(A)** verbunden.
- Der ESD-Generator **(C)** ist mit seinem Bezugspunkt an die Bezugsplatte **(A)** anzuschließen. Ein Netzgerät ist ggf. auf die Bezugsplatte **(A)** zu stellen.
- Beide Koppelplatten **(B)** und **(F)** sollen bezüglich Material und Dicke mit der Bezugsplatte **(A)** übereinstimmen.
- Wenn der Prüfling **(E)** im Normalbetrieb geerdet ist, soll er auch im Test mit der Bezugsplatte **(A)** verbunden werden.

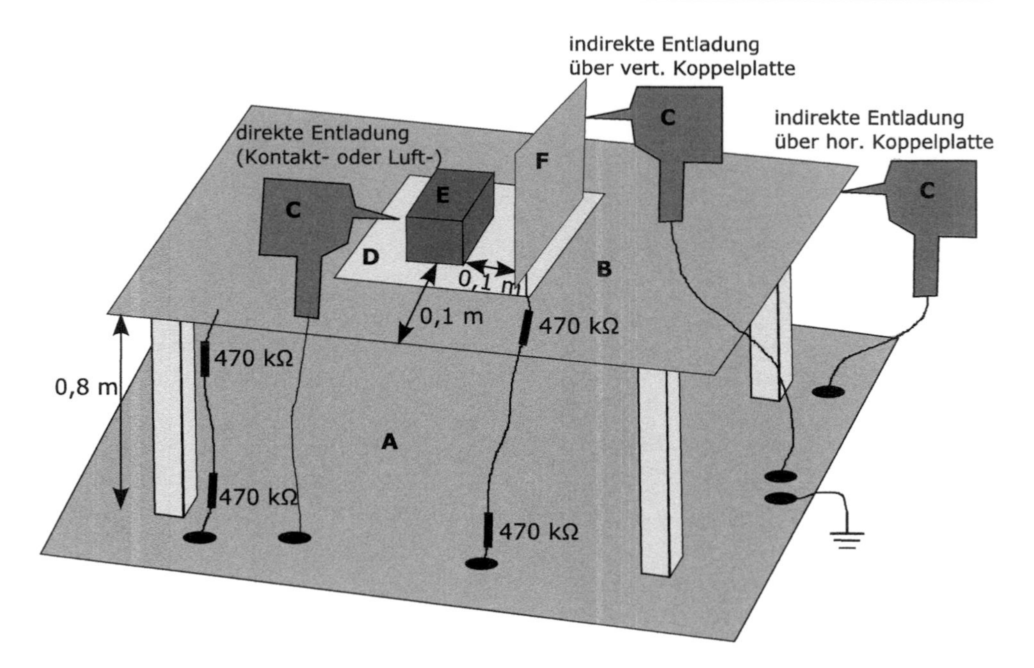

Abb. 4.24 Messaufbau zur ESD-Prüfung. Dargestellt sind mehrere Prüfungsarten. Die einzelnen Komponenten sind: Bezugsplatte (**A**), horizontale Koppelplatte (**B**), ESD-Generator (**C**), Isolierplatte (**D**), Prüfling (**E**) und (**F**) vertikale Koppelplatte

Ein Beispiel für eine ESD-Messung wird in Abb. 4.25 gezeigt. Es handelt sich um einen stabförmigen Sensor, der nicht nur an seinem Anschluss über Luftentladung zu testen ist, sondern auch an seinem Stabende, das nicht mit dem Gehäuse verbunden ist.

4.7.3 Durchführung der ESD-Messungen

Bei der indirekten Entladung wird die Spitze der ESD-Pistole auf eine der Koppelplatten aufgesetzt und per Hand ausgelöst. Die Koppelplatte lädt sich auf und gibt einen Impuls kapazitiv zum Probanden weiter, der sich normalerweise über seine Anschlüsse entlädt.

Bei der direkten Entladung setzt man die Spitze der Pistole auf das Gehäuse oder einen der Kontakte auf und löst aus. Dies wäre dann die Kontaktentladung. Eine weitere Messung wird durchgeführt, indem man die Pistole bereits vorher scharf macht und sich mit ihrer Spitze dem Prüfling langsam nähert, bis die Entladung stattgefunden hat (am Simulator ablesbar).

Zu beachten ist, dass auch der Proband über die Reihenschaltung der beiden Widerstände à 470 kΩ nach jeder Messung zu entladen ist, wenn er potenzialfrei ist, andernfalls ist eine sukzessive Aufladung nach jeder Messung zu erwarten.

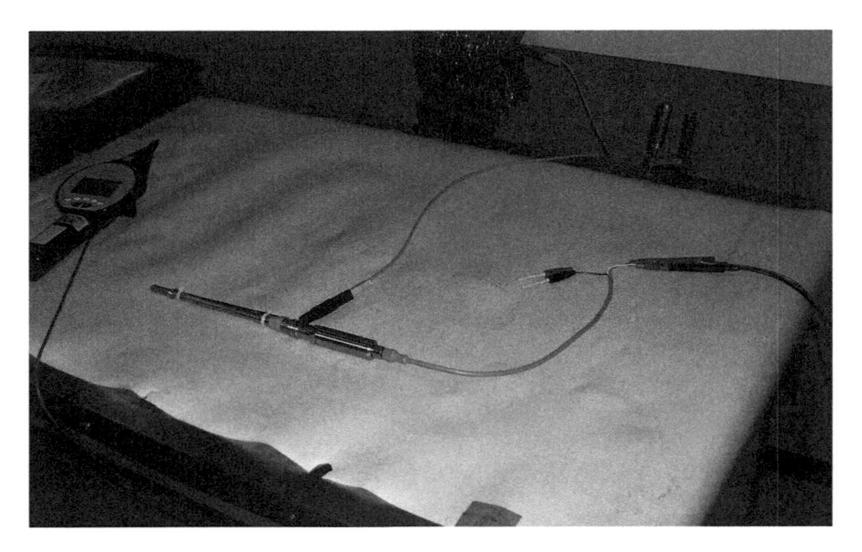

Abb. 4.25 Ein Beispiel für eine direkte Entladungsmessung. Der Prüfling ist mit der Bezugserde verbunden, weil er in der Applikation ebenfalls daran angeschlossen ist

Zu prüfen sind alle genannten Testarten, außerdem sind beide Polaritäten zu prüfen. In der Praxis werden die Tests mehrmals durchgeführt, um ein sicheres Resultat zu erhalten.

Beim Test ist es mitunter der Fall, dass Prüflinge temporär ausfallen. Das ist nach den später zu behandelnden Prüfkriterien (siehe Abschn. 8.2) erlaubt, falls der Prüfling nach dem ESD-Vorfall selbstständig und ohne geänderte Parameter weiterarbeitet.

4.8 Messungen zur Stoßspannung

Stoßspannungen und Stoßströme sind Folgen eines Blitzeinschlags oder eines sehr starken Schaltvorgangs im Hochspannungsbereich. Die Energie des Blitzes kommt in stark abgeschwächter Form bei den Versorgungs- und Datenleitungen des zu prüfenden Geräts an. Normalerweise entstehen solche Spannungen stets zwischen den genannten Leitungen und dem Erdpotenzial. Die Simulation wird daher entsprechend vonstattengehen. Im Gegensatz zu ESD und Burst wartet der Surge mit wesentlich größeren Energieinhalten auf. Gerätezerstörungen sind daher bei dieser Prüfung viel wahrscheinlicher als bei anderen EMV-Messungen.

Stoßspannungstests sind auf keinen Fall zu verwechseln mit der Prüfung von *Spannungsfestigkeit* zwischen isolierten Bereichen. Im Gegensatz dazu darf hier sehr wohl ein Strom fließen, ohne dass der Test als *nicht bestanden* gelten würde. (Siehe Schon, K.: Hochspannungsmesstechnik. Springer Vieweg 2017.)

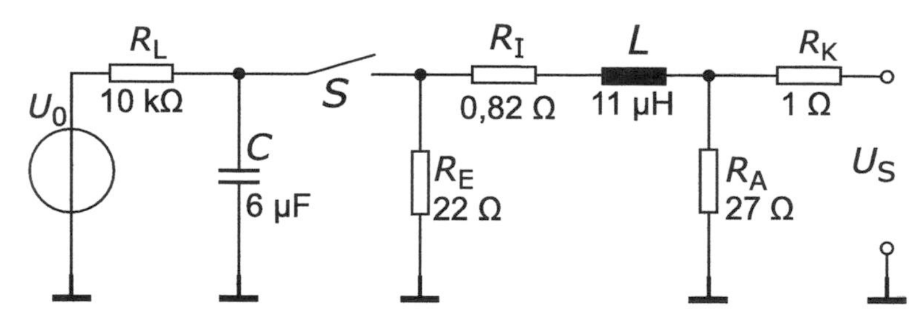

Abb. 4.26 Prinzip eines Hybrid-Generators für Surge-Tests. Über den relativ hochohmigen Widerstand erfolgt die Ladung der Kapazität *C*. Nach dem Schließen des Schalters erfolgt die Abgabe eines Surge-Impulses, der durch die restlichen Komponenten in Bezug auf den zeitlichen Verlauf geformt wird. Es handelt sich dabei um eine schematische Dimensionierung – professionelle Generatoren sind meist aufwendiger aufgebaut, um einen exakten Impulsverlauf zu erzielen. Der Schalter ist normalerweise nicht mechanisch ausgeführt, weil sonst das i. Allg. übliche Prellen die Impulsform zunichte machen würde

4.8.1 Equipment zur Surge-Messung

Für die Erzeugung des Surge bzw. der Stoßspannung ist ein spezieller Generator vorgesehen, der mit den nötigen Kapazitäten ausgestattet auch Spannungen von ± 2 kV abgeben kann und dessen Impuls über ein Netzwerk aus Widerständen und Induktivitäten im zeitlichen Verlauf geformt wird. Abb. 4.26 zeigt den schematisch vereinfachten Aufbau eines Hybrid-Generators. Dieser ist in der Lage, den verlangten Spannungsverlauf bei hochohmigen als auch den Stromverlauf bei niederohmigen Prüflingen zu gewährleisten.

4.8.2 Messaufbau zur Surge-Messung

Ein spezieller Messaufbau mit einzuhaltender Geometrie ist nicht einzuhalten, denn die Impulsverläufe sind langsamer und wegen der niedrigen Impedanz des Generators auch gegen äußere Kapazitäten und Leitungslängen recht unkritisch. Im Allg. kommt jedoch ein Holztisch ohne leitende Platte zum Einsatz.

Handelt es sich bei den beaufschlagten Leitungen nicht um die Stromversorgungsanschlüsse, so sind diese einfach separat zu verlegen, am besten über ein Netzteil mit Trenntrafo dazwischen oder einem Akkumulator. Auf diese Weise sind Rückwirkungen zum Netz ausgeschlossen. Bei aus dem Netz gespeisten Geräten kann die Stoßspannung auch zwischen **N** und **L** liegen, also *zwischen* den Versorgungsanschlüssen. Die prinzipielle Zusammenschaltung zeigt Abb. 4.27, eine Messanordnung in der Praxis ist in Abb. 4.28 zu sehen.

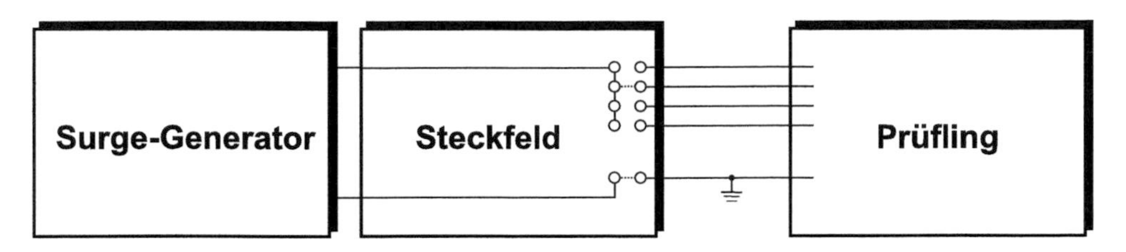

Abb. 4.27 Messaufbau zur Surge-Prüfung

4.8.3 Durchführung der Surge-Messungen

Für den Surge-Test ist nicht nur die Spannung ausschlaggebend, sondern auch die Impedanz (und auch die Zeiten des Kurvenverlaufs). Letztere kann ebenfalls gemäß normativer Anforderung gewählt werden. Die Norm schreibt vor, für welche Geräte welche Prüfschärfe, Impedanz und Zeitverlauf zu wählen sind. Außerdem sind auch hier (wie bei ESD und Burst) beide Polaritäten zu fahren. An dieser Stelle seien die Spannungsimpulsformen 1,2/50 bzw. 10/700 bei den Quellenimpedanzen von 2 Ω oder 12 Ω bzw. 42 Ω genannt. Siehe auch Abschn. 2.5.1.

Bei der Durchführung ist wie immer die Funktionalität des Prüflings zu verfolgen, vor allem, ob nach dem Test ein normaler Betrieb ohne Änderungen stattfindet (was dem Bewertungskriterium B entspricht).

Da die Surge-Messung zerstörerisch sein kann, ist zu empfehlen, zunächst mit geringeren Schärfegraden zu beginnen, damit wenigstens diese Störfestigkeit konstatiert werden kann.

4.9 Messungen zu niederfrequenten Magnetfeldern

Anzuwenden sind diese Tests bei Geräten, die empfindlich auf Magnetfelder niedriger Frequenz sind, beispielsweise dort, wo Kathodenstrahlröhren, Hall-Generatoren oder Feldwiderstände oder sonstige vom Magnetfeld abhängige Bauelemente zum Einsatz kommen.

Wir werden auf diese Art des Tests nicht sehr detailliert eingehen, weil sie weniger häufig vorkommt.

4.9.1 Equipment zur Messung mit niederfrequenten Magnetfeldern

Benötigt werden spezielle Spulenanordnungen, in deren Feldzone der Prüfling Platz findet. Ein üblicher Aufbau besteht aus einer sog. *Helmholtzspule*, die schematisch in Abb. 4.29 dargestellt ist. Im Zentrum des Spulenpaares ist die Feldstärke ja bekanntlich:

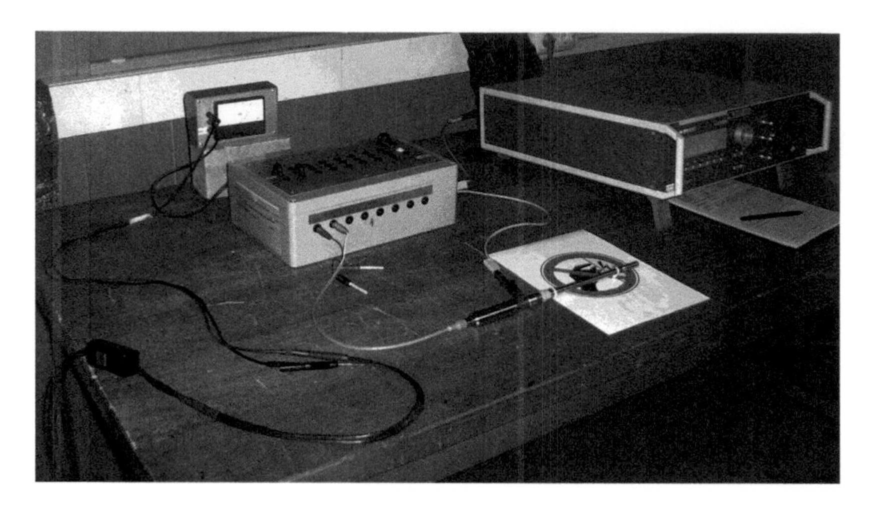

Abb. 4.28 Foto von einer Stoßspannungsmessung. Ganz rechts befindet sich der Hochspannungsgenerator. Der Kasten in der Mitte dient der Verteilung der Stoßspannung auf die verschiedenen Ports des Prüflings. Dahinter ist ein mechanisches Messgerät zu sehen, welches die Funktionalität des Probanden überprüft. Im Vordergrund befindet sich (liegend) der Prüfling selbst

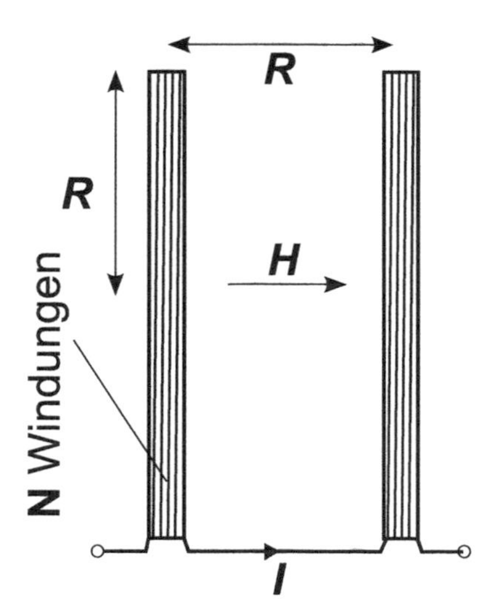

Abb. 4.29 Helmholtz-Spulenpaar zur Erzeugung niederfrequenter homogener Magnetfelder. Der Abstand der beiden sehr kurzen Spulen ist gleich groß wie ihr Radius. Der Wickelsinn ist von beiden gleich

$$H = \frac{8 \cdot I \cdot N}{\sqrt{125} \cdot R} [\mathrm{A/m}] \tag{4.1}$$

Bei einem Spulenradius von $R = 0{,}5$ m und einer Feldstärke von 100 A/m wären je 70 Windungen mit einer Stromstärke von 1 A nötig.

4.9.2 Messaufbau zur Messung mit niederfrequenten Magnetfeldern

Der Messaufbau ist unkritisch, da keine hohen Frequenzen vorkommen. Man sollte darauf achten, dass der Prüfling sich im Zentrumsbereich befindet, wo die magnetische Feldstärke definiert und homogen ist. Zur Einstellung der Feldstärke kann ein Stelltransformator zum Einsatz kommen, der jedoch für die notwendigen Ströme ausgelegt sein muss.

4.9.3 Durchführung der Messung mit niederfrequenten Magnetfeldern

Je nach Schärfegrad können bei der Permanent-Messung Feldstärken von bis zu 100 A/m und bei der Kurzzeit-Messung (bis 3 s) bis zu 1000 A/m im Zentrum der Geberspule liegen. Die Feldausrichtung sollte für mindestens drei Richtungen getestet werden, die jeweils orthogonal zueinander sind.

Messungen zur Prüfung der Störaussendung

5

Zusammenfassung

Das Kapitel zeigt die grundlegenden Regeln für normgerechte Messaufbauten der Störaussendung und gibt Tipps zur Vermeidung von Messfehlern und zur Aufbereitung und Interpretation von Messdaten. Für die Abstrahlung ist für gewöhnlich eine Prognose besser möglich als für die Störfestigkeit – zumindest was die relevanten Frequenzen angeht. Falls ein interner Generator ein Nutz- oder Pilotsignal generiert, beschleunigt dies eine Vorabmessung, die bereits eine Aussage darüber liefern kann, ob Grenzwerte einzuhalten sind.

Unterteilung erfährt dieses Kapitel zwangsläufig durch die Tatsache, dass die Messung von Signalen unter 30 MHz leitungsgebunden und darüber als Feldstrahlung vonstattengeht. Bei der Messung des HF-Feldes ist wiederum eine Absorberhalle oder ein Freifeld nötig, sodass derartige Messungen meist nur durch Testhäuser erledigt werden können.

Bei Überschreiten der Grenzwerte haben wir im zweiten Teil des Buches zielführende Maßnahmen ausgearbeitet, die meist gut und günstig durchzuführen sind.

5.1 Messung leitungsgebundener Störaussendung

Damit die Daten und Messungen bezüglich Immunität für Störspannungen auf Zuleitungen eine gewisse Verbindlichkeit haben, soll der umgekehrte Weg, die Abgabe von Störsignalen auf Zuleitungen, ebenfalls bestimmbar sein und definierten Grenzwerten unterliegen.

Störsignale auf Zuleitungen würden auch eine Abstrahlung aufweisen, doch sind Messungen im Bereich von Kilohertz mittels Sender und Antennen ungleich aufwendiger als

D. Stotz, *Elektromagnetische Verträglichkeit in der Praxis*,
https://doi.org/10.1007/978-3-662-62221-6_5

im höheren Megahertz-Bereich. Das ist ein Grund dafür, warum man im Bereich bis 80 MHz stets mit der Beaufschlagung von Störspannungen auf Leitungen arbeitet.

5.1.1 Equipment für die Messung leitungsgebundener Störaussendung

In Abb. 5.1 ist die Blockstruktur der eingesetzten Geräte zu erkennen. Neben dem obligatorischen *Messempfänger*, der Frequenzen zwischen 9 kHz und 30 MHz verarbeiten können sollte, spielt die sog. *Netznachbildung* eine Schlüsselrolle.

Die Aufgabe der Netznachbildung (NNB) ist nämlich, die von bestimmten Netzen gebotenen Eigenschaften künstlich und immer gleichbleibend herzustellen. Dabei spielt vor allem die abzubildende Impedanz die größte Gewichtung. Ferner muss sichergestellt sein, dass Störungen vom speisenden Netz nicht oder nur geringfügig auf den Messausgang dieser Einheit gehen. Eine detailgerechte Schaltung ist in Abb. 12.9 zu sehen. Die üblichen V-NNBs (nur Gleichtaktauskopplung) und Delta-NNBs (leitungsgetrennte Auskopplung) bilden für den Prüfling eine Impedanz gegen Bezugsmasse von ca. 50 Ω, während sog. T-NNBs für die Auskopplung aus Signalleitungen konzipiert ist und eine Impedanz von nominell 150 Ω bereitstellt.

Zur Aufnahme und Bewertung der durch den Prüfling abgegebenen Störsignale dient ein Messempfänger, der den Frequenzbereich 0,15 bis 30 MHz abdecken muss. Außerdem müssen die Bewertungen Quasi-Spitzenwert und Mittelwert möglich sein.

Der Tisch ist wiederum ein Holztisch mit mindestens 0,8 m Höhe vom Boden und eine Metallplatte 2×2m, die senkrecht an einer Längsseite des Tisches montiert ist. Zur Messung der Störaussendung ist wichtig, dass der Tisch keine leitfähige Oberplatte aufweist, sondern der Prüfling muss auf jeden Fall auf der isolierenden Platte stehen [1, 2].

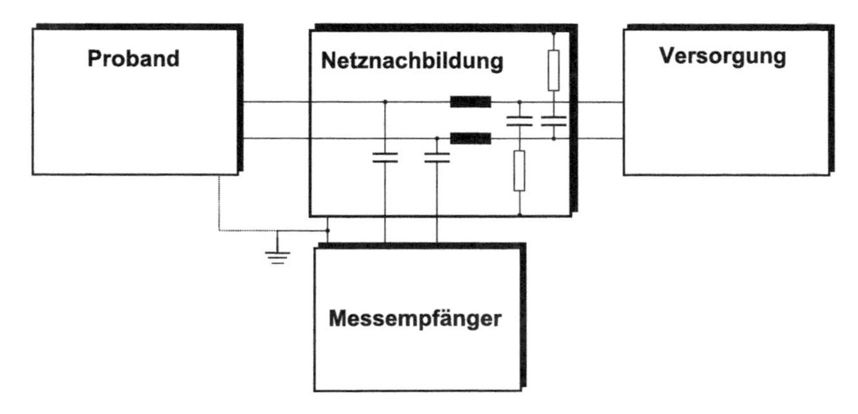

Abb. 5.1 Blockschaltbild für die Messung der leitungsgeführten Störspannung (schematisch)

5.1.2 Messaufbau zur leitungsgebundenen Störaussendung

Der Testaufbau geht aus Abb. 5.2 hervor. Bezüglich senkrechter Metallplatte ist zu fordern, dass an ihr möglichst flächig und niederimpedant die Netznachbildung anzubinden ist. Die meisten dieser Geräte weisen hierfür an ihrer Rückseite eine großflächige Schraubklemme an. Die Abmaße der Metallplatte sind 2 m × 2 m, die Position sollte etwa zentrisch hinter dem Prüfling sein, der Abstand beträgt 0,4 m. Sie erfüllt den Zweck einer Wand in einem Gebäude.

Da Geräte häufig mit konfektionierten Anschlussleitungen ausgestattet sind, muss eine für den Test wirksame Leitungslänge festgelegt werden, dies ist laut Norm 0,8 m. Überstehende Längen werden mäanderförmig aufgewickelt.

Beim Anschließen der Netznachbildung an eine normale 230-V-Steckdose würde unweigerlich die *Fehlerstrom-Sicherung* (FI) auslösen. Bereits in Abb. 5.1 wird der Grund dafür erkennbar: In der Stromversorgungszuführung leitet das Filternetzwerk nicht unerhebliche Ströme zum Erdanschluss hin ab. Derartige Ströme bewirken aber, dass eine Diskrepanz zwischen dem Strom auf dem L-Leiter gegenüber dem Strom auf dem N-Leiter auftritt. Die Fehlerstrom-Sicherung spricht bereits auf Fehlerströme ab 10 mA an. Welche Abhilfe gibt es für diesen Umstand? Wir verweisen an dieser Stelle auch auf Abschn. 12.8.4, in dem dieses Thema ebenfalls Erwähnung findet.

Testhäuser haben für den Anschluss einer Netznachbildung normalerweise eine gesondert gekennzeichnete Steckdose, die ohne FI ans Netz angeschlossen ist. Im Grunde ist es jedoch auch möglich, die Netznachbildung über einen Trenntransformator zu betreiben. Es ergeben sich sehr ähnliche Impedanzen, ohne dass über den Erdanschluss nennenswerte Ströme fließen würden. Die senkrechte Metallplatte sollte dennoch mit einem Erdanschluss verbunden werden.

Die Netznachbildung kann auch für die Speisung von anderen Spannungen als Netzspannung eingesetzt werden. Meist sind dann spezielle Adapter und eine Speisung durch Netzgerät oder Akkumulator erforderlich.

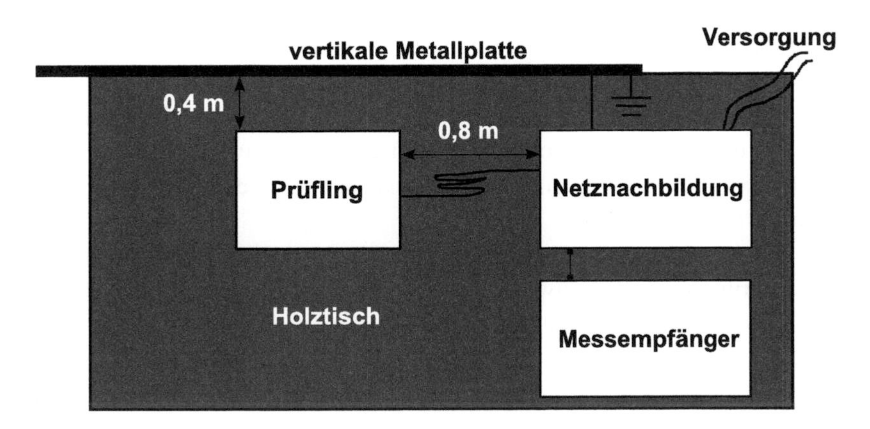

Abb. 5.2 Prüfaufbau zur leitungsgeführten Störaussendung

Da der Frequenz-Durchlauf recht lange dauern kann, sei hier nochmals daran erinnert, beim Prüfling den Betriebszustand zu wählen, der für die Störeinwirkung nach eigener Einschätzung am empfindlichsten ist. Dieser Modus ist übrigens in der Dokumentation für den Test festzuhalten, auch eine Begründung hierfür ist angebracht.

Beim Einsatz vom Spektrum-Analysatoren ist zu beachten, dass herkömmliche Geräte mit Sweep-Verfahren arbeiten und es deshalb zu zeitlichen Messlücken kommen kann – sporadische Störungen sind also mitunter nicht erfasst. Ganz anders sieht es aus, wenn es sich um ein im Zeitbereich arbeitendes, komplett digitales Gerät handelt. Es ist dann lediglich festzulegen, welche Gesamtmesszeit zu veranschlagen ist, in der alle Störvorkommnisse enthalten sind. Wie ein herkömmliches Oszilloskop, können auch solche Geräte auf Störereignisse getriggert werden, d. h. die Messzeit beginnt erst mit einem Störimpuls.

Von dem gesampelten Signal lässt sich jetzt rein rechnerisch per integriertem PC eine Analyse im Frequenzbereich erstellen, und zwar durch die Bildung einer *Fast Fourier Transformation* (FFT). Eine solche Messung ist schnell und akkurat.

5.1.3 Durchführung der Messung zur leitungsgebundenen Störaussendung

Steht die Anordnung zum Test bereit, kann die Messung begonnen werden. Mit welchen Verweilzeiten zu arbeiten, ist in der Norm detailliert festgelegt, wir wollen an dieser Stelle nicht in die Tiefe gehen. Normalerweise sind moderne Messempfänger in der Lage, für jedes Frequenzband und Bandbreite die passende Verweilzeit zu wählen. Weitere Parameter, die die Verweilzeit erhöhen, hängen vom Prüfling bzw. der Charakteristik seiner abgegebenen Störung ab. In jedem Falle muss die Zeit so gewählt werden, dass kein Störspektrum übersehen werden kann.

Mit einer Suchlauf-Einrichtung und dem Spitzenwert-Bewertungsfilter lässt sich die Störung auf schnelle Art mit einer Übersichtsmessung beurteilen:

- Gibt der Proband eine unmodulierte Störung von gleichbleibender Amplitude ab, so kann die Messung mittels Spitzenwert-Detektor auf die kürzeste Verweilzeit eingestellt werden.
- Bei gleichbleibenden und äquidistanten Störimpulsen mit unbekannten Frequenz-Inhalten ist die Verweilzeit pro betrachtetem Frequenzintervall größer als die Störimpuls-Periodenzeit zu wählen. Alternativ sind auch kurze schnelle Durchläufe mit Maximalwertspeicher erlaubt.
- Sind die Störungen unregelmäßig (also nicht äquidistant), aber kontinuierlich, ist die Verweilzeit unkritisch. Die Schrittweite hingegen darf größer sein als die *ZF-Bandbreite*, solange gewährleistet ist, dass die Spektrumsinterpolation zum lückenlosen Ergebnis führt.

Die Übersichtsmessung beschleunigt den Testlauf, da der Spitzenwert-Detektor aktiv ist. Liegt der ermittelte Wert *Spitzenwert* unter dem Grenzwert für den *Mittelwert*, ist die Messung bestanden und abgeschlossen. Liegt der Spitzenwert jedoch nur unter dem Grenzwert für *Quasipeak*, ist der Mittelwert mit seinem Grenzwert zu vergleichen. Liegt er unter dem Grenzwert, ist wiederum bestanden. In den anderen Fällen ist zu prüfen, ob die Werte Quasipeak und Mittelwert beide unter ihrem jeweiligen Grenzwert liegen. Für Quasipeak- und Mittelwert-Detektor sind Durchläufe für den gefundenen Bereich notwendig. Diese Werte sind dann relevant für die Dokumentation [1].

Obwohl meist die Gleichtaktstörung von entscheidender Relevanz ist, sind doch auch Gegentaktstörungen ebenfalls zu berücksichtigen. Die Netznachbildung gestattet die Zuschaltung der einzelnen Leitungen.

5.2 Messung HF-Feld

Zur normgerechten Messung der Feldabstrahlung ist man wieder auf eine Absorberhalle oder eine entsprechende Freifeldeinrichtung angewiesen, denn die Wellenausbreitung im freien Raum hängt von Reflexionen und den daraus entstehenden Interferenzen ab. Daneben sind natürlich ein kalibrierter Messempfänger und Antennen Voraussetzung.

5.2.1 Equipment zur Messung der Feldabstrahlung

Prinzipiell sieht hier das Umfeld genauso aus wie der Störeinstrahlung. Meist kommen hier andere Antennen zum Einsatz, die auf Optimierung zum Empfang ausgelegt sind. Breitbandigkeit steht hier im Vordergrund, das Kennlinienprofil bedeutet hier keine Mehrbelastung eines Leistungsverstärkers.

Zum Einsatz kommen hier Messempfänger, zum Teil auch Spektrum-Analysatoren. Letztere sollten jedoch bezüglich Messdynamik und Zeitbereichsmessung geeignet sein.

Die Absorberhalle ist per Referenzstrahler kalibriert, der wiederum in einem Freifeld eingemessen wurde. Die so gewonnen Korrekturfaktoren für die Halle plus ein Sicherheitszuschlag liefern eine Berichtigungstabelle für nachfolgende Messungen.

5.2.2 Messaufbau zur Feldabstrahlung

Der Abstand zwischen Messaufnehmer (Antenne) und Prüfling beträgt 10 m für die in der Norm festgelegten Grenzwerte. Diese geben im Gegensatz zu den leitungsgeführten Störgrößen keinen Spannungspegel, sondern einen Feldpegel an (dB(µV/m)). Alternativ kann (wie bei der Einstrahlung) ein Abstand von 3 m gewählt werden. Die Grenzwerte sind dann um 10 dB zu erhöhen (für den $1/x$ -Zusammenhang der Feldstärke und dem Abstand

x bedeutet dies eine Vergrößerung der Feldstärke um Faktor 3,33, das wiederum sind ca. +10 dB.

Bei Hallenböden mit freier, leitfähiger Bodenfläche findet dort verständlicherweise keine Absorption statt, sondern die Wellen werden dort reflektiert. Bei unterschiedlichen Weglängen und Frequenzen kommt es zu wechselnden Phasenlagen zwischen direkter und reflektierter Welle. Mithin ist der Frequenzgang für die Messanordnung nicht eben, sondern kammartig. Um dennoch zu aussagekräftigen Resultaten zu kommen, lässt man die Empfangsantenne in der Höhe variieren.

Zur Umgehung dieses Umstands, der natürlich in den zeitlichen Aufwand der Prüfung mit eingeht, ist die Verwendung einer Halle möglich, die am Boden ebenfalls mit absorbierenden Elementen versehen ist.

5.2.3 Durchführung der Messung zur Feldabstrahlung

Die oben genannte Korrekturtabelle berichtigt die Aufnahmekurve für das Störspektrum des Prüflings. Sollte die Kurve sich näher als ein bestimmter Pegelabstand an den Grenzwerten befinden, so ist das Freifeld für eine Kontrollmessung zu verwenden. Nur dies kann dann eine Entscheidung für die Einhaltung der Grenzwerte bringen.

Als Auswertekriterium dient hier nur der Quasipeak-Detektion. Es ist wie bei der Einstrahlung vonnöten, dass der Proband gedreht wird, sodass mögliche Vorzugsrichtungen auszumachen sind. Zu guter Letzt sind noch beide Antennenausrichtungen – horizontal und vertikal – zu wählen.

Literatur

1. Schwab, A., Kürner, W.: Elektromagnetische Verträglichkeit. Berlin, Heidelberg, New York: Springer Verlag 2007.
2. Weber, A.: EMV in der Praxis. Heidelberg: Hüthig Verlag 2005.

Messungen im Testhaus 6

Zusammenfassung

Nicht jeder traut sich zu, selbst EMV-Messungen durchzuführen, die als Grundlage für eine Konformitätserklärung hinreichend sind und nicht jeder besitzt das relevante Equipment dazu. Es kommt auch vor, dass der Endverbraucher oder Auftraggeber von seiner Entwicklungsfirma einen EMV-Bericht eines akkreditierten Instituts verlangt. In diesen Fällen ist man auf ein externes Testhaus angewiesen. Welche Dinge dabei zu beachten sind, damit die Dienstleistung in einem überschaubaren Rahmen bleibt, sind Inhalt dieses Kapitels.

6.1 Terminplanung und Dokumente für den Gang ins Testhaus

Wird der Bericht eines Testhauses nötig sein, sollte man sich rechtzeitig darüber im Klaren sein, denn deren Terminkalender sind in der Regel recht voll. Es ist auch wichtig zu wissen, ob ein Bericht überhaupt nötig ist, oder ob nicht auch die Präsentation der Messergebnisse ausreichend wäre (häufig kann man auch noch nachträglich einen Bericht anfertigen lassen). Die Verfassung der Dokumentation ist nämlich ein weiterer Zeit- und Geldfaktor.

Sie können prinzipiell selbst entscheiden, welche Messungen zu tun sind. Es ist jedoch ratsam, sich Ratschläge vom Testhaus anzuhören. Die Erfahrung der dortigen Ingenieure kann dazu führen, dass manchmal ein weiterer Test als sinnvoll erachtet wird. Eine Beschreibung des Geräts oder der zu testenden Anlage ist hilfreich für das Testpersonal ist auf jeden Fall hilfreich. Dabei ist nicht die Vergabe von Pflichtenheften oder Entwicklungsprotokollen erforderlich – eine möglichst einfache Produktbeschreibung reicht völlig aus. Man vergesse nicht, eventuell verwendete Arbeitsfrequenzen und relevante technische Daten hinzuzufügen.

D. Stotz, *Elektromagnetische Verträglichkeit in der Praxis*,
https://doi.org/10.1007/978-3-662-62221-6_6

Wenn feststeht, welche Tests und Messungen durchzuführen sind, sollte man sich unbedingt Gedanken darüber machen, welche Betriebszustände das Gerät während der Messung einzunehmen hat und welche Kriterien heranzuziehen sind zur Beurteilung der ordnungsgemäßen Funktion bzw. des Ausfalls. Dies gilt nicht nur für Immunitätstests, sondern auch die Störabstrahlung könnte ja je nach Betriebszustand unterschiedlich sein. Hier ist grundsätzlich der „Worst case" anzunehmen, also jener Modus, unter dem die Abstrahlung oder auch die Sensibilität am größten sein könnte. Auch diese Fälle könnten in dem oben genannten Begleitdokument beschrieben sein.

Die Durchführung der EMV-Tests ist leider häufig in der Projekt-Zeitplanung der Firmen bei der Abwicklung von Projekten und Neuentwicklungen nicht enthalten. Natürlich erscheint dort wohl ein Posten mit EMV-Tests, jedoch wird meist stillschweigend angenommen, dass es bei dem einen Termin bleibt und dass keinerlei Folgetermine vonnöten sind. Leider: Die Erfahrung sagt etwas anderes. Deshalb planen Sie genügend Zeit für diese Testkategorie ein, auch dafür, dass eventuell Modifikationen an Ihrer Schaltung notwendig werden könnten und auch diese Zeit in Anspruch nehmen werden.

Handelt es sich bei der Planung um einen Folgetermin, so sollte erste Priorität die Entscheidung darüber sein, ob der Stand des Designs zielgerichtet verbessert ist oder die Erkenntnis für eine Messsituation gewonnen wurde. Das Bekommen eines Termins ist zwar wichtig, steht dagegen aber hinten an.

6.2 Wahl des Testhauses

Die Wahl des Instituts für die EMV-Messungen ist nicht nur eine Preisfrage. Empfehlenswert ist, das Haus persönlich aufzusuchen, um sich zunächst einen Eindruck zu verschaffen. Die örtliche Nähe kann ebenfalls entscheidend sein, obwohl eine persönliche Anwesenheit des Auftraggebers nicht zwingend erforderlich ist. Diese Entscheidung wird weiter unten noch erörtert.

Im Grunde sind die Häuser schon bestrebt, stets einen Auftrag abwickeln zu können. Allerdings, wenn Sie noch nicht Kunde dort sind, können Sie es sich i. Allg. erlauben, einen Informationsbesuch anzustreben. Keine der Firmen wird das abschlagen können, andernfalls wäre die Wahl jenes Hauses bereits im Vorfeld hinfällig.

Der erste Eindruck im Testhaus setzt sich zusammen aus Kompetenz des Personals, Ausrüstung und sicherlich auch das Bemühen, Sie als Kunden zu akquirieren. Eine zweischneidige Sache ist die Beurteilung darüber, wie kurzfristig ein Testtermin zu bekommen ist. Natürlich ist es gut, wenn die Wartezeiten kurz sind, aber es könnte auch ein Zeichen für eine schlechte Auftragslage sein, und dies wiederum dass der Ruf des Hauses nicht der beste ist. Die Erfahrung des Autors allerdings ist, dass ein freier Termin innerhalb einer Woche noch nie mit einer Enttäuschung über das Testhaus einhergegangen ist.

Ein wichtiger Punkt ist für beide Seiten – der Preis. Üblich sind meist Stundensätze und ggf. günstigere Ganztagessätze. Festpreise für bestimmte oder alle Prüfungen sind sicher selten, denn die Tests sollten offen gehalten werden, wenn irgendwelche Probleme auftauchen könnten. Die Testzeit ist dann nicht fest, sondern flexibel.

Auch für das Erstgespräch bedarf es einer gewissen Vorbereitung. Schreiben Sie sich alle Punkte auf, die für Sie interessant sind und tragen Sie sie vor. Auch die Art und Weise, wie man auf ihre Fragen eingeht, kann ein Entscheidungskriterium sein. Leider bleibt meist unbeantwortet, wie gut das Personal auf eventuelles Versagen des Probanden reagieren kann. Hier sind aber die Testhäuser durchaus verschieden. Wenn Sie bereits einen „gelösten" Fall in petto haben, bringen Sie ihn mit und versuchen Sie herauszufinden, ob kompetente Vorschläge kommen oder nicht.

6.3 Vorbereitungen

Weitere Vorbereitungen sind für den eigentlichen Testtermin zu treffen. Die Planung sollte aber auf jeden Fall einige Tage vor dem Termin beginnen. Der Testplan sollte in Stichworten beinhalten, welche Kriterien zu prüfen sind und in welcher Reihenfolge. Sprechen Sie vorher mit dem Testhaus, was Sie vorhaben und ob der Plan verbesserungswürdig ist. Man sollte nicht vergessen, dass das Testhaus möglicherweise im Vorfeld schon mehr darüber sagen kann, welche Tests kritisch ausfallen könnten und welche zeitaufwendig sind. Es ist auch wichtig zu wissen, wie viele Testmuster für die Tests insgesamt notwendig sind und ob sie sich in der Ausführung eventuell unterscheiden sollen. Wenn man besondere Größen (Spannungen, Ströme) nach draußen führen möchte, ist dies während der Vorbereitungsphase dringend zu erledigen. Bedenken Sie, jegliche Modifikation vor Ort kostet nicht nur Ihre Zeit, sondern auch die Zeit im Testhaus.

Als Vorbereitungspunkte wären zu nennen:

- Funktionsübersicht des Prüflings verfassen, welche dem Testhaus als Grundlage unterbreitet werden kann.
- Erörterung mit dem Testhaus, welche Prüfungen relevant sind.
- Testplan erstellen und – falls möglich – Testreihenfolge (siehe Abschn. 6.5 weiter unten).
- Testmuster aufbauen und für die Prüfung vorbereiten.
- Eventuelle Tabellen für die eigene Dokumentation erstellen.
- Ggf. Notfallplan erstellen, nach dem bei nichtbestandenen Tests verfahren wird.

Ein wichtiger Punkt ist die Frage, ob Sie als Kunde bei allen Tests anwesend sein sollten. Möglicherweise kann man die kritischen Tests vorziehen. Bei diesem ersten Testlauf sollten Sie sinnvollerweise dabei sein. Wer dabei sein sollte – das entscheidet sich normalerweise an der Frage, wer sich beim Geräte-Design und seiner Funktionsweise am besten auskennt. Idealerweise sind bei ihr/ihm auch EMV-Erfahrungen vorhanden, sodass die Planung der Verfahrensweise dort am besten aufgehoben ist.

Bei Routinetests, wo die Wahrscheinlichkeit eines Ausfalls gering ist, die zudem lange dauern können, ist eine Anwesenheit nicht so wichtig. Man kann jedoch – falls längere Pausen inmitten der Tests vorkommen – auch einfache Arbeiten mit ins Testhaus bringen. Ein mitgebrachter Laptop wird dort niemanden stören. Auf diese Weise kann man doch noch aktiv eingreifen, falls etwas schiefgegangen ist.

Zur Festlegung, ab welchen Messwerten bzw. ab welchem Verhalten ein Prüfling als gestört zu bewerten ist, sind einige Abwägungen wie folgt vorzunehmen:

Es liegt keine messbare Abweichung vor. Wenn anzunehmen ist, der Prüfling zeige überhaupt keinerlei messbaren Abweichungen unter dem Einfluss einer EM-Störung, sind auch keine Konflikte mit Toleranzgrenzen zu erwarten.

Die mögliche und erlaubte Abweichung ist bekannt und festgelegt. Dass wie oben überhaupt keinerlei Abweichung zu registrieren ist, stellt allerdings die Ausnahme dar. Die Regel ist leider so, dass man sehr wohl Abweichungen erhalten wird, und diese sind in die Toleranzgrenzen der geforderten Produktspezifikation (Lastenheft) mit einzubeziehen.

Die Toleranzgrenze für einen Messwert, d. h. die Abweichung vom Messwert vom Istwert, definiert das erlaubte Toleranzband. Unter normalen Umständen, also ohne jegliche Störungen von außen, können und dürfen Messwerte bis zum Rand des Toleranzbandes auftreten. Die Ursachen hierfür können vielfältig sein und sind Folgen der Systematik, Stochastik usw., also Fehlerhaftigkeit des Messaufbaus bzw. zufällige Einflüsse (Rauschen usw.). Wenn jetzt jedoch noch zusätzlich EM-Störungen hinzukommen, könnte im Extremfall die Abweichung sich um einen bestimmten Betrag vergrößern. Warum? Bei der EMV-Prüfung ist i. Allg. der Istwert nicht genau bekannt, sondern der Messwert wird als genau angenommen. Somit gilt dieser als Ausgangswert und jegliche Abweichung hiervon ist dann dem EM-Einfluss zuzurechnen. In Wirklichkeit aber kann der Messwert bereits ohne Störung am Rande des Erlaubten sein. Somit ergibt sich im ungünstigsten Falle eine mögliche Aufsummierung der gerätebedingten und der EM-bedingten Abweichung.

Der Betrag der Abweichung ist unbekannt. Erst nach deren Feststellung sind Toleranzgrenzen zu definieren oder es ist grundsätzlich eine Revision des Gerätes zu entscheiden. In der Praxis kommt es leider häufig vor, dass aufgrund der festgestellten Messabweichungen im Testbetrieb plötzlich die Frage auftaucht, ob nun die Toleranzgrenzen aufzuweiten sind oder ob eine Überarbeitung hinsichtlich EMV anzugehen ist.

Zusammenfassend ist zu konstatieren: Eine tolerierbare Abweichung durch EM-Störung ist – falls bekannt – in die Toleranzgrenze der Spezifikation mit zu integrieren. Gegebenenfalls ist letztere zu modifizieren. Ob die Festlegung vor der Prüfung stattfindet oder danach, obliegt dem Ermessen des Prüfenden. Er sollte sich darüber im Klaren sein, dass es solch einen Konfliktpunkt geben kann.

Zu erwartende Störemissionen sind wesentlich besser im Voraus einzuschätzen, wenn Arbeitsfrequenzen von Mikrocontrollern und sonstigen Oszillatoren bekannt sind. Natürlich lassen sich die kritischen Signale – vornehmlich mit Rechteckform oder Impulse – auch mit einem Oszilloskop aufspüren und messen.

Im Testhaus können spezielles Augenmerk zunächst auf solche Frequenzen gerichtet werden, sodass man nicht grundsätzlich den zeitintensiven Sweep gleich im Vornherein starten muss. Wenn die Pegel der betrachteten Frequenzen gut unterhalb der Grenzwerte liegen, ist immer noch Zeit, den kompletten Durchlauf zu erledigen. Normalerweise sind die Testhäuser in der Lage, eine „schnelle Suche" durchzuführen, damit schon mal ungefähre kritische Marken definiert sind.

Die Vorbereitungen können und sollten stets auch Pre-Compliance-Messungen beinhalten, das hat mehr Relevanz als nur theoretische Annahmen zu Störquellen.

6.4 Eigenes Equipment für den Besuch im Testhaus

Außer den vorbereiteten Probanden können natürlich wichtige Hilfsmittel wie Multimeter, Datenlogger, Versorgungsgerät mit ins Test mitgenommen werden. Falls Sie denken, es könnten Modifikationen nötig und auch möglich sein, sind auch eine geeignete Lötstation plus diverse Bauelemente (auch EMV-) hilfreich. Viele Testhäuser können zwar normalerweise auch mit einem Lötplatz aushelfen, aber mit einer eigenen Station erübrigen sich häufig alle Fragen. Vergessen Sie auch nicht, verschiedene Betriebszustände umschaltbar zu machen, falls diese für den Test wichtig sind.

Um die oberen Eventualitäten bewältigen zu können, wäre ein komplett ausgestatteter Werkzeugkoffer, der extra für EMV-Messungen reserviert ist, sehr zu empfehlen. Dieser sollte natürlich anhand einer Vollständigkeitsliste regelmäßig überprüft werden, vor allem aber direkt vor dem Gang ins Testhaus.

Neben den Probanden sind natürlich deren Anschlusskabel und ggf. überprüfenden Messgeräte unbedingt erforderlich. Brauchen Sie ein spezielles Kabel oder davon eine bestimmte Mindestlänge, so ist dies kaum im Testhaus in einer akzeptablen Zeit anzufertigen. Vergessen Sie nicht, dass man für die Messungen in der Halle besonders lange Kabel benötigt, weil diese ja bis außerhalb des Raumes bzw. bis zum Regieraum reichen müssen.

Ein Gedanke noch zur Funktionsprüfung während der Tests in der Absorberhalle: Genügt hier eine optische Anzeige wie LED oder dergleichen, so kann dies häufig mit einer Videokamera überwacht werden. In diesem Fall genügt der Versorgungsanschluss für den Prüfling. Das Vorhandensein einer Kamera ist jedoch vorab anzufragen. Möglich ist auch, eine solche Anzeige der Prüfanordnung hinzuzufügen, solange dies die realen Testbedingungen nicht stört – lassen Sie sich diesbezüglich wiederum vom Testhaus beraten.

6.5 Reihenfolge der Tests – ein Zeitkriterium

Wichtig sind Überlegungen zur Abfolge der einzelnen Tests. Eher zerstörerische Tests wie Surge (und teilweise auch Burst und ESD) sollte man sich für den Schluss aufheben, vor allem, wenn Sie nach einer Zerstörung eines Probanden kein Ersatzmuster mehr zur Verfügung haben. Die genannten Prüfungen sind ohnehin nicht so zeitaufwendig wie beispielweise die Ab- und Einstrahltests.

Ferner ist zu erörtern, welche Tests möglicherweise am kritischsten sind, bei denen also am ehesten eine Grenzwertverletzung zu erwarten ist. Fallen diese jedoch wieder ins erste Kriterium der Zerstörung, sind diese Tests dennoch an den Schluss zu setzen, es sei denn, es sind genügend Testmuster vorhanden.

Eine weitere Variante ist die, dass man kritische Tests zuerst macht und für alle routinemäßigen Tests einfach Testmuster dort lässt und diese ohne Ihre Anwesenheit durchführen lässt. Von diesen kritischen Tests sind jene vorzuziehen, die zerstörungsfrei sind, es sei denn, es sind für Surge eigene Probanden vorgesehen.

6.6 Interpretation und Bewertung der Ergebnisse

Liegen erste Testergebnisse vor, sollte man diese in jedem Fall dokumentieren. Es ist wichtig, wirklich alle äußeren und für den Test relevanten Einstellungen zu notieren. Bereits im Vorfeld (also bei den Vorbereitungen) sollten Sie sich im Klaren darüber sein, was bei einem Nichteinhalten der Grenzwerte zu tun ist. Wenn Sie erst ganz spontan im Testhaus entscheiden, kann dies dazu führen, dass der ganze Tag plan- und ergebnislos abläuft und die Kosten dennoch zu Buche schlagen. Ein Betreuer eines guten Testhauses wird Sie rechtzeitig darauf hinweisen, wie zu verfahren ist, damit dies nicht passiert.

Natürlich ist es möglich, z. B. nach Nichtbestehen eines Tests eine Modifikation durchzuführen und mit dieser den Test zu wiederholen. Es sollte aber ein Plan darüber bestehen, ob und wie die Ausmaße einer solchen Modifikation aussehen sollen und wie oft ein erneuter Durchgang vorkommen darf.

6.7 Grenzwerte nicht eingehalten – was nun?

Obwohl man es sich eigentlich im Voraus schon buchstäblich vornimmt, alle Tests bestehen zu müssen – die Realität sieht leider häufig anders aus. Wenn jetzt einer oder mehrere Tests als „durchgefallen" zu verbuchen sind, müssen Sie dennoch das Beste daraus machen und nicht einfach denken, es sei halt ein weiterer Besuch nötig, damit sei es schon erledigt. Ein Folgetermin sollte nur dann sehr bald anstehen, wenn klar ist, was falsch gelaufen ist, was die Ursache für das Versagen des Prüflings im Testumfeld ist.

Ein Notfallplan sollte übrigens bereits bei den Vorbereitungen zum ersten Testgang entwickelt werden (siehe Abschn. 6.3 weiter oben). Wenn jedoch ein kritischer Test (also ein solcher, bei dem schon mögliche Probleme zu erwarten sind) negativ verläuft, muss man sich nicht an diesem grenzenlos aufhalten. Gehen Sie nach angemessener Zeit zum nächsten Test über, damit wenigstens ein paar positive Ergebnisse nach Hause mitgenommen werden können. Schließlich will meist auch Ihr Vorgesetzter oder der Firmenchef von solch wichtigen Aktionen nicht nur totales Versagen hören. Investieren Sie also nicht zu viel Zeit in eventuelle Modifikationen oder erneute Testläufe, die dann möglicherweise ebenso schiefgehen.

Viel wichtiger ist, dass Sie nachher in Ihrer Firma alle Punkte mit Randbedingungen darstellen können und dann versuchen, Ursache und mögliche Lösungen *in Ruhe* zu finden. Haben Sie Möglichkeiten, mit eigenem Equipment ähnliche Ausfallsituationen reproduzierbar nachzustellen, ist das ein erheblicher Vorteil, denn Sie können jetzt in aller Ruhe Modifikationen und ihre Tendenz bezüglich EMV-Test prüfen. Behalten Sie jedoch bei der Planung von Änderungen im Auge, nicht an anderer Stelle eventuell Störfestigkeits- oder Abstrahleigenschaften zu verschlechtern.

Mitunter kommt es auch vor, dass die Ingenieure des Testhauses Fehler machen. Dabei kann es einerseits passieren, dass Grenzwerte oder Härtegrade falsch gesetzt werden oder andererseits die Messung einfach falsch durchgeführt wird.

Ganz wichtig ist, immer mit den Aufbauten so nahe wie möglich dem natürlichen Betriebsfall zu kommen. Dies ist nicht immer ganz leicht, und deshalb kann es durchaus vorkommen, dass die Betriebsbedingungen entscheidenden Einfluss nehmen und mitunter das Testergebnis verschlechtern. Das gilt vor allem dann, wenn der Prüfling alleine nicht die gesamte Prüfumgebung ausmacht, sondern zusätzliches Zusatzequipment notwendig ist. Ein Paradebeispiel hierfür bilden industrielle Produkte oder Messgeräte, die irgendwo eingebaut werden, wobei jedoch dieser „Einbaufall“ nicht so einfach nachzustellen ist. Die Gedanken für das entsprechende Konzept sollten lange vor dem Prüftermin gemacht werden, damit man im Testhaus nicht zu unsicheren und möglicherweise auch scheiternden Improvisationen gezwungen ist.

7 Dokumentation

Zusammenfassung

Detaillierte und dennoch kompakte Darstellung aller Daten, die man im Vorfeld, während der Tests, aber auch in der Auswertephase gewinnt, ist das Ziel dieses Kapitels.

Die Test-Dokumentation ist keineswegs nur Nachweis darüber, alles richtig gemacht zu haben, sondern sie bietet u. a. die Vergleichsmöglichkeit mit früheren Tests. Daneben kann sie Aufschluss geben darüber, wie in Zukunft bei anderen Geräten zu verfahren ist. Die Kriterien, die in den Schriftstücken auftauchen, können sich mit der Zeit erweitern, andere können auch gelöscht werden. Es kann auch vorkommen, dass manche Tests oder besondere Bedingungen nicht impliziert wurden – das kann jederzeit ein weiterer Test ergänzend abdecken.

Seit April 2016 ist die Erstellung einer Risikoanalyse Pflicht für den Hersteller. Was diese beinhalten sollte, ist Thema eines eigenen Unterkapitels.

Nicht zuletzt verlangt auch die ISO-Zertifizierung eine klar strukturierte Dokumentation aller Vorgänge während der Entstehung eines Produktes.

7.1 Inhalt einer EMV-Dokumentation

Die Dokumentation soll folgendes beinhalten bzw. folgenden Zwecken dienen:

- Nachvollziehbare Testsituation beschreiben für eventuelle Wiederholung, auch Fotos über die Testanordnung machen sofort einige äußere Umstände klar, ohne dass man zu viel schreiben müsste.
- Technischer Stand des Prüflings, Seriennummer und/oder Baureihe, damit später nachweisbar ist, welche Änderungen zu welchem Ergebnis geführt haben.

D. Stotz, *Elektromagnetische Verträglichkeit in der Praxis*,
https://doi.org/10.1007/978-3-662-62221-6_7

- Verwendete Messgeräte, um sicherzustellen, dass hiervon keine Änderung der Resultate zu erwarten ist.
- Eine kurze Funktionsbeschreibung des Gerätes hilft vor allem im Vorfeld auch dem Testhaus, die vorzunehmenden Prüfungen auf das Gerät anpassen zu können. Außerdem nutzt dies Personal, sich mit den abgeschlossenen Fällen besser auseinanderzusetzen.

Eine feste Struktur ist anzustreben, nur so können Sie immer auf einheitliches Niveau zurückgreifen und vor allem sicher sein, dass nichts vergessen wurde. Man sollte auch unterscheiden zwischen der Zusammenstellung einer Dokumentation, die öffentlich ist, also zum Kunden gehen kann, und einer, die feinere Details enthalten kann und Informationen enthalten kann, die nicht für Kundenaugen bestimmt sind. Eine Kennzeichnung durch ein Wasserzeichen *vertraulich* ist hier durchaus angebracht.

7.2 Form der Dokumentation

Es hat sich stets als vorteilhaft erwiesen, fertige Formulare für die Testdurchführung zu generieren. Auf diese Weise ist immer klar, was alles zu beachten ist und was nicht vergessen werden darf. Man gewöhnt sich auch schnell an vernünftig und einheitlich aufgebaute Dokumente, es wird somit alles einfach und schnell auffindbar. Ein Beispiel für die Prüfung mittels schneller Transienten sehen wir in Tab. 7.1.

Tab. 7.1 Beispiel-Vorlage zur Dokumentation einer Prüfung für schnelle Transienten

Test-Formular

Testart				Schnelle Transienten
Datum, Techniker				2012-09-20, D. Stotz
Norm/Ausgabe				IEC 61000-4-4 / 2004
Produkt, Gerät mit Typenbezeichnung, Seriennummer, Revision u. a.				Feuchtesensor, NKM 2, –, 0.9a
angestrebter Schärfegrad				3
Feste Parameter				Frequenz = 5 kHz, 300 ms
Anschlüsse	Spannung	Polarität	Resultat	Bemerkung
Versorgung	2 kV	+	ok	–
Versorgung	2 kV	–		ca. 3 Ausfälle pro Min
I/O	1 kV	+	ok	

Foto:

Man sollte ein Foto und/oder eine Skizze stets dem Ganzen hinzufügen, damit es bei der Prüfanordnung zu keinen Missverständnissen kommen kann. Bei der Ausfertigung des Fotos muss natürlich auch darauf geachtet werden, dass alles Relevante gut sichtbar ist.

7.3 Konformitätserklärung

Tab. 7.2 entspricht einem Muster der Bundesnetzagentur für die Konformitätserklärung:

Bei Bedarf können für Kunden noch weitere Dokumente angehängt werden. Rechtlich gesehen reicht die Konformitäts-Erklärung jedoch.

7.4 Konformitätserklärung in englischer Sprache

Die Deklaration sei in Tab. 7.3 noch in Englisch wiedergegeben:

7.5 EMV-Risikoanalyse und -bewertung

Seit April 2016 verlangt die EMV-Richtlinie (Richtlinie 2014/30/EU) vom Hersteller eine Risikoanalyse:

Tab. 7.2 Konformitätserklärung

<table>
<tr><th colspan="3">EG-KONFORMITÄTSERKLÄRUNG</th></tr>
<tr><td>Name des Herstellers</td><td colspan="2"></td></tr>
<tr><td>Anschrift des Herstellers</td><td colspan="2"></td></tr>
<tr><td>Produkt, Gerät mit Typenbezeichnung, Seriennummer u. a.</td><td colspan="2"></td></tr>
<tr><td colspan="3">Es besteht Konformität zu nachfolgenden Normen und Dokumenten:</td></tr>
<tr><td>Norm</td><td>Nummer</td><td>Ausgabe</td></tr>
<tr><td></td><td></td><td></td></tr>
<tr><td></td><td></td><td></td></tr>
<tr><td colspan="3">Oben genanntes Produkt entspricht den grundlegenden Anforderungen, die in der Richtlinie des Rates zur Angleichung der Rechtsvorschriften der Mitgliedstaaten über die elektromagnetische Verträglichkeit (2004/108/EG) festgelegt sind.
Ort, Datum:
Unterschrift:</td></tr>
</table>

Tab. 7.3 Konformitätserklärung in Englisch

<table>
<tr><th colspan="3">Declaration of EC-Conformity</th></tr>
<tr><td>Name of Manufacturer</td><td colspan="2"></td></tr>
<tr><td>Address of Manufacturer</td><td colspan="2"></td></tr>
<tr><td>Product, Type, Serialnumber etc.</td><td colspan="2"></td></tr>
<tr><td colspan="3">Relevant following documents and standards:</td></tr>
<tr><td>Standard</td><td>Number</td><td>Revision</td></tr>
<tr><td></td><td></td><td></td></tr>
<tr><td></td><td></td><td></td></tr>
</table>

The product complies with the essential requirements, which are stated in the directives of Electromagnetic Compatibility (EMC) (2004/108/EC).

City, Date:

Signature:

Der Hersteller erstellt die technischen Unterlagen. Anhand dieser Unterlagen muss es möglich sein, die Übereinstimmung des Geräts mit den betreffenden Anforderungen zu bewerten; sie müssen eine geeignete Risikoanalyse und -bewertung enthalten.

Was diese beinhalten und wie sie strukturiert sein soll, darüber gibt die Richtlinie keinen Aufschluss. Solange ein Dokument entsteht, welches plausiblen Kriterien genügt, hat der Ersteller freie Hand. Beispielhaft soll in diesem Abschnitt erläutert werden, wie das Papier im Detail aussehen kann.

Die Vorgängerversion 2004/108/EG enthält diesen Passus nicht, obwohl es auch dort heißt:

Der Hersteller hat anhand der maßgebenden Erscheinungen die elektromagnetische Verträglichkeit seines Gerätes zu bewerten, um festzustellen, ob es die Schutzanforderungen nach Anhang I Nummer 1 erfüllt. Die sachgerechte Anwendung aller einschlägigen harmonisierten Normen, deren Fundstellen im Amtsblatt der Europäischen Union veröffentlicht sind, ist der Bewertung der elektromagnetischen Verträglichkeit gleichwertig.

Der zweite Satz darin allerdings begrenzt die Forderungen an den Hersteller dergestalt, dass dieser lediglich nachweisen muss, die passenden Normen angewandt und erfüllt zu haben, was ja anhand eines Prüfberichts des Testhauses bereits der Fall sein kann. Hintergrund der neuen Erfordernisse ist der, dass man sicherstellen möchte, der Hersteller habe sich adäquate Gedanken gemacht, um die Gefahr einer Verletzung der Elektromagnetischen Verträglichkeit zu minimieren.

- Welche Prüfungen sind für das Gerät relevant? Auf welche Prüfungen kann verzichtet werden und warum?

8.7 Betriebszustände und koinzidente Störungserscheinungen

Ein bestimmter Betriebszustand bedeutet nicht maximale Empfindlichkeit für alle Störeinflüsse.

☒	Für ESD und Surge sind Bereiche ohne Einfluss.
☒	Störaussendung ist unabhängig von Bereichseinstellungen.
☒	Verschiedene Kanäle (z. B. für Stromausgang) verhalten sich identisch bzgl. Störfestigkeit.
☐	Das Gerät hat nur einen Betriebszustand.
☐	Sonstiges

Abb. 7.1 Formularausschnitt aus der Risikoanalyse: Die gesamte Dokumentation der Analyse lässt sich in ein Formular fassen, welches der Einfachheit halber auch die Auswahl von festen Texten erlaubt und darüber hinaus auch freie Texte

Tab. 7.4 Häufigkeit von Störfällen. Hier erfolgt eine zahlenmäßige Festlegung mit etwa logarithmischem Charakter

Beschreibung Häufigkeit	Pause zwischen zwei Ereignissen	Häufigkeit/ Auswirkungsgrad	Beschreibung Auswirkungsgrad
sehr selten oder nie	≥1 a	0	keine Auswirkung
kaum	0,1–1 a	1	geringe Messabweichung (noch tolerabel)
selten	3 d–0,1 a	2	merkliche Messabweichung
gelegentlich	10 h–3 d	3	Gerät setzt temporär aus
mitunter	1–10 h	4	bleibende Veränderung
manchmal	5 min–1 h	5	Gerät wird zerstört
ab und zu, sporadisch	30 sec–5 min	6	–
häufig	3–30 sec	7	–
ständig	<3 sec	8	–

- Können Umgebungszustände (Störungsumfeld) auftreten, die mit den Prüfungen nicht abgedeckt werden und falls ja, wie werden diese behandelt? Beispielsweise könnte ein Arbeitssignal mit einer Nutzfrequenz, die sich von 1 kHz unterscheidet, auf Störsignale ähnlicher Frequenz empfindlich reagieren, dagegen wird lediglich mit 1 kHz als Modulationsfrequenz getestet.
- Können Bauteilausfälle, Bestückungsfehler, Bauteiltoleranzen, Programmfehler oder -zustände, Fehlbedienungen oder Fehlinstallationen die EMV-Eigenschaften beeinflussen?
- Stellt die gewählte Betriebsart und -zustand den ungünstigsten Fall dar, bei dem am ehesten ein Einfluss für Störungen festzustellen ist?
- Gibt es Phänomene, die simultan vorkommen können, aber beim normgerechten Test nie gleichzeitig zu prüfen sind? Welche Einflüsse sind damit zu erwarten (koinzidente Störungserscheinungen)?

- Welche EMV-Maßnahmen wurden bezüglich Bauteile, Schaltung und Aufbau getroffen (ggf. aufteilen in Frequenzen)?
- Schwächen von Testaufbauten: Ist damit Praxisnähe erfüllt?
- Quantitative Risikobewertung mit Häufigkeitsklassen und Auswirkungsgraden (welche Fehler kommen mit welcher Wahrscheinlichkeit und welcher Auswirkung).
- Bei einem ungünstigen Ergebnis der Risikobewertung – welche Maßnahmen kommen in Betracht?
- Ist bei einer Mikrocontroller-Steuerung darauf geachtet worden, dass niemals Zustände vorkommen können, die zu einer bleibenden Fehlfunktion führen können bzw. falls diese doch auftritt, auch angezeigt wird?

In der Tab. 7.4 werden die Größen *Häufigkeit* und *Auswirkungsgrad* im Grunde genommen willkürlich zahlenmäßig skaliert. Die Festlegungen erfolgen nach eigenem Ermessen, sollten jedoch plausiblen Grundsätzen folgen, vor allem hinsichtlich der einfachen Formel *Risikograd = Häufigkeit · Auswirkungsgrad*. Es ist deshalb durchaus angebracht, Begründungen für die Festlegungen darzulegen.

Ein Beispiel eines Formularausschnitts zeigt Abb. 7.1.

Zunächst sind für jedes Phänomen *Häufigkeit* und *Auswirkungsgrad* aus Tab. 7.4 zu ermitteln und in Tab. 7.5 einzutragen. Als endgültiges Fazit für die Ergebnisse ist für den Risikograd eine Grenze zu setzen, oberhalb der bestimmte Aktivitäten zu definieren sind.

Tab. 7.5 Berechnungstabelle für den Risikograd: Mithilfe der obigen Tabellen ist hier für jedes Phänomen ein Wert zu ermitteln

Fall	Phänomen	Häufigkeit	Auswirkungsgrad	Risikograd
1	Überspannung (Surge)	1	3	$1 \cdot 3 = 3$
2	Funktionsverlust der EMV-Kondensatoren (Sensorteil)	0[a]	2	$0 \cdot 2 = 0$
3	Schnelle Transienten (Burst)	2	0,5[b]	$2 \cdot 0{,}5 = 1$
4	starke Überspannung (Surge mit geringem Innenwiderstand)	1	5	$1 \cdot 5 = 5$
5	HF-Spannungen			
6	HF-Felder			

[a]Es handelt sich hier nicht um eine zeitliche Häufigkeit von 1/a bei einem Exemplar, sondern bei 1 Gerät pro Jahr könnte diese Fehlbestückung vorkommen
[b]Keine Auswirkung wäre hier zu wenig

Normen und Rechtliches 8

Zusammenfassung

Das EMV-Gesetz ist eine bindende Vorschrift, die die Richtlinie 2004/108/EG des Europäischen Parlaments umsetzt. Alle Mitgliedstaaten der EU müssen sich an dieses Gesetz halten. Die genannte Richtlinie wiederum befasst sich mit der Einhaltung der *Elektromagnetischen Verträglichkeit* (EMV).

Normen dienen der Einhaltung der Richtlinie. Die Konformitätserklärung ist somit die Konsequenz der Einhaltung der Normen. Die CE-Kennzeichnung erfordert die Konformität bezüglich der EMV. Letztere ist jedoch nicht hinreichend, es müssen auch Gesetze zur Einhaltung der Produktsicherheit und anderen Sicherheitsvorschriften (z. B. gesundheitliche) befolgt werden.

Diese Kennzeichnung *muss* der Hersteller anbringen. Er entscheidet, welche Prüfungen bzw. welche Normen dabei anzuwenden sind. Die Verantwortlichkeit darüber, dass die EMV erfüllt ist, trägt er.

Für die anzuwendenden Normen wird ein kurzer Überblick gegeben. Doch dies – wie auch das gesamte Buch – macht den Erwerb von Normen nicht überflüssig.

8.1 Auswahl der Normen

Wir beschränken uns hier auf die Wiedergabe eines groben Gerüsts der Normenstruktur sowie die Nennung einiger wichtiger Normen.

- **Grundnorm (basic standards)**: Testbeschreibung, Messmethoden, Informationen über Messgeräte (z. B. CDN, Messempfänger)

D. Stotz, *Elektromagnetische Verträglichkeit in der Praxis*,
https://doi.org/10.1007/978-3-662-62221-6_8

Tab. 8.1 Einige Normen

Normenart	Bezeichnung	Beschreibung
Grundnorm	EN 55016-1-2	Geräte und Einrichtungen zur Messung der hochfrequenten Störaussendung und Störfestigkeit
Grundnorm	EN 55016-2-1	Verfahren zur Messung der hochfrequenten Störaussendung und Störfestigkeit
Grundnorm	EN 61000-4-1	Elektromagnetische Verträglichkeit Prüf- und Messverfahren
Fachgrundnorm	EN 61000-6-1	Störfestigkeit für Wohnbereich, Geschäfts- und Gewerbebereiche sowie Kleinbetriebe
Fachgrundnorm	EN 61000-6-2	Störfestigkeit für Industriebereiche
Fachgrundnorm	EN 61000-6-3	Störaussendung für Wohnbereich, Geschäfts- und Gewerbebereiche sowie Kleinbetriebe
Fachgrundnorm	EN 61000-6-4	Störaussendung für Industriebereiche
Produktnorm	EN 50529-1	EMV-Norm für Übertragungsnetze Leitungsgebundene Übertragungsnetze, die Telekommunikationsleitungen nutzen

- **Fachgrundnorm (generic standards)**: Sie beschreiben die eigentlichen Grenzwerte und nennen dabei die Grundnormen, die für die Messung zugrunde zu legen sind.
- **Produktnormen (product standards)**: Falls für bestimmte Geräte oder Gerätefamilien spezielle EMV-Anforderungen bestehen, so sind diese den allgemeinen Fachgrundnormen vorzuziehen.

In Tab. 8.1 sei noch eine kleine Liste von wichtiger Fachgrundnormen und Grundnormen tabellarisch genannt.

8.2 Bewertungskriterien

Bei einigen Prüfungen muss der Prüfling nicht immer seine vollständige und uneingeschränkt Funktion und Genauigkeit aufrechterhalten.

8.2.1 Bewertungskriterium A

Ist für eine Prüfung das Bewertungskriterium A vorgeschrieben, so muss der Prüfling während und nach dem Test bestimmungsgemäß arbeiten und die Spezifikationen im Produktdatenblatt erfüllen. Die Spezifikation kann auch einen Verlust an Betriebsqualität enthalten, der aber nicht überschritten werden darf.

8.2.2 Bewertungskriterium B

Während der Dauer des Tests ist eine Einschränkung der Funktion erlaubt. Nach der Prüfung muss das Gerät entsprechend seiner Spezifikation selbsttätig weiterarbeiten. Ein Änderung der Betriebsparameter ist nicht erlaubt.

8.2.3 Bewertungskriterium C

Ein Betriebsausfall ist während der Prüfung gestattet. Nach der Prüfung muss sich die normale Funktion wieder selbst herstellen oder durch Betätigung von Bedienelementen wieder herstellen lassen.

Teil II

Praxis und Erfahrungsbasis

9 Untersuchungen und Verbesserungen zur Störfestigkeit

Zusammenfassung

Nachdem die Durchführung normgerechter Messungen in den letzten Kapiteln zur Sprache kam, soll hier etwas ausführlicher untersucht werden, welche Schlüsse man aus den Ergebnissen ziehen kann und wie zielorientiert Verbesserungen im Aufbau des Gerätes bzw. in der Schaltung und im Layout zu erreichen sind. Hierzu kommen auch ausführlich Komponenten zur Sprache, die in einem Schaltungsdesign für die Einhaltung der EMV dienlich sind. Ferner sind analytische Methoden etwas ausführlicher zu betrachten, insbesondere Simulationen per FEM.

9.1 Untersuchungen und Verbesserungen zur Burst-Störfestigkeit

Eigentlich zählt die Prüfung mit schnellen Transienten zu energiearmen Tests, was ja im Vergleich zur Surge-Prüfung durchaus stimmt. Das heißt allerdings nicht, man könne mit Burst-Impulsen keine Bauelemente zerstören. Wir werden bei den Fallbeispielen im letzten Abschn. 9.7 sehen, dass durchaus Teile gefährdet sind. Auch wenn die Ladungsmengen gering sind, alleine die hohen Spannungen können zu Durchschlägen führen, die bei manchen Bauelementen früher oder später eine *Degradation* herbeiruft.

Handelt es sich also nicht nur um eine temporäre Störung, so sind zunächst passende Schutzmaßnahmen für Bauelemente zu ergreifen.

D. Stotz, *Elektromagnetische Verträglichkeit in der Praxis*,
https://doi.org/10.1007/978-3-662-62221-6_9

9.1.1 Ausbreitung von Burst-Störungen

Obwohl man viele Phänomene, die man bei der Simulation schneller Transienten beobachtet, durch die Präsenz hoher Spannungen im statischen Betrieb erklären kann, verbleiben doch Erscheinungen, die sich nur durch die Ausbreitung einer Welle begründen lassen. Bei der Wellenfortpflanzung ergibt sich eine gewisse Laufzeit, durch die erst letztlich ein störender Potenzialunterschied entsteht. Hierzu sei Abb. 9.1 als Demonstration erwähnt.

Zunächst kann die Einkopplung als Gleichtaktspannung erfolgen. An diesem Punkt liegt an beiden Bahnen noch dasselbe Potenzial vor. Dieses pflanzt sich bis zum rechten Messpunkt nach der Laufzeit fort – doch zu diesem Zeitpunkt liegt am linken Messpunkt bereits ein geändertes Potenzial vor. Auf diese Weise bildet sich zwischen den Messpunkten eine Störspannung aus, die jedoch bevorzugte Frequenzen aufweist. Diese folgen der Bedingung, dass in der gestrichelt eingezeichneten Zusatzlänge immer ungeradzahlig Vielfache der halben Wellenlänge hineinpassen. Auf diese Weise ist es auch möglich, auf die Ursache zu schließen.

Mit den Sonden in Abb. 9.2 lassen sich Störfelder z. B. auf einer Platine aufspüren. Sind die Wege für die Störung offengelegt, sind ggf. Verbesserungen am Layout der Platine möglich. Natürlich lässt sich durch Einfügen von Bauelementen auch recht schnell registrieren, ob sich die Tendenz zur Störminderung eingestellt hat.

9.1.2 Gegenmaßnahmen bei Burst-Störungen

Viele Geräte, die in einer Industrieumgebung ihren Dienst tun sollen, unterliegen immer wieder Störungen, die durch geschaltete Induktivitäten entstanden sind. Die Erzeugung ist also eher trivial, der Schutz eines anderen Gerätes gegenüber solchen Störungen aber nicht. Es bieten sich verschiedene Wege an, die Auswirkungen zu mildern, sodass das Gerät dennoch seinen ordnungsgemäßen Dienst erledigen kann. Bereits im Design sollten solche Maßnahmen integriert sein.

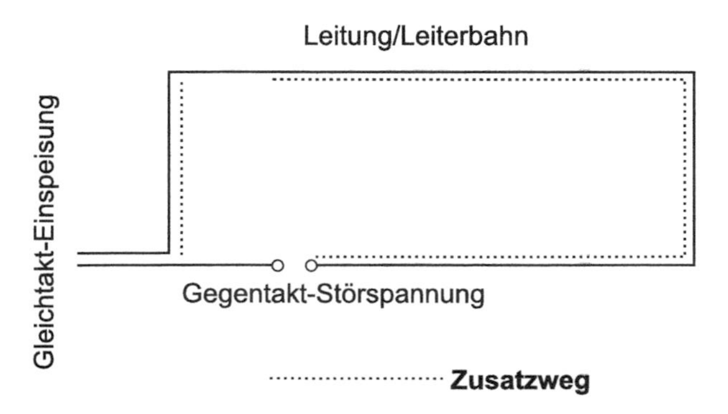

Abb. 9.1 Störung durch Laufzeit-Phänomene

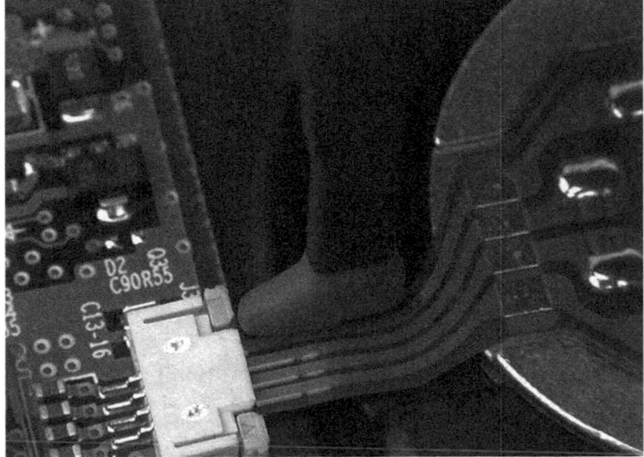

Abb. 9.2 Sonden zur Erfassung von schnellen Transienten (Fotos: Fa. Langer EMV-Technik GmbH)

Wichtig ist beim Testen, unter reproduzierbaren Bedingungen die Spannungsgrenzen und die Parameter zu ermitteln, unter denen eine gewisse Störhäufigkeit oder Tendenz anzusteigen beginnt. Denn nur so sind Änderungen auf ihre Wirksamkeit hin zu prüfen.

Bypass-Methode

Sie ist eine sehr gebräuchliche Methode ist das Vorbeileiten von Störströmen, sodass diese nicht die Schaltung unseres Prüflings passieren. Die Bypass-Methode erfolgt für Störströme in erster Linie mit Kondensatoren, die an den Anschlüssen jeweils zum Gehäuse bzw. – falls vorhanden – zum Erdungsanschluss führen. Dies hat auf dem kürzesten Wege zu geschehen. Eine detailliertere Beschreibung findet sich in Abschn. 13.2.2. Das Vorhandensein eines Metallgehäuses macht diese Methode eigentlich erst anwendbar. Die genannten kapazitiven Glieder bewirken, dass der gesamte Komplex gemeinsames Potenzial erhält, dadurch werden Ströme durch Potenzialunterschiede vermieden. Lediglich außerhalb des Gehäuses ergeben sich kapazitive Ströme durch die Luft zur Außenwelt, oder – bezüglich des Prüfaufbaus – zur Massefläche unterhalb des Prüflings.

Filtermethoden

Schwieriger ist die Methode, die schnellen Transienten erst gar nicht in die Schaltung gelangen zu lassen. Hierzu sind Tiefpässe vonnöten, die ähnlich zum Filter in Abb. 9.5 arbeiten. Je nach Anbindung bzw. Impedanz nach Erde gelingt dies mehr oder minder gut. Man muss auch berücksichtigen, dass schnelle Transienten breitbandig sind, und diese Filtermethode greift erst bei höheren Frequenzen merklich.

Abschirmungsmethoden

Der Proband selbst bietet lediglich durch ein Metallgehäuse wirksamen Schutz gegenüber leitungsgebundener Störspannung. Zu diskutieren ist jedoch auch, ob und wie abgeschirmte Versorgungsleitungen zu einer Störreduzierung beitragen können. Natürlich ist zunächst anzunehmen, dass vor allem bei kurzen Leitungen ein Schirm gegenüber Spannungsspitzen in benachbarten Leitungssträngen hilft. Das gilt jedoch lediglich für niedrige Frequenzen (kleiner ca. 100 kHz). Bei höheren Frequenzen und bei äußeren magnetischen Feldern ist die Sachlage komplexer. Wir kommen in Abschn. 13.7 noch exakter auf dieses Thema zu sprechen.

9.1.3 Schaltungskomponenten für die Burst-Störfestigkeit

Die oben genannten Kondensatoren in einer Bypass-Methode reichen in der Regel nicht aus, um einen stabilen Schutz gegen schnelle Transienten zu gewährleisten. Normalerweise setzt man parallel dazu auch jeweils eine Suppressordiode oder einen Varistor. Dies vermeidet ein Übersteigen der zulässigen Höchstspannung am jeweiligen Kondensator.

Wir erfuhren in Abschn. 4.2, dass der Burst-Generator kurze Schwingungspakete abgibt, deren Polarität in beide Richtungen gegenüber Erde sein kann. Wenn sich dadurch ein Kondensator unzulässig auflädt, kann es zu einem Überschlag in seinem Innern führen und das Bauteil zerstören – der Kondensator bildet dann meist einen Kurzschluss, wenn es sich um einen keramischen Aufbau handelt. Wenn Erde und Versorgungsanschluss keinen definierten Potenzialbezug zueinander haben (sie sind „floating“), so muss die Spannung wie oben genannt begrenzt werden.

9.2 Untersuchungen und Verbesserungen zur Störspannungsfestigkeit

Werden Versorgungsanschlüsse mit einer amplituden-modulierten Störspannung beaufschlagt. so treffen ähnliche Verhältnisse zu wie bei den schnellen Transienten. Es handelt sich ebenfalls um eine leitungsgebundene Störung, die zwar nicht impulsartig und zugleich breitbandig ist, aber ebenfalls einen weiten Frequenzbereich abdecken kann. Die Spannung ist zwar wesentlich geringer, sie liegt aber quasi permanent an.

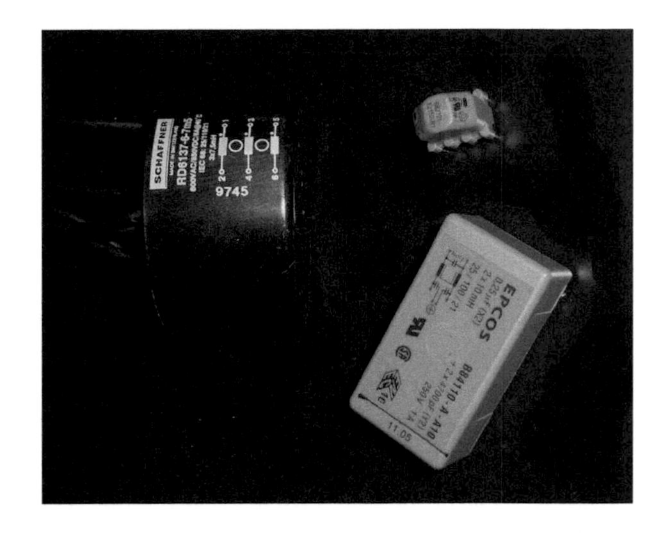

Abb. 9.3 Filter und Drosseln für Gleichtakt-Störunterdrückung. Ganz links befindet sich eine stromkompensierte Drossel für Dreiphasenanschluss. Die anderen Bausteine sind ganze Filter zur Montage auf Leiterplatten

Die Parameter der Frequenz und der Spannung, bei denen eine Störung vorliegt, sind als Begleitinformation wichtig. Somit kann man sich bei der Analyse und bei Maßnahmen auf diese Werte konzentrieren.

9.2.1 Maßnahmen zur Verbesserung der Störspannungsfestigkeit

Über die üblichen Bypass-Methoden mittels Kondensatoren sind hier noch Filtermethoden anwendbar (siehe obiger Abschn. 9.1.2).

Filtermethoden

Ein Tiefpassfilter auf den Versorgungsleitungen hilft, Gleichtaktstörungen zu unterdrücken. Geeignete Bauelemente dazu sind in Abb. 9.3 zu sehen. Man kann das Filter auch als Bandsperre oder als Kombination zwischen *Notch* (Saugkreis) zur Lenkung auf Erde und eine Bandsperre in Richtung Geräteschaltung ausführen. Wurde bei den Tests festgestellt, dass nur eine diskrete Frequenz besonders stört, so kann man genau diese Filter danach auslegen. Insbesondere dann, wenn das Gerät eine spezielle Arbeitsfrequenz aufweist, sollte ein Eindringen derselben Störfrequenz von außen unbedingt vermieden werden. Meist genügt ein Notch und ein Bandpass, denn die beiden Versorgungsleitungen sind hochfrequenzmäßig über hinreichend große Kapazitäten gekoppelt (siehe Abb. 9.5). Problematischer ist es bei Signalleitungen, die nur wenig Kopplung untereinander und eine geringe Last auf einen Masseanschluss erlauben.

Abschirmungsmethoden

Elektromagnetische Störfelder, die sich als Gleichtaktstörung auswirken werden, sind durch abgeschirmte Leitungen prinzipiell zu unterdrücken, wenn der Schirm einen starken *Skin-Effekt* bewirkt. Dies ist lediglich für höhere Frequenzen zutreffend. Beispielsweise ist ein Koaxialkabel bei wenigen hundert Kilohertz gegen Gleichtaktstörungen wenig wirksam. Dagegen ist der Schirmeffekt für Gegentaktstörungen normalerweise immer gegeben. Siehe auch Abb. 13.14.

9.2.2 Identifizierung der Störwege

Bei der Betrachtung der Arten der Störfestigkeit in Abschn. 2.8 wurden Wege der Störströme adressiert. Es sind einige Überlegungen notwendig, um den tatsächlichen Sachverhalt bei einer konkreten Messung auszuloten.

Abschirmung des Sensorteils
Treten Störungen hauptsächlich im oberen Megahertz-Bereich auf (ca. 10 MHz und größer), sind vor allem kapazitive Effekte zum Sensorteil hin zu vermuten. Die Störspannung, die am Prüflingsanschluss anliegt, hat einen Störstrom zur Folge. Sobald der Sensorteil künstlich abgeschirmt (z. B. mit Kupferfolie) und diese Abschirmung mit an die Bezugsmassefläche angebunden wird, wird die kapazitive Kopplung stärker als wenn der Sensor normgerecht seine 10 cm Abstand zur Bezugsfläche hätte. Falls diese Abschirmmaßnahme zu einer Verstärkung des Störungsgrades führt, liegt dies mit hoher Wahrscheinlichkeit daran, dass sich die Störspannung bis zur Ausgangsseite der Sensorversorgung fortpflanzen kann. Es spielt bei der Betrachtung keine Rolle, ob der Sensor bezüglich Störpotenzial am Ausgang „festgehalten" wird und die Störspannung an seine Eingänge gelangt oder ob dies umgekehrt ist – Fakt ist stets, dass ein Störpotenzialunterschied zwischen Eingang und Bezugspunkt der Sensorschaltung besteht. Eine Verbesserung der Sperrwirkung des Filters an den Geräteanschlüssen ist hier als Lösung angezeigt.

Werden die Störeffekte dagegen geringer nach der Abschirmung des Sensorteils, so liegt der Verdacht nahe, dass die Anschlussleitungen direkt auf den Sensorbereich einstrahlen konnten. Ist beim normalen Betrieb der Sensor sowieso als abgeschirmt zu betrachten, ist das Problem als entschärft zu betrachten, denn im Feldbetrieb ist dann meist ebenfalls die Leitungseinstrahlung auf den Sensor unterbunden. Ist die Abschirmung nicht gegeben, muss der Sensor schaltungstechnisch unempfindlich gegenüber diesen hohen Frequenzen werden.

Verbesserung des Filters
Wir sprachen oben bereits von der Verbesserung des Sperrverhaltens des Filters. Häufig sind jedoch relativ niedrige Frequenzen der Störgröße beteiligt. Falls die Versorgungs- und Auswerteschaltung Wandlerschaltungen (Aufwärts- oder Abwärtsregler) beinhaltet, können diese ebenfalls in einen gestörten Zustand verfallen. Meist handelt es sich dann um Frequenzen, auf denen die Wandler selbst arbeiten. Diese liegen üblicherweise zwischen wenigen Kilohertz und zwei Megahertz. Ein Indiz dafür, dass es sich um ähnliche Frequenzen handelt, zeigt der Test zur Störaussendung (siehe Abschn. 10.1). Das Filter ist dann auf seine Bypass-Eigenschaften zu prüfen und ggf. zu verbessern (siehe Abschn. 13.2).

Ist eine Frequenzähnlichkeit unwahrscheinlich bzw. sind derartige Wandler überhaupt nicht vorhanden, sind Störströme durch die Auswerteschaltung anzunehmen. Um den Sensorbereich ausschließen zu können, ist die Möglichkeit einer Simulation einer Messgröße (per Hardware oder per Software) zu erwägen. Auf diese Weise wäre die Auswerteschaltung auf sich alleine gestellt. Auch hier ist dann die Bypass-Qualität des Filters in den Fokus zu nehmen. Klappferrite werden bei niedrigen Frequenzen nur wenig Auswirkung haben.

Gleichtakt vs. Gegentakt
Ob die Beaufschlagung der Störspannung auf alle Leitungen dieselbe Wirkung hat, wird ebenfalls grundsätzlich darüber Aufschluss geben, ob das EMV-Filter optimal ausgelegt ist. Sind einzelne Leitungen dabei, die stärker auf Störung reagieren als andere, so sind die Bypass-Glieder, die zum Gehäuse führen, nicht korrekt dimensioniert. Vor allem keramische Kondensatoren sind hier die beste Wahl, um Störungen an der Geräteschaltung vorbeizuleiten. Zusätzlich angebrachte Kondensatoren gegen schnell darüber Aufschluss, ob das Filter ausgewogen arbeitet.

Falls alle Leitungen ähnliche reagieren, ist Gegentakt nicht das Problem. Dann könnte einfach insgesamt der Bypass-Effekt nicht optimal sein. Entweder ist die Anbindung über die Kondensatoren nicht fest genug wegen zu geringer Kapazität oder die Verbindung zum abschirmenden Gehäuse ist nicht niederimpedant. All diese Punkte sind gewissenhaft zu prüfen.

9.3 Untersuchungen und Verbesserungen zur Störfeldfestigkeit

Entsprechend der Untersuchungen zur Störspannungsfestigkeit sind auch hier Frequenz und Pegel entscheidend, bei denen eine merkliche Funktionsstörung auftrat. Bei der Durchführung der Tests ist eine herausgeführte analoge Größe oft sehr hilfreich, damit man einen Zusammenhang zwischen Frequenz und Störgrad ermitteln kann (siehe auch Abschn. 4.5.3 *Zusatzinformationen aus dem Prüfling*).

9.3.1 Maßnahmen zur Verbesserung der Störfeldfestigkeit

Haben sich diskrete Frequenzen herausgestellt, bei denen der Proband außerordentlich empfänglicher ist für eingestrahlte Störungen, beginnt die Analyse bei Leitern, die bezüglich Länge zu diesen Frequenzen „passen". Je nachdem, wie die Leitungsenden als angebunden zu betrachten sind, gelten sie als $\lambda/2$- oder als $\lambda/4$-Antenne. Der letztere Fall tritt am häufigsten auf, denn das Probanden-Ende ist als frei, das Zuführungsende mit *Ferrit-Mantelfilter* ist als angebunden zu betrachten. Dasselbe gilt, wenn das Gerät eine Art Sondenstab als Extremität aufweist.

Die Konzeption der Schaltung kann mitunter auch stark auf die Störfestigkeit einwirken. Es sei hierzu im Zusammenhang mit Modulationsarten eines Nutzsignals auf das Kap. 15 hingewiesen.

Filtermethoden
Zur Filterung bzw. Blockade von Gleichtaktspannungen bzw. -strömen gilt Ähnliches wie bei den leitungsgebundenen Störungen. Die Filterung ab 80 MHz ist sogar noch etwas einfacher, weil man kleinere Bauelemente und vor allem solche mit höherer Güte einsetzen kann. Anstatt normale Induktivitäten zu wählen, sollte man SMD-Ferrite nach Abb. 9.4 bevorzugen. Diese haben den Vorteil, mit wachsender Frequenz den ohmschen Anteil der Impedanz anwachsen zu lassen, während die Induktivität abfällt. Das heißt, Störströme werden nicht einfach blockiert, sondern in Wirkleistung überführt. Somit werden auch zusätzliche Resonanzen vermieden. Die der Geräteelektronik zugewandten Blockkondensatoren sollten auf kürzestem Wege zum Gehäuse führen und sollten möglichst von der Materialqualität NP0 (auch C0G) sein, damit die kapazitiven Eigenschaften noch bis in höchste Frequenzregionen reichen. Die Werte bewegen sich üblicherweise zwischen 1 und 10 nF. (Siehe Brandner, Gerter, Rall, Zenkner: Trilogie der induktiven Bauelemente.)

Abschirmungsmethoden
Ist das Gerät vollständig durch ein Metallgehäuse gekapselt, ist ein Durchdringen der Störstrahlung zufolge Skin-Effekts unwahrscheinlich. Dagegen sind Zuleitungen häufig in der Lage, in ihrer Eigenschaft als Antenne für eine Gleichtaktstörung zu sorgen. Verfügt das Gerät nicht über ein Metallgehäuse, so ist eine Massefläche auf der Platine zielführend. Siehe hierzu auch Kap. 13. Die Fläche sorgt ebenfalls dafür, dass sich alle Schal-

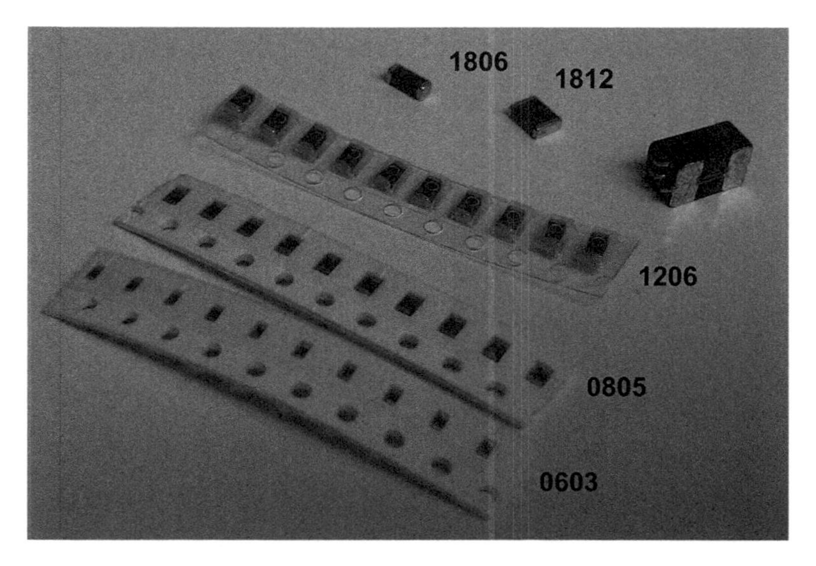

Abb. 9.4 SMD-Ferrite in unterschiedlichen Baugrößen

tungsbereiche im Gleichtakt zueinander befinden und Felder zur Erde nur schwach ausfallen.

9.4 Untersuchungen und Verbesserungen zur ESD-Störfestigkeit

Haben sich Störungen und Ausfälle bei der ESD-Prüfung gezeigt, sind Analyse-Messungen kaum machbar, denn Messungen zu ESD-Vorfällen erfordern komplexeste Messtechnik, was kaum praktikabel ist. Normalerweise gelingt aber eine Analyse und Verbesserung auch ohne teures Equipment.

Die Ursache einer statischen Entladung ist meist das Berühren der Geräteanschlüsse durch eine Person. Obwohl die Vermeidung möglich ist, wollen wir hierauf nicht eingehen, sondern lediglich auf Schutzmechanismen für Geräte. Neben der durch die menschliche Hand zugeführten Elektrostatik gibt es in der Industrie auch Fälle, dass bei der Kunststoff-Verarbeitung ESD entsteht.

Viele Komponenten, die für „normale" Störungen wie Störspannung oder Störfeld noch greifen, sind für die Folgen von ESD einfach viel zu langsam.

9.4.1 Umleiten von ESD

Die sog. Bypass-Methode ist auch hier ein passendes Thema, zumal es sich dabei um eine der einfachsten Möglichkeiten handelt, ESD zu vermeiden.

Oftmals werden bei der Umsetzung von Platinen-Layouts sog. Funkenstrecken erörtert, die angeblich einen sicheren ESD-Schutz bieten sollen. Im Grunde handelt es sich um zwei sich gegenüberstehende Spitzen der Leiterbahn und der Massefläche. Man hofft, der Überschlag würde die gesamte Energie umsetzen und die nachfolgende Schaltung verschonen. Das stimmt leider im Normalfall nicht ganz, denn bis diese „geführte" Luftentladung stattfindet, hat sich bereits ein gefährlicher Stromanstieg durch die Schaltung hindurch manifestiert. Derartige Luftentladungen benötigen eine Zeit der Größenordnung 1 µs und länger, dass der Strom sein Maximum erreicht. ESD-Vorfälle in der Praxis und auch in der Prüfung erfordern aber Stromanstiege innerhalb der Zeit von 1 ns, also tausendmal schneller.

Die genannten Funkenstrecken sind aber nicht gänzlich von der Hand zu weisen. Denn wenn man sie nicht zwischen zu schützender Leitung und Masse anordnet, sondern lediglich Spitzen von der Masse weg in Richtung Anschlusspin führt, so wird bei der Luftentladung der Überschlag direkt auf Masse abgeleitet, noch bevor irgend eine andere Entladung entsteht. Handelt es sich bei den Geräteanschlüssen z. B. um eine Klemme, so sollten diese GND-Leiterbahnspitzen stets in der Nähe aller Klemmanschlüsse sein. Somit wird ein Überschlag immer zuerst nach dorthin provoziert, bevor es auf den jeweiligen Klemmenanschluss geht.

Eine andere Methode zur Unterbindung eines ESD auf einen Anschlusspin ist die, Steck- oder Schraubanschlüsse so weit hinter einen Gehäuse- oder damit verbundenen Metallrahmen zu versenken, dass der Überschlag stets zuerst aufs Gehäuse bzw. den Rahmen führt.

Nicht in jedem Falle kann man das bauliche Konzept so ausführen, dass Anschlusspins hinreichend im Hintergrund gegenüber dem Gehäuse gehalten werden kann. In einem solchen Falle helfen spezielle ESD-Dioden, die aber eine schnellere Ansprechcharakteristik aufweisen als übliche Suppressordioden, die lediglich normale schnelle Transienten verkraften. Derartige Bauteile bietet z. B. die Firma Würth Elektronik unter der Bezeichnung *ESD Suppressor* an. Entsprechende Daten behandeln wir im Anhang A.4.

9.4.2 Entschärfen durch Verzögerung von ESD

Wichtig ist bei der Bekämpfung der Störgröße ESD die Verhinderung des extrem schnellen Stromanstiegs. Wenn es gelingt, diesen Stromanstieg zu verlangsamen, lässt sich auch eine gefährliche Überspannung verhindern. Eine solche Verlangsamung lässt sich durch Zwischenschalten einer Induktivität bewerkstelligen. Man hüte sich jedoch davor anzunehmen, man könne eine handelsübliche gewickelte Induktivität in SMT oder THT heranziehen. Solche Bauelemente würden einem ESD-Impuls nichts entgegenzusetzen haben, denn zwischen ihrem Windungen käme es bei mehreren Kilovolt zu Überschlägen. Ganz anders würden sich einfache Leitungen verhalten. Bereits bei 100 mm Länge ergeben sich ca. 100 nH – eine Induktivität, die den Stromanstieg so stark abbremst, dass eine nachgeschaltete Kapazität und/oder eine parallele Schutzdiode schnell genug wäre, den resultierenden Stromanstieg und die maximale Spannung zu begrenzen.

Handelt es sich um wenig kapazitiv belastbare Anschlüsse, sind die oben genannten ESD-Spezialdioden unerlässlich.

9.5 Untersuchungen und Verbesserungen zur Stoßspannungsfestigkeit

Je nach Schärfegrad hinterlassen Zerstörungen durch Surge manchmal sichtbare Spuren, entweder auf der Platine oder an Bauteilen.

Zur Entschärfung von Stoßspannung und -strömen sind Suppressordioden oder auch Varistoren gut geeignet. Beispiele für solche Bauteile sind solche aus der P6SMB- oder P6SMA-Reihe. Stoßspannungen können zwischen allen verfügbaren Anschlusskontakten und dem Erdanschluss bzw. dem Gehäuse auftreten. Bei netzgespeisten Geräten kann der Surge auch *zwischen* den Versorgungsleitungen liegen, sonst zwischen Anschluss und Erde. Bei zwei Versorgungsanschlüssen sind also zwei Dioden bzw. Varistoren nötig, bei netzgespeisten Geräten drei.

Früher sind mitunter auch sog. Gas-Ableiter zum Einsatz gekommen. Diese sind für Surge-Impulse (siehe Abschn. 2.5) sogar i. Allg. schnell genug. Allerdings haben sie den Nachteil, dass sie im gezündeten Zustand niederohmig bleiben, solange die Haltespannung nicht unterschritten wird. Eine statische Versorgungsspannung würde dann einen starken Strom verursachen, sodass man ohne zusätzliche Schmelzsicherung in Reihe zum Gas-Ableiter nicht auskäme.

9.6 Untersuchungen zu niederfrequenten Magnetfeldern

Niederfrequente Magnetfelder lassen sich im Grunde nur Abschirmung entschärfen. Je höher die Frequenz, desto besser gelingt die Abschirmung mit einem nicht-ferromagnetischen Metallgehäuse. Bei niedrigen Frequenzen (< 1 kHz) hilft nur noch eine ferromagnetische Abschirmung durch *Mu-Metall* oder dergleichen.

9.7 Fallbeispiele

Hier kommen einige Fallbeispiele aus der Entwicklung zur Sprache, anhand derer wir sehen werden, wie wichtig es ist, alle Aspekte in Einheit zu betrachten. Das heißt, Maßnahmen zur Unterdrückung von Burst-Störungen dürfen beispielsweise nicht auf Kosten der Immunität bezüglich der leitungsgeführten Störspannung gehen oder umgekehrt. Obwohl diese Beispiele authentisch aus der Praxis stammen, sind sie doch allgemein gehalten, sodass sie für viele andere Situationen ähnlich gültig sind.

9.7.1 Burst und Funkenbildung

In diesem Fallbeispiel wurden Komponenten in der Schaltung verwendet, die in einem bestimmten Frequenzgebiet Gleichtakt-Störspannungen unterdrücken sollen. Hierzu dient LC-Tiefpass, wobei die Kapazität gleichzeitig ein Y-Kondensator darstellt. Eine solche Schaltung sei in Abb. 9.5 gezeigt.

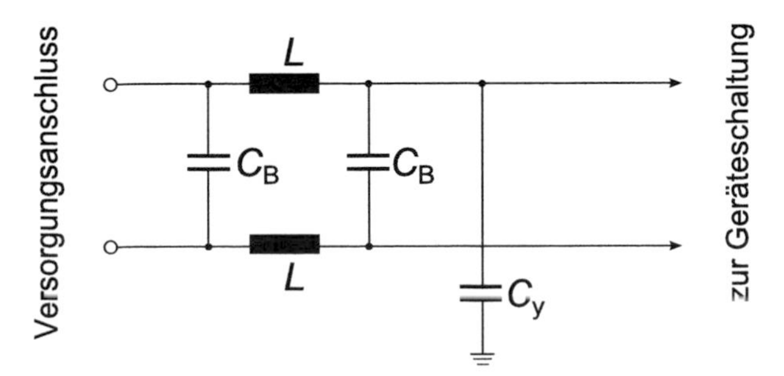

Abb. 9.5 Gleichtakt-Störunterdrückung durch LC-Filter

Für die Betrachtungsweise, es handele sich um eine Gleichtaktstörung, gelten beide Einspeisepunkte identisch bezüglich ihres Störpotenzials. Die beiden relativ großen Blockkondensatoren C_B ($\geq$ 100 nF) sorgen zusätzlich für diese Gleichtakteigenschaft, und außerdem schließen sie beide Induktivitäten parallel. Für die Gleichtaktstörung haben wir somit einen Serienresonanzkreis aus $1/2L$ und C_y. Betragen Ankoppel- und Abkoppel-Impedanz jeweils 150 Ω, die Induktivität 1 mH, der Y-Kondensator 3,3 nF, so ergibt sich eine Grenzfrequenz von 50 kHz und eine Dämpfung von 40 dB bei 1,2 MHz, bezogen auf diejenige bei Gleichspannung.

Eine Sonde, die mit einer bestimmten Frequenz arbeitet, wird in diesem Bereich meist auch besonders empfindlich sein, wenn man eine geeignete Störspannung zwischen Versorgungsanschluss und Erdanschluss bringt. Dann ist mit Fehlverhalten zu rechnen, wenn nicht entsprechende Gegenmaßnahmen getroffen wurden.

Für die Unterdrückung von Spannungen im Gleichtaktmodus (also zwischen beiden Versorgungsanschlüssen und Erde bzw. dem Erdanschluss) ist der oben genannte Tiefpass wohl hinreichend und adäquat. Schließt man die Schaltung an den Burst-Generator an, so kann u. U. ein Funkenüberschlag auf der Spule stattfinden, siehe dazu Abb. 9.6. Es ist sehr wahrscheinlich, dass gerade das LC-Glied aus L und C_y einen Schwingkreis darstellt, der durch die Burst-Impulse bei den Spulen extrem hohe Spannungen entstehen lässt. Der Funkenüberschlag erfolgt dann meist an den blanken Enden der Drähtchen und zum teilweise leitfähigen Ferritkern (zumindest hält dieser zufolge seiner leitfähigen Partikel die wirksame Luftstrecke klein).

Die hohen Induktionsspannungen der Spulen führen offensichtlich zu diesen Überschlägen. Was läge näher, als diese mittels Suppressordiode zu unterbinden? Die auf den ersten Blick gute Idee relativiert sich, wenn man bedenkt, dass eine Suppressordiode meist eine hohe Parasitärkapazität aufweist (siehe Anhang A.4). Diese wirkt zusammen mit der dazu parallelen Spule als Schwingkreis, der aber meist zufällig als Sperrkreis wirken dürfte bezüglich unserer Arbeitsfrequenz. Meist ist dann die Impedanz sehr viel geringer als sie durch die Spule alleine war.

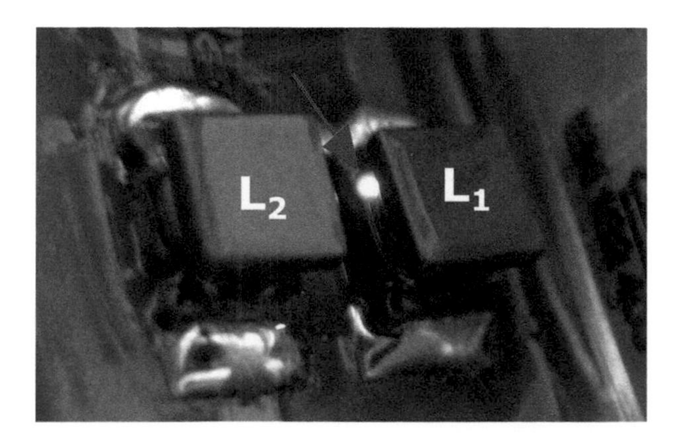

Abb. 9.6 Deutlich sichtbare (und hörbare) Überschläge zwischen den Lagen der Spule. Eine günstigere Bauform verwendet einen Wickel, der allmählich von einem zum anderen Anschluss führt

Als Lösung bleibt also nur entweder die Isolation durch Tauchlack oder eine andere Bauform der Drossel zu verwenden. Ersteres kann u. U. funktionieren, allerdings besteht immer die Möglichkeit, dass die Isolationsschicht des Lacks nicht ausreichend sein wird. Bei der Wahl der Bauform gibt es auch noch die Option, von SMT (**S**urface **M**ount **T**echnology) auf THT (**T**hrough **H**ole **T**echnology) zu gehen.

Wenn die Funkenbildung bei 2000 V Burst-Spannung ausbleibt, so ist dieses am besten noch bei 4000 V zu bestätigen.

Bei SMT-Bauformen ist darauf zu achten, dass der Draht allmählich von einer Anschlussseite zur anderen führt und nicht hin und her verläuft bzw. auf einer Seite endet. Letzteres bedeutet nämlich zwangsweise, dass hohe Potenzialunterschiede entstehen können zwischen einzelnen Windungen.

9.7.2 Burst und Kondensatorschluss

In diesem Beispiel wurde bei einem Gerät eine hochfrequenzmäßige Anbindung der Schaltungsmasse an das Metallgehäuse mit keramischem Kondensator vorgenommen. Beim Test für schnelle Transienten schien das Gerät gut standzuhalten. Nach einem anderen Test jedoch stellte sich ein Schluss zwischen Schaltungsmasse und Gehäuse heraus. Was war passiert? Nach Untersuchung des Geräts stellte sich heraus, dass der Keramikkondensator durchgeschlagen war. Er wurde nämlich durch die (polarisierten) Impulse des Burst überlastet.

Als adäquate Gegenmaßnahme eignet sich stets das Parallelschalten einer Suppressordiode zum Kondensator, damit letzterer niemals eine zu hohe Spannung abbekommen kann. Wichtig ist, dass die Suppressordiode bipolar ist (also nach beiden Richtungen begrenzt) und ihre Begrenzerspannung deutlich unter der Maximalspannung des Keramikkondensators, aber auch über der maximalen Betriebsspannung des Geräts liegt.

Aus Sicherheitsgründen – wenn das Gerät Netzspannung beinhaltet – darf kein Keramikkondensator zum Einsatz kommen, sondern nur ein Y-Kondensator. Eine parallele Suppressordiode wäre in diesem Fall nicht geeignet, undefinierte Potenzialunterschiede auszugleichen, weil sie im Fehlerfalle bleibenden Schluss hätte. Eine hochohmige Überbrückung mit einem geeigneten Widerstand wäre hingegen möglich.

Der Keramikkondensator kann jedoch auch unwirksam werden, d. h. eine hochfrequenzmäßige Überbrückung zwischen Gerätemasse und Erde wäre nicht mehr vorhanden.

9.7.3 Störspannungsfestigkeit und Leitungsresonanz

Das Erscheinen von Messwertabweichungen oder totalen Abstürzen bei Datenübertragungen kann ein Hinweis für eine Empfindlichkeit gegenüber diskreten Störfrequenzen sein. Zu entdecken ist dies bei der Beaufschlagung von HF-Störspannungen im Gleichtakt

(61000-4-3). Beim Durchfahren des gesamten Frequenzbereichs tritt der Fehler stets ab einer bestimmten Frequenz auf, beim Überspringen eines weiteren Frequenzintervalls ist der Fehler jedoch wieder verschwunden (mitunter ist der Prüfling dann nochmals neu zu starten).

Das Phänomen zeigt sich vor allem, wenn das zu prüfende Objekt aus zwei durch ein Kabel getrennte Teile besteht. Die Datenübertragung erfolgt hier über ein Kabel mit Abschirmung, wobei der Schirm nur auf einer Seite „aufgelegt" ist, d. h. Verbindung zum jeweiligen Gerätegehäuse ist nur einseitig gegeben. Bei der Konzipierung bestand die Befürchtung von Ausgleichsströmen über den Schirm, deshalb wurde der Schirm nur einseitig verbunden. Wir betrachten den Aufbau in Abb. 9.7.

Der Graph in Abb. 9.8 spiegelt eindeutig den Charakter einer Resonanz wider. Wodurch entsteht so etwas?

Solange der Kabelschirm in Abb. 9.7 auf der Sensorseite nicht mit dessen Gehäuse verbunden ist, hat der Schirm lediglich statische Abschirmungsfunktion. Kommt nun eine

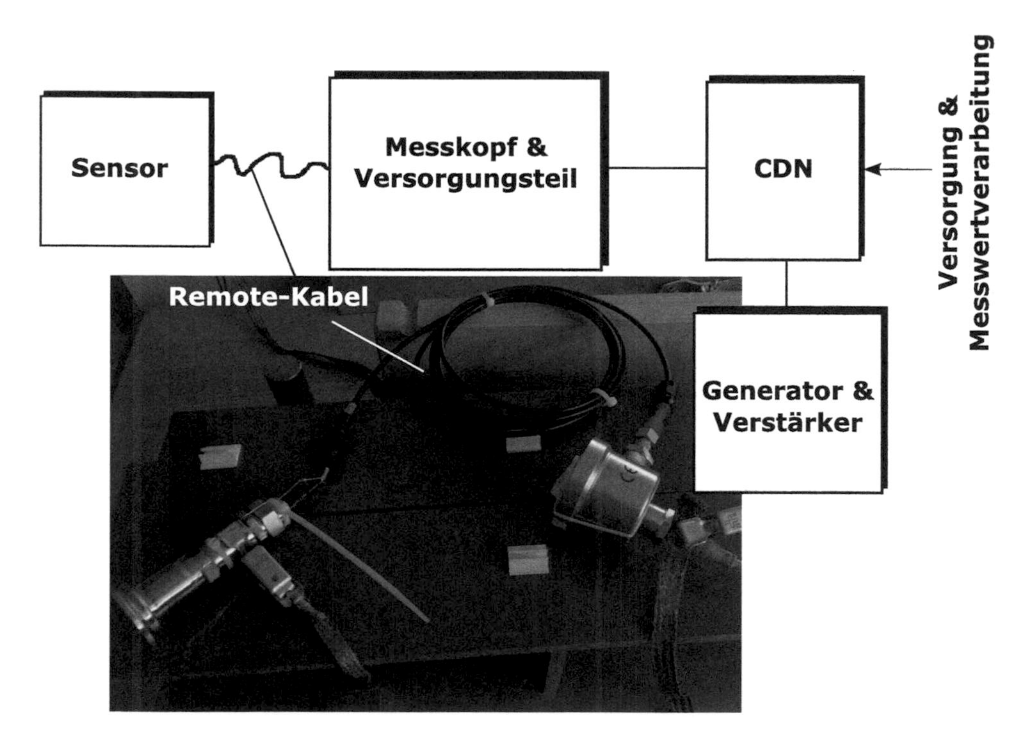

Abb. 9.7 Messaufbau zur Demonstration einer Leitungsresonanz. Es handelt sich um einen Prüfling zur Messung von Drücken. Er besteht aus zwei Teilen, dem Mess- und Versorgungskopf (rechts) und dem Sensorkopf (links). Verbunden sind diese Teile über ein abgeschirmtes Remotekabel. Das orange Kabel rechts führt zum CDN. Beide Geräteteile sind über ein Kupfergeflecht mit der Ground-Platte verbunden, weil dies dem Aufbau nachher in der Anlage praxisnah entspricht. Der Kabelschirm wurde in Sensornähe „angezapft", um testweise eine Verbindung zu schaffen. Ebenfalls testweise wurde auf der Messkopfseite des Kabels ein Klappferrit befestigt

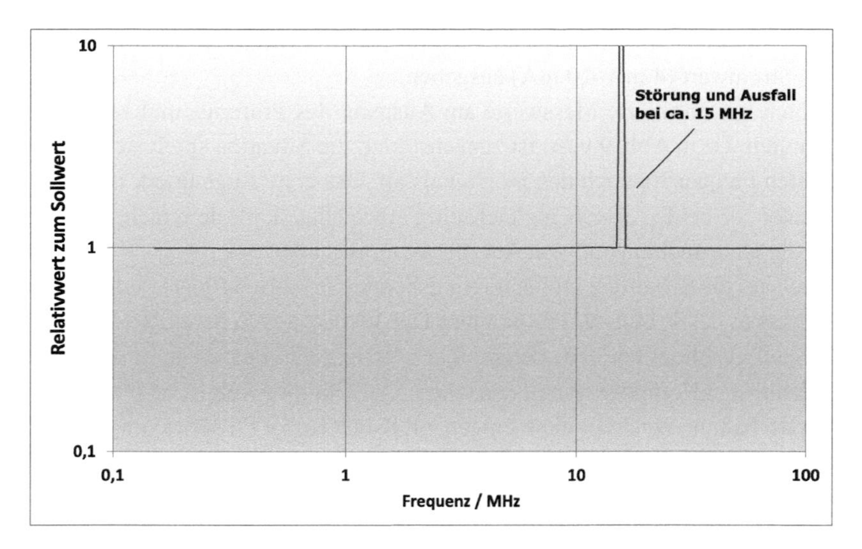

Abb. 9.8 Das Ergebnis der Messung: Der Messkopf des Prüflings gibt einen Stromwert aus, dessen Sollwert auf 1 normiert ist. Die Datenübertragung setzt aus, wenn die Frequenz der Störspannung bei ca. 15 MHz liegt, bei höheren Frequenzen regeneriert sich das System wieder

Welle eines Störungssignals von der Kopfseite durch und gelangt auf das Remote-Kabel, entsteht eine Reflexion genau an der offenen Seite, also am Ende, wo der Schirm ins Nichts führt. Die dadurch auftretenden Störspannungsanteile kollidieren mit den Daten oder Signalwerten der Innenleiter und – das Gerät zeigt den Fehler.

Die Störfrequenz f, bei der der Fehler auftritt, steht im Zusammenhang mit der Kabellänge l, dem Verkürzungsfaktor k und der Vakuumlichtgeschwindigkeit c:

$$f = \frac{c \cdot k}{4 \cdot l} \tag{9.1}$$

Zu berücksichtigen sind ggf. extreme Verkürzungsfaktoren solcher Kabel sowie Harmonische des Störsignals, was mitunter das Entstehen von Resonanzen bei unerwartet kleinen Frequenzen bewirkt.

Sobald der Schirm auf Sensorseite mit dem Gehäuse Verbindung hat, ist der Effekt verschwunden. Ein milderer Verlauf des Störeffektes stellt sich ein, wenn am Anfangspunkt des Kabels, also auf der Seite Messkopfes ein Klappferrit installiert wird. Die Wirkung dieses Hilfselements ist allerdings bei den noch niedrigen Frequenzen recht beschränkt.

9.7.4 Störspannungsfestigkeit und unerwünschte Demodulation

Im vorliegenden Fall handelt es sich um ein gleichartiges Gerät wie bereits oben beschrieben. Es teilt sich also in zwei Schaltungsbereiche auf, wobei diese nicht wie vorher durch ein Remote-Kabel getrennt sein müssen. Das Gerät besitzt also ebenfalls eine verkettete

Signal- und Messwertaufbereitung und kann primär Messwerte auf dem Display und sekundär als Stromwert (4 mA–20 mA) ausgeben.

Betrachten wir normierte Messwerte am Ausgang des Prüflings und zeigen sie einen Verlauf ähnlich wie in Abb. 9.9, so ist zunächst klar, die Situation spielt sich vor allem im alleruntersten Frequenzbereich des Störsignals ab. Das erste Augenmerk ist zunächst darauf zu richten, ob beide Ausgaben gleichzeitig abweichen. Falls dem nicht so ist, konzentriert sich die Untersuchung auf den Ausgangsstromwandler.

Ein Blick auf die Schaltung im Versorgungsbereich in Abb. 9.10 lässt schnell vermuten, was die Ursache des Problems sein könnte: Die Verpolungs-Schutzdiode kann teilweise das Störsignal gleichrichten bzw. demodulieren. Die Schaltung ist stark vereinfacht, um nur die wichtigsten Komponenten darzustellen. Der Überbrückungskondensator C3 sei in der Originalschaltung zunächst nicht eingebaut. Kondensator C1 führt von der Diode zum Gehäuse des Prüflings. Sein Wert ist mit 10 nF relativ gering, was aufgrund der HART-Betriebsart (= Highway Addressable Remote Transducer, ein Kommunikationssystem, bei dem dem 4–20 mA-Ausgangsstrom eine Modulation überlagert wird) erforderlich ist, da andernfalls der Schleifenstrom nicht mehr ordnungsgemäß zu modulieren ist.

Wir betrachten noch die Abb. 9.11 und 9.12, die die Störspannungen am Widerstand R3 zeigen. Bei sich schnell ändernden Betriebsspannungen kommt der Schleifenstromregler meist schnell an seine Grenzen. Wenn dann noch die Steigung der Änderung in einer Richtung überwiegt, gerät der Regler meist einseitig in Verzug und somit verbleiben Fehler des Schleifenstromes.

Dagegen ist nach Parallelschaltung einer Kapazität von z. B. 100 nF zur Diode der Anteil des Störsignals über der Diode sehr viel geringer und somit auch die Asymmetrien ihrer Leitfähigkeit. Normalerweise ist der Schleifenstromregler auch bei größerem Stör-

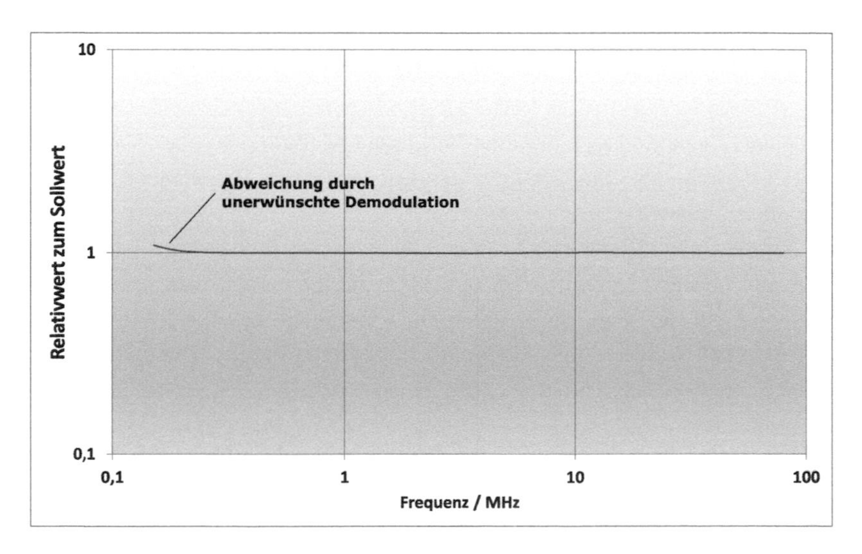

Abb. 9.9 Im untersten Frequenzbereich weicht der Ausgangsstrom vom Sollwert ab. Der Messwert im Display des Prüflings bleibt jedoch stabil

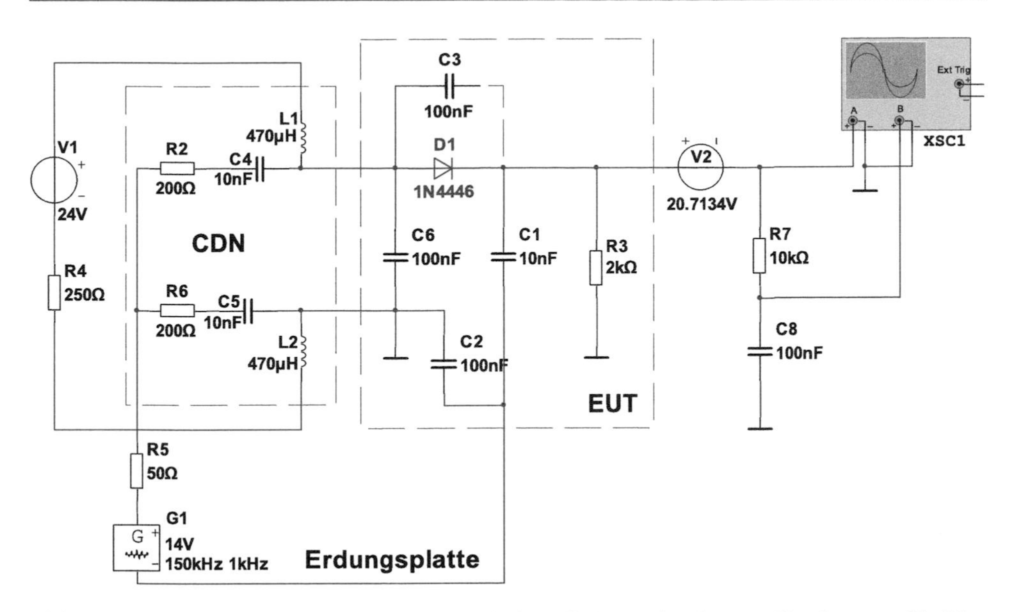

Abb. 9.10 Im Versorgungskreis liegt die Verpolschutzdiode vor dem Bypass-Kondensator C1. Dies bewirkt, dass Reste des Störsignals einer Demodulation unterliegen. Je kleiner die Frequenz, umso größer ist die Amplitude, denn die Bypass-Kondensatoren können nur begrenzt ableiten. Widerstand R3 soll den ständigen Stromverbrauch des Prüflings repräsentieren. Korrekterweise ist dieser eigentlich eine geregelte Stromsenke, denn der Prüfling soll ja als Stromschleifengerät arbeiten. Der linke Teil der Schaltung stellt die Prüfanordnung mit CDN und Störgenerator dar. Die Hilfsspannung V2 hat folgende Bewandtnis: Um den Gleichspannungsanteil, der durch die Versorgungsquelle V1 entsteht, für die Messung zu unterdrücken, wird die Störspannung von G1 zunächst auf 0 V gestellt, um dann die sich ergebende Gleichspannung an R3 zu ermitteln. Auf diesen Wert ist V2 einzustellen (Daten gewonnen mithilfe des Simulationsprogrammes NI-Multisim)

signal wenigstens symmetrisch arbeitend, auch wenn er hier möglicherweise ebenfalls außerstande ist, die Schwankungen zu kompensieren – der Ausgangsstrom ist möglicherweise mit einem Ripple versehen. Doch der Mittelwert liegt hier sehr viel genauer im Soll.

Die Verlagerung der Diode auf die andere Seite des Bypass-Kondensators C1 ist i. Allg. ebenfalls viel günstiger als die Position in der Original-Schaltung. Allerdings darf *nach* der Diode weder ein weiterer Blockkondensator noch ein Bypass-Kondensator kommen, sonst wirkt wieder ein Demodulationseffekt mit asymmetrischer Mittelwertkurve.

9.7.5 Störspannungsfestigkeit und schwebende Masse in Datenleitungen

Datenleitungen, die nicht sehr niedrige Impedanzen aufweisen, sind häufig besonders empfindlich für eingekoppelte Störungen. Dies können Leitungen sein, die analoge Signale führen oder aber digitale, beispielsweise von einem I²C-Bus. Bei diesem ist ja üblicherweise der High-Pegel nicht sehr starr, da nur ein Pullup-Widerstand für den High-

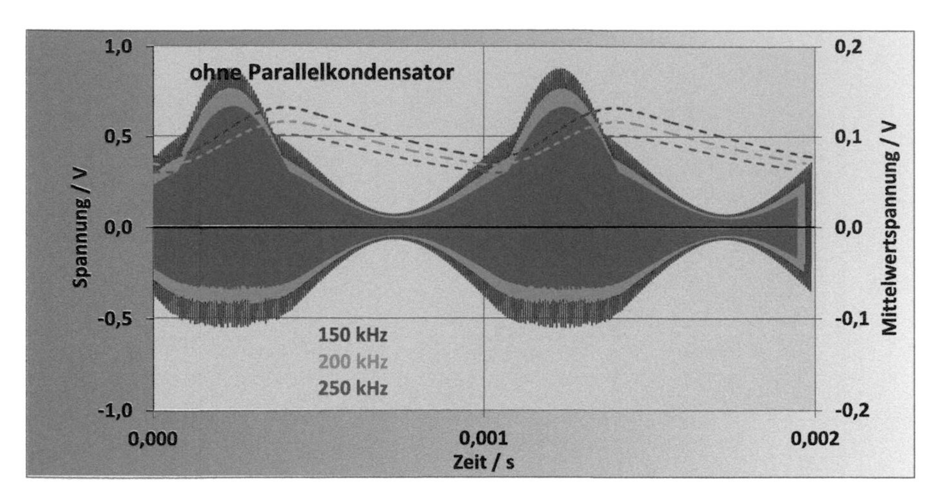

Abb. 9.11 Störsignale nach der Demodulation durch die Verpolungs-Schutzdiode bei verschiedenen Störfrequenzen. Wie in Abb. 9.10 erwähnt, ist die Offset-Spannung ohne Störsignal jeweils subtrahiert. Die gestrichelten Linien zeigen den Verlauf der mittleren Spannung. Für den Fehler im Ausgangsstrom des Schleifenstromreglers ist dabei nicht die absolute vertikale Versatzposition relevant, sondern die Tatsache, dass schnellere Anstiege zu verzeichnen sind. Diese kann der Schleifenstromregler nur begrenzt ausgleichen, demzufolge ist die Abweichung des Schleifenstromes in Abb. 9.9 zu erklären (Daten gewonnen mithilfe des Simulationsprogrammes NI-Multisim)

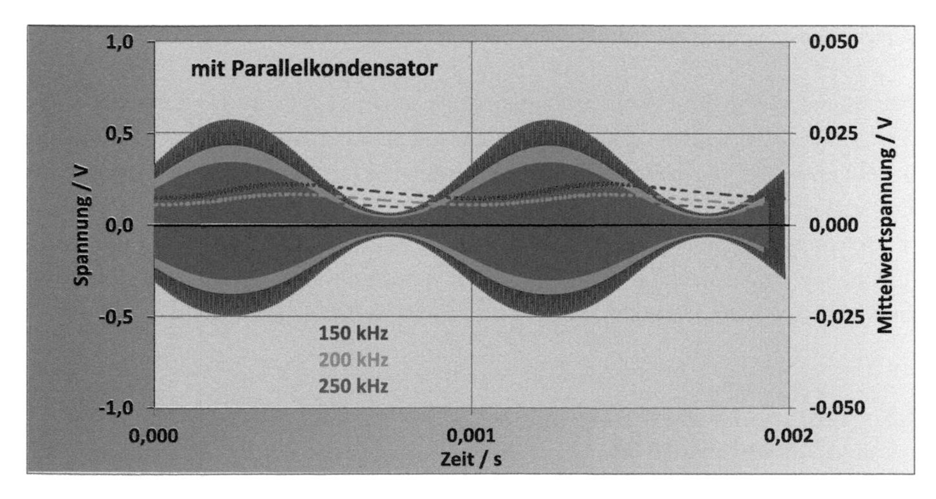

Abb. 9.12 Wie in Abb. 9.11, jedoch wurde zur Diode ein Kondensator parallelgeschaltet. Die Ausschläge sind jetzt zwar weitaus größer, jedoch sind diese hinreichend symmetrisch zur Nulllinie und die Mittelwertlinie ist sehr flach (siehe rechte Vertikalachse). Eventuelle Ausgleichsfehler des Schleifenstromreglers treten zu beiden Seiten gleich auf (Daten gewonnen mithilfe des Simulationsprogrammes NI-Multisim)

Zustand sorgt. „Sieht" diese Leitung in der Nähe andere Potenziale, die sich auch noch mit einer Störung ändern, so fließen zwangsläufig kapazitiv verursachte Ströme. Das Ergebnis kann somit die Störung der Datenübertragung sein.

Wir betrachten nochmals Abb. 9.7. Ausgehend von der Annahme, dass die Eingangsbeschaltung im Messkopf nicht ideal in der Lage sind, jegliche Störüberlagerungen, die von der Versorgung kommen, auf das Gehäuse und somit auf die Ground-Platte abzuleiten, gelangen Reste hiervon also auf die Remote-Leitung, über die der Sensorteil angeschlossen ist.

Diese Leitung besitzt normalerweise einen Schirm, der mit dem Gehäuse des Messkopfes verbunden ist und im realen Betriebsfall auch mit dem umgebenden Ground. Zwischen Innenleiter und Schirmgeflecht liegt also eine Störsignalspannung, die Ströme verursacht. Im High-Zustand eines I^2C-Leiters im Kabel führen bereits geringe Ströme zu fatalen Potenzialänderungen. Und der Effekt ist umso größer, je länger das Kabel ist, denn die Kapazität zwischen Innenleiter und Schirmgeflecht steht im proportionalen Zusammenhang mit der Länge des Kabels.

Eine solche Störung tritt erfahrungsgemäß hauptsächlich dann auf, wenn der I^2C-Bus eine Bezugsleitung im Kabel führt, die wechselstrommäßig nicht am Schirm angebunden ist. Die Unterschiede für Floating-Leitungen und fixierte Leitungen über eine Kapazität sind mit einem Oszilloskop einfach zu messen und äußern sich wie in Abb. 9.13.

Eine Lösung ist in den meisten Fällen, wenn der Schirm genauso „mitschwingt" wie der Bezugspunkt der Leitung. Dies bietet eine wechselstrommäßige Verbindung von Schirm mit GND der Datenübertragung. In Abb. 9.14 ist dies durch den Blockkondensator C6 angedeutet.

Die Simulationssignale in Abb. 9.15 sind denen aus realen Messungen in Abb. 9.13 sehr ähnlich. Wie der Effekt quantitativ ausgebildet ist, hängt von einigen Parametern ab, darunter Kabelkapazität, Pullup-Widerstände, bereits bestehende Kopplung zwischen Geräte-Ground und I^2C-Bus-Ground.

9.7.6 Störfeldfestigkeit und nichtkonsistenter Leitungsschirm

Mängel bei der Störfestigkeit eingestrahlter HF-Felder auf abgeschirmte Leitungen – ist das prinzipiell möglich? Die Antwort ist: Eigentlich nicht, denn wenn das Schirmgeflecht durch hinreichend wirksamen Skin-Effekt alles fernhält, was für die zu schützenden Leitungen im Innern eines Kabels schädlich ist, dann wäre alles in Ordnung.

Besteht die zu prüfende Anordnung wiederum aus zwei Teilen wie im Abschnitt zuvor mit einem abgeschirmten Remote-Kabel und innenliegenden I^2C-Leitern, so sollte gewährleistet sein, dass der Schirm samt Metallgehäuse für HF-Felder hermetisch dicht ist. Angenommen, der Schirm ist nur an einer Stelle ein paar Zentimeter offen und einfach mit einer Litze auf einen Stecker führend, so mag er zwar für niederfrequente Anwendungen ausreichend sein, nicht aber für hochfrequente Störfelder.

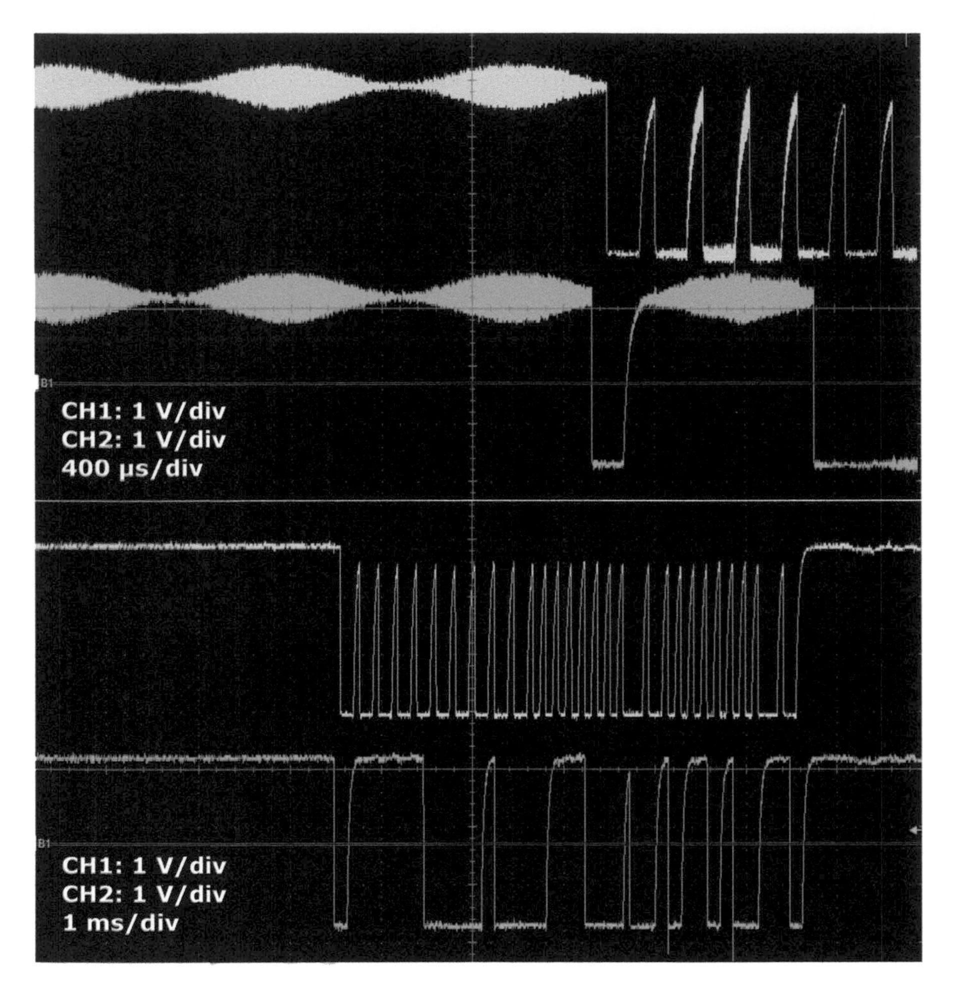

Abb. 9.13 Oszillogramme von I²C-Signalen (SCL und SDA) bei Floating Ground (oben) und fixiertem Ground (unten) bezüglich Kabelabschirmung. Reste von Störsignalen werden im hochimpedanten High-Zustand der Bus-Leitungen sichtbar und führen zu kapazitiven Strömen zum Kabelschirm. Die zu Ladekurven degenerierten Rechteckimpulse, die vor allem auf dem Taktsignal (gelbe Linie) zu sehen sind, deuten auf grenzwertige Kombination aus Leitungskapazität und Pullup-Widerstand hin

Durch den Skin-Effekt können bei geometrisch unterbrochener Ummantelung des Schirms die hochfrequenten Ströme den Schirm „unterwandern" und somit Störpotenziale bei den Innenleitern hervorrufen. Diesen Vorgang soll uns Abb. 9.16 illustrieren.

Der Schirm ist zwar am Metallgehäuse des abschließenden Steckers angeschlossen, jedoch können Oberflächenströme auch ins Innere des Kabels gelangen. Die entstehenden Potenziale wirken damit kapazitiv auf den Innenleiter. Um diese gänzlich zu vermeiden, ist eine hermetische Umschließung des Innenleiters durch den Schirm erforderlich, wie dies in Abb. 9.17 dargestellt ist. Jegliche durch den Skin-Effekt hervorgerufenen Oberflä-

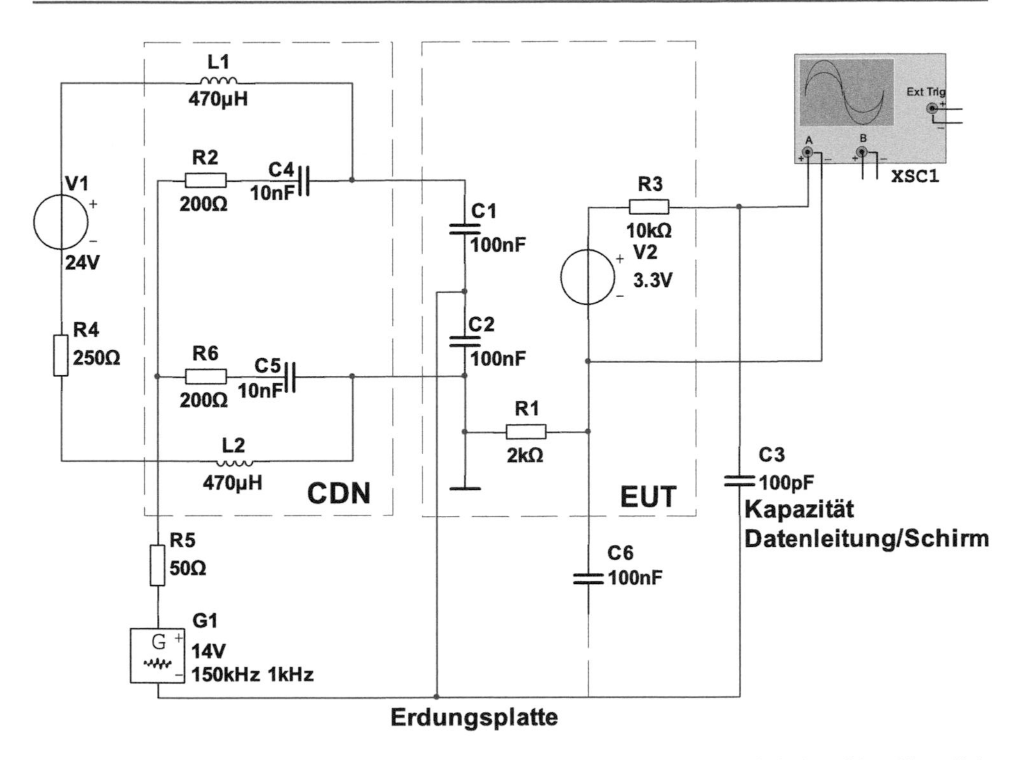

Abb. 9.14 Die Simulation spiegelt die Situation der Schaltung sehr vereinfacht wider. Natürlich ließe sich diese Schaltung nochmals sehr viel mehr vereinfachen, denn das Störsignal von G1 gelangt einfach über die Glieder C1, C2, R2, R6, C4 und C5 auf den Ground-Anschluss des EUT. Kernpunkt bei der Schaltung war hier zu erkennen, dass der I^2C-Ground nicht am EUT-Ground angebunden war – Widerstand R1 repräsentiert diese lose Verbindung. Der Gegenpol des Störsignals führt über C3, die Kapazität Datenleitung/Schirm auf den Pullup-Widerstand R3. Dieser Punkt sei mit High-Potential versehen, denn nur dieses ist empfindlich gegenüber Einstrahlungen. Der Blockkondensator C6 wird versuchsweise eingebaut, um dem Problem zu begegnen

chenströme können das Schirmmaterial kaum durchdringen und wirken sich deshalb auf die Innenleiter nicht aus.

9.7.7 Störungssymptomatik im unteren Frequenzbereich

Störungssymptome, die bei Störfrequenzen unterhalb etwa 2 MHz auftreten, erleichtern die Ursachensuche dahingehend, als dass das Gerät auch geöffnet oder ohne Gehäuse auf dem Testtisch liegen kann, ohne dass sich das Testverhalten merklich ändert. Eine Demonstration für solch einen offenen Aufbau ist in Abb. 9.18 dargestellt.

Die Platinen ermöglichen somit eine direkte Messung durch ein Oszilloskop. Ferner sind einfache Modifikationen (z. B. Zufügen eines Blockkondensators) und schnelle Vergleichsmessungen möglich. Die Obergrenze der Störfrequenz, für die noch plausible

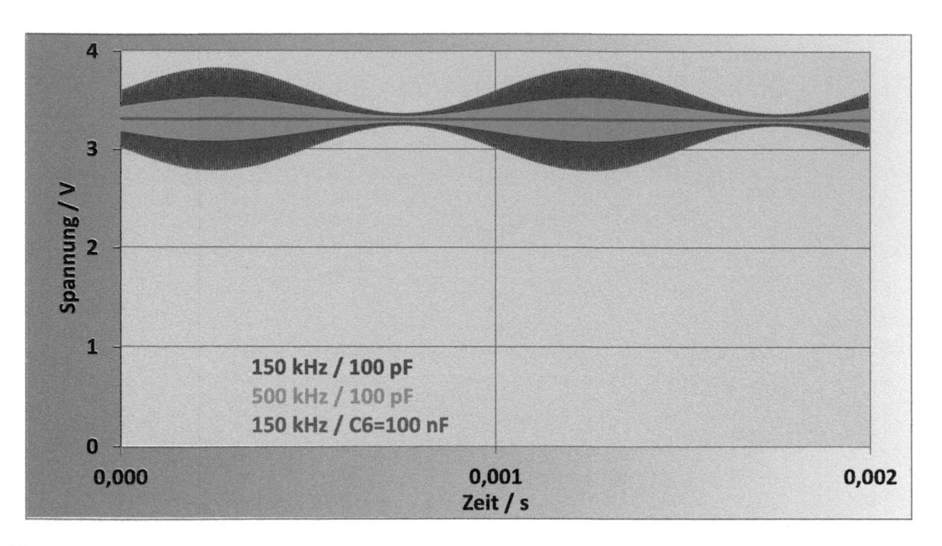

Abb. 9.15 Abgebildet sind die AM-modulierten Störsignale, überlagert dem High-Zustand eines I^2C-Bussignals. Der Low-Zustand ist nicht zu sehen, er wurde nicht simuliert, denn dieser ist erwartungsgemäß ohne Störung versehen auf der Nulllinie liegend. Sehr schon sieht man die Frequenzabhängigkeit. Bei längeren Kabeln wären auch die Kabelkapazität der I^2C-Leitung und damit auch die Störsignalamplitude größer. Bei an GND angebundenem Schirm (über Blockkondensator C6) verschwindet die Störung fast gänzlich

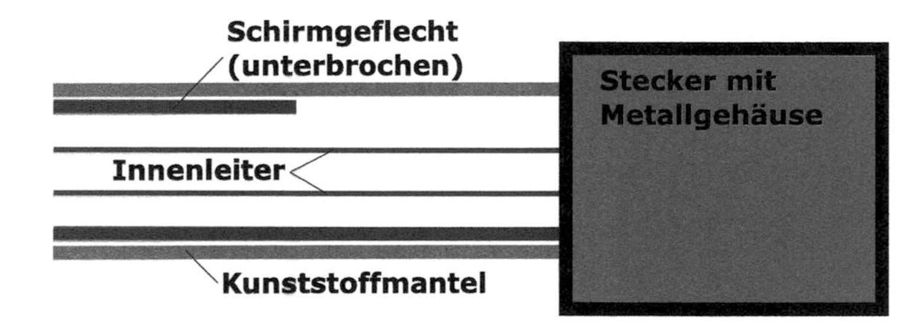

Abb. 9.16 Eine nicht-konsistente Schirm-Verbindung. Die mitgeführten Innenleiter sind nicht komplett vom Schirmgeflecht umschlossen, sodass es unweigerlich zu störenden Oberflächenströmen kommen kann, falls eine hochfrequente Einstrahlung von außen vorliegt. Das Beispiel zeigt eine Verbindung über einen sog. DIN-Stecker für typische Audioanwendungen

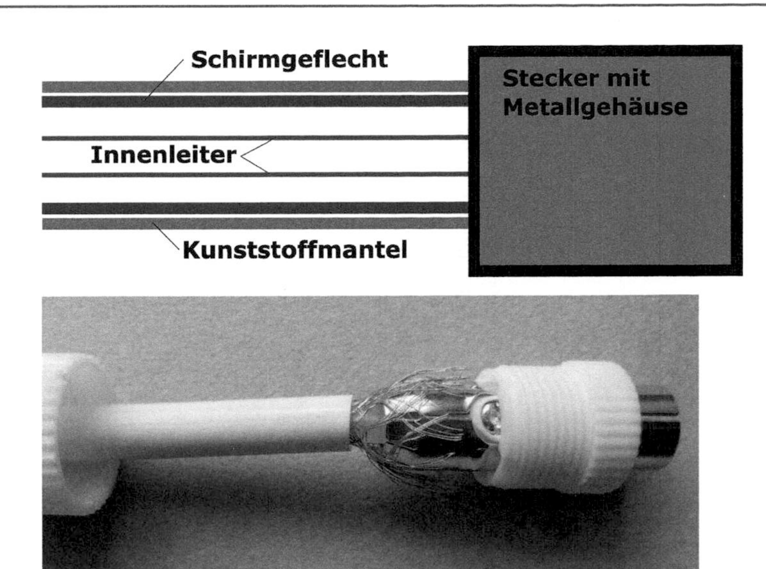

Abb. 9.17 Bei diesem Beispiel, das eine Antennensteckverbindung darstellt, liegt eine konsistente Schirmung vor. Es kommt demzufolge kaum zu Oberflächenströmen, die bis zum Innenleiter dringen können. Zugegebenermaßen ist die Qualität der Umschließung auch hier nicht ideal, da das Schirmgeflecht sich am Stecker weit aufspreizt. Bessere HF-Steckverbindungen sind meist Koaxialkabel mit BNC-Stecker, wo der Kragen des Steckers direkt auf das Schirmgeflecht aufgecrimpt wird. Auf diese Weise entsteht nie eine undichte Stelle

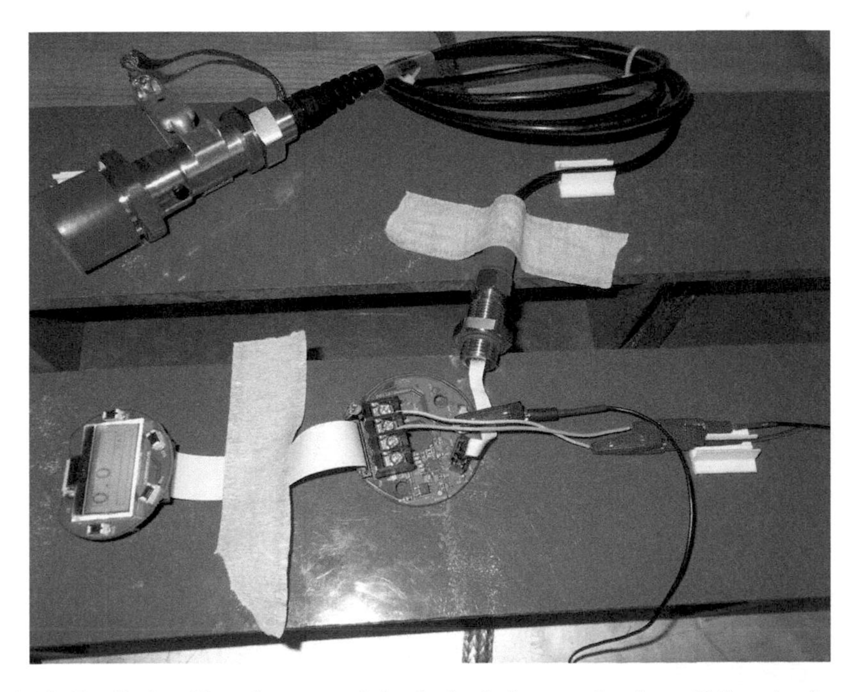

Abb. 9.18 Der Proband besteht aus zwei durch eine Leitung verbundenen Teilen, der Auswerte-Elektronik und dem Sensorteil. Ersteres wurde offen und ohne Gehäuse auf die Brücke gelegt, um bei niedrigen Testfrequenzen einen einfachen Zugriff auf die Elektronik zu ermöglichen

Tab. 9.1 Eine Übersicht zum Zusammenhang Symptome/Frequenzbereiche

Symptom	Ursache	Frequenzbereich	Behebung	Erklärung
Geringe Abweichung (geringer mit wachsender Störfrequenz)	Störsignal wird demoduliert im (Versorgungskreis durch ungünstige Anordnung der Verpolschutzdiode).	Unter 300 kHz	Im Versorgungsnetzwerk die Diode vor die Blockkondensatoren platzieren.	
Gestörte Daten od. Analogwerte	Störsignal zu wenig unterdrückt auf Versorgung	Wenige hundert kHz	Blockkondensatoren vergrößern bzw. Anbindung an Masse verbessern	
Gestörte Daten od. Analogwerte bei längeren Remoteleitungen	Kopplung zwischen Kabelinnenleitern und Schirm	Wenige hundert kHz	Leiter mit Bezugspotenzial an Leitungsschirm anbinden.	Je nach Länge des Kabels wächst die Kapazität zwischen Datenleitungen und Schirm so stark an, dass bereits bei niedrigen Frequenzen Störströme entstehen können.
Gestörte Daten bei diskreter Frequenz	Leitungsreflexion bei nur einseitig angebundenem Schirm	Ca. 15 MHz, abhängig von Remoteleitungslänge	Schirm beidseitig anbinden.	
Gestörte Daten und/oder kontinuierliche Abweichung	Schirm nicht hermetisch, somit Störeinstrahlung möglich.	Ab ca. 60 MHz		

Aussagen möglich sind, ist fließend. Man sollte sich jedoch daran orientieren, nicht wesentlich höher als 2 MHz zu gehen, da andernfalls das Fehlen des Gehäuses schon deutliche Verhaltensunterschiede bewirken würde.

9.8 Symptom-Chart (Differenzialdiagnostik nach Frequenzkriterien)

Für eine grobe Orientierung, wie Fehlersymptome mit Störfrequenzen in Zusammenhang stehen, sei Tab. 9.1 angegeben. Sie kann eine Hilfe sein, wie bei der Problemanalyse vorzugehen ist.

10 Untersuchungen und Verbesserungen zur Störaussendung

Zusammenfassung

Wie auch das letzte Kapitel soll auch dieses die Probleme in der Praxis etwas näher beleuchten. In diesem Fall handelt es sich um die Aussendung von Störungen und seine Vermeidung. Unterstützung soll auch hier die Simulation bieten, speziell die FEM-Simulation. Welche Messungen können zum Auffinden der Störquelle dienlich sein? Welche Maßnahmen sind adäquat zur Beseitigung? Der letzte Abschnitt des Kapitels erläutert anhand konkreter Praxisbeispiele, wie man zu Lösungen kommen kann.

Die Wahrscheinlichkeit zur Störemission ist nicht einfach zu überreißen. So darf man zum Beispiel nicht dem Irrtum unterliegen, „kleine" und wenig Leistung aufnehmende Geräte seien von vornherein keine Störstrahler. So genügen z. B. wenige hundert Milliwatt, um im oberen Megahertz-Bereich für beträchtliche Unruhe zu sorgen.

10.1 Untersuchungen und Verbesserungen zur leitungsgeführten Aussendung

Wie bei allen EMV-Tests ist die Nichteinhaltung von Grenzwerten erst einmal genauer zu erfassen. Bei der Aussendung von Störungen sind die Parameter *Frequenz*, *Art der Störung* und das *Ausmaß der Überschreitung* genau festzuhalten. Bei der leitungsgeführten Störaussendung ist auch noch wichtig, ob nur bestimmte Leitungen betroffen sind oder ob die Störung auf allen Leitungen nach außen gelangt. In der Dokumentation sollte für die Störaussendung auf jeden Fall eine Frequenzgangslinie vorhanden sein, aus der die Spezifik der Störung hervorgeht.

Der einfachste oder zumindest klarste Fall ist der, bei dem die Störung durch eine diskrete Frequenz in Erscheinung tritt. Mit einem einfachen Oszilloskop lässt sich die Stö-

D. Stotz, *Elektromagnetische Verträglichkeit in der Praxis*,
https://doi.org/10.1007/978-3-662-62221-6_10

rung messen. Hierzu geht man einfach mit der Tastkopfspitze auf eine der Leitungen des Probanden. Der GND-Anschluss bleibt frei, denn das Oszilloskop hat schon Bezugserde. Man kann den Probanden wie bei der normgerechten Messung auf einen neutralen Tisch legen, dahinter ist eine metallische GND-Fläche.

Bei dem in der Norm festgelegten Spitzenwert von 73 dB(μV) handelt es sich immerhin um ca. 4,5 mV (siehe Anhang A.2). Bei einem einzelnen Peak im Spektrum lässt sich normalerweise auch ein periodisches Signal nachweisen. Ist dies der Fall, wird die Schaltung darüber Aufschluss geben, was dafür verantwortlich ist. Bei sehr diskreten Frequenzen kommen häufig Quarzoszillatoren oder davon abgeleitete Signale in Betracht. Ein Vergleich gibt schnell Aufschluss darüber.

Statt der direkten Messung kann man sich mit der Tastspitze natürlich auch in die Nähe von Bauteilen bewegen, damit reagiert sie auf das E-Feld der Störung innerhalb der Schaltung. Meist wird man dann feststellen, dass das Schirmbild praktisch unabhängig ist von der Einstellung des Tastkopfes (×1 oder ×10), denn es liegt *Stromeinprägung* vor, d. h. die gemessene Quelle ist viel hochohmiger als der Oszilloskop- bzw. Tastspitzeneingang.

Ob Leiterbahnen oder auch Bauteile Magnetfelder emittieren, ist für Frequenzen ab wenigen Megahertz auf einfache Weise möglich. Die einfachste „Schnüffelsonde" besteht aus einem Oszilloskop-Tastkopf, bei dem die Masseklemme die Tastkopfspitze greift und somit eigentlich einen Kurzschluss verursacht, siehe Abb. 10.1. Sobald diese Schleifensonde in die Nähe eines Magnetstörfeldes kommt, ist dies am Oszilloskop-Schirm beobachtbar.

Ist eine bessere räumliche Auflösung erforderlich, sind auch kleine Luftspulen mit sehr wenigen Windungen wie in Abb. 10.2 möglich, die an den Tastkopf anzuschließen sind. Die Masseklemme bzw. ihre Zuleitung sollte dabei möglichst eng am Tastkopfschaft entlang geführt sein, damit hier keine Magnetfelder mit aufgenommen werden. Ein einfaches Koaxialkabel ist hierfür weniger geeignet, da es bei fehlendem Abschluss zu Reflexionen

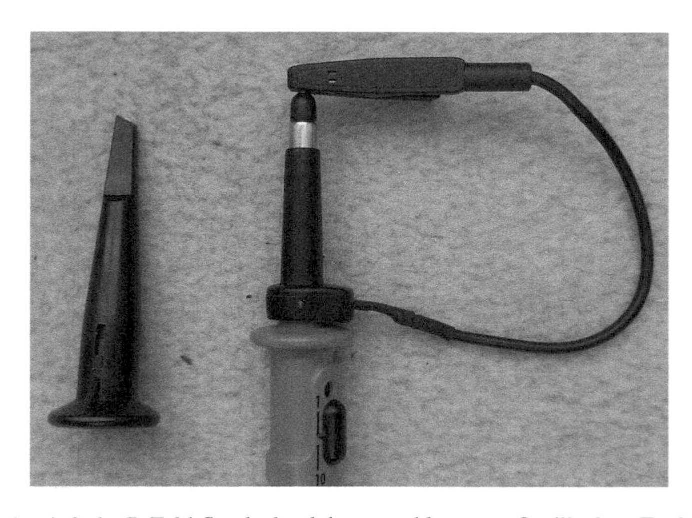

Abb. 10.1 Sehr einfache B-Feld-Sonde durch kurzgeschlossenen Oszilloskop-Tastkopf

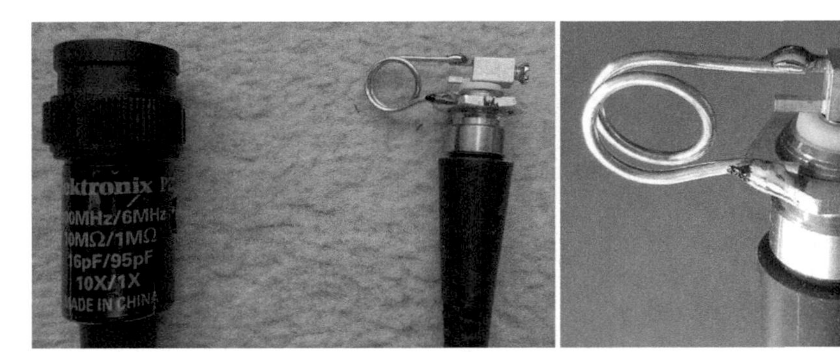

Abb. 10.2 Durch Minispule modifizierte Tastkopfspitze an defektem Oszilloskop-Tastkopf

neigt. Besser ist ein ausgedientes Tastkopfkabel aus einem defekten Tastkopfsystem. Durch den Widerstandsdraht im Innern entstehen weniger Reflexionen, auch ohne Terminierung. (Eine oftmals unbekannte Tatsache ist die, dass ein Tastkopfkabel nicht einfach ein Koaxialkabel ist, sondern eines mit Widerstandsdraht als Innenleiter, welcher ein paar Hundert Ohm aufweist.)

Wer zu B-Feldern etwas exaktere Aussagen benötigt, kann und sollte auf käufliche Sonden zurückgreifen. Allerdings sind die Kosten um ein Zigfaches höher.

Filter und RC-Glieder

Sofern es sich nicht beabsichtigt um ein nach außen geführtes Signal handelt, kann man versuchen, einen Sperrkreis für Gleichtakt genau für diese Störfrequenz auszulegen (siehe Abb. 9.5, 13.11 und Anhang D.1). Wie wirksam eine solche Sperre sein wird, hängt in erster Linie davon ab, welche Impedanzen gegen Erde außen wirksam sind. Bei der Prüfung wird diese Impedanz von der Netznachbildung definiert. Sie beträgt für Frequenzen ab 1 MHz etwa 50 Ω (außer T-Netznachbildungen mit 150 Ω). Für Tiefpässe oder Sperrkreise ausgelegte Filter ist somit die Dämpfung gegenüber der Störfrequenz berechenbar.

Abschirmfläche

Ähnlich wie bei den Störfestigkeitsmessungen ist auch hier eine Ableitmethode durchaus praktizierbar. Die Zuleitung kann zunächst über eine Induktivität oder ein SMD-Ferrit entkoppelt werden, an den äußeren Anschlüssen dieser Bauelemente sind nun jeweils Keramikkondensatoren (oder ggf. Y-Kondensatoren) an das metallische Gehäuse anzubinden. Ist kein metallisches Gehäuse vorhanden, lässt sich u. U. auch eine künstliche Metallfläche generieren, beispielsweise durch Hinzufügen einer Platine mit durchgehender Kupferfläche. Diese wirkt wie eine Abschirmung, und obwohl der Proband ja leitungsgebunden aussendet, werden sich die Störspannungen reduzieren, weil die Kopplung gegen Bezugsmasse nicht mehr hauptsächlich zur Gerätemasse verläuft, sondern die Geräteanschlüsse gleichermaßen. Diese umhüllende Fläche muss nicht eine Platine sein, man kann auch eine leitfähige Folie verwenden. Die Kontaktierung der Kondensatoren von den Anschlüssen sollte so direkt wie möglich auf die Leitfolie sein. Auch eine metallische Beschichtung an der Innenfläche eines Kunststoffgehäuses wäre denkbar und hilfreich.

Eine kapazitive Ankopplung über eine beabsichtigte Sensorfläche lässt sich leider nicht abschirmen, ohne die Sensorfunktion zu behindern. Hier sind nur Anbindungen der Geräteanschlüsse hilfreich und ggf. eine Änderung des Nutzsignals bzw. seiner Frequenz.

Flankensteilheit

Bei Störungen mit breitem Spektrum, welches kontinuierlich, also nicht aus festen Harmonischen zusammengesetzt ist, sind auch erst einmal die Ursachen zu ergründen. Breitbandige Strahler sind oft durch mechanische Kontakte hervorgerufen oder sie kommen von Flanken sehr niedriger Frequenz, was man wiederum mit dem Oszilloskop nachweisen kann. Die Harmonischen überlappen sich dann, weil sie dicht beieinander liegen. Bei letzterem Fall ist eine künstliche Flankenabflachung z. B. durch geeignete RC-Glieder zu erwägen. Mechanische Kontakte von Relais oder Motoren lassen sich mit Kondensatoren oder RC-Gliedern ebenfalls entstören. Ein dauerhaftes Kollektorfeuer eines Motors sollte man nicht mit Varistoren bekämpfen, auch wenn man in der Literatur derartige Lösungen häufig antrifft. Varistoren sind für solche Dauerbelastungen nicht gut geeignet, denn sie unterliegen dann einer starken Alterung. Die Motoranschlüsse sind mit Kondensatoren miteinander und auf einen gemeinsamen Gerätebezugspunkt zu legen. Ein Wert von jeweils wenigen Nanofarad sollte genügen. Geschaltete Induktivitäten sind grundsätzlich eine mögliche Ursache bei der Entstehung hoher Störimpulsspannungen. Die *Freilaufdiode* sollte auch schon zum Schutze des Schalttransistors obligatorisch zum Einsatz kommen. Man kann die Wirkung der *Abfallverzögerung* des Relais dadurch entgegenwirken, dass man der Diode einen Widerstand von wenigen hundert Ohm in Serie schaltet.

Sporadische Knackstörungen

Zeitlich sehr vereinzelt auftretende Störungen rühren normalerweise von Schaltvorgängen, die nicht entstört sind. Entweder wird eine Kapazität schnell ein- oder eine Induktivität schnell ausgeschaltet. Im ersten Fall ist ein Widerstand denkbar, der den Ladestrom begrenzt, im zweiten Fall sollte man wieder die Freilaufdiode ins Spiel bringen. Setzt ein System Impuls- oder Schwingungspakete ein, sind diese von den normalen Anschlussleitungen fernzuhalten, falls dies möglich ist. Auch hier ist wieder die Methode der Abschirmfläche (s. o.) zu diskutieren. Ansonsten kann auch die Form der Schwingungspakete überdacht werden.

Mitunter wäre es auch eine Lösungsmöglichkeit, die Häufigkeit der Knacke designbedingt zu reduzieren. Die Norm für Störaussendung gibt hier die Grenze von 5 Impulse/Minute an, unterhalb der keine Berücksichtigung mehr stattfindet. Bis zu einer Rate von $I = 30$ Impulse/Minute kann der Grenzwert um $20 \cdot \log(30/I)$ erhöht werden. Solche Lösungen, die sich direkt an den Grenzwerten einer Norm „vorbeischlängeln", sind jedoch nicht zu empfehlen, denn man muss u. U. bei jeder Änderung der Norm nacharbeiten.

10.2 Untersuchungen und Verbesserungen zur Feldaussendung

Prinzipiell gilt auch das in Abschn. 10.1 bereits Gesagte. Generell handelt es sich um Frequenzen von 30 bis 1000 MHz. Aussendung erfolgt durch den Raum. Die angeschlossenen Leitungen wirken wie Antennen, sodass entsprechende Resonanzfrequenzen direkt mit diesen Leitungslängen zu tun haben. Die Anbindung der Geräteanschlüsse an ein Metallgehäuse bzw. eine dem Gerät zuzuordnende Metallfläche über für Hochfrequenz wirksame Keramikkondensatoren ist meist störungsbehebend. Man sollte dabei die frequenzabhängigen Impedanzen der Kondensatoren berücksichtigen und die Qualität C0G (NP0) bevorzugen (siehe auch Anhang A.4).

Bei den höheren Frequenzen (gegenüber der leitungsgebundenen Aussendung) sind Metallgehäuse, die die Schaltung umschließen, bereits ohne deren Anbindung als Schirmung wirksam, denn der Skin-Effekt führt dazu, dass an der Außenseite keine Ströme mehr fließen. Allerdings können an den Anschlüssen immer noch Störpotenziale vorherrschen, die dann über die Leitungen auch abgestrahlt werden. Außerdem sind bereits geringste Koppelkapazitäten geeignet, Störungen auf abstrahlende Gebilde (Flächen, Drähte) zu führen.

Steht ein Messempfänger oder etwas Vergleichbares (Spektrum-Analyzer oder Oszilloskop) und eine geeignete Antenne zur Verfügung (siehe Abschn. 11.3), so ist ohne Anspruch auf eine genaue Pegelmessung immerhin jegliche Modifikation sofort auf ihre Tendenz hin prüfbar. Solche Grobmessungen sind übrigens auch schon vor jedem Gang zum Testhaus zu empfehlen. Auch hier kann die Art der Störung (Frequenz, Kontinuität, Pegel) eine Information darüber geben, wo die Störquelle in der Schaltung zu suchen ist, falls dies noch nicht bekannt ist. Entscheidend ist bei dieser nicht normgerechten Messung, die Anordnung und den Probanden immer auf dieselbe Position zu bringen und bei Bedarf auch die Empfindlichkeit der Positionsänderung zu ermitteln. Darüber hinaus sind auch verschiedene Abstrahlwinkel zu erproben.

10.3 Fallbeispiele

Zur Aussendung haben wir ein paar Beispiele aus der Praxis zusammengestellt, die übrigens authentisch sind. Die beschriebenen Lösungen sind ebenfalls mögliche Lösungen, wie sie in der geschilderten Weise erfolgreich umgesetzt wurden.

10.3.1 Motorstörung

In einer motorisch angetriebenen Schlossmechanik liegen Emissionsstörungen im Bereich 100 bis 200 MHz um fast 20 dB über dem erlaubten Grenzwert für den Wohnbereich (Wir erinnern uns: Der Wohnbereich erfordert die Einhaltung strengerer – also niedrigerer – Werte für die Störemission).

Es handelt sich um einen einfachen DC-Motor mit Kommutator für Spannungen bis 5 V. In der Schaltung wird der Motor nicht getaktet, aber mit einer H-Brückenschaltung alternativ gepolt, um beide Laufrichtungen zu ermöglichen. Siehe Abb. 10.3.

Der Motor selbst ist sehr einfach aufgebaut. Das Gehäuse ist offen und die mechanische Stabilität ist durch einen einfachen U-Träger realisiert. Siehe Abb. 10.4.

Beide Anschlüsse des Motors sind über Kondensatoren und auch einer Suppressordiode untereinander verbunden, sodass hier keine großen Störsignale entstehen können. Doch wo ist dann die Störspannung, die sich als HF-Feld fortpflanzt, entstanden?

Zur Klärung dieser Frage betrachten wir einmal den Aufbau des Motors in einer kleinen Ersatzschaltung in Abb. 10.5.

Durch die Beschaltung mit Keramikkondensator an den Versorgungsanschlüssen des Motors lässt sich kein Kommutatorfeuer unterbinden. Die Störspannung *zwischen* den Anschlüssen ist zwar hinreichend dezimiert, jedoch soll sich der Stromfluss durch die Spulen des Ankers schnell ändern. Demzufolge entstehen zwangsläufig hohe Induktionsspannungen, die sich in den Funken widerspiegeln.

Theoretisch könnte man diese Spannungen unterdrücken durch Kondensatoren oder Suppressordioden. Es gibt jedoch zwei entscheidende Argumente dagegen: Erstens wird der Energieabbau (und damit der Feldumbau) zeitlich behindert, zweitens sind die Teile im Anker unterzubringen, was mit Sicherheit zu Unwuchten und damit verstärktem Lagerverschleiß führt. Während der erste Punkt sicherlich durch eine geeignete Auslegung zu bewältigen wäre, ist das zweite Argument dagegen schwerlich zu entkräften, zumal ja noch mit enormem Fertigungsaufwand zu rechnen ist.

Aus der Ersatzschaltung geht auch hervor, dass man den Rahmen (Stator) als Abschirmung heranziehen könnte. Die Rotorwicklungen übertragen ihre hohen Induktionsspannungen kapazitiv über den Rotorkern und über die Lager auf den Rahmen, welcher letztlich als Antenne wirkt. Dieser Rahmen ist mit einem Draht zu kontaktieren und mit Gerätemasse auf kürzestem Wege zu verbinden. Unter Umständen reicht auch die Verbindung mit einem der Motoranschlüsse.

Die Störung ist eigentlich breitbandig, allerdings werden bei der Abstrahlung die höherfrequenten Anteile bevorzugt. Je größer die Fläche des Motorgehäuses ist, umso mehr dezimiert sich die Frequenzgrenze für die Abstrahlung.

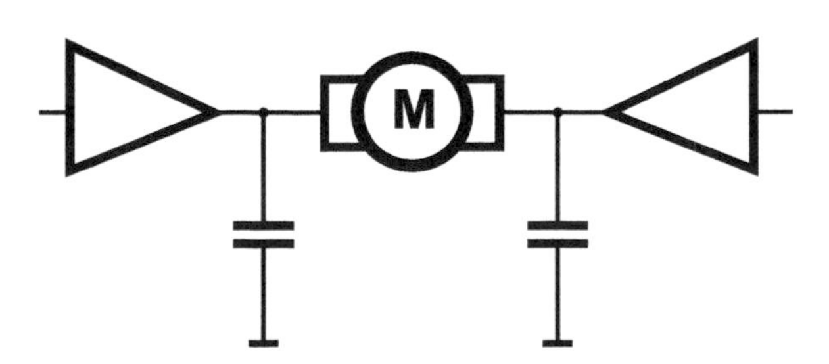

Abb. 10.3 Motoransteuerung mit H-Brücke zur Richtungsumschaltung

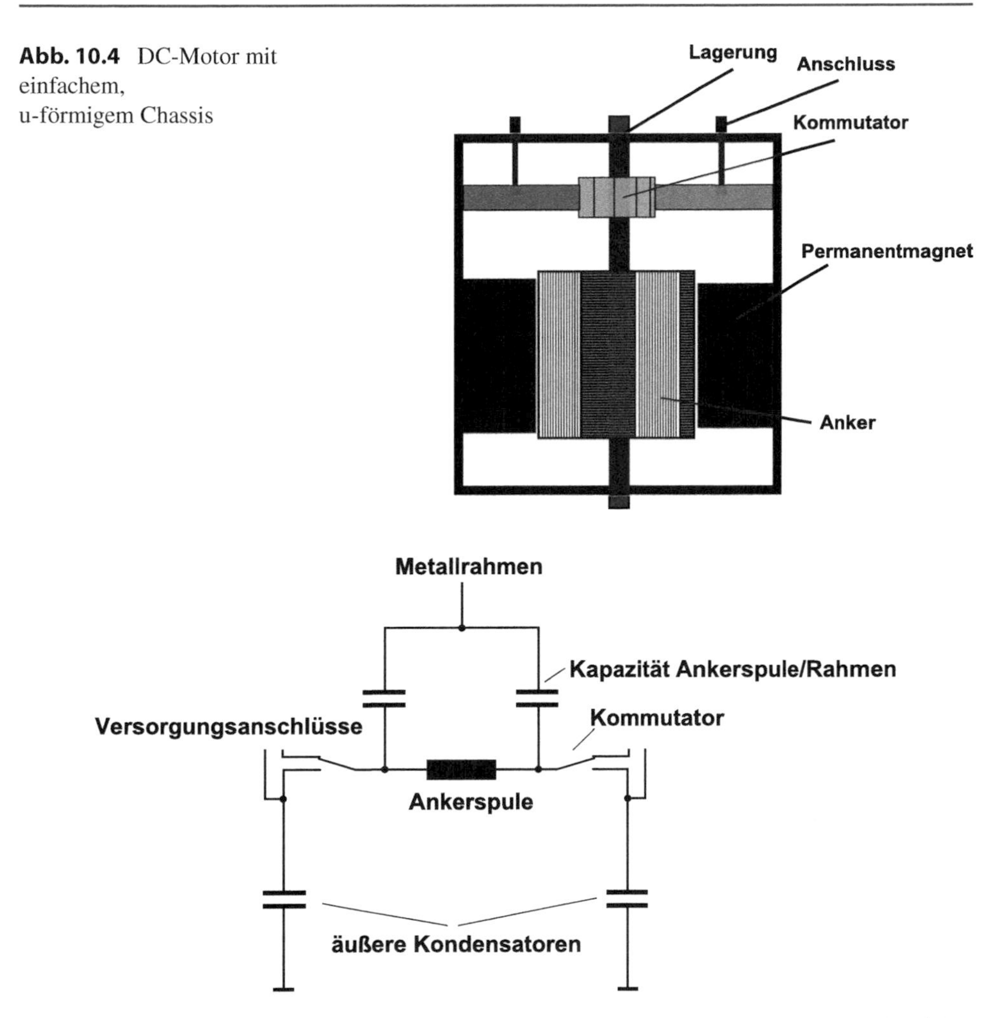

Abb. 10.4 DC-Motor mit einfachem, u-förmigem Chassis

Abb. 10.5 Ersatzschaltung eines DC-Bürstenmotors nach EMV-Gesichtspunkten. Die Induktivität wird durch den Kommutator unterbrochen bzw. umgepolt. Da dies nicht symmetrisch auf beiden Seiten ist, entsteht an der Spule eine Induktionsspannung gegen einen der Versorgungsanschlüsse. Durch die unvermeidbare Kapazität zwischen Wickel und Anker/Lager/Rahmen entsteht eine resultierende Induktionsspannung zwischen Motorrahmen bzw. Gehäuse und Versorgungsanschlüsse

Diese Maßnahme ist anhand eines Beispielmotors in Abb. 10.6 zu sehen. Die vergleichbaren Störpegel gehen aus Abb. 10.7 hervor. Ein einfacher vergleichender qualitativer Test kann mit einem Radioempfänger erfolgen.

Auch bei einem Miniaturmotor nach Abb. 10.4 bringt dieses einfache Anschließen des Rahmens an Masse enorme Reduzierung des Störpegels. Es ist bedauerlich, dass manche Motorenhersteller keinerlei Kontaktiermöglichkeit zum Rahmen vorsehen. Mitunter kann auch das Aufkleben einer Kupferfolie zum Ziel führen, an die dann an einem abstehenden

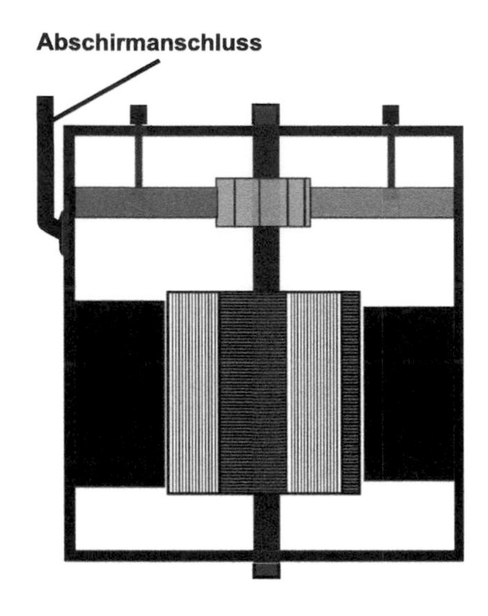

Abb. 10.6 An den Metallrahmen angelöteter Draht zur Abschirmung. Die Verbindung zur Gerätemasse (HF-mäßig) sollte so kurz wie möglich sein

a

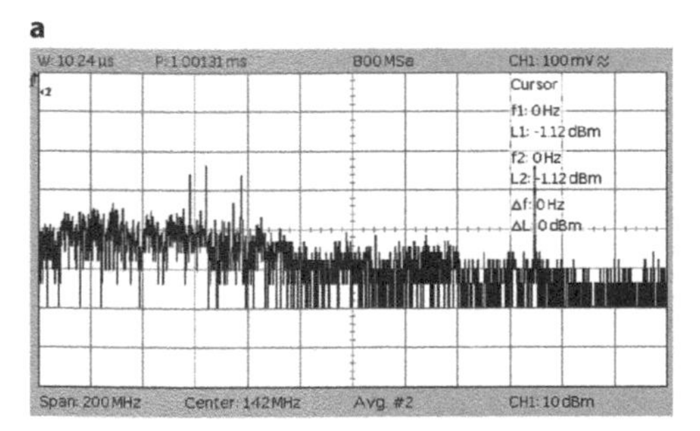

b

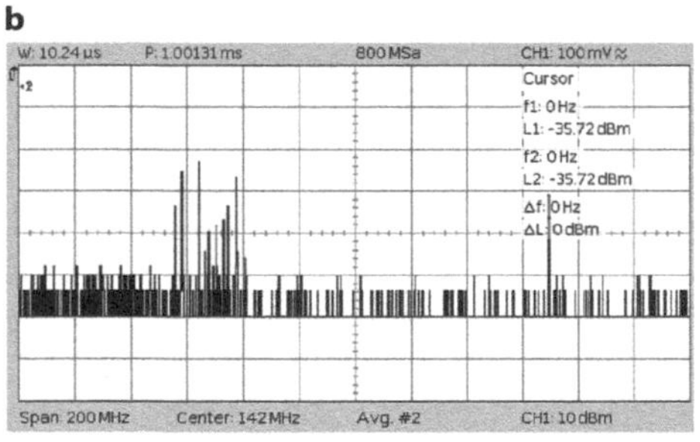

Abb. 10.7 Relative Störpegel eines DC-Motors im Vergleich. Links (**a**) strahlt das Chassis unkontrolliert nach außen, rechts (**b**) wurde das Chassis mit einem der Motoranschlüsse kurzgeschlossen

Bereich ein Draht angelötet werden kann. Diese eher kapazitive Kontaktierung ist für die genannten höheren Frequenzbereiche durchaus hinreichend.

Die Höhe der Versorgungsspannung des Motors spielt natürlich ebenfalls eine entscheidende Rolle für die Intensität der Funkenstörungen. Außerdem ist die Ausführung des Kommutators einflussnehmend auf die Funkenbildung.

In Bezug auf Störabstrahlung ist ein Bürstenmotor immer eine Störquelle. Bei Design-Überlegungen wäre daher zur Realisierung von Linearbewegungen eine Alternative zu erwägen wie z. B. Elektromagnet oder auch Motoren mit elektronischem Kommutator. Ist ein Bürstenmotor nicht zu umgehen, so sollte unbedingt die Kontaktierungsmöglichkeit zum Gehäuse gelöst sein. Zu beachten ist auch, ob der Motor nicht die Schaltung selbst stören könnte.

10.3.2 Störung bei der Gleichrichtung von Wechselspannungen

Wir betrachten die einfache Gleichrichterschaltung nach Abb. 10.8. Es leuchtet ein, dass sich je nach Belastungsfall starke Stromänderungen ergeben können, die ursächlich von den Dioden kommen, denn diese fallen nach der Leitphase trotz Anliegen einer Sperrspannung erst nach einer Verzögerungszeit, der *Reverse Recovering Time* t_{rr}, in den Sperrzustand zurück. Dieser Rückfall findet jedoch dann steilflankig statt, sodass hohe Stromänderungen zu verbuchen sind.

Große zeitliche Stromänderungen führen zu H-Wechselfeldern und bei Induktivitäten auch zu hohen Induktionsspannungen. Beides ist dafür verantwortlich, dass Störabstrahlung stattfindet. Geräte, die besonders empfindlich im Bereich mehrerer hundert Kilohertz sind, werden u. U. durch solch eine Gleichrichtung gestört. Dies gilt besonders dann, wenn

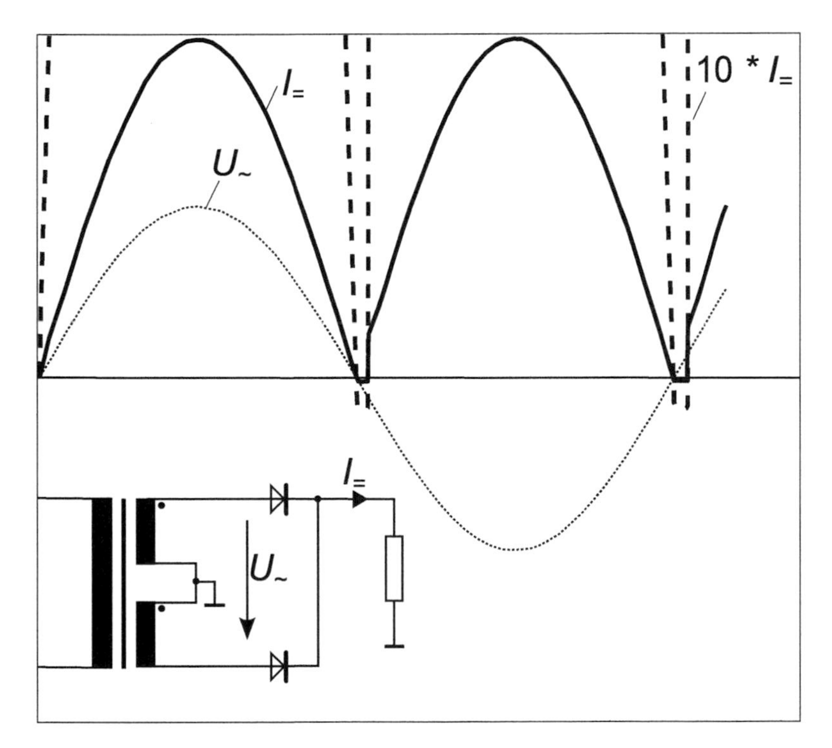

Abb. 10.8 Einfache Gleichrichterschaltung und Ströme bzw. Stromänderungen. Die Schaltung stellt eine Zweiweg-Gleichrichtung dar, der hier beschriebene Effekt gilt jedoch auch für Brückengleichrichtung . Die Quellenfrequenz war mit 100 kHz relativ hoch und ferner wurde auf den Siebkondensator verzichtet, um die Sperrverzögerung gut sichtbar darstellen zu können. Die dünne Linie spiegelt die Wechselspannung vor dem Gleichrichter wider, während die dicke Linie den Verbraucherstrom repräsentiert. Letzterer Verlauf ist noch in Spannungsrichtung gespreizt dargestellt, damit die steilen Flanken in der Nähe der Nulllinie sichtbar werden. Kurzzeitig gelangt der Strom ins Negative (d. h. der Kondensator entlädt sich), nach der Zeit t_{rr} wächst der Strom sehr steilflankig an. Dies bewirkt eine Störungsabstrahlung

Störer und Restschaltung in *einem* Gerät sind. Das resultierende Störsignal ist dann meist ein sehr verzerrtes Netzfrequenz-Geräusch mit vielen Harmonischen. Die Stromänderungen wirken sich zwar auch auf die Primärseite des Netztransformators aus, meist bedeutet eine solche Störquelle jedoch keine Überschreitung einer Abstrahlungsgrenze, das Gerät selbst kann dennoch unangenehm gestört sein.

Einfache Abhilfe schaffen Kondensatoren, die man jeweils parallel zu jeder Gleichrichterdiode schaltet, wie dies in Abb. 10.9 zu sehen ist. Die Größe der Einzelkapazität richtet sich nach dem fließenden Gesamtstrom. Ist der Wert zu groß gewählt, ist eine ordnungsgemäße Gleichrichtung nicht mehr möglich. Bei Netztransformatoren von wenigen V A weisen die Kondensatoren normalerweise Werte von wenigen nF auf.

Eine solch rigorose Stromänderung kann mit den Kondensatoren überhaupt nicht mehr auftreten, somit ist auch die Störabstrahlung sehr viel geringer.

Die oben gemachten Ausführungen sind zwar alle zutreffend bezüglich Störpotenzials. Jedoch liegt noch ein weiterer Effekt vor, der vor allem bei Radioempfängern mit Netzbetrieb im Langwellen- bis Kurzwellenbereich (100 kHz–20 MHz) sogar wahrscheinlich den Löwenanteil ausmacht. Hierzu betrachten wir Abb. 10.10.

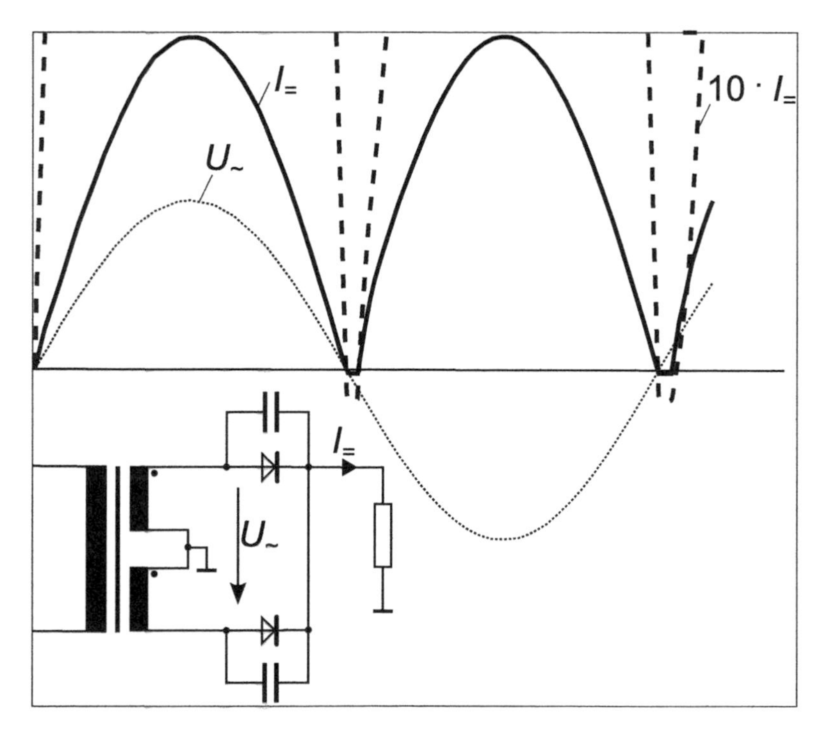

Abb. 10.9 Gleichrichter-Entstörung und Stromänderungen (vgl. Abb. 10.8). Überbrückt man die Gleichrichterdioden mit Kondensatoren der Größenordnung 100 nF, so flachen die Flanken nach dem Negativstrom bedeutend ab, was die Störabstrahlung mindert. Auch hier trifft dieser Effekt ebenfalls bei Brückengleichrichtung auf

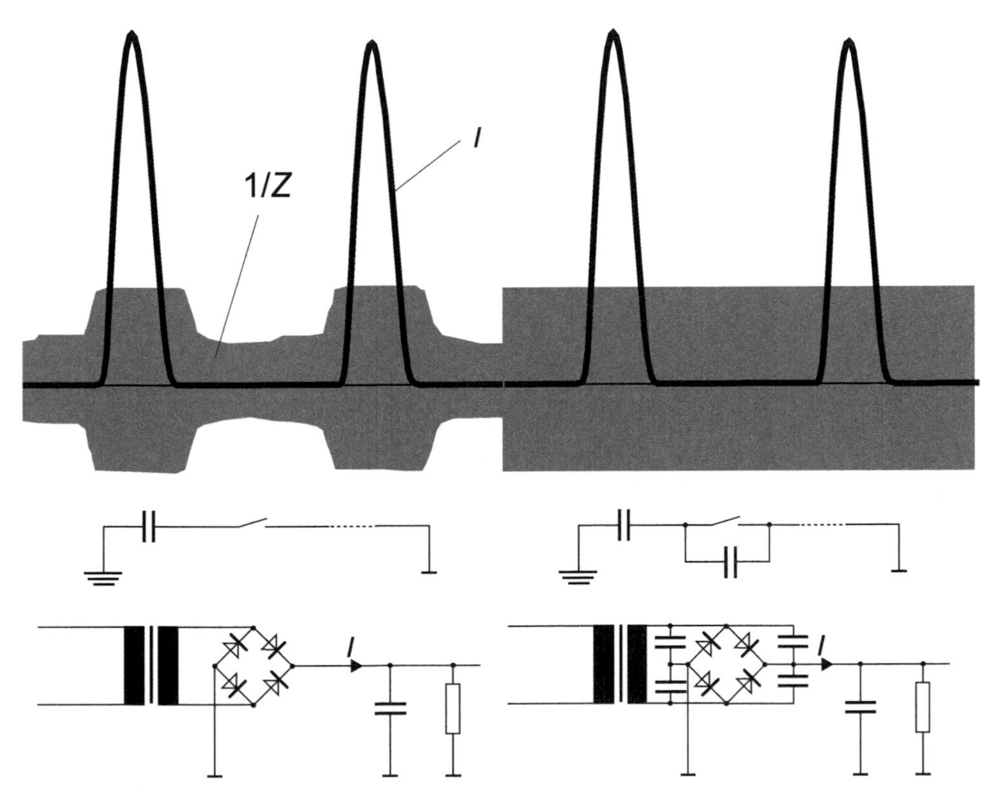

Abb. 10.10 Wechselnde Erdimpedanz. Wenn der Strom aus dem Gleichrichter >0 ist, sind zwei Dioden leitfähig. Somit verbindet sich die Gerätemasse über eine Kapazität des Transformators mit dem Erdniveau. Betrachtet man diese Verbindung als HF-Impedanz, so ergeben sich die Admittanzverläufe als Einhüllende der grauen Fläche (HF-Signalstrom durch die links dargestellte Ersatzschaltung, wenn eine HF-Signalquelle eingefügt wird). Die Änderungen verschwinden, sobald die Dioden mit einer hinreichend großen Kapazität überbrückt sind (rechter Teil)

Alles, was in der Empfängerschaltung als HF-Bezugspunkt gegenüber einem Empfangssignal gelten kann, sei mit Masse bezeichnet. Diese wird jetzt immer dann, wenn Dioden leitfähig sind, zum Netztransformator geschaltet. Da ständig Stromverbrauch vorherrscht, geschieht die Öffnung der Dioden 100-mal in der Sekunde, eben so lange, wie der Siebkondensator nachgeladen wird. Der Trafo selbst bildet eine Kapazität zum Netzanschluss (und damit HF-mäßig auf Erde) von ca. 100 pF. De facto wird also im Rhythmus der doppelten Netzfrequenz der HF-Bezugspunkt mit einer wechselnden Impedanz auf Erdpotenzial beaufschlagt. Dies schlägt sich störend auf den Empfang nieder.

Dieser beschriebene Effekt tritt normalerweise nur bei Brückengleichrichtung auf, da Ein- und Zweiweg-Gleichrichtung ihr Massepotenzial stets mit der Sekundärspule des Transformators verbunden haben und somit bereits permanent kapazitive Kopplung zu Erde besteht.

10.3.3 Leitungsgeführte Störaussendung bei Schaltnetzteilen

Ein großes Thema ist immer wieder die Unterdrückung von Störspannungen bei Modulen mit Schaltnetzteil. Ein häufiger Fehler bei Schaltungs-Designs ist das Weglassen des Y-Kondensators zwischen Primär- und Sekundärseite, so auch in diesem Beispiel. Betrachten wir hierzu das Blockschaltbild in Abb. 10.11.

Ist die Sekundärseite des Schaltnetzteils nicht mit Schutzerde verbunden (allgemeiner Fall), gehen Störströme davon über die Eingangsanschlüsse und die Ausgangsanschlüsse und dann kapazitiv zur umgebenden Erdmasse. Zur Entstehung dieser Störströme bzw. Störspannungen sei auf Abb. 10.12 hingewiesen.

Wir betrachten zunächst nur leitungsgebundene Störkomponenten. Bei einem Schaltnetzteil – nachfolgend sei das Prinzip eines Sperrwandlers beschrieben –, welches einen Transformator zur Potenzialtrennung besitzt, wird Energie im Trafokern (genauer gesagt hauptsächlich im Luftspalt) gespeichert, die bei Abbruch der Stromzufuhr auf der Primärseite zum gewünschten Weiterfließen des Stromes auf Sekundärseite führt. Im Idealfall fließt zu diesem Zeitpunkt ein Sekundärstrom weiter, der genau so groß ist, dass der Gesamtfluss im Kern zunächst konstant bleibt. Die Energie und damit der magnetische Fluss ϕ wird natürlich nach endlicher Zeit abgebaut sein, worauf der Schalter (z. B. Transistor) wieder durch Anlegen von Spannung an die Primärspule neuen Energieaufbau initiiert. Die Prinzipschaltung eines Sperrwandlers sei in Abb. 10.13 dargestellt. Eine Mindestlast am Ausgang ist enorm wichtig, da andernfalls kein Strom mehr von der Sekundärseite fließt und die Aufrechterhaltung des Flusses nicht gewährleistet ist – dies würde unweigerlich zur Überlastung des Schalttransistors führen.

Spannung an der Primärspule

Die Spannung über dem elektronischen Schalter alterniert je nach Öffnungszustand zwischen 0 V und U_{in}. Diese Potenzialschwankungen, die sich somit an der unteren Seite der Primärspule ergeben, übertragen sich kapazitiv auch auf die Sekundärseite des Übertragers (natürlich gehen die Spannungssprünge gegen null am oberen Ende der Primärspule). Die Flanken sind relativ steil, sodass man auch bei geringen Übertrager-Kapazitäten mit einer starken Kopplung rechnen muss. Diese lässt sich einerseits durch geschickte Wickelgeometrie und andererseits durch Einfügen einer Abschirmwicklung reduzieren.

Nichtideale Eigenschaften der Diode

Die Kontinuität des Flusses nach dem Öffnen des Schalters würde die sofortige Stromübernahme durch die Diode am Ausgangsbereich voraussetzen. Diese Diode kann aber den Strom nicht in der Zeit null führen, sondern sie benötigt eine gewisse Zeit zum Er-

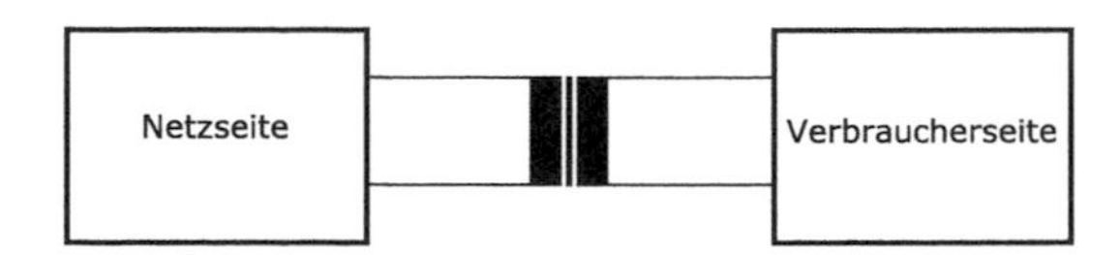

Abb. 10.11 Blockartiges Schema eines Schaltnetzteils ohne Entstörmaßnahmen

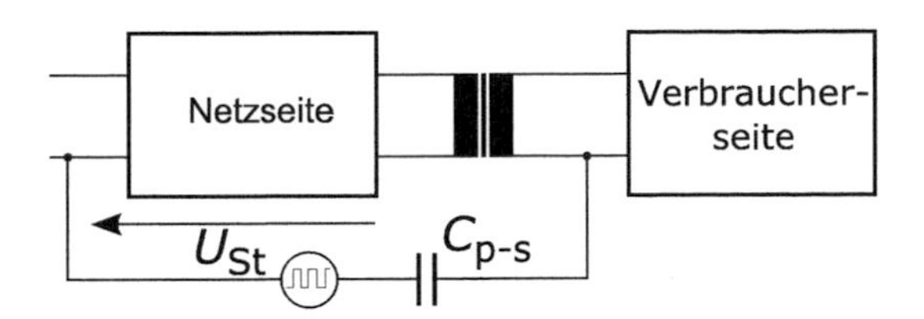

Abb. 10.12 Zur Entstehung der Störspannung. Bezogen auf die Eingangsanschlüsse liegt eine Wechselspannung an der Primärseite des Übertragers. Diese gelangt über eine parasitäre Kapazität zwischen Primär- und Sekundärspule auf den Verbraucherteil. Die Störquelle ist unten separat eingezeichnet

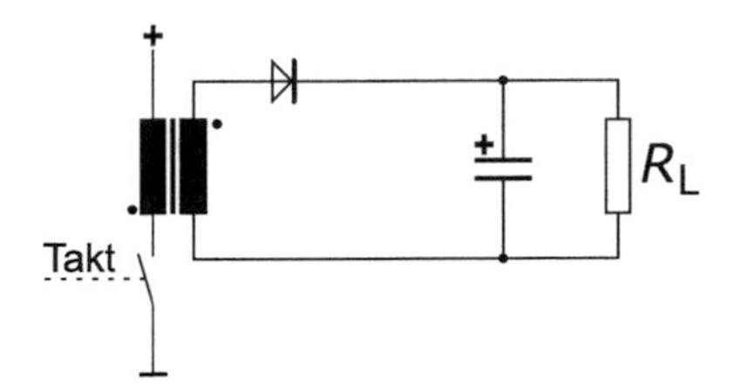

Abb. 10.13 Prinzip eines Sperrwandlers. Während der elektronische Schalter geschlossen ist, steigt der Strom in der Primärspule und damit die gespeicherte Induktionsenergie an. Nach Unterbrechung wird durch die Sekundärspule sofort ein Strom induziert, dessen Höhe genau der Aufrechterhaltung des Gesamtflusses dient. Der Fluss wird abgebaut, dann schließt sich der Schalter wieder und der Aufbau des magnetischen Flusses beginnt von vorne

reichen des stromführenden Zustands. Während dieser Zeit entsteht in der Sekundärspule des Trafos eine sehr hohe Induktionsspannung. Diese Spannung besteht zwar *zwischen* den Anschlüssen, jedoch gelangt der Transient kapazitiv auf die Primärseite des Trafos. Dadurch ergibt sich eine Störspannung *zwischen* Primär- und Sekundärseite des Transformators in Abb. 10.12.

Streuinduktivität des Übertragers

Eine weitere nichtideale Eigenschaft eines Schaltnetzteils sind die *Streuinduktivität* und der damit verbundene *Streufluss* des Trafos. Nach dem Öffnen des Schalters kann die gesamte magnetische Energie nicht von der Sekundärspule abgebaut werden. Dies bedeutet, dass unmittelbar nach dem Öffnungszeitpunkt durch den Streufluss eine Induktionsspannung an der Primärspule entsteht, die begrenzt werden sollte, andernfalls wird der elektronische Schalter überlastet und/oder es vergrößert sich die Störspannung noch weiter [1].

Letztere genannte Induktionsspannung wird häufig durch ein *Snubber-Glied* bedämpfen, was in den meisten Designs schon enthalten ist.

Zur Reduzierung der nach außen dringenden Störspannung ist lediglich Abb. 10.12 nochmals zu betrachten. Vereinfachend gesprochen befindet sich an den Eingangsanschlüssen ein Störgenerator, der über eine bestimmte Impedanz auf den Sekundärkreis koppelt. Ist dieser nicht mit PE verbunden, wird daran eine Störspannung gegenüber PE verbleiben. Die Schaltung, die sich auf der Sekundärseite befindet, wird nun ihrerseits die Störspannung kapazitiv auf umgebende, geerdete Teile koppeln – was grundsätzlich den Tatbestand der Störung bedeutet.

Es gibt prinzipiell zwei Möglichkeiten der Entstörung:

Entstörung durch PE über Y-Kondensator

Steht ein PE-Anschluss zur Verfügung, so ist es angebracht, zwischen diesem und dem GND-Anschluss des Schaltnetzteils (also Bezugspunkt an der Ausgangsseite) einen Kondensator anzubringen. Sofern das Sicherheitskonzept keinen Y-Typ verlangt, kann der Kondensator auch ein normaler Keramiktyp sein. Damit die Spannung an ihm nicht undefiniert hoch sein kann, ist er über eine geeignete Suppressordiode zu überbrücken. Eine solche Schaltung sehen wir in Abb. 10.14. In Sonderfällen wäre auch eine direkte Erdung von GND möglich (dann erhebt sich jedoch die Frage, welchem Zwecke eine Potenzialtrennung durch das Schaltnetzteil dient) [2].

Entstörung durch Brücke zwischen Primär- und Sekundärseite über Y-Kondensator

Eine weitere Möglichkeit besteht, indem der Primär- und Sekundärkreis mit einem Y-Kondensator verbunden wird. Die Störspannung wird auch hier durch den Kondensator

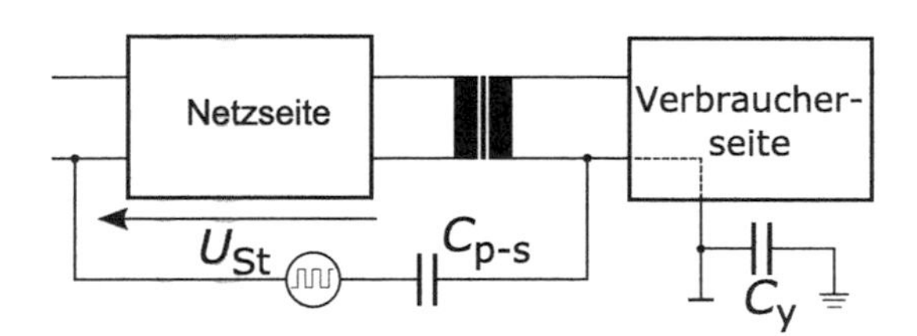

Abb. 10.14 Durch die bereits erwähnte Störsignalkomponente (siehe Abb. 10.12) besteht auch eine resultierende Störspannung zwischen Sekundärkreis und PE, da letzteres ja formal betrachtet HF-mäßig gleiches Niveau führt wie die Netzanschlüsse an der linken Seite. Infolgedessen wird ein Y-Kondensator die Störspannung stark bedämpfen

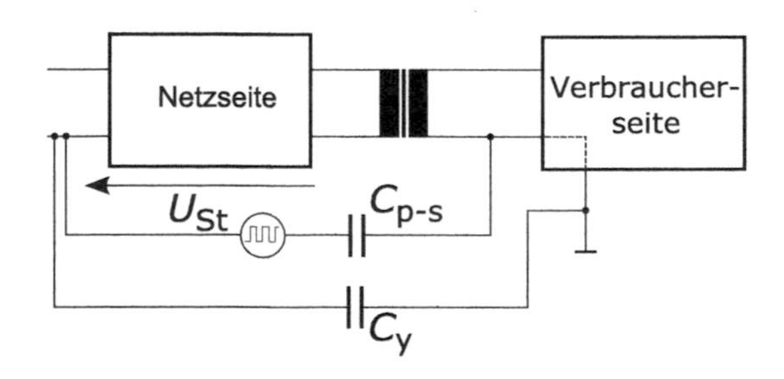

Abb. 10.15 Der Y-Kondensator zwischen Primär- und Sekundärkreis kann ebenfalls gut zur Störminderung beitragen, vor allem, wenn kein PE-Anschluss zur Verfügung steht

stark belastet und reduziert sich deswegen auf geringe Werte. In Abb. 10.15 zeigt sich, dass hier sogar eine bessere Unterdrückung zu erwarten ist als bei der kapazitiven Verbindung zu PE, weil das Störsignal direkt an der Quelle bedämpft wird.

Da hier Niederspannung mit Netzpotenzial kapazitiv verbunden wird, darf der Kapazitätswert einen Wert von üblicherweise 4,7 nF nicht überschreiten, damit der mögliche Berührstrom unter der Grenze von 0,5 mA bleibt.

Literatur

1. Rehrmann, Jörg: Das InterNetzteil- und Konverter-Handbuch.
2. Franz, Joachim: EMV. Störungssicherer Aufbau elektronischer Schaltungen. Vieweg + Teubner Verlag 2008.

Eigene Tests ohne normgerechtes Equipment

11

Zusammenfassung

Tests in der eigenen Umgebung, am Labortisch der Entwicklung, sind ohne genormte Messgeräte und Messaufbauten ungeeignet, um über die Einhaltung von Grenzwerten sicher Auskunft zu geben. Dennoch können solche Tests mit einfachem Equipment sinnvoll sein, um Vergleiche und Trends abzubilden. Es sind nicht alle EMV-Tests auf diese Weise provisorisch ersetzbar, aber die diejenigen mit den meisten „Auffälligkeiten". Sinn und Zweck soll sein, nicht bereits bei einem Entwicklungsstand ins akkreditierte EMV-Labor zu gehen und womöglich viele Prüfungen nicht zu bestehen und damit unnötig Kosten entstehen zu lassen und Zeit zu verschwenden. Für den Selbstbau eines Test-Generators ist ein Quellcode *Arduino-Generator.ino* zum Download verfügbar.

Dieses Kapitel enthält Zusatzmaterial, welches Sie in Kapitel 11 auf SpringerLink herunterladen können.

Elektronisch Zusatzmaterialien Die Online-Version dieses Kapitels (https://doi.org/10.1007/978-3-662-62221-6_11) enthält Zusatzmaterial, das für autorisierte Nutzer zugänglich ist.

D. Stotz, *Elektromagnetische Verträglichkeit in der Praxis*,
https://doi.org/10.1007/978-3-662-62221-6_11

Für die Beurteilung des Testverlaufs ist für den Prüfling ein Betriebsmodus zu wählen, der erstens in der Praxis vorkommen kann und zweitens die Wahrscheinlichkeit eines Störfalls erhöht.

Eigene Versuche erfordern auch ein Umfeld mit passender Örtlichkeit, bei der keine unerlaubte Störung nach außen dringen kann.

Auch bei einer solchen Vorgehensweise ist es wichtig, eine klare Dokumentation zu führen.

11.1 Improvisierter Burst-Test

Bei der Nachstellung eines Burst-Tests (also schnelle Transienten) ist eine Spule mit Eisenkern das wichtigste Hilfsmittel. Die Stromunterbrechung erzeugt eine Induktionsspannung, die für grobe Tests ausreichend ist.

11.1.1 Mögliche Burst-Anordnung

Ferner sind ein robuster Mikroschalter, der leicht durch eine gleiche Ersatztype austauschbar ist, und eine Funkenstrecke oder Gasableiter vonnöten. Dieser einfache Aufbau geht aus Abb. 11.1 hervor.

Die Induktionsspule sollte mindestens 5 H aufweisen, die Energie lässt sich aber später durch die angelegte Spannung (bzw. durch den Strom) variieren. Der Kern sollte aus Trafoblech bestehen, Ferritkerne sind weniger geeignet, das diese bereits bei geringer magnetischer Feldstärke in Sättigung gehen. Möglich sind auch einfach Netztransformatoren mit ca. 20 bis 50 V A, wobei vornehmlich die Primärspule heranzuziehen ist.

Bei jeder Stromunterbrechung durch den Mikroschalter wird die Induktionsspule eine hohe Spannung abgeben, deren Höhe natürlich auch davon abhängt, wie schnell sich der Kontakt öffnet. Der Kontaktbrand am Schalter wird diesen schnell altern lassen, sodass ein gelegentlicher Austausch durch einen gleichen Ersatztyp angezeigt ist. In dunkler Umgebung sollten während der Kontaktöffnung die Überschläge in der Funkenstrecke bzw. dem Gasableiter zu beobachten sein. Diese begrenzt gleichzeitig die entstehenden Spitzen der Induktionsspannung. Ein Austausch gegen ein Exemplar mit höherer Nennspannung gestattet eine Variation der Störintensität.

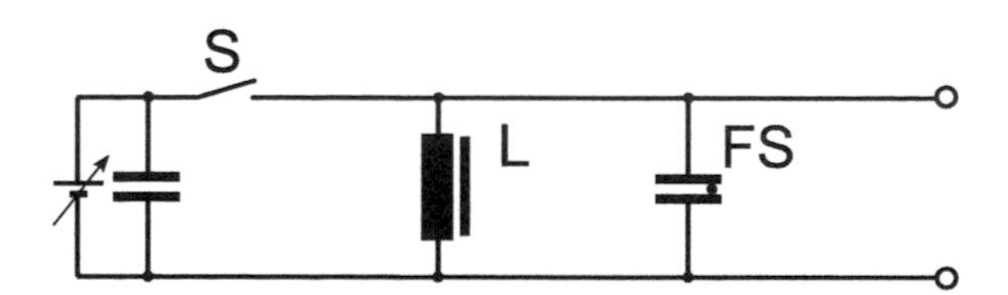

Abb. 11.1 Einfache Erzeugung von schnellen Transienten. Schalter S sollte ein Schnappschalter sein, der von Zeit zu Zeit zu erneuern ist

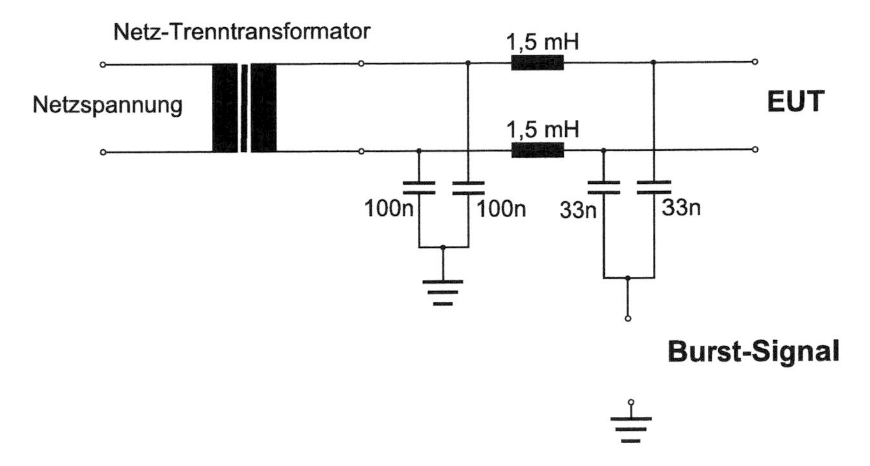

Abb. 11.2 Entkoppelnetzwerk für die Burst-Prüfung. Die beiden Drosseln können auch stromkompensiert ausgelegt sein, damit ein höherer Strom möglich ist. Die Erweiterung für netzbetriebene Geräte ist ebenfalls eingezeichnet

Sehr schnelle und kurze Spannungsspitzen lassen den Gasableiter wegen seiner Trägheit nicht zünden, sodass im höheren Frequenzbereich (>1MHz) immer noch Spektren zu erwarten sind, deren Spannung keiner Begrenzung unterliegt. Einmal gezündet, befinden sich Gasableiter in einem relativ niederohmigen Zustand (zufolge der Plasmabildung).

Es ist auch möglich, parallel zum Schalter einen Gasableiter anzubringen, der einen Teil der Vorgänge des Abrissfunkens übernimmt. Im Grunde wird damit dieselbe Charakteristik wie die des Schalters nachgebildet.

Die Schwierigkeit ist nicht die Erzeugung der Störspannung, sondern ihre Einkopplung auf Zuleitungen. Geschieht dies ohne besondere Maßnahmen, könnte die Versorgungsquelle Schaden nehmen. Auch wäre dann die Störung stark bedämpft durch die Spannungsquelle. Im Grunde genommen ist lediglich ein Tiefpass notwendig, der in Richtung Versorgung wirkt. Eine einfache Schaltung zeigt Abb. 11.2. Problematischer ist die Ankopplung des Störsignals an ein netzbetriebenes Gerät. Hier sollte ein Trenntransformator zum Einsatz kommen, und die Kondensatoren müssen unbedingt für die maximale Spannung geeignet sein.

Statt eines Netzteils ist natürlich auch jede Gleichspannungsquelle verwendbar. Dies hat sogar den Vorteil, dass man keine Störungen vom Netzanschluss her zu fürchten hat. Die Versorgung der Burst-Anordnung ist allerdings am besten unabhängig von derjenigen des Prüflings. Eine endgültige Schaltung sehen wir in Abb. 11.3.

11.1.2 Praxismessungen

Die echte Messung mit schnellen Transienten sieht noch vor, dass man die Polarität der Störspannung wählen kann und ob der Charakter der Störung symmetrisch (also gegen-

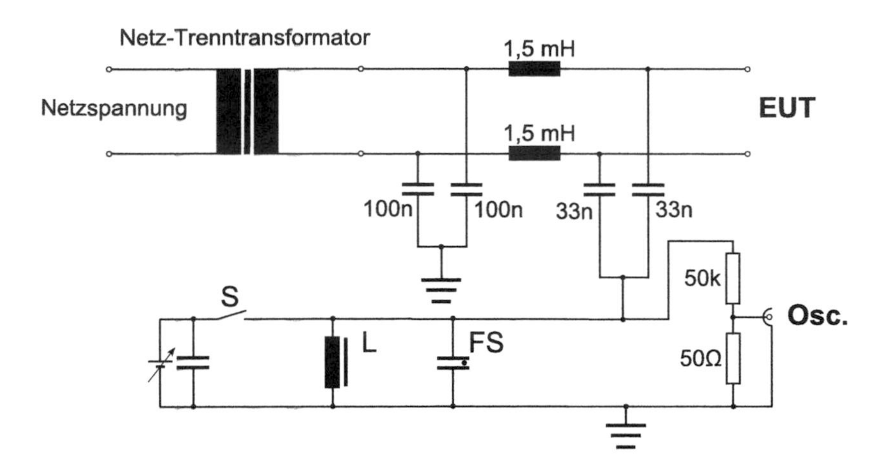

Abb. 11.3 Die komplette Schaltung für den improvisierten Burst-Test. Dieser beschränkt sich auf eine gleichtaktmäßige Einkopplung, die jedoch die komplexesten Störfälle abdeckt. Eine Möglichkeit für den Anschluss eines Oszilloskops bzw. Spektrum-Analyzers besteht ebenfalls. Der obere Widerstand des Spannungsteilers sollte entsprechend spannungsfest sein oder aus mehreren kleinen Widerständen bestehen

phasig) auf den Versorgungsleitungen oder asymmetrisch (also gleichphasig) sein soll. Die Polarität ist einfach durch die Polung der Burst-Versorgung festzulegen, während man im Prinzip (bei diesem einfachen Test) auf den gegenphasigen Modus verzichten kann. Die Versorgungsanschlüsse sind meist ohnehin über Blockkondensatoren überbrückt, und die schwierigere Entstörung liegt bei Gleichtaktmodus vor. Für diesen Fall muss ein metallischer Untergrund für das Bezugspotenzial sorgen. Geeignet ist hier auch eine kupferkaschierte Platine (einseitig genügt). Damit die Zuleitungen keine undefinierte Kapazität zur Bezugsfläche bilden können, befinden sich diese inklusive Proband auf einem nichtleitfähigen Podest von 10 cm Höhe. Der einfache Messaufbau geht aus Abb. 11.4 hervor.

Ein in der Praxis geerdetes Gerät sollte auch bei der Messung mit der Kupferfläche verbunden sein, damit das Umfeld möglichst realistisch ist. Siehe auch Abschn. 4.2.2. Die Kupferplatte ist mit dem Bezugspunkt der Anordnung nach Abb. 11.3 verbunden, und zwar auf kürzestem Wege. Das Störspektrum dieses Aufbaus ist Abb. 11.5 zu entnehmen (vgl. auch Abb. 4.2).

Das Spektrum ist recht ähnlich dem eines „echten" Burstgenerators. Es ist jedoch klar, dass die Frequenz der einzelnen Spikes und die Paketdauer undefiniert sind und nichts mit der Norm zu tun haben. Dennoch liefert dieser einfache Aufbau bereits eine Aussage darüber, ob ein Prüfling viel zu störempfindlich ist und ob gewisse Maßnahmen zur Verbesserung der Immunität geführt haben.

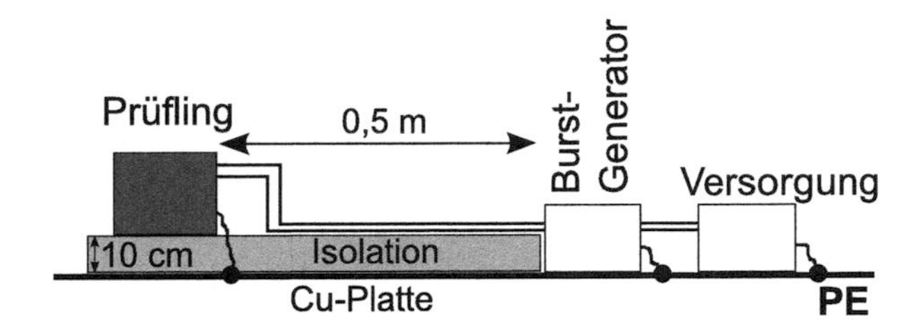

Abb. 11.4 Prinzip des Messaufbaus beim Burst-Test. Die Anschlusskabel sollten zwischen einzelnen Tests nicht variiert werden, außerdem sind zu lange Kabel mäanderförmig zusammenzubinden (zur Verhinderung von künstlichen Induktivitäten). Vgl. auch Abb. 4.5 bei den genormten Messaufbauten

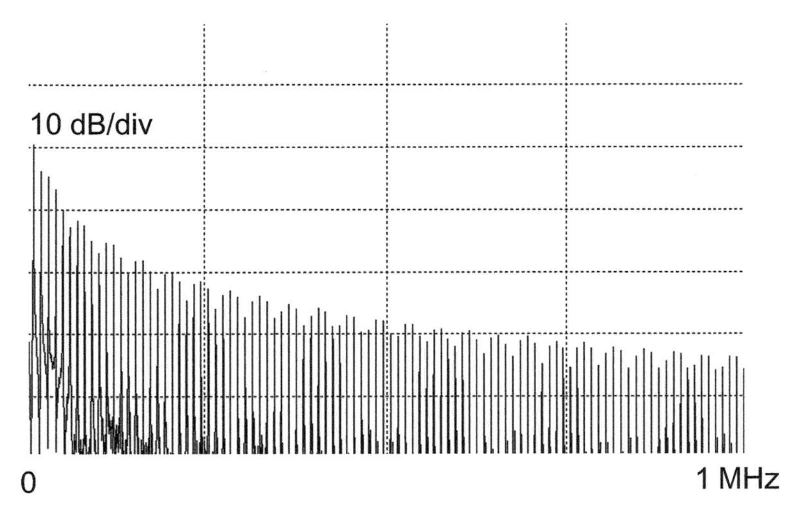

Abb. 11.5 Spektrum des künstlichen Burst-Impulses

11.2 Improvisierter Störspannungstest

Gegenüber der Einkopplung von Burstsignalen, die sehr breitbandig sind, gibt es beim der HF-Störspannung nur Signale diskreter Frequenzen. Die Amplituden-Modulation vergrößerte die Bandbreite zwar etwas (und zwar auf das Doppelte der Modulationsfrequenz), aber insgesamt kann das Spektrum als schmalbandig gelten.

Die Norm sieht für die AM einen Modulationsgrad von 80 % und eine Modulationsfrequenz von 1 kHz vor. Die Nebenschwingungen befinden sich im Spektrum also jeweils 1 kHz neben der Trägerschwingung. Die relative Amplitude zum Träger beträgt die Hälfte des Modulationsindexes, also 40 %.

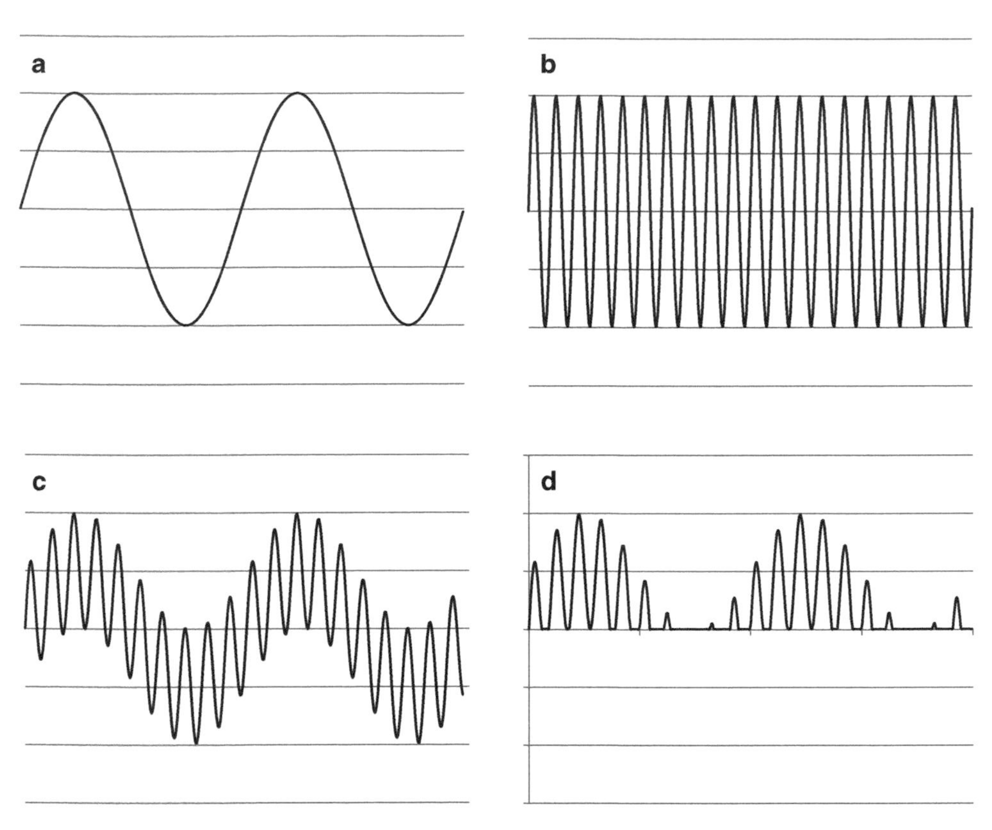

Abb. 11.6 Eine einfache AM durch Addition von Träger und Modulationssignal und anschließender Einweggleichrichtung

11.2.1 Mögliche Anordnung zum Störspannungstest

Gerade die erwähnte Amplituden-Modulation ist bei vielen Standard-Generatoren nicht enthalten. Man muss sich in diesem Fall etwas behelfen. Die einfachste Form der AM ist die der Einfachgleichrichtung nach Abb. 11.6.

Durch diese Art der Modulation entstehen weitere Harmonische, sodass nicht nur der Träger und seine beiden Nebenschwingungen entstehen, sondern eben auch all ihre Harmonischen. Das stört aber für diesen einfachen Test keinesfalls, denn der Störgrad steigt dadurch nur unwesentlich. Die einfache Modulationsschaltung sehen wir in Abb. 11.7, die gleichzeitig als Treiberschaltung wirkt, denn wir benötigen am Koppelnetzwerk eine Spannung von 10 V_{eff}.

Der durch die Norm betroffene Frequenzbereich von 0,15 bis 80 MHz sollte weitgehend überdeckt werden. Die käuflichen DDS-Generatoren bleiben normalerweise etwas unter diesem Maximalwert, jedoch ist ein Wert von ca. 25 MHz auch noch brauchbar, da der oben beschriebene Modulator auch die dritte Harmonische liefert.

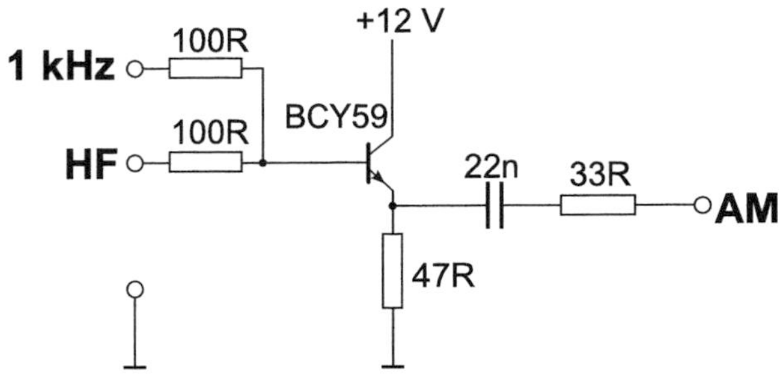

Abb. 11.7 AM-Schaltung mit nachfolgendem Treiber

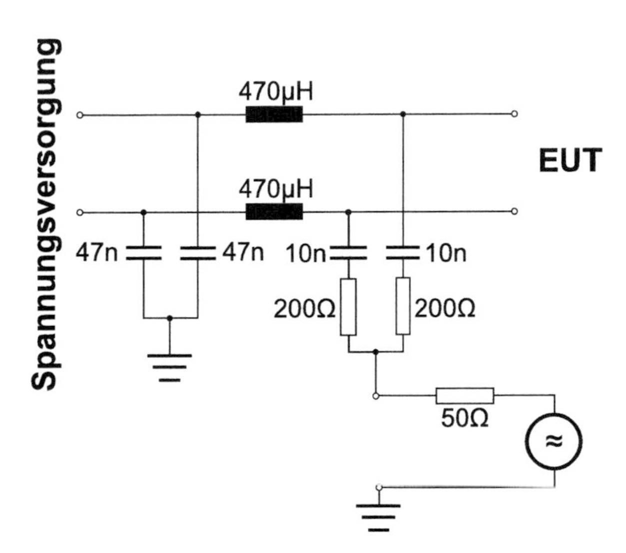

Abb. 11.8 Eigenbau-CDN für Immunitätsmessung. Die Induktivität kann selbstverständlich auch als stromkompensierte Drossel konzipiert sein, das ermöglicht größere Verbraucherströme

Die Einkopplung der Störspannung erfolgt über ein CDN (Couple-Decouple-Network) . Dieses Zubehörteil sollte sich in einem hermetisch dichten Metallgehäuse befinden. Die Schaltung geht aus Abb. 11.8 hervor.

Die Einkopplung der HF-Spannung beschränkt sich bei diesem CDN auf zwei Versorgungsleitungen. Die Einkopplung könnte natürlich auch auf Ein- und Ausgangsanschlüsse erfolgen. In diesem Falle würde man ein erweitertes CDN benötigen. Zu beachten ist, dass der Generatoranschluss stets 100 Ω haben soll, demnach multipliziert sich dieser Wert mit der Anzahl der Leitungen, auf die zu koppeln ist.

Außer dem Modulator und dem CDN ist noch ein Netzgerät erforderlich, welches den Modulator speist.

11.2.2 Praxismessungen zum Störspannungstest

Das Durchstimmen über den Frequenzbereich kann manuell erfolgen, sollte jedoch nicht zu schnell geschehen, denn das Verweilen bei den kritischen Frequenzen kann die Wahrscheinlichkeit des Störfalls erhöhen. Prinzipiell sieht der Aufbau ähnlich aus wie beim

Burst-Test, d. h. der Proband befindet sich 10 cm über der leitfähigen Tischoberfläche, welche mit dem GND-Anschluss des CDN verbunden ist. Die Spannungsamplitude beträgt am unbelasteten Generator-Ausgang (mit 50 Ω) 10 V_{eff} zur Erfüllung der Normvorschrift. Siehe hierzu Abschn. 4.3.4 und Abb. 4.14.

Die oben beschriebene Anordnung verlangt dem Generator wegen der Verluste im Modulator eine recht hohe Ausgangsspannung ab, die etwa bei 40 V_{eff} liegt. Man kann durch einen geeigneten Transformator eine Steigerung erreichen (siehe Abb. 11.9) oder man muss halt mit der Einschränkung leben, den Test unterhalb des Normpegels zu fahren.

Es ist häufig zu lesen (auch in der Norm EN 55016 ist dies enthalten), man solle zwischen Verstärkerausgang und CDN ein 6-dB-Abschwächerglied schalten, um die Fehlanpassung abzumildern. Falls der Verstärkerausgang ohne Lastabschluss Schaden nehmen kann, ist dieser Tipp zu befolgen. Bei kurzen Leitungen zum CDN sind aber keine ungünstigen Reflexionen zu erwarten, die sich am Verstärkerausgang als Spannungsknoten, also Kurzschlüsse zeigen (siehe auch Abb. 1.21).

Ein Abschwächer würde aber die Forderung an die erforderliche Ausgangsspannung noch steigern.

Das Kernmaterial muss für höhere Frequenzen (beispielsweise K1) geeignet sein, hat also auch eine weitaus geringere Permeabilität. Die Impedanz sollte bei der niedrigsten anzuwendenden Frequenz etwa mindestens fünfmal so groß wie die Quellimpedanz des Generators sein. Eine Beispielrechnung findet sich in Anhang D.2. Sehr geeignet sind auch Materialien aus Ni-Zn.

Abb. 11.9 Ringkern-Übertrager zur Steigerung der Ausgangsspannung eines Generators. Das Übersetzungsverhältnis sei 1:2 bezüglich Windungszahlen, damit ist das Spannungsverhältnis ebenso groß. Es ist nicht möglich, mit einem einzigen Kernmaterial diese Aufgabe zu erfüllen, sondern es sind wenigstens zwei nötig, die dann zwei Frequenzbereiche abdecken

Die im Anhang D.2 näher beschriebenen Übertrager vergrößern die Spannung am Prüfling bzw. vermeiden weitgehend eine Verzerrung. Siehe hierzu den Vergleich in Abb. 11.10.

Es wurde das Einmessverfahren nach Abb. 4.14 angewandt. Danach erscheint am EUT sogar eine höhere Spannung, wie das Abb. 11.11 verdeutlicht.

Sofern bei der nachfolgenden Prüfung der Proband keine weitere Last gegen Erde darstellt (über weitere CDNs, siehe Abschn. 4.3.3), kann man die erhöhte Prüfspannung von 15 V wieder auf 10 V reduzieren, sodass die U-Messung einen Wert von 1,11 V ergeben müsste.

Testdurchlauf

Zunächst kann die Testfrequenz mit einem schnellen Sweep im Bereich 0,15 bis 80 MHz (oder weniger) durchlaufen werden. Der Pegel sollte etwa dem Grenzwert entsprechen. Zeigt der Proband einen Ausfall durch diese Störung an einer bestimmten Frequenz oder an einem engen Bereich, so ist dieser genauer zu untersuchen. Dort ist möglicherweise der Pegel sogar zu reduzieren, ohne dass die Fehlererscheinung ausbleibt. Sollte der Prüfling keine Störung zeigen, so kann das Durchlaufen des Frequenzbereichs verlangsamt werden (siehe auch Abschn. 5.1.3). Ergibt sich kein Ausfall, so ist dieser vorläufige Test abgeschlossen.

Generell ist zur Messgeschwindigkeit zu sagen, dass gewährleistet sein muss, dass der Prüfling auf eine Beeinflussung merklich reagieren können muss. Danach richtet sich die Taktrate, mit der die Frequenz in 1 %-Schritten zu inkrementieren ist.

Selbstverständlich lässt sich in der Praxis nicht vermeiden, dass auch mal weitere Zusatzgeräte an den Prüfling anzuschließen sind, ohne die eine Funktion nicht aufrechtzuerhalten ist. Damit ist gefordert, den Prüfling so anzuschließen wie in Abschn. 4.3.3 erläutert.

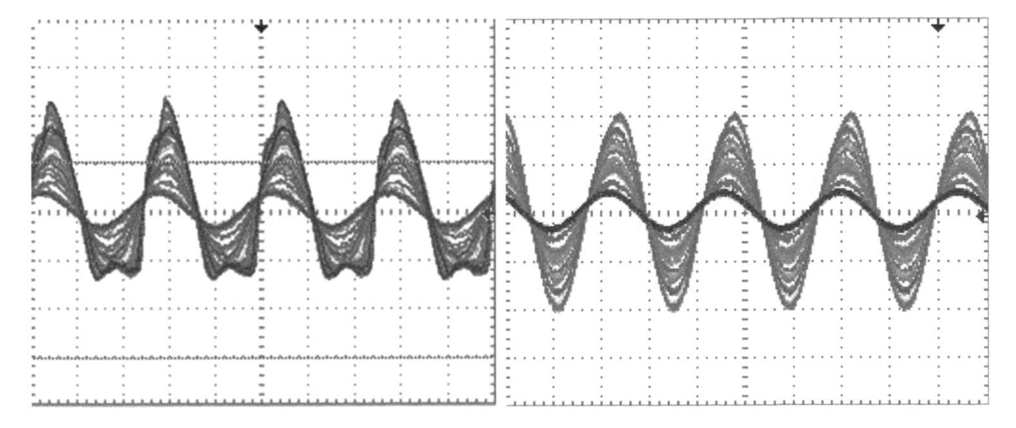

Abb. 11.10 Verbesserung der Spannung am Prüfling durch Übertrager

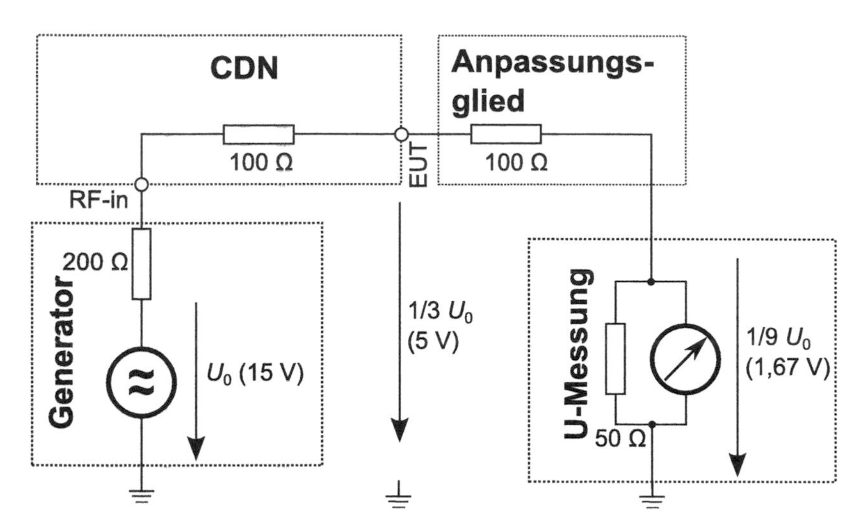

Abb. 11.11 Hier sind die Impedanzverhältnisse geändert, damit auch ein Verstärker mit geringerer Leistung ausreichend wäre. Vgl. hierzu auch Abb. 4.14. Demnach liegen am EUT im unbelasteten Fall nicht nur die geforderten 10 V, sondern 15 V. Es handelt sich wiederum um Angaben der Effektivwerte, die ohne Modulation vorherrschen würden. Gleiche Ströme wie in Abb. 4.14 lägen dann vor, wenn das EUT eine Impedanz von 150 Ω auf die Ground-Platte aufweist, sonst ergeben sich Abweichungen in beide Richtungen

11.2.3 Störspannungstest mit Eigenbau-Generator

Zur Bestimmung der leitungsgebundenen Störfestigkeit für HF-Spannung kann auch ein speziell dafür konzipierter Eigenbau-Generator dienen. Eine detaillierte Beschreibung dazu findet sich in Anhang F. Dort sind auch die Beschreibung eines HF-Vorverstärkers und die Erwähnung von käuflichen Endverstärkern zu finden, die zum Anschluss an ein Koppelglied (CDN) geeignet sind. Die Höchstfrequenz ist mit 60 MHz zwar nicht normgerecht, jedoch können beim Test auch damit schon Bewertungen möglich.

Zum Programmieren bzw. Brennen des Mikrocontrollers auf dem Board *Arduino Uno R3* sind neben der im Internet frei verfügbaren Entwicklungsumgebung auch ein spezielles Steuerprogramm namens *Arduino-Generator.ino* nötig (weitere Hinweise zum Selbstbau siehe Anhang F.1). In dessen Quelltext ist ferner ein Link enthalten für ein spezielles Headerfile, welches ebenfalls zu installieren ist, wenn z. B. ein LC-Display vom Typ IIC/I2C/TWI LCD 2004 20X4 zum Einsatz kommen soll.

Die Prüfung erfolgt ganz genauso wie in Abschn. 4.3.1 beschrieben. Der Generator bietet die Modi automatischer, getriggerter und manueller Sweep. Üblicherweise arbeitet man mit dem automatischen Sweep, bei dem dann ein Logging-System wie in Abschn. 12.8.6 (ADX-24) beschrieben die vom Prüfling ausgegebene Größe und vom Generator die zur Frequenz proportionale Spannung simultan aufgezeichnet werden. Dieses zweikanalige Logging ermöglicht später bei der Auswertung einen eindeutigen und akkuraten Bezug zwischen Messwerten und Störfrequenz. Natürlich führt ebenfalls ein

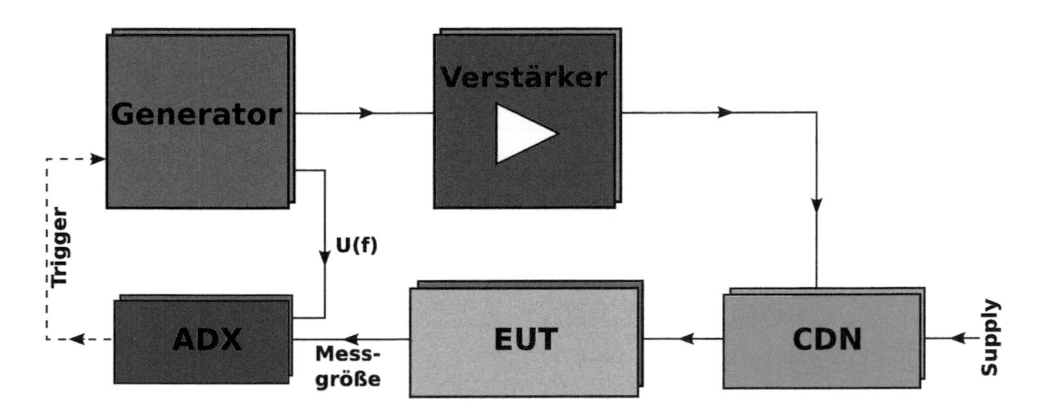

Abb. 11.12 Prinzipaufbau mit Generator und Daten-Logger ADX. Für den Modus Trigger-Sweep muss eine Verbindung zwischen beiden Geräten bestehen, die die Trigger-Impulse weiterleitet (gestrichelte Linie)

getriggerter Sweep zum Ziel, wobei die Triggerimpulse vom ADX an den Generator zu führen sind. Die prinzipiellen Aufbaumöglichkeiten sind in Abb. 11.12 dargestellt.

Bedienung
Zur genaueren Beobachtung eines Bereiches oder einer bestimmten Frequenz ist schließlich der manuelle Betrieb vorgesehen.

Als Hilfe zur Bedienung des Generators diene Abb. 11.13. Mit dem Taster *Mode* ganz links in Abb. 11.13 sind Sprünge von einem Hauptfeld zum nächsten möglich. Die Setup-Funktionen erlauben ein paar Einstellungen, die meist selbsterklärend sind. Die Verzögerungs- bzw. Verweilzeit ist in Stufen einstellbar, eine Unterbrechung bei 4 MHz innerhalb eines Durchlaufs ist ein-/ausschaltbar, so auch die Amplitudenmodulation. Ferner ist eine PWM-Kompensation für den DC-Ausgang vorgesehen, damit die Ausgabespannung nicht von der Versorgungsspannung abhängig ist. Soll jedoch die reine PWM bzw. ihr ursprünglicher Tastgrad zur Auswertung kommen, so muss die PWM-Kompensation inaktiv sein. Des Weiteren kann eine frequenzabhängige Korrekturtabelle aktiviert oder deaktiviert sein. Die Grundwerte für diese Tabelle sind einmal festgelegt worden, sie sind jedoch auch leicht anhand des Quellcodes veränderbar.

11.3 Improvisierter Störfeldtest

Weitaus schwieriger zu bewerkstelligen als Störspannungen sind Störfelder definierter Stärke und Polarisation. Beides macht geometrische Anordnungen notwendig, die relativ komplex sind. Das Wechselfeld selbst ist wie vorher das Spannungssignal amplitudenmoduliert mit einer Frequenz von 1 kHz und einem Grad von 80 %.

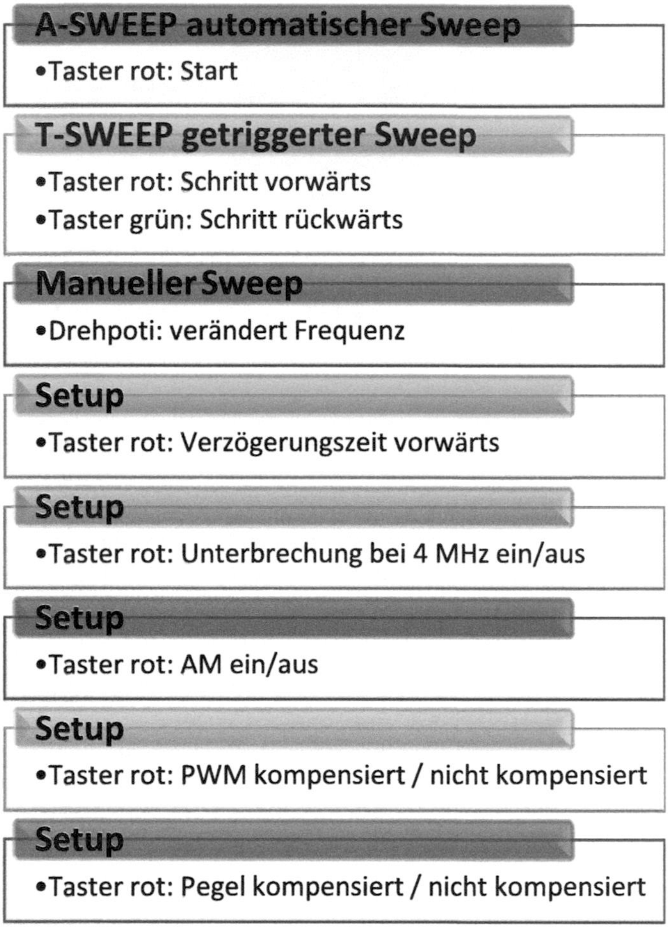

A-SWEEP automatischer Sweep
- Taster rot: Start

T-SWEEP getriggerter Sweep
- Taster rot: Schritt vorwärts
- Taster grün: Schritt rückwärts

Manueller Sweep
- Drehpoti: verändert Frequenz

Setup
- Taster rot: Verzögerungszeit vorwärts

Setup
- Taster rot: Unterbrechung bei 4 MHz ein/aus

Setup
- Taster rot: AM ein/aus

Setup
- Taster rot: PWM kompensiert / nicht kompensiert

Setup
- Taster rot: Pegel kompensiert / nicht kompensiert

Abb. 11.13 Der Menüaufbau: Mit dem Mode-Taster erfolgen die Sprünge zu den (farbigen) Hauptfeldern, der rote Taster führt die entsprechenden Unterfunktionen aus

Zur Erzeugung des Feldes kommen entweder Antennen oder geöffnete Leitungen in Betracht.

Eine Feldeinstrahlung ohne professionelle Geräte und ohne Absorberhalle ist mit einfachen Mitteln schwieriger zu bewerkstelligen, als das bei der Einkopplung von leitungsgeführten Spannungen der Fall war. Die Schwierigkeiten sind vielfältig – zum einen ist die Leistung zum Erreichen der nötigen Feldstärke nicht gerade gering, zum andern ist das provisorisch erzeugte Feld meist sehr orts- und zudem sehr frequenzabhängig.

Um dennoch zu aussagekräftigen Vortests zu kommen, sind einige Vorkehrungen zu treffen. Dennoch sind Restriktionen in Kauf zu nehmen und Vereinfachungen zu akzeptieren.

11.3.1 Mögliche Anordnung zum Störfeldtest

Um ein Hochfrequenzfeld konstant zu halten, ist eine Überprüfung per E-Feld-Sonde eigentlich unerlässlich. Man kann solche Sonden als Vorsatz für Oszilloskop oder Spektrum-Analyzer käuflich erwerben. Uns tut es aber auch eine selbstgefertigte Ausführung, weil wir keine hochgenaue Messung durchführen müssen. Eine derartige Sonde ist mit einem handelsüblichen Koaxkabel anzufertigen (siehe Abb. 11.14). Man sollte an einem Ende lediglich den Innenleiter um wenige Millimeter herausstehen lassen. Dies wirkt wie eine Antenne, hat aber keine Resonanzeigenschaften wie diese, solange die Länge L des freistehenden Innenleiters klein gegenüber der Wellenlänge des zu messenden Feldes ist. Die Empfindlichkeit steigt natürlich mit L. Die Impedanz der Spitze beträgt 50 Ω, wenn das andere Ende der Leitung (z. B. durch Anschluss an einen Spektrum-Analyzer) abgeschlossen ist. Das ist zwar eine Belastung für das Feld, jedoch ist keine Hochimpedanzsonde notwendig.

Zur Abstrahlung eines HF-Feldes benötigt man normalerweise eine Antenne. In unserem Falle sollte ein Frequenzbereich von 80 bis 1 GHz abgedeckt werden. Die Antenne müsste also sehr gute Breitband-Eigenschaften aufweisen. Das ist normalerweise mit einer einzigen Antennenbauart nicht zu erfüllen. Jedoch hat man bereits sehr früh sog. Log-Per-Antennen (= **Log**arithmic **Per**iodic) erfunden, die durch mehrere Dipole verschiedener Größe und Abstand zueinander Breitband-Eigenschaften erfüllen, was sowohl den Gewinn als auch den Impedanzverlauf betrifft. Für weitere Details ist weiterführende Literatur zu empfehlen [1] (Abb. 11.15).

Ein Kalkulator für beliebige Log-Per-Antennen ist zu finden im Internet unter *Logper-Calc*.

11.3.2 Praxismessungen zum Störfeldtest

Abhängig von der Funktionsweise eines Gerätes wird seine Empfindlichkeit bzw. Immunität gegenüber äußerlichen Störfeldern einzuschätzen sein. In Kenntnis dieser Funktionsweise wird es leichter fallen, den „wunden Punkt“ zu finden, also diejenige Frequenz, Einstrahlrichtung usw., die am ehesten Auswirkungen zeigen oder bei denen der geringste Pegel erforderlich ist, um Einflüsse auf die Funktion festzustellen.

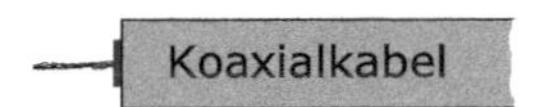

Abb. 11.14 Einfachste E-Feldsonde, bestehend aus dem Ende eines Koaxkabels

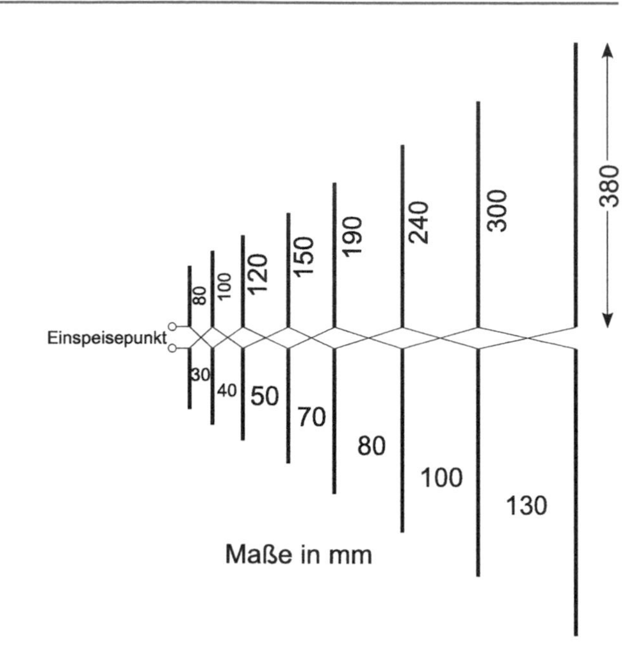

Abb. 11.15 Einfache Richtantenne in Form einer Log-Per-Antenne für den UHF-Bereich. Dieses Beispiel ist für den Frequenzbereich 200 bis 1000 MHz ausgelegt. Die verkreuzte Anbindung kann auch dadurch bewerkstelligt werden, dass als Träger Platinenmaterial (möglichst doppelte Dicke) verwendet wird und die einzelnen Stäbe wechselseitig verlötet werden. Der Einspeisepunkt befindet sich stets am kleinsten Dipol, die Strahlrichtung ist jedoch entgegengesetzt

Verwenden wir eine Anordnung wie in Abschn. 5.2.2 beschrieben, so ist lediglich die besagte Frequenz und die optimale Einstrahlrichtung zu wählen. Man wähle noch eine Betriebsart, die am störempfindlichsten ist. Wichtig ist, dieselbe Anordnung und dieselben Bedingungen immer zu reproduzieren, wenn am Probanden Änderungen vorgenommen worden sind. Nur so sind eindeutige Trends auszumachen, also Aussagen darüber, welcher Weg einzuschlagen ist, um ein Gerät unempfindlicher zu gestalten gegenüber Einstrahlung.

Sehr hilfreich kann der Einsatz einer E-Feldsonde sein, damit lässt sich die Feldstärke einigermaßen definieren und konstant halten. Sie ist in unmittelbarer Nähe zum Prüfling zu postieren. Wenn sich eine Gelegenheit dazu bietet, diese Sonde in einem Testhaus zu kalibrieren, sollte dies tun. Man kann sie ganz einfach in die Kabine nehmen und ein Koaxkabel zu einem externen Spektrum-Analyzer oder Detektor führen. Der Zusammenhang mit der Frequenz wäre natürlich aufschlussreich [2].

11.4 Störspannungs-Emission mit einfachen Mitteln

Um die von Prüflingen abgegebene Störspannung messen zu können, ist eine sog. Netznachbildung nötig. Dies ist ein Filter, welches einerseits die Störspannung des Probanden „gefangenhält", also nicht nach draußen lässt. Anderseits müssen Störungen von der Versorgungsleitung vom Messkreis ferngehalten werden.

Bei der Betrachtung wollen wir uns auf Gleichtaktstörungen beschränken. Das heißt, die Versorgungsanschlüsse liefern identische Störpotenziale gegenüber einem Referenz-Potenzial, dem Erdanschluss oder dem Gehäuse. Diese Fokussierung ist plausibel, denn

Gegentaktstörungen sind relativ unspektakulär mit einfachen Mitteln (z. B. Keramikkondensatoren) zu unterdrücken. Handelt es sich beim Gehäuse um eine Kunststoffausführung, bildet auch eventuell die Leiterplatte zu einer benachbarten Metallplatte (Groundplane) Kopplung zum Referenzpotenzial.

Eine nicht genormte Anordnung zur Messung der ausgesandten Störspannung ist möglich, wenn wir das Eigenbau-CDN diesmal als Netznachbildung verwenden. Bei Einsatz von Netzspannung sind allerdings die notwendigen Sicherheitsmaßnahmen unbedingt zu beachten. Bei allen Messungen mit nicht der Norm konformem Equipment ist zu beachten, dass der Aufbau wenigstens konstant und nachvollziehbar bleibt. So ist gewährleistet, dass sich Tendenzen eindeutig abbilden.

11.5 Störfeld-Emission mit einfachen Mitteln

Eine Störfeld-Emission ist mittels einer breitbandigen Antenne und einem geeigneten Oszilloskop bzw. Spektrum-Analyzer relativ einfach zu beurteilen. Hier sind konstante Verhältnisse noch wichtiger als bei der leitungsgebundenen Störspannungsmessung, denn Absorptionen und Reflexionen bestimmen stark das Resultat und machen den geometrischen Aufbau kritisch. Die weiter oben beschriebene Log-Per-Antenne ist nicht nur als Einstrahl-Element (Immunität) nutzbar, sondern auch zur Abstrahlungsmessung (Emission).

Jedes Freifeld, auch wenn es keine Erdungsfläche besitzt, ist immer noch besser als ein Raum in einem gewöhnlichen Haus. Es sollten jedoch keine anderen – vor allem metallische – Gegenstände in der Nähe sein. Netzbetriebene Geräte sind verständlicherweise problematisch, es sei denn man kann auf eine Notstromversorgung zurückgreifen (USV). Alle unabhängigen Geräte lassen sich einfach mit Bleiakkus betreiben. Auch neuere Spektrum-Analyzer bieten optional eine netzunabhängige Versorgung.

Eine sehr einfache Methode ist der Einsatz von E-Feldsonden, die aufgrund ihrer geringen Empfindlichkeit im Nahfeld des Probanden zu betreiben sind. Diese Messung benötigt kein Freifeld, die Reflexions-Komponenten sind gegenüber dem Direktfeld vernachlässigbar klein.

Literatur

1. Klawitter, Gerd: Antennenratgeber, Empfangsantennen für alle Wellenbereiche. Baden-Baden: Verlag für Technik und Handwerk 2005.
2. Schwab, A., Kürner, W.: Elektromagnetische Verträglichkeit. Berlin, Heidelberg, New York: Springer Verlag 2007.

12 Entwicklungsbegleitendes Equipment

Zusammenfassung

Gegenüber ausdrücklich nicht-normgerechter Aufbauten und Anordnungen – wie im letzten Kapitel beschrieben – steigern wir in diesem Kapitel die Ansprüche, und damit auch die Ausgaben. Dennoch halten letztere sich in akzeptablen Grenzen und sind noch um Größenordnungen geringer als bei einem akkreditierten Institut.

Es handelt sich hier um keine Eigenbau-Teile und Ausrüstungen, sodass allein das Befolgen des normgerechten Aufbaus zu hinreichend genauen Ergebnissen führen sollte. Zum Aufbau sind die Kap. 4 und 5 zu beachten.

Die empfohlenen Ausrüstungsgegenstände erscheinen in der Hierarchie ihrer Wichtigkeit, und EMV-Kriterien, die in den meisten Fällen nur eine untergeordnete Rolle spielen, fanden in diesem Kapitel keine Erwähnung.

Der praktische Einsatz der Geräte soll hier zur Sprache kommen, begleitet von zahlreichen Anwendertipps. Ferner sind die Prinzipien einiger Geräte beschrieben, damit der Entwickler auch Effekte und Phänomene erklären bzw. vermeiden kann.

12.1 Immunität: Schnelle Transienten

Für den Test mit schnellen Transienten sind diverse Hersteller bekannt, die auch günstige Geräte anbieten. Man sollte darauf achten, dass die Geräte nicht nur eine Burst-Frequenz von 5 kHz bieten, sondern auch die „neue" Frequenz 100 kHz. Ansonsten kann man auf Geräte der Firmen EM TEST, Schaffner oder andere zurückgreifen.

Zur Durchführung vieler Routinemessungen sind Geräte zu bevorzugen, die programmierbare Abläufe erlauben, z. B. EFT 500 der Firma EM TEST (siehe auch Abb. 4.1).

D. Stotz, *Elektromagnetische Verträglichkeit in der Praxis*,
https://doi.org/10.1007/978-3-662-62221-6_12

12.2 Immunität: Leitungsgebundene Störspannung

Der Verstärker muss für eine nominelle Quellenspannung von 10 V und einem Modulationsgrad von 80 % eine Scheitelspannung von ca. 25,5 V als Quellenspannung (unbelastet!) liefern. Dies entspricht einer Spitzenleistung von 13 W (bei Leistungsanpassung) und somit einem Pegel von 41 dBm. Dies gilt jedoch nur, wenn kein Dämpfungsglied zwischen Verstärker und CDN verwendet wird, andernfalls muss der Pegel um weitere 6 dBm größer sein.

Läge keine Modulation vor und wäre der Verstärker korrekt abgeschlossen, so käme ein Effektiv-Leistungspegel von 27 dBm am Abschluss an. Jetzt muss nur noch das Verstärkungsmaß (z. B. 20 dB) in Abzug gebracht werden, dann erhält man den Mindestpegel für den Generatorausgang (+ 7 dBm). Ausführliche Rechnung siehe Anhang D.3.

Die meisten Generatoren dieser Preisklasse sind ohne externen Verstärker nicht in der Lage, das CDN für die leitungsgebundene Störspannung mit der nötigen Amplitude zu versorgen. Dagegen liefern übliche Generatoren meist bis ca. + 10 dBm. Der Leistungsverstärker sollte um ca. 30 dB verstärken und eine Mindestleistung haben, wie weiter oben angegeben. Siehe auch Abb. 12.1.

Von der EMV-Seite her betrachtet ist ein CDN eigentlich immer gleich definiert. In praxi unterscheiden sie sich dennoch in der Anzahl von Leitungen, die gleichzeitig mit einer Gleichtaktstörung beaufschlagt werden sollen. Ferner kann man Netzversorgungsleitungen nicht mit 24-V-Leitungen vergleichen oder gar mit Leitungen zu einer Schnittstelle. Es müssen außer der Anzahl von Leitungen auch Spannungsfestigkeit und Signalübertragung gewährleistet sein. Ein vierpoliges CDN ist in Abb. 12.2 dargestellt.

Abb. 12.1 HF-Generator und Nachfolgeverstärker. Es handelt sich um einen Generator des Typs PMM 3000 von der Firma Narda, der Verstärker ist ein Minicircuits ZHL-32A

Abb. 12.2 Einkoppelglied für vier nichtabgeschirmte Leitungen

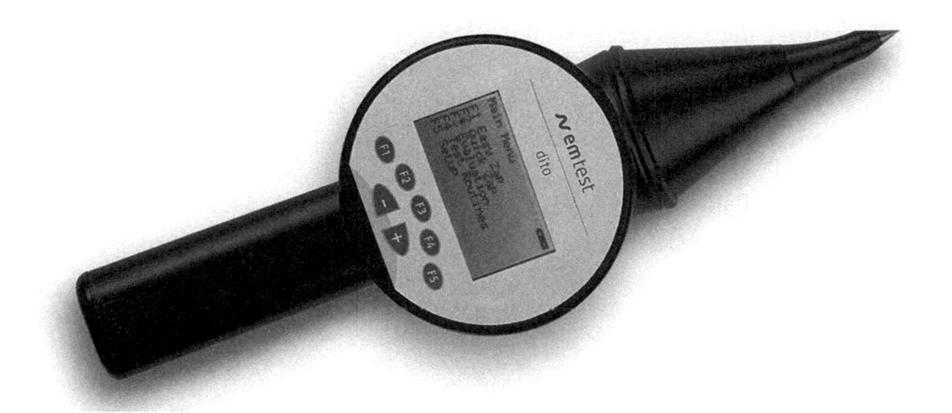

Abb. 12.3 Moderne ESD-Pistole mit Spannungen bis über 16 kV (Foto: Fa. EM TEST GmbH)

12.3 Immunität: Elektrostatische Entladung (ESD)

Eine Menge von kleinen Geräten ist auf dem Markt verfügbar. Sie sollten außer den Normimpedanzen natürlich auch die möglichen Spannungen liefern können. Diese liegen derzeit bei 4 kV Kontaktentladung und 8 kV Luftentladung für industrielle Umgebung. Ein Beispiel für ein Gerät zeigt Abb. 12.3.

12.4 Immunität: Einstrahlung

Eine günstige Alternative zur Absorberhalle ist die G-TEM-Zelle. Darin wird versucht, ein homogenes Feld zu erzeugen. Allerdings ist zu bedenken, dass eine G-TEM-Zelle nur für Probanden mit sehr begrenzten Ausmaßen geeignet ist bzw. eine entsprechend große Zelle auch sehr teuer ist.

Am spitzen Ende der Zelle befindet sich ein HF-Anschluss, an den eine amplitudenmodulierte Störspannung anzuschließen ist. Man sollte sich vor dem Aufschalten des Signals jedoch vergewissern, ob die Abschlussimpedanz der Zelle in ordnungsgemäßem Zustand ist (einfach mit Ohmmeter nachzumessen). Siehe Abb. 12.4.

An den UHF-Verstärkerausgang führt ein Koaxialkabel auf den Eingang der Zelle. Man benötigt außer einem HF-Generator noch einen Verstärker, denn zur Erzeugung von Feldstärken von bis zu 10 V/m reicht ein Generatorpegel i. Allg. nicht aus.

Wir sehen in Abb. 12.5, wie sich die Feldstärke innerhalb der Zelle verteilt. Nimmt man überall auf dem Septum gleiche Spannungsamplituden an, so wird einleuchten, dass die Feldstärke von der Septumhöhe abhängig ist. Bewegt man sich auf einer Höhenlinie zwischen Außenwand und Septum sind die Felder jedoch auch nicht ganz konstant.

Grundsätzlich gibt es drei gangbare Lösungen zur Konstanthaltung der Feldstärke über den untersuchten Frequenzbereich.

Konstanthaltung der Generatorspannung

Dies ist die ungenaueste Methode, weil bei konstanter Generatorspannung weder der Frequenzgang des Verstärkers noch die frequenzabhängige Impedanz der G-TEM-Zelle zur Kompensation gelangen. Man kann dies für einen groben Test dennoch verwenden. Um wenigstens den Charakter der Zelle auszumerzen, liefert diese – wenn sie kalibriert ist – außerdem Kompensationstabellen gleich mit. Diese sind in den Generator bzw. die Steuerungs-Software zu laden, damit die Generator-Ausgangsspannung einer entsprechenden Modifikation unterliegt.

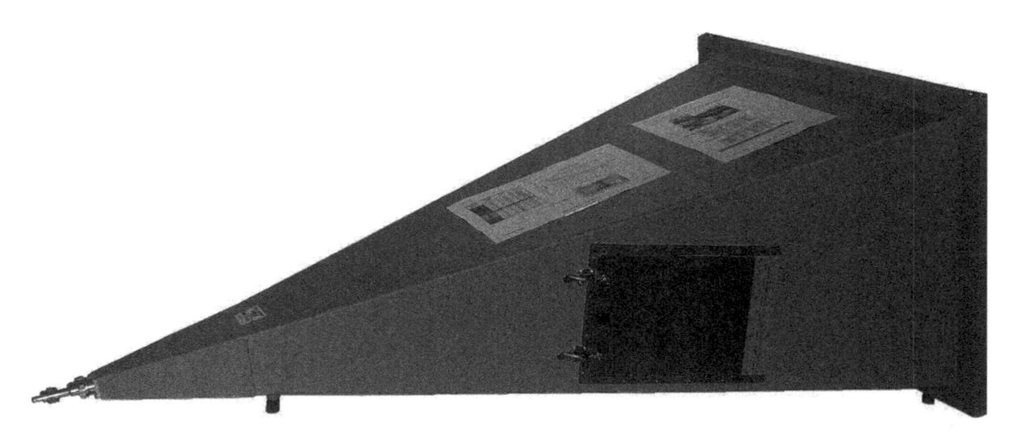

Abb. 12.4 G-TEM-Zelle zur Verwendung als Hilfsmittel zum Einstrahltest. An der vorderen Seitenwand sieht man eine Türe, welche den Zugang zur Zelle für die Probanden ermöglicht. An der Spitze ist der HF-Anschluss sichtbar – hier als F-Anschluss ausgeführt, jedoch mit einem Reduzierstück auf BNC versehen

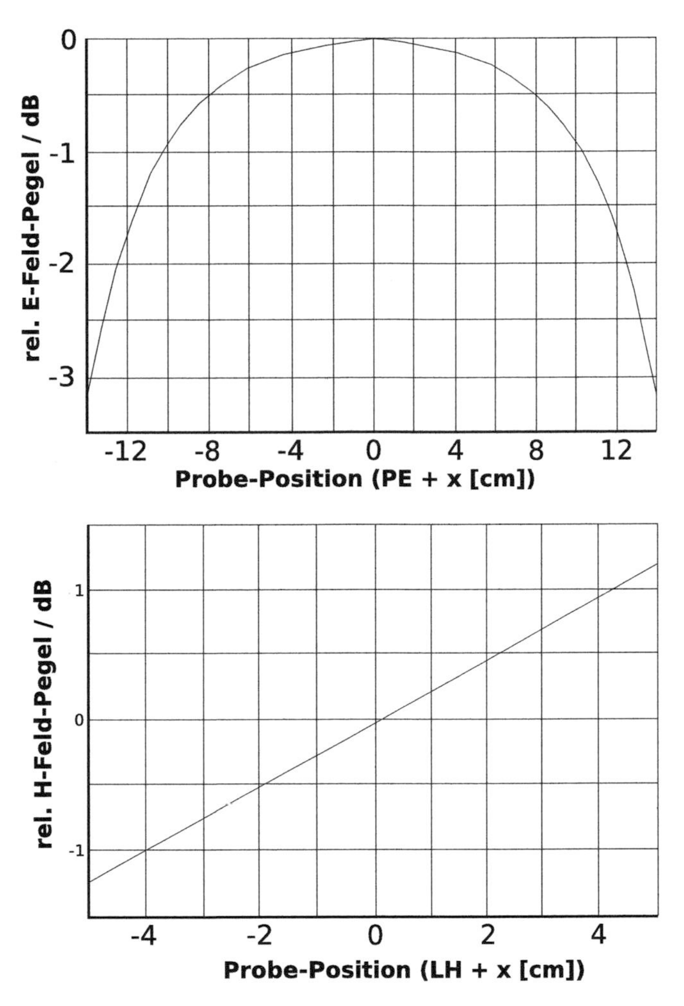

Abb. 12.5 Feldverteilung bei einer TEM-Zelle. **LE** bzw. **LH** bedeuten Zentralposition der E- bzw. H-Feld-Sonde zwischen Außenwand der Zelle und Septum. Innerhalb der zum Septum senkrechten Strecke sind die Feldstärken also nicht ganz konstant (entnommen aus der Beschreibung für die TEM-Zelle TEMZ 5233 der Firma Schwarzbeck)

Konstanthaltung der Leistung

Damit die in die Zelle eingespeiste Wirkleistung konstant bleibt, muss das *Stehwellenverhältnis* gemessen werden. Wenn es größer wird, steigt die Fehlanpassung, was wiederum durch eine Steigerung der Generatorspannung zu kompensieren ist. In der Praxis kommen hierfür *Richtkoppler* zur Anwendung, die sofort ein Maß für die umgesetzte Wirkleistung zurückliefern. Siehe Abb. 12.6.

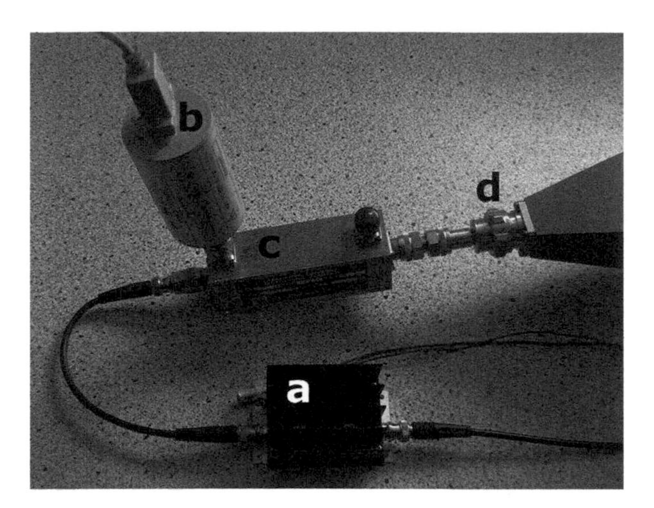

Abb. 12.6 Richtkoppler und Schaltungsprinzip. Am Eingang der G-TEM-Zelle (**d**) ist der Ausgang des Richtkopplers (**c**) angeschlossen. Sein Eingang führt Leistungsverstärker-Ausgang (**a**). Der Vorwärts-Koppelausgang des Richtkopplers führt zum Wandlergerät (**b**), dessen 488-Ausgang die Werte zurück zum Steuergenerator liefert, um diesen auf konstante Leistung auszuregeln. Bemerkung: Im Gegensatz zur Abbildung muss der Rückwärts-Koppelausgang des Richtkopplers auf jeden Fall mit 50 Ω abgeschlossen sein

Konstanthaltung der Feldstärke
Zur Nachregelung der tatsächlichen Feldstärke sind E-Feld-Sonden vorgesehen, die sich idealerweise dort befinden, wo auch der Prüfling in der Nähe ist. Diese Sonden sind z. B. erhältlich bei emv GmbH. Die modernsten Typen sind sehr klein, sodass keine Einwirkungen auf das Feld zu erwarten sind, ein Laser versorgt sie mit Energie und auch optisch werden die Messwerte nach draußen geführt, sodass auch hier keine Resonanzstörungen auftreten können.

12.5 Immunität: Stoßspannung/Stoßstrom

Abb. 12.7 zeigt einen Generator zur Erzeugung von Stoßspannungen. Es sind auch allerlei Geräte erhältlich, die Burst und Surge kombiniert zur Verfügung haben. Damit reduziert sich der Gerätepark wieder um ein Stück.

12.6 Emission: Störspannung

Bei der Messung der abgegebenen Störspannung an die angeschlossenen Leitungen bedient man sich einer *Netznachbildung* (auch genannt *Line Impedance Stabilization Network*), an dem die Störspannung schon direkt abgenommen werden kann. Ein solches Gerät sehen wir in Abb. 12.8.

Abb. 12.7 Generator für Burst, Surge und Power-Fail (Foto: Fa. EM TEST GmbH)

Abb. 12.8 Netznachbildung zur Messung abgegebener Störspannungen. Ganz links ist ein Anschluss für eine sog. *künstliche Hand*. Die Druckschalter ermöglichen die Wahl des zu messenden Stranges

Dieses Filter arbeitet ganz ähnlich wie ein CDN, ist jedoch durch ein solches aus impedanz-technischen Gründen nicht zu ersetzen. Es soll übliche Impedanzen, wie sie im Netz anzutreffen sind, simulieren. An dieses Filter können aber auch Gleichspannungen eingespeist werden (ähnlich wie bei der Einspeisung am Burst-Generator). Die prinzipielle Innenschaltung ist in Abb. 12.9 zu sehen.

Für Geräte, für die ein Handbetrieb vorgesehen ist (z. B. Bohrmaschinen und dergl.) kann der Anschluss einer künstlichen Hand die Realsituationen nachstellen.

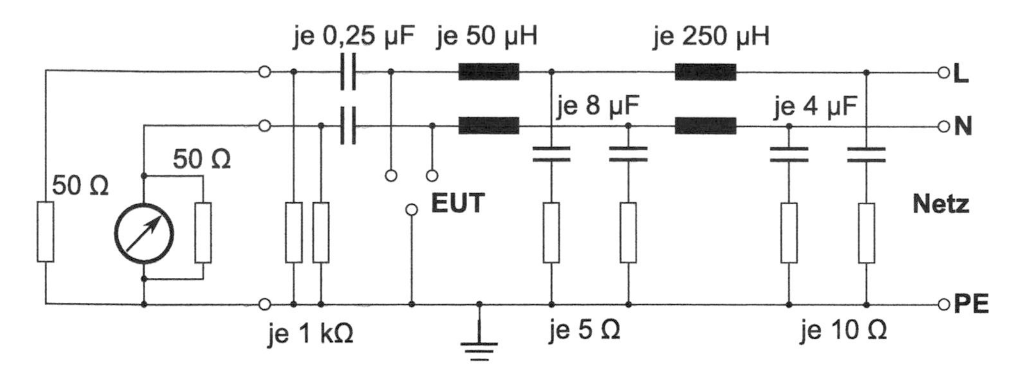

Abb. 12.9 Prinzip und Innenschaltung der Netznachbildung. Es handelt sich um eine V-Netznachbildung vom Typ 50 µH ‖ 50 Ω + 5 Ω, die von 9 kHz bis 30 MHz geeignet ist. Die Auskopplung für das Messgerät kann umgeschaltet werden, der jeweils andere Anschluss ist dann mit 50 Ω abgeschlossen

An dieser Stelle sei erwähnt, dass die NNB die Fehlerstrom-Sicherung auslösen kann. Siehe Abschn. 12.8.4.

> Sollen vorwiegend Geräte mit kleiner Versorgungsspannung und/oder Gleichspannung (z. B. 24 V=) getestet werden, sollte die NNB eine getrennte Versorgung ermöglichen. Hat sie dies nicht und wird die NNB an die Kleinstspannung angeschlossen, arbeiten möglicherweise die internen Relais-Umschalter nicht ordnungsgemäß.

12.7 Emission: Messempfänger oder Spektrumanalyzer

Viel diskutiert wird darüber, ob nun ein Spektrumanalyzer als adäquater Ersatz zum – wesentlich teureren – Messempfänger gelten kann. Für den Einsatz als entwicklungsbegleitende Messumgebung ist der Spektrumanalyzer meist sogar dem Messempfänger vorzuziehen, denn ersterer gibt sehr viel schneller Auskunft darüber, wo Störungen zu erwarten sind, die sich in Grenzwertnähe befinden.

Ein Test von einem akkreditierten Institut ist dagegen sachlicher einzustufen – die Prüfer wissen i. Allg. nicht, in welchem Frequenzgebiet hauptsächlich Störungen zu erwarten sind und welcher Art diese sind (häufige Störungen oder sporadische Knacke). Der Entwickler hingegen kann normalerweise sein Gerät bereits einstufen und betrachtet somit zielstrebig relevante Bereiche. In Abb. 12.10 sind Beispiele für Messempfänger zu sehen.

Spektrumanalyzer können auf unterschiedliche Weise arbeiten. Ein Gerät nach Abb. 12.11 und Abb. 12.12 beispielsweise funktioniert fast komplett analog – lediglich für die Werteausgabe an der Schnittstelle ist noch ein A/D-Wandler eingebaut. Der interne Generator erzeugt über ein *Mischersystem* Frequenzen im Umfang 0,15 bis 1000 MHz, was in periodischen Sweeps durchlaufen wird. Es ist natürlich auch möglich, daraus nur einen Ausschnitt zu verwenden. Der Sweep erzeugt ein zur Frequenz lineares Gleichspannungssignal, welches der Horizontalablenkung (X-Ablenkverstärker) dient. An einem zweiten Mischersystem gelan-

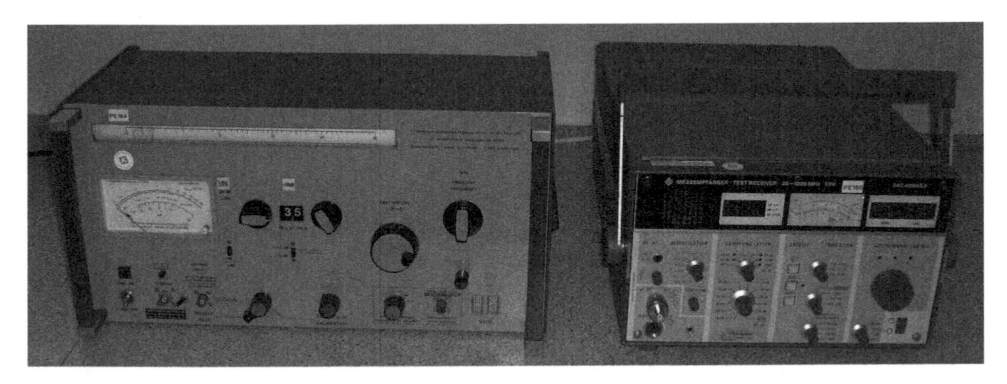

Abb. 12.10 Herkömmlicher Messempfänger, daneben noch ein älteres Modell mit mechanischen Bereichsumschaltern. Für keine so häufigen Messungen sind komplett handbetriebene Geräte kein Nachteil, es ist nur wichtig, dass sie stets in einem geprüften Zustand sind und den Kalibrierzyklus einhalten

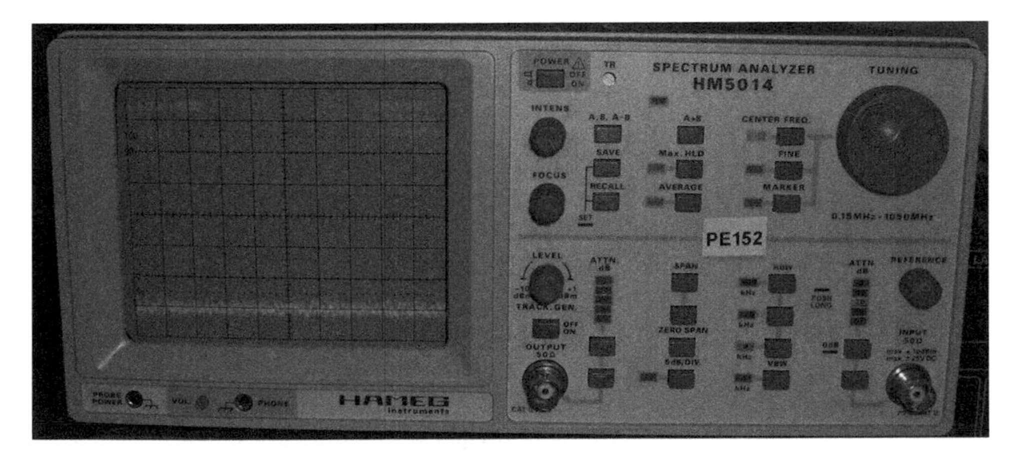

Abb. 12.11 Herkömmlicher Spektrumanalyzer. Das abgebildete Gerät verfügt noch über einen sog. Tracking-Generator, der zwar für die Erfassung von unabhängigen Störsignalen nicht notwendig ist, aber zur Bestimmung von Übertragungskennlinien von z. B. Filtern sehr nützlich ist

gen nun dieses Generatorsignal und das verstärkte Eingangssignal zusammen. Das nachfolgende (umschaltbare) Bandfilter lässt dann immer nur Signale mit naher Frequenz zum Messsignal durch. Dieses selektive Signal führt auf einen Detektor, dann auf einen Tiefpass, auf einen Logarithmierer und schließlich zum Y-Ablenkverstärker.

Neben analog arbeitenden Geräten der Spektrum-Analyzer finden sich in der Neuzeit mehr und mehr digitale Ausführungen. Üblich ist sogar bei Oszilloskopen, die ohnehin abtastende Systeme sind, als Dreingabe eine Fast-Fourier-Analyse zu bieten.

Hauptargument für Messempfänger war vor einigen Jahren noch die größere Dynamik, mit der auch starke und kurze Störimpulse recht genau aufzulösen sind, und zwar sowohl in ihrem Pegel als auch im zeitlichen Verhalten. Allerdings sind die Sampling-Verfahren

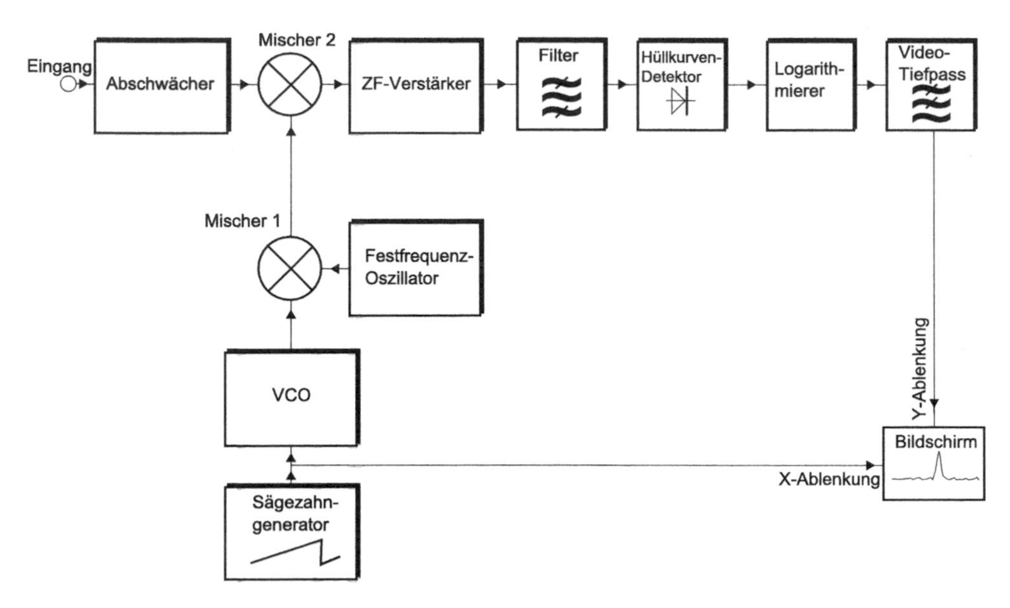

Abb. 12.12 Prinzip eines analog arbeitenden Spektrumanalyzers. Der sehr weite Frequenzhub wird normalerweise nicht mit einem VCO alleine bewerkstelligt, sondern mittels weiterem Oszillator und einem Mischer

sowohl von der Bit-Tiefe als auch von der Geschwindigkeit und dem Grundrauschen so stark verbessert worden, dass diese Systeme einem herkömmlichen Messempfänger praktisch in nichts mehr nachstehen. Das Problem ist, dass die Art der Störungsbewertung normativ auf Messempfänger zugeschnitten ist, dabei wären heutzutage auch andere Bewertungen denkbar, die besser zu Sampling-Systemen passen.

Bei der Art von Störungen sind nämlich sogar solche vorstellbar, die durch einen üblichen Scan durch einen Messempfänger überhaupt nicht zu erfassen sind, während ein Sampling-System mit hinreichend langer Erfassungszeit dazu durchaus in der Lage wäre. Prozessorgesteuerte Systeme mit durchdachten Software-Analysen könnten weiterhin auch eine zeitliche Bewertung der Störungen durchführen. Diese erwähnte Erfassungszeit wäre dann immer noch ein Bruchteil dessen, was bei einem zeitlichen Sweep durch Messempfänger zu Buche schlagen würde. Damit wäre auch ein erheblicher Nachlass in den Kosten verbunden.

In Anbetracht all dieser Aspekte kommt möglicherweise in nicht allzu ferner Zukunft ein Umschwung in Richtung digitaler Messung durch Spektrum-Analysatoren in Gang, sodass diese Methode nicht mehr ausschließlich für Pre-Compliance-Tests Verwendung findet, sondern auch in normative Messungen Einzug hält.

12.8 Zusätzliche Hilfsmittel

Neben den speziellen Geräten für den EMV-Einsatz sind natürlich noch andere Dinge erforderlich, die mehr vom „Elektronik-Alltag“ kommen. Diese sollten – falls man sich entschließt, ständig entwicklungsbegleitend EMV-Tests durchzuführen – auch beim festen EMV-Inventar bleiben. Somit unterliegen diese Geräte auch der Obhut des EMV-Beauftragten der jeweiligen Firma.

12.8.1 EMV-Tisch

Ein einfacher EMV-Tisch sollte folgenden Richtlinien genügen:

- Material komplett aus Holz (keinerlei Metallteile dürfen angebracht sein)
- Kupferplatte sollte abnehmbar sein (zur Messung von Störspannungsemission)
- Die Höhe beträgt mindestens 0,85 m, die Tischplatte sollte groß sein, damit immer genügend Abstand zur störenden Umgebung besteht.

Ein „normaler“ Tisch ist i. Allg. ungeeignet, da sich oftmals Metallträger unter der Platte befinden, die vor allem Emissionseigenschaften gänzlich verfälschen können. Ebenfalls sind keine Schubladen zweckmäßig – als Ablagefläche könnte noch eine Platte in Bodennähe dienen, die jedoch von der oberen Platte einen Mindestabstand von 0,85 m haben muss. Siehe Abb. 12.13.

Für Störfestigkeitsmessungen ist die Auflage aus Kupferblech abnehmbar, falls man den Tisch kombiniert einsetzen möchte.

Abb. 12.13 Einfacher Tisch und Abmaße eigens zur Durchführung von EMV-Tests. Die untere Platte dient der Ablage, wobei keine metallischen Gegenstände näher als 0,85 m zur Oberplatte liegen dürfen. Die Platte sollte imprägniert sein, damit Feuchte ausgeschlossen werden kann

12.8.2 Holzbrücke

Die Brücke in Abb. 12.14 dient zur Einhaltung des Abstands Prüfling/Groundplane von 100 mm. Sie befindet sich auf dem Holztisch und kann zweckmäßigerweise auch ein paar Kabelhalterungen besitzen, die jedoch unbedingt isolierend sein müssen.

12.8.3 Netzteil und Akkuversorgung

Zur Versorgung der Probanden mit Kleinspannung kann ein kleines Labornetzgerät dienen, welches eine kontinuierliche Einstellung der Spannung und möglichst auch des Maximalstromes gestattet. Manchmal werden durch Rückwirkung Netzgeräte gestört, oder es ist einfach eine völlig potenzialfreie und störungsfreie Versorgung vonnöten. In diesem Fall ist ein Akkumulator mit Nennspannung die richtige Wahl. Eine solche unabhängige Versorgung lässt sich kaum stören und von dort können auch keinerlei zusätzliche Störungen eindringen in die Messanordnung. Siehe auch Abb. 12.15.

Völlig digital einstellbare (nicht nur digital anzeigende) Netzgeräte sind im rauen EMV-Testbereich nicht so geeignet, da bei eventuellen Störungen diese ihre Werte möglicherweise bleibend ändern – der eigentliche Proband erhält dann plötzlich eine falsche Spannung – und der Testverlauf ist gestört.

Abb. 12.14 Brücke zur Einhaltung des Abstands des Prüflings und der zu ihm führenden Leitungen gegenüber der Tischplatte

Abb. 12.15 Einfaches Netzgerät und Bleiakku. Für industrielle Produkte benötigt man meist 24 V, also zwei Akkus in Serie

12.8.4 Trenntransformator

Der Trenntransformator dient hier weniger der Sicherheit, sondern er hat die Funktion, Fehlerströme zu vermeiden, die unweigerlich eine FI-Sicherung zum Abschalten bringen würden. Ein Trenntrafo würde eine solche direkte Ableitung über den Schutzleiteranschluss verhindern. Dies ist jedoch nur dann notwendig, wenn zur Speisung des Prüflings Netzversorgung verlangt ist und diese über eine FI-Sicherung geschützt ist.

12.8.5 Multimeter

Liefern Probanden Ausgangsspannungen oder Ausgangsströme (für Industriegeräte z. B. 4–20 mA), so sollte man hierzu ein geeignetes Multimeter einsetzen. Neben den digitalen Geräten wäre noch ein analoges Zeigergerät sinnvoll. Letzteres hat den Vorteil, rhythmische und plötzliche Tendenzen sofort sichtbar zu machen, während digitale Geräte meist ein Zeitfenster haben, was spontane Änderungen nur verzögert zur Anzeige bringt. Für das Digitalmultimeter ist selbstverständlich eine Logging-Möglichkeit sinnvoll, am besten in unabhängiger Form (also ohne angeschlossenen PC).

Anstelle von Multimetern können auch Schreiber treten, die allerdings portabel und leicht bedienbar sein sollten. Solche Geräte sind auch sinnvoll, wenn man ins Testhaus geht, denn nicht überall sind Logging-Geräte in passender Form verfügbar.

Abb. 12.16 Datenlogger-Board ADX-24 von Tobka. Es wird über USB an einen PC angeschlossen und kann bis zu acht Analogkanäle abtasten mit einer Auflösung von 24 Bit. Daneben sind noch Schalteingänge und -ausgänge verfügbar. Es sind bei diesem Geräteaufbau zwei Analogkanäle anschließbar, möglich sind jedoch bis zu acht

12.8.6 Datenlogger ADX-24

Zur Überprüfung der Beeinflussung durch Störgrößen (wie z. B. leitungsgebundene Störspannung) ist es häufig notwendig, Messwerte bzw. Ausgabewerte des Prüflings zu erfassen und ggf. nachträglich weiterzuverarbeiten.

Ein einfaches und günstiges Werkzeug hierzu stellt das Modul ADX-24 der Firma *Tobka* dar (Abb. 12.16). Über eine USB-Schnittstelle kann es bis zu acht analoge Werte 0,5 V, 1 V, 2 V oder 10 V (konfigurierbar), jeweils in beiden Polaritäten mit 24 Bit Auflösung mitloggen. Der Erfassungstakt ist per Software über einen weiten Bereich einstellbar (Abb. 12.17).

Die Einbindung in einen entsprechenden Messaufbau mit Prüfling, CDN, Prüfgenerator ist denkbar einfach. Zur Kontrolle der Stromschleife bei einem industriellen Messumformer sei auf Abb. 12.18 hingewiesen.

Ein Kunstgriff ist bei solch einer Anordnung angebracht: Normalerweise laufen Sweep des Generators und die Abtastung des Loggers zeitlich asynchron, wodurch es zu Ungenauigkeiten bei der Zuordnung von Frequenz und Zeitstempel der Logging-Datei kommen kann. Aus diesem Grunde ist es ratsam, dem Gerät eine Firmware zu verleihen, die bei

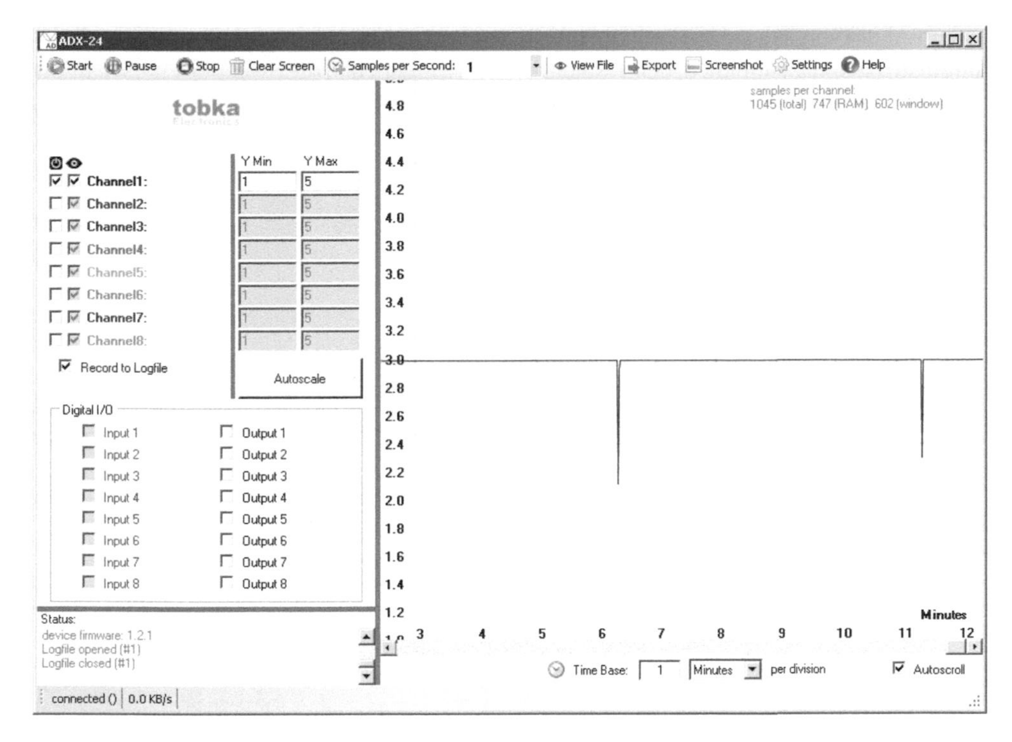

Abb. 12.17 Steuerprogramm zum ADX-24. Es dient zur Kontrolle der Analogeingänge und der Schaltanschlüsse sowie der Visualisierung der Messwerte. Ferner kann noch festgelegt werden, ob die Messwerte in eine Datei zu schreiben sind

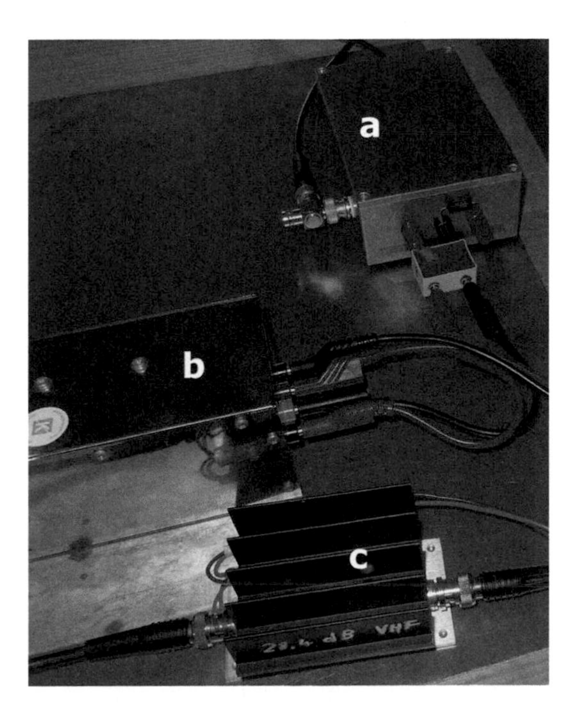

Abb. 12.18 Messaufbau zur Erfassung des Stromsignals eines industriellen Gerätes. Es ist hier außen ein Shunt (z. B. mit 250 Ohm) angebracht, denn das gerät alleine misst zunächst nur Spannungen

jedem Abtastvorgang einen bestimmten Schaltausgang setzt und rücksetzt. Mithilfe dieses Impulses ist es dann möglich, den Testgenerator zu triggern und die Sweep-Weiterschaltung anzuregen. Der Generator muss für solch einen externen Taktbetrieb natürlich eingerichtet sein, was bei den meisten modernen Geräten der Fall ist.

13 Designregeln

Zusammenfassung

Die Darstellung von Richtlinien zum Design soll helfen, bereits bei der Konzeption an EMV-Aspekte zu denken. Die meisten Komponenten, die lediglich der Gerätefunktion dienen, sind häufig weniger kritisch bezüglich Positionierung und Leiterbahnführung wie die EMV-Bauteile. Wir werden sehen, welche Grundregeln zu einem sicheren Grundkonzept führen. Ein universelles Regelwerk, das auch ins Detail geht, kann es nicht geben, weil die Anforderungen mannigfaltig sind. Daher ist es sinnvoller, man greift einige markante Situationen beispielhaft heraus und vergleicht diese anhand einer schlechten und einer guten EMV-Lösung.

13.1 Allgemeines zur Anordnung von Schaltungsbereichen

13.1.1 Anordnung von Versorgungs-, Ein- und Ausgangsanschlüssen

Der allgemeine Fall für zu prüfende Probanden ist kein unabhängige, batteriebetriebenes Gerät ohne sonstige Anschlüsse, sondern man muss meist davon ausgehen, dass Ein- und Ausgangsanschlüsse bestehen. Ein ungünstige Anschlusssituation ist diejenige, bei der die Leitungen für die Versorgung und für Ein- und Ausgangsanschlüsse in verschiedene Richtungen vom Gerät weggehen. Das bedeutet nämlich u. U., dass sogar hochfrequente Gegentaktstörungen zwischen diesen beiden Seiten auftreten können. Wie kommt das zustande?

Nun, die Zuleitungen könnten Antenneneigenschaften aufweisen, sodass die beiden Stränge wie die Äste einer Dipolantenne wirken. Stellvertretend kann man sich vorstellen,

D. Stotz, *Elektromagnetische Verträglichkeit in der Praxis*,
https://doi.org/10.1007/978-3-662-62221-6_13

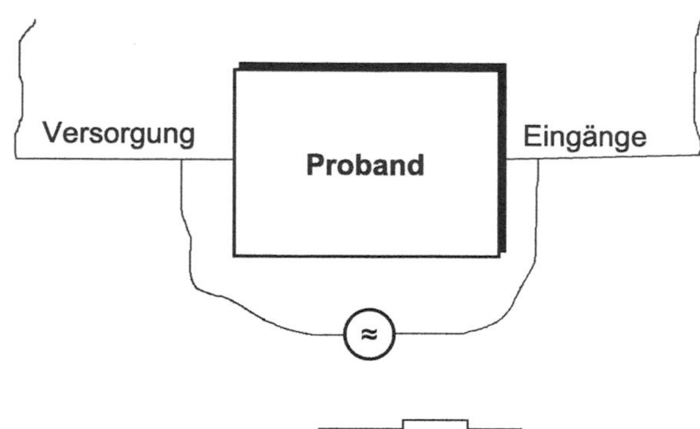

Abb. 13.1 Diametrale Anordnung von Anschlüssen auf der Platine führt zu zusätzlicher Sensitivität gegenüber Gegentaktstörungen

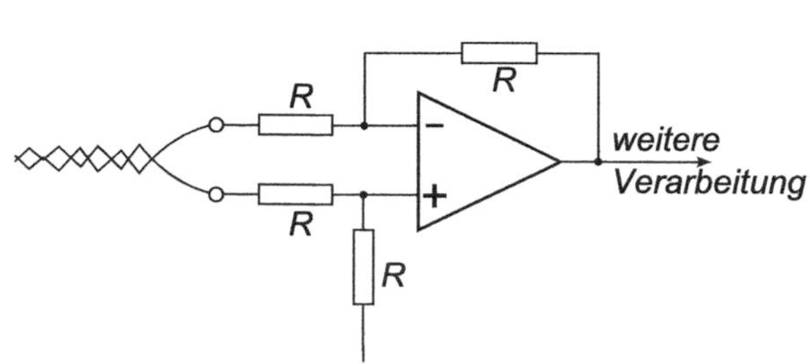

Abb. 13.2 Symmetrie-Eingang durch Differenzverstärker

ein Störgenerator gebe seine Spannung zwischen Versorgungsanschluss und Ein- oder Ausgängen ab, wie es in Abb. 13.1 dargestellt ist.

Die Gegentaktstörung ist dabei zwischen den entfernt liegenden Anschlüssen zu sehen (wobei an den Versorgungsleitungen die Potenziale durchaus Gleichtaktcharakter aufweisen können), somit fließen Störströme geradewegs quer über die Platine und können sich optimal auswirken. Dabei spielt es eine untergeordnete Rolle, von welcher Art die Schaltung ist und wie die Leiterbahnen verlaufen. Der Störstrom könnte sogar einfach quer über die Massefläche der Platine fließen und so ungewollte Störspannungen induzieren.

Die bessere Lösung ist die Zuführung aller Anschlüsse auf einer Seite der Platine, obwohl damit alleine natürlich noch keine Gewährleistung besteht, dass keine Störströme fließen können. Doch sind eventuell vorhandene Potenzialunterschiede einfacher zu unterdrücken – beispielsweise durch einen zentralen Massepunkt, der zu den Anschlüssen führt, oder durch für Hochfrequenz niederimpedante Kondensatoren, wie wir weiter unten sehen werden.

Um Gleichtaktstörungen an Signaleingängen zu unterbinden, können diese symmetrisch ausgelegt werden. Es kann z. B. eine Schaltung wie schematisch in Abb. 13.2 dargestellt zum Einsatz kommen.

13.1.2 Anordnung von Quarzen an Mikrocontrollern

Nicht ganz trivial sind die optimale Platzierung und das Führen der Leiterbahnen von Quarzen und diversen zusätzlichen Bauelementen bis zum Mikrocontroller. Wir sehen in Abb. 13.3 gute und schlechte Varianten.

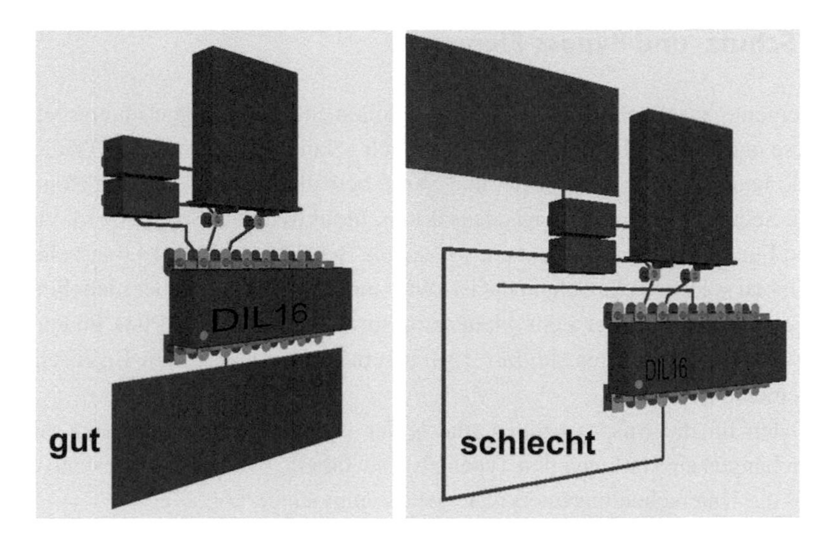

Abb. 13.3 Akzeptables und schlechtes Routing eines Quarzes samt Kondensatoren zum Mikrocontroller, von dem nur das Footprint sichtbar ist. Diese Type besitzt keinen Ground-Anschluss für die Kondensatoren der Quarzschaltung. Demzufolge muss eine Bahn ganz außen herum führen bis zu seinem VSS-Anschluss. Erst dort sollte die Anbindung an die Massefläche erfolgen, nicht etwa bei den Kondensatoren. Außerdem sind Bahnen anderer Ebenen nicht in der Nähe der Quarz-Bahnen vorbeiführen. Aus dem Programm Target, siehe [2]

Der Bereich des Quarzes und des Quarzoszillators sollte von anderen Schaltungsbereichen sauber getrennt sein. Dabei sind folgende Richtlinien zu beachten:

- Masseflächen sollten eine angemessene Mindestdistanz zum Quarz und den dazugehörenden Bauteilen aufweisen. Aber:
- Das Quarzgehäuse kann an Masse angeschlossen werden, um die Abstrahlung weiter zu drosseln.
- Es dürfen keine Leiterbahnen unter einem SMD-Quarz geführt werden.
- Der Masseanschluss der Kondensatoren muss auf jeden Fall über eine separate Leiterbahn nach GND vom Mikrocontroller führen (manchen Typen bieten hierfür einen eigenen Pin an).
- Die Pins des Quarzes sollten auf kurzem und direktem Wege zu den entsprechenden Pins des Mikrocontrollers führen (möglichst ohne Einsatz von Vias).

Die Beachtung solcher Richtlinien zielt mehr auf EMV-technische Aspekte ab als auf funktionelle, obwohl man häufig auch davon hört, ein Quarzoszillator schwinge *nicht* – das liegt jedoch sehr häufig an einer ungeeigneten Konfiguration des Mikrocontrollers.

13.2 Schutz- und Bypass-Elemente

Schutzelemente an Anschlüssen von Geräten sollen Störspannungen unterdrücken, noch bevor diese in den eigentlichen Schaltungsbereich gelangen können. Im EMV-technischen Sinne sind hauptsächlich ESD, Burst und Surge betroffen. Als zusätzliche Komponenten für diesen Schutz sind vor allem Kondensatoren, Induktivitäten, Suppressordioden, Varistoren und Funkenstrecken zu nennen, wie sie als Beispiele in Abb. 13.4 zu sehen sind.

Der Einbau solcher Schutzelemente ist zwar (meist) notwendig, aber nicht hinreichend. Sie müssen unbedingt in der Leiterplattenstruktur einen passenden Platz finden und eine adäquate Anbindung erhalten. In Tab. 13.1 ist eine Übersicht zu den Eigenschaften der Schutzelemente zu sehen.

Die Daten für die Ansprechzeiten sind leider von den Herstellern kaum angegeben, außerdem hängen sie stark von den Typen ab. Die Tabellenwerte geben deshalb einen Bereich ab – die Unterscheidungsmerkmale gehen dennoch hervor.

13.2.1 Gegentakt-Schutz

Wir schauen uns zunächst die Störungen auf Leitungen an, die Gegentakt-Charakter aufweisen. Die Störspannung liegt hier also *zwischen* beiden Leitungen vor. Siehe Abb. 13.5 und 13.6.

Wir betrachten die beiden Fälle noch in der Praxis, indem eine reale Suppressordiode mit einem Burst-Signal beaufschlagt wird. Die Diode liegt genau zwischen zwei benachbarten Bahnen, die Zuführung des Burst und der Abgriff zum Oszilloskop erfolgt an drei verschiedenen Stellen. Siehe Abb. 13.7.

Abb. 13.4 Verschiedene Schutzelemente – Suppressordiode, Gasableiter und Varistor

Tab. 13.1 Eine kleine Übersicht zu den Eigenschaften von Schutzelementen

Komponente	Ansprechzeit-Bereich	Eignung	Eigenschaften
Varistor	1–10 ns	Burst, Surge	für hohe Ströme und Leistungen
Suppressor-Diode	1–10 ns	Burst, Surge, eingeschränkt ESD	mittlere Leitungen
spezielle ESD-Dioden (z. B. Würth)	100 ps–1 ns	ESD	geringe Kapazität, geringe Energie
Gas-Ableiter	100 ns–1 µs	Surge	geringe Kapazität, Quasi-Kurzschluss

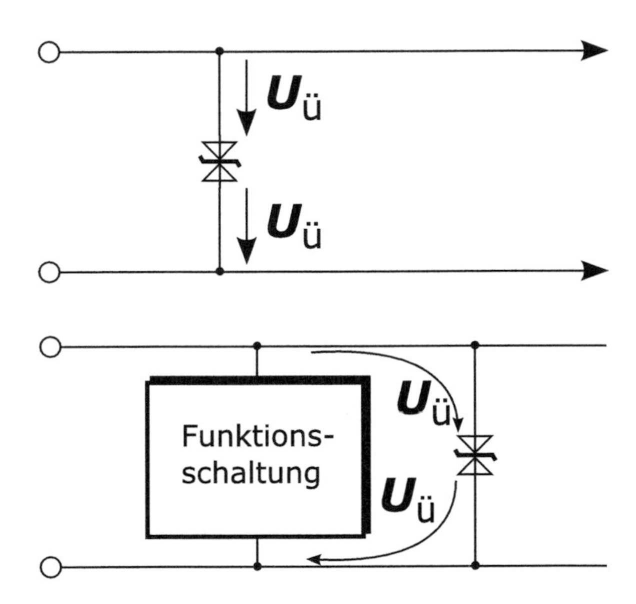

Abb. 13.5 Schlechte Positionen der Suppressordiode. Oben: Die Leiterbahnen zur Diode sind zu lang – ein Teil der Ströme bewirkt einen Spannungsabfall, der sich auf die weitere Versorgungsspannung auswirkt. Unten: Die Suppressordiode liegt sogar *nach* der Funktionsschaltung. Etwaige Über- oder Störspannungen werden nur wenig absorbiert

Weitere Bauelemente

Neben der Suppressordiode kommen auch Bauelemente wie Keramikkondensator oder Varistor (VDR) in Frage. Der Keramikkondensator wirkt nicht erst ab einer gewissen Spannung, sondern eben immer mehr bei wachsender Frequenz. Üblicherweise kommen Werte zwischen 10 und 100 nF in Betracht. Man sollte zum Schutze gegen ESD, Burst und Surge jedoch nie solche Kondensatoren allein einsetzen, sondern stets am besten mit Suppressordioden, denn der Kondensator wird eine unipolare Ladung mit wachsender Spannung speichern, die irgendwann zum Durchschlag führen wird. Prinzipiell gilt für die Positionierung und die Leiterbahnführung das bereits Gesagte. Zu Varistoren sollte man greifen, wenn sehr hohe Energien abzuführen sind. Die Geschwindigkeit di/dt bei moder-

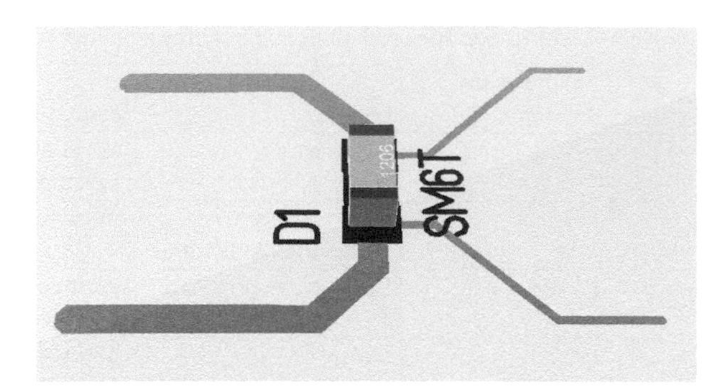

Abb. 13.6 Optimale Nutzung der Wirkung der Suppressordiode: Zuführende Bahnen sind getrennt von wegführenden. In der Zuführung sind die Leiterbahnen breit genug auszuführen, denn für die im Störfall auftretenden hohen Ströme wären schmale Bahnen ungeeignet. Diese Bahnen sind auch kurz und möglichst eng beieinander zu halten, damit Induktionen auf andere Leiterzüge gering sind. Aus dem Programm Target, siehe [2]

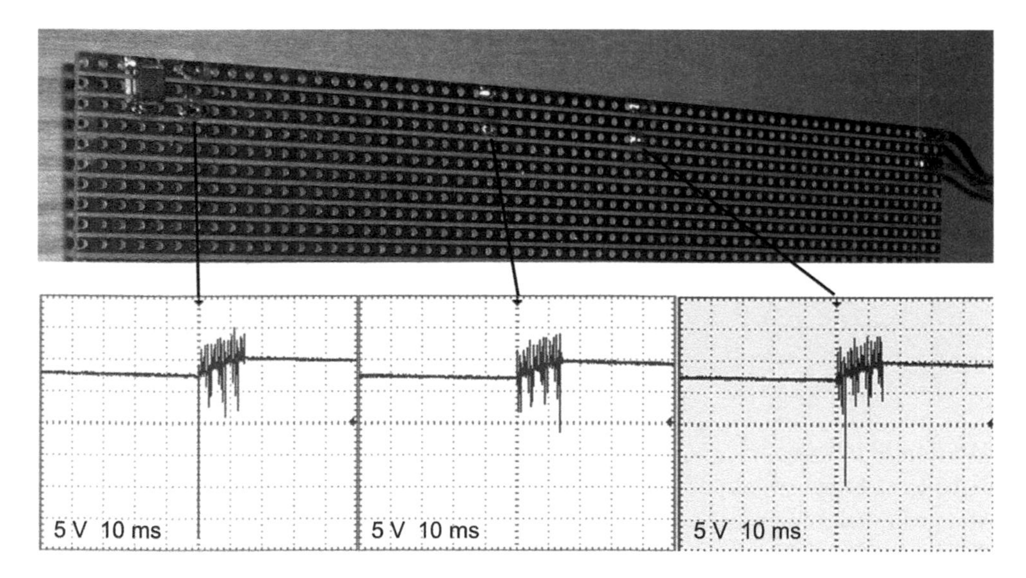

Abb. 13.7 Auf den Bahnen zur Suppressordiode fallen (von der Versorgungsseite aus gesehen) stets recht große Störspannungen ab, weil dort die Admittanz endlich ist. Besteht nur ein kleines Stück einer Leiterbahn, die der Zuführung *und* Wegführung dient, kann eine Störspannung verbleiben, die für den Rest der Schaltung Folgen hat. Nur wenn die abführenden Leitungen völlig separat verlaufen, sind diese Störungen minimal

nen Varistoren ist ähnlich zu der von Suppressordioden. Allerdings führt eine permanente oder häufig wiederkehrende Belastung zum schnellen Altern der VDRs. Noch höhere Energien vermögen Überspannungs-Gasableiter in Form von Funkenstrecken zu absorbieren. Allerdings haben diese Bauelemente eine wesentlich längere Ansprechzeit, sodass ein Schutz nur in Kombination mit Suppressordioden oder Varistoren gewährleistet ist.

13.2.2 Gleichtakt-Schutz

Beim Schutze vor Gegentaktstörungen ist es i. Allg. einfacher, eine wirksame Maßnahme zu finden, denn die Störung liegt voll umfänglich zwischen zwei Leitungen bzw. Leiterbahnen vor. Anders sieht es beim Schutz gegen Gleichtaktstörungen aus. Hier bildet sich eine Störspannung zwischen einer (oder allen) Leitung(en) und der Erdungsfläche aus. Letztere muss nicht unbedingt am Gerät angeschlossen sein – trotzdem kann eine Störung auftreten.

Gleichtaktstörungen treten hauptsächlich dann auf, wenn die Zuleitungen zum Probanden sehr lange sind und parallel verlaufen (beispielsweise in Kabelschächten usw.). Gleichzeitig handelt es sich dann bevorzugt um höherfrequente Anteile einer Störung.

Man hat hier vornehmlich ebenfalls die Möglichkeit, ein Bypass-Element wie einen Kondensator zur Störungsvermeidung heranzuziehen. Betrachten wir ein Gerät mit einem Metallgehäuse, welches aber zunächst nirgends angebunden ist. Bei der Burst-Prüfung schwebt dieses 10 cm über der Massefläche, welche ebenfalls vom Burstgenerator verbunden ist. Im Innern des Gehäuses befindet sich die Elektronik auf einer Platine. Siehe Abb. 13.8.

Ohne spezielle EMV-Maßnahmen wird sich die Störung in Form eines von der Eingangsklemme über die Platine ausbreiten und kapazitiv zum isolierten Gehäuse übergreifen, von dort aus dann schließlich ebenfalls kapazitiv bis zur Massefläche gelangen. Wie ist diese kapazitive Kopplung von Leiterplatte zum Gehäuse zu vermeiden? Am besten dadurch, dass man mittels Kapazität beides hochfrequenzmäßig auf gleichem Niveau hält. Diese Möglichkeit ist in Abb. 13.9 zu sehen.

Angebundenes Metallgehäuse
Etwas andere Verhältnisse liegen bei auf Erdpotenzial angebundenem Gehäuse vor. Die Kapazität zur Massefläche entfällt, jedoch kann stattdessen eine undefinierbare Induktivität vorliegen (siehe Anhang A.3). Ein Vergleich der Ströme über der Frequenz ist in Abb. 13.10 gegeben.

Es sollten Maßnahmen getroffen werden, die verhindern, dass sich der Kondensator unkontrolliert aufladen kann. Die einfachste Methode ist die Parallelschaltung eines Widerstands, dessen Größenordnung bei 10 kΩ liegt. Auch eine Suppressordiode kann zum Einsatz kommen, wobei – genauso wie bei der Dimensionierung des Kondensators und des Widerstandes – auf die gewünschte Spitzenspannung zu achten ist (siehe auch Anhang A.4).

Neben der „Vorbeileitung" sind natürlich auch Methoden praktikabel, die Gleichtaktstörung zu sperren. Als Sperrglieder sind denkbar Sperrdrosseln oder auch Parallel-

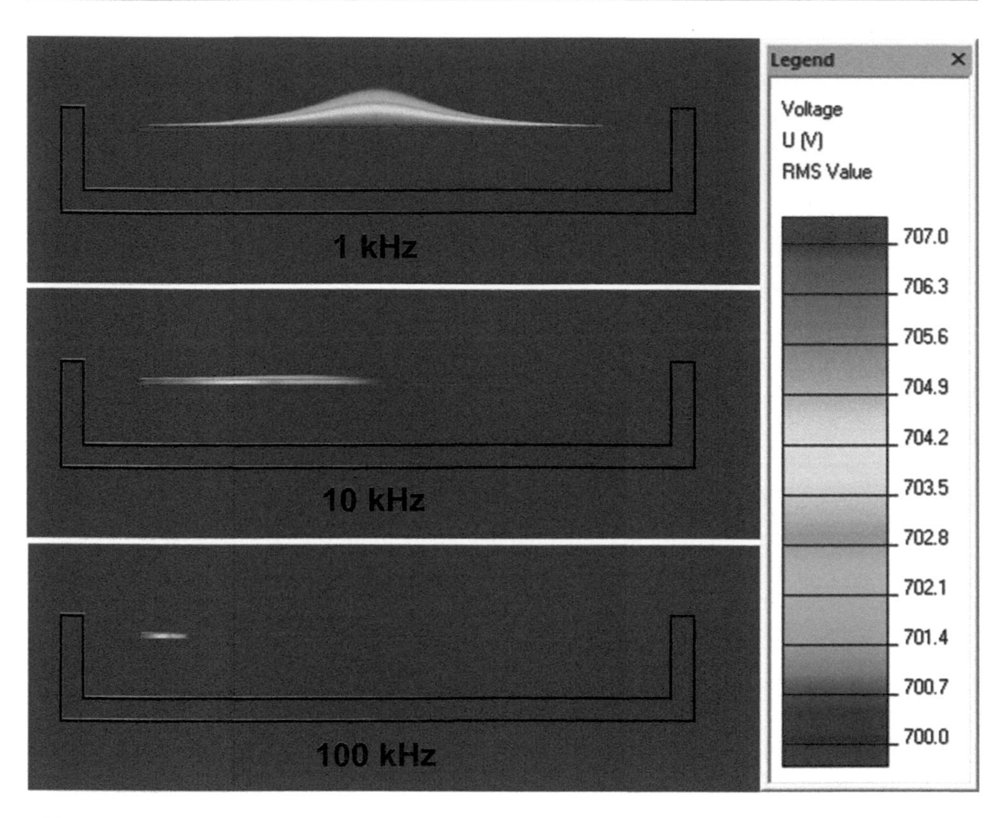

Abb. 13.8 Von außen über Versorgungsleitungen kommende Störungen gelangen kapazitiv zum Metallgehäuse und von dort ebenfalls kapazitiv nach draußen. Für ein Vorbeileiten des Störstromes ist hier nicht gesorgt, deshalb wirkt sich dieser auf der Platine aus. Die hier sehr flach dargestellte Leiterplatte wird mit einem Störsignal einer Amplitude von 1000 V variierender Frequenz direkt an der linken Seite beaufschlagt. Das u-förmige Gehäuse darunter stellt die Gegenelektrode dar. Wenn nun die Platine eine durchgehende Fläche hätte, würde sich die hier dargestellte Potenzialverteilung (RMS-Werte) ergeben. Bereits bei 10 kHz baut sich zwischen den äußeren Enden der Platine eine Potenzialdifferenz von ca. 7 V auf. Bei auf 100 kHz gesteigerter Frequenz ergibt sich derselbe Potenzialunterschied bereits auf kurzer Strecke auf der Platine. Aus dem Programm QuickField, siehe [1]

schwingkreise. Letztere sind jedoch nur in Spezialfällen zu gebrauchen, da die Dämpfung, wenn sie hoch sein soll, nur sehr schmalbandig ausführbar ist. Für eine Gleichtaktstörung sollte eine stromkompensierte Drossel zum Einsatz kommen, denn sie lässt sich bei gleicher Baugröße mit höherem Strom oder bei gleichem Strom mit kleinerer Baugröße auslegen, als das bei getrennten Drosseln der Fall ist. Solche Beschaltungen sind in Abb. 13.11 dargestellt.

Statt der beiden Einzelkondensatoren C ist auch die doppelte Kapazität auf einer Seite verwendbar.

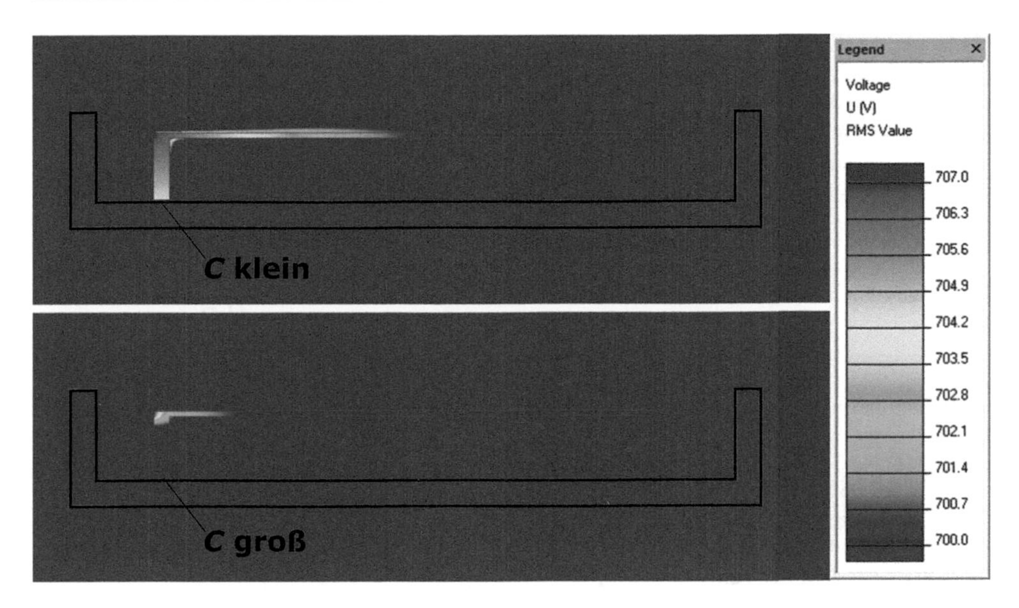

Abb. 13.9 Im Vergleich zu Abb. 13.8 wurde hier ein Kondensator als Bypass eingebaut (angedeutet durch den nach unten zeigenden Ausleger an der Platine, dazwischen befindet sich jedoch noch ein kleiner Spalt mit einem Dielektrikum). Er verbindet das Potenzial unmittelbar nach Eintritt ins Gehäuse mit dem Gehäuse. Oben: Bei sehr kleiner Kapazität haben wir bei 10 kHz dieselben Verhältnisse wie in Abb. 13.8 – ein großer Potenzialunterschied verteilt sich auf der Platine. Bei großer Kapazität befindet sich die Platine auf hinreichend gleichem HF-Potenzial wie das Metallgehäuse. Der Störstrom über die Platine wird somit weitgehend vermieden. Aus dem Programm QuickField, siehe [1]

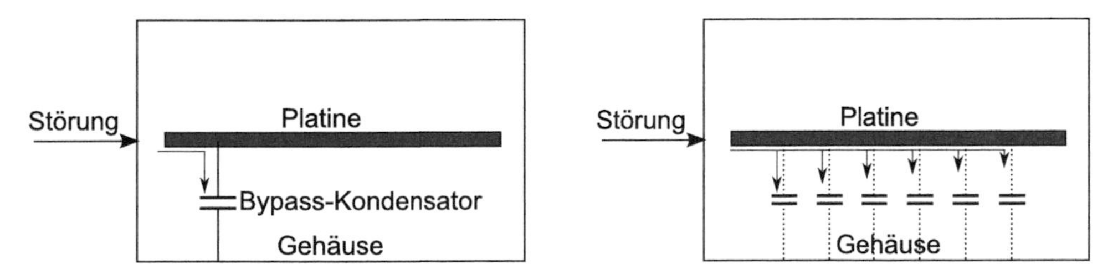

Abb. 13.10 Vergleich der Bypass-Ströme bei angebundenem und bei nicht angebundenem Gehäuse. Die parasitären Kapazitäten verteilen sich über die gesamte Platine und folglich die Störströme auch

Bei der Trennung durch Sperrkreise ist wichtig, jeglichen Rest an hochfrequenten Gegentaktanteilen direkt vor dem Filter zu eliminieren. Das geschieht durch die Kapazität zwischen den Versorgungsleitungen. Auch nach dem Filter ist ein hochfrequenter Kurzschluss durch einen Kondensator notwendig. Die Auslegung des eigentlichen Sperrkreises erfolgt dann nach der Gleichung:

$$L \cdot C = \frac{1}{\omega^2} \tag{13.1}$$

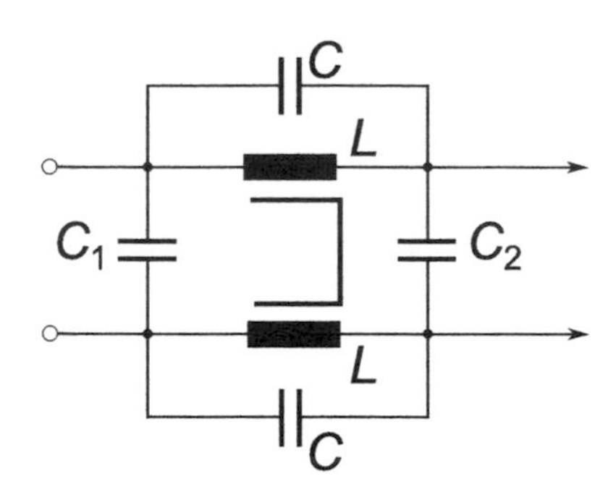

Abb. 13.11 Verringerung des Eindringens von Störspannungen bzw. -strömen durch einen Sperrkreis – entweder mit stromkompensierter Drossel oder separaten Drosseln

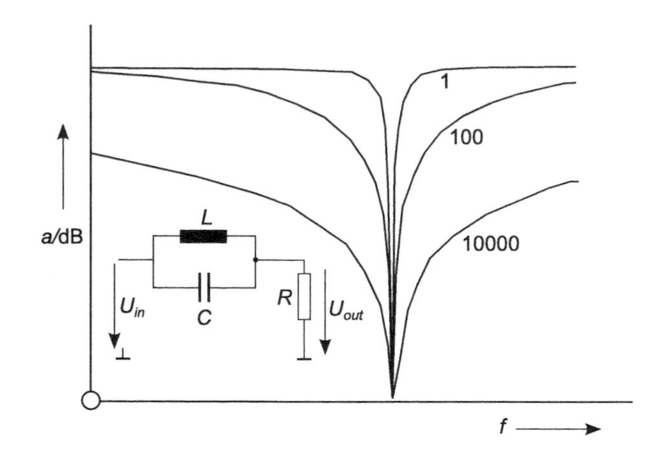

Abb. 13.12 Sperrwirkung im Zusammenhang mit dem LC-Verhältnis. Das LC-Verhältnis wurde jeweils um den Faktor 100 vergrößert, die breiteste Sperrwirkung ergibt sich somit mit dem größten LC-Verhältnis. Bei einem Saugkreis würde es umgekehrt sein – großes LC-Verhältnis brächte schmalbandige Unterdrückung

Das sog. *LC-Verhältnis* ist dafür verantwortlich, wie breitbandig die Sperrung ausfallen soll. Für einen solchen Sperrkreis ist der Zusammenhang in Abb. 13.12 demonstriert.

Für die stromkompensierte Drossel ist als Nenninduktivität üblicherweise die Einzelinduktivität einer Wicklung angegeben (Datenblatt prüfen). Dann sind zur Berechnung der Werte für L und C jeweils die Einzelwerte heranzuziehen. Das gilt natürlich in gleicher Weise bei Verwendung von Einzeldrosseln. Bei der Wahl der Drossel(n) ist auch die Eignung für die spezielle Frequenz zu prüfen.

Da Burst-Störungen breitbandig sind, ist wie erwähnt die Unterdrückung durch Sperrkreis wenig geeignet. Verlassen muss man sich für eine Breitband-Unterdrückung daher auf die Induktivität der Drossel alleine. Da in dem gedachten LC-Tiefpass von Drossel und kapazitiver Kopplung der Platine auf das Gehäuse bzw. den Außenraum eine relativ hohe Impedanz im kapazitiven Teil zu erwarten ist, wird die Dämpfung entsprechend gering ausfallen. Zum Dämpfungsverhalten von SMD-Ferriten siehe Abb. 13.13.

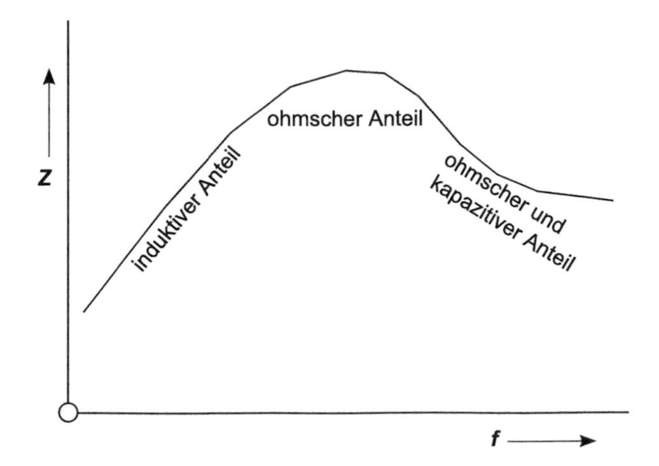

Abb. 13.13 Dämpfungseigenschaften von Sperrgliedern. Es handelt sich hier um den Impedanzverlauf von SMD-Ferriten. Im Falle einer fehlenden oder schlechten Anbindung der Probanden-Masse mit dem Bezugspotenzial wird das induktive Sperrglied nur einen vernachlässigenden Effekt aufweisen. Effizient ist die Verbindung von Kapazitäten an jedem Strang der Zuleitung gegen das Gehäuse des Probanden, idealerweise bereits *vor* der Kabeldurchführung (ob dies für die Funktion des Gerätes unschädlich ist, ist allerdings zuerst zu erwägen)

Über lose Kabel und Leitungen sind auch sog. Klapp-Ferrite erhältlich, doch ist deren Wirkung nur in Einzelfällen tatsächlich ausschlaggebend. Solche Bauelemente sind in Abb. 13.14 zu sehen.

13.3 Masseführung

Ein unbedarftes Design kennt keinen Unterschied, auf welche Weise Komponenten und Schaltungsteile mit einem einheitlichen Massepotenzial versehen werden. Formal betrachtet sind die Verbindungen ja immer vorhanden. Doch bereits sehr früh in der Radio- und Verstärkertechnik hat man erkannt, dass das Resultat in Signalqualität, Brummen und Schwingneigung erheblich davon abhängt, wie die Verbindungen liegen und welche Topologie herrscht. Neben Signalqualität entscheidet die Ausgestaltung der Masse über Störsicherheit im Sinne von EMV.

13.3.1 Sternförmige Masse

Eine lehrbuchmäßige Verbindung einzelner Baugruppen und Schaltungsbereiche nach dem Sternpunktprinzip kann manchmal nicht zu dem Resultat führen, was damit eigentlich angestrebt werden soll: Die Masseströme wirken sich nicht schädlich auf die Schaltung aus. Ein Beispiel dafür, wie auch eine gut gemeinte Sternmasse zu einem nicht unerheblichen Problem führt, ist in Abb. 13.15 zu sehen.

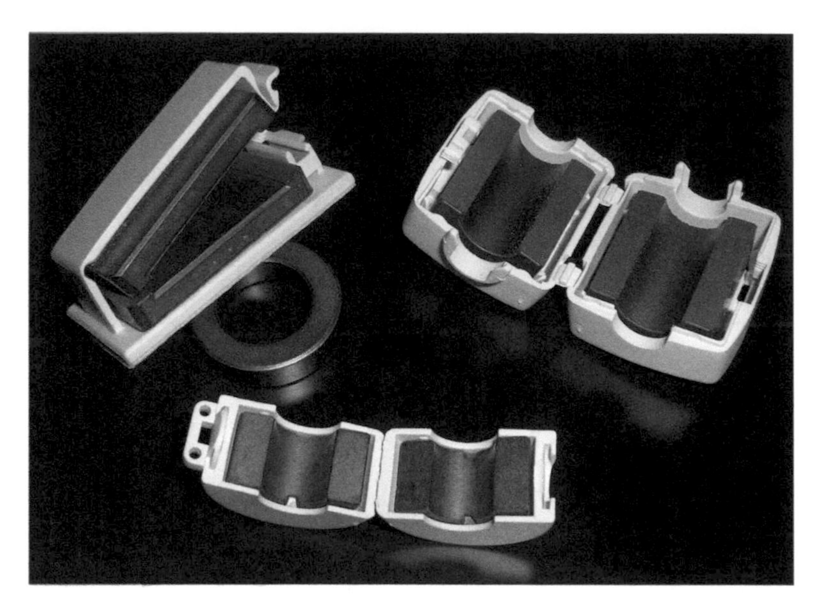

Abb. 13.14 Verschiedene Ausführungen von Klapp-Ferriten. Es ist auch ein einfacher Ringkern zu sehen, dieser lässt sich nur über noch offene Leitungen ziehen. Der linke Klapp-Ferrit ist speziell für Flachbandleitungen ausgelegt – man sieht solche häufig auf einer Verbindung zwischen einzelnen Digitalmodulen

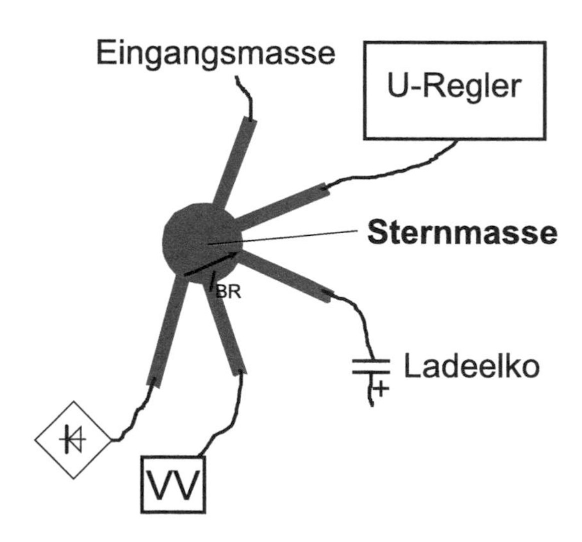

Abb. 13.15 Ungünstige Sternmasse. Der Ladestrom I_{Br} zum Elko führt zu einem Spannungsabfall zwischen Masse des Vorverstärkers und der Eingangsmasse. Zu Eingangssignalen wird stets diese Brummspannung hinzuaddiert

Eine deutliche Abweichung davon basiert auf dem Prinzip, Störeinkopplungen auf Vorstufen zu vermeiden. Die Masseführung ist dann laut Abb. 13.16 keineswegs mehr sternförmig, das Resultat ist dennoch besser als bei der Lösung nach Abb. 13.15. Eine direkte Verbesserung brächte ein Layout nach Abb. 13.17.

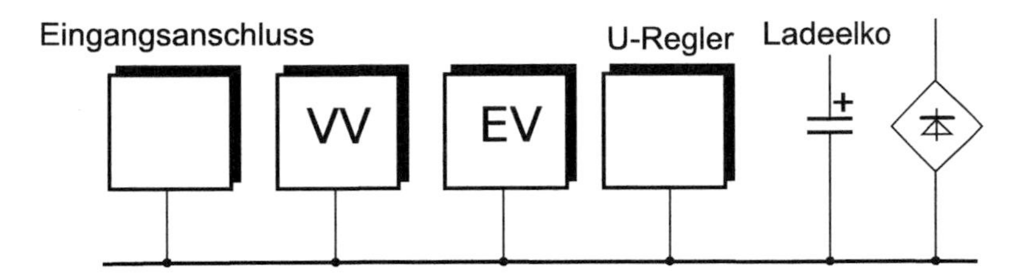

Abb. 13.16 Masseführung ohne Sternpunkt. Die Masse läuft linear vom brummreichsten zum brummärmsten Punkt. Auch hier tritt der Brummstrom für den Ladeelko nicht störend ins Gewicht

Abb. 13.17 Verbesserte Masseführung. Die Eingangsmasse liegt „im Schatten" der Vorverstärkermasse

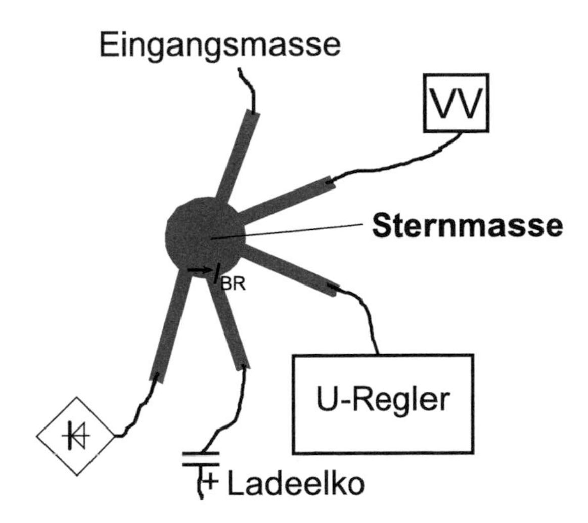

Der Unterschied zwischen „schlechter" Sternmasseführung und „guter" konventioneller Masseführung hat nun zunächst noch nichts mit EMV zu tun. Doch kann sich ein besseres Verständnis für adäquate Auslegung der Masse durchaus einer günstigen EMV zuträglich sein. Aber Bezugsflächen nach hochfrequenz-technischen Gesichtspunkten auszulegen, sieht im Ergebnis oft anders aus als nach denen des Nutzsignals.

Eine weiteres Problem der Masseführung ist die Neigung zur Selbstoszillation. Diesen Fall sehen wir in Abb. 13.18. Der Versorgungsstrom des Endverstärkers bewirkt auf der Masseleitung einen Spannungsabfall, der in dieser ungünstigen Konstellation zu Eingangsspannungen des Vorverstärkers überlagert werden. Bei erfüllter Schwingbedingung ist Oszillation zu befürchten.

Damit es zu keiner Schwingneigung kommt, muss die Masse des Vorverstärkers abseits der des Endverstärkers liegen und der Masseanschluss der Eingangsbuchse noch weiter abseits der Vorverstärkermasse. So kommt es zu keiner Rückführung der durch die Masseströme verursachten Signalspannungen.

Neben verfälschten Eingangsspannungen ist das Gerät auch sensibel für Störspannungen von außen, wenn eines der genannten Massekonzepte vorliegt. Dagegen ist die Lösung nach Abb. 13.16 frei von einer Störungsaufschaukelung.

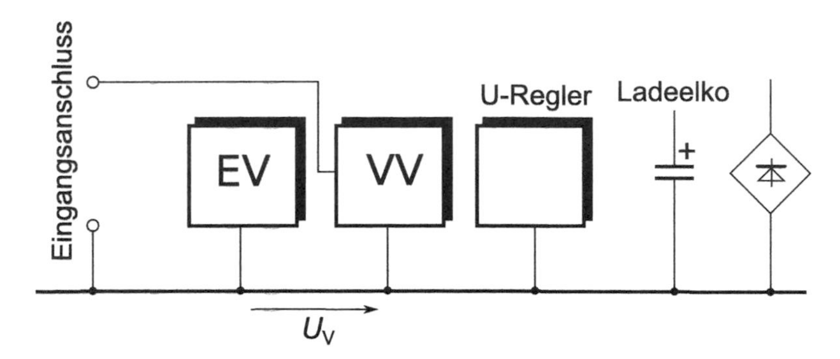

Abb. 13.18 Ebenfalls ungünstige Masseführung. Durch den Versorgungsstrom des Endverstärkers **EV** fällt zwischen der Masse des Vorverstärkers **VV** und des **EV** eine Spannung U_v ab, die mit dem Eingangssignal korreliert. Ist die Verstärkung ausreichend und die Phasenlage korrekt, so ist die Schwingungsbedingung erfüllt. Der Masseanschluss des **VV** gehört *vor* den des **EV**, damit Schwingneigung nicht auftritt

Die Selbsterregung kann u. U. auch durch Störungen von außen initiiert werden. Ferner ist es möglich, dass die Schwingbedingung durch das Design gerade noch nicht ganz erfüllt ist, aber bei von außen eintretenden Störsignalen kann die Impuls-Antwort des zu prüfenden Gerätes viel unangenehmer auffallen (Ausschwingvorgänge usw.).

13.3.2 Masseflächen

Ein weiteres Thema befasst sich mit Masseflächen auf Leiterplatten und wie diese anzubinden sind. Im Platinen-Layout ist man häufig darauf angewiesen, für oft vorkommende Masseanschlüsse der betroffenen Komponenten eine Anbindungsmöglichkeit zu schaffen. Nun könnte man dies einfach auf der einen Seite mittels durchgehender Leiterbahn realisieren. Dann kann jedoch genau die Problematik auftreten, die in Abschn. 13.3 erläutert wurde. Ein Kompromiss ist, die gesamte Fläche als Masseanschluss auszubilden. Der optimale Zustand, die Masse auf einen Punkt bzw. auf ein Potenzial zu fokussieren, ist damit zwar nicht erreicht, aber die Impedanz zwischen zwei Punkten einer niederohmigen Fläche ist bereits sehr viel geringer als die einer Bahn mit kleiner Breite.

Wie sich zwei formal unabhängige Ströme zwischen je zwei Punkten einer Kupferfläche verteilen, ist im Simulationsmodell in Abb. 13.19 zu erkennen.

Üblicherweise dient eine Massefläche dazu, Rückströme zu leiten. Liegt die hinführende Leiterbahn direkt parallel zur Massefläche, verteilt sich der Rückstrom nicht etwa gleichmäßig auf der Fläche, sondern zufolge des *Proximity-Effekts* zeigt der Bereich in der Nähe der hinführenden Leiterbahn eine größere Stromdichte. Diese Verstärkung des Rückstromes auf der Massefläche sehen wir im Simulationsmodell nach Abb. 13.20.

Trotz der flächenförmigen Masse werden sich zufolge des Proximity-Effektes die unterschiedlichen Ströme im hochfrequenten Bereich weniger beeinflussen. Dagegen sind

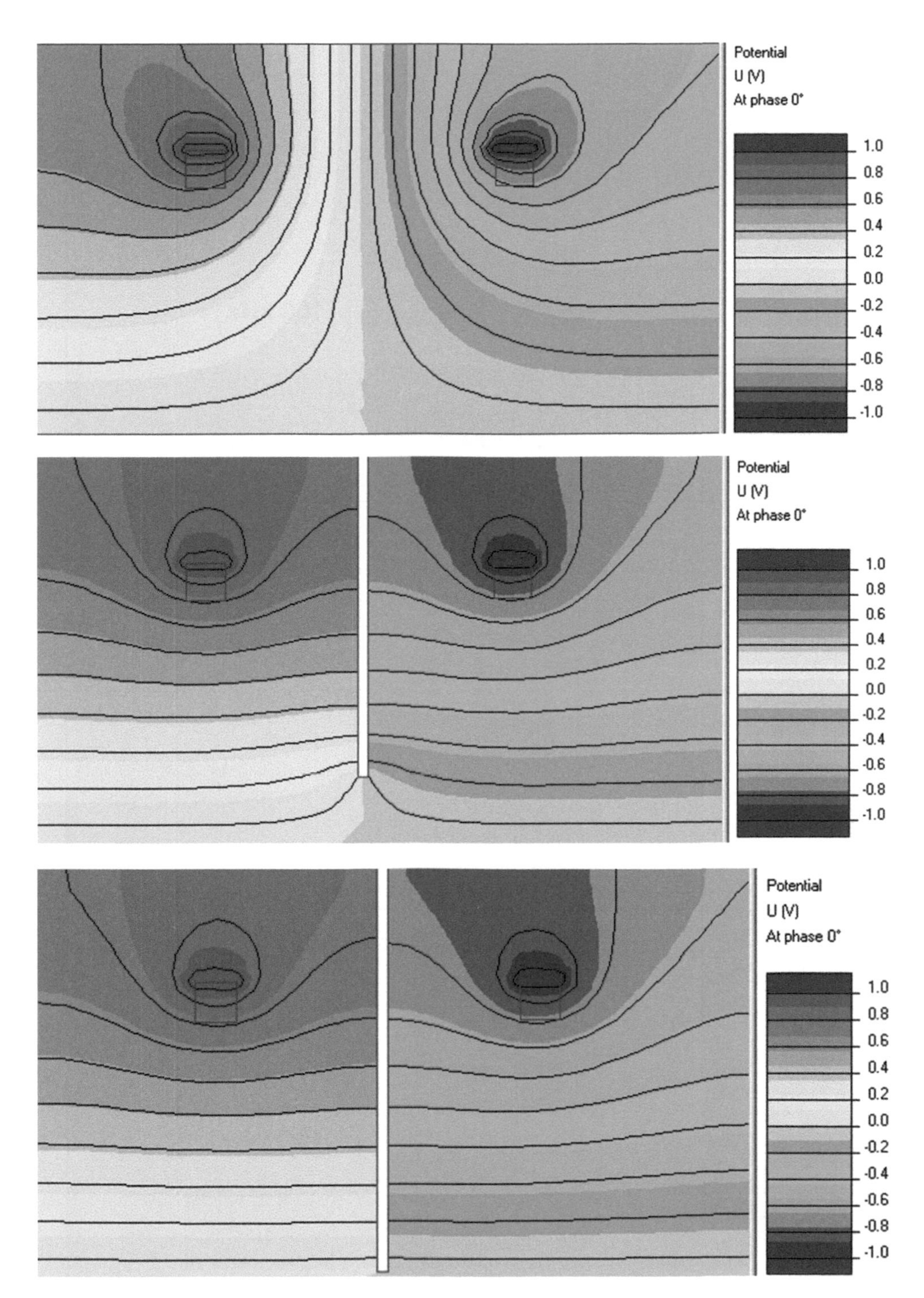

Abb. 13.19 Zwei Ströme innerhalb je zweier Punkte auf einer leitfähigen Fläche bewirken die Abbildung der Potenziale. Am linken Terminal herrscht eine Spannung von 1 V, am rechten – 1 V und an der unteren Kante sei stets ein Potenzial von 0 V. Oben: Der größte Potenzialgradient, also die Feldstärke, befindet sich *zwischen* den Terminals, somit ist dort der Strom auch am größten. Mitte: Dieser hohe Strom wird durch einen Schlitz weitgehend unterbunden. Unten: Gänzliche Auftrennung der Fläche, Ströme beeinflussen sich nicht mehr. Aus dem Programm QuickField, siehe [1]

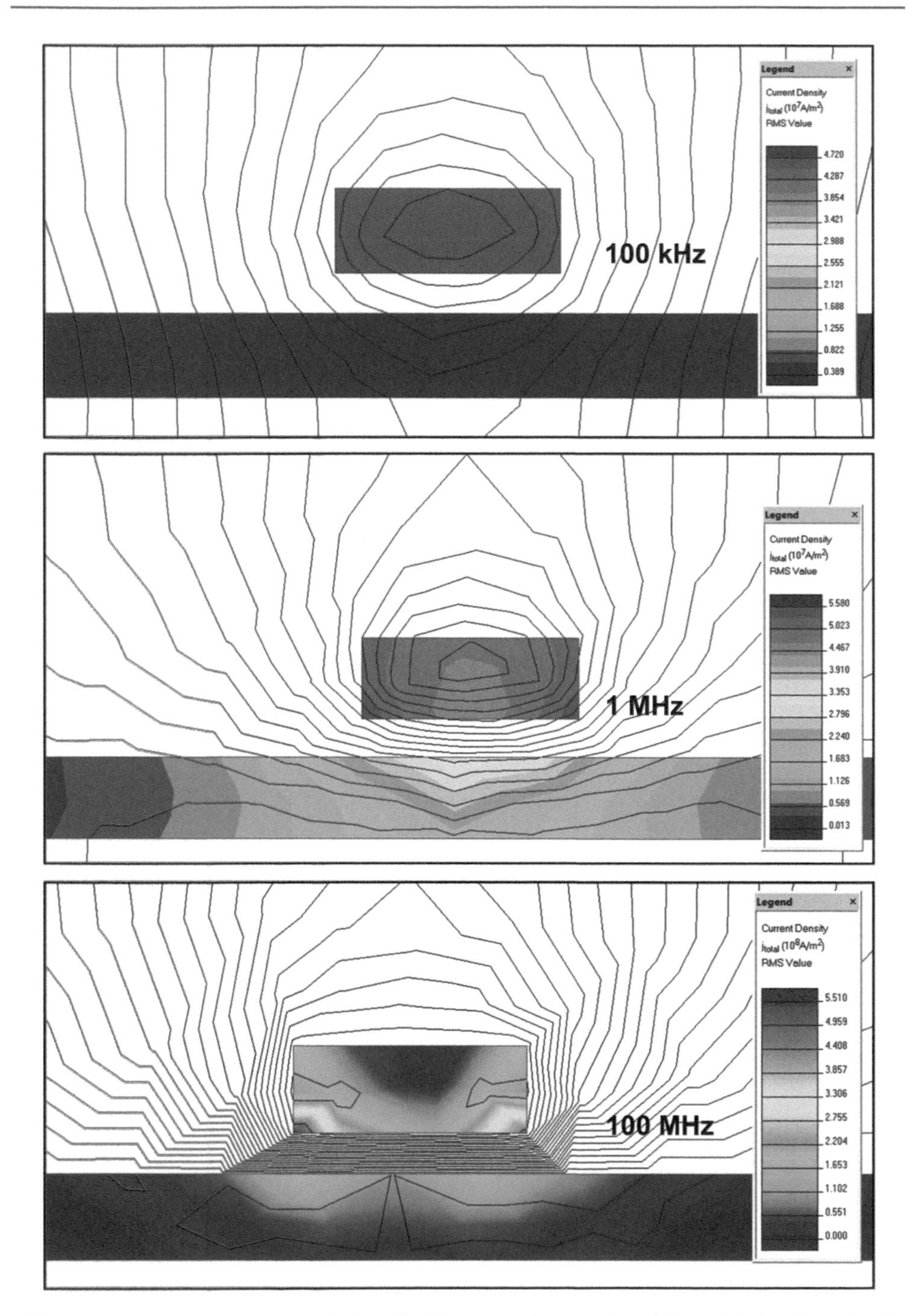

Abb. 13.20 Proximity-Effekt. Je höher die Frequenz, desto mehr reichert sich der Strom in der Fläche in der Nähe der hinführenden Leiterbahn an. Aus dem Programm QuickField, siehe [1]

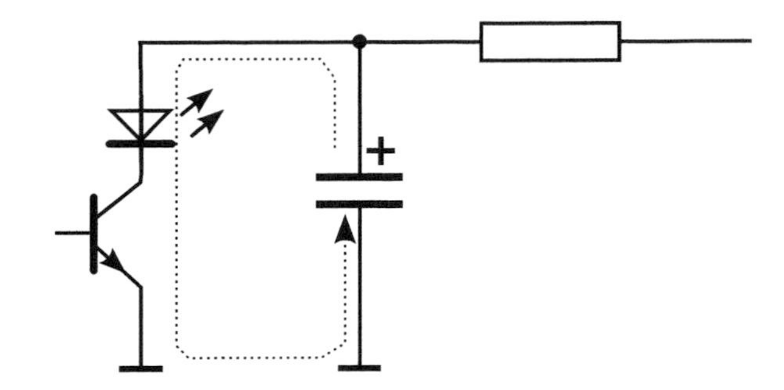

Abb. 13.21 Eine einfache Schaltung, in der hohe Schaltströme auftreten können, die im Layout tunlichst von anderen Massebereichen zu trennen sind

im niederfrequenten Bereich gegenseitige Wirkungen zu erwarten. Diesbezüglich sind die Aspekte in Abschn. 13.3.1 bezüglich Sternmasse zu beachten.

In kritischen Schaltungen wird man beides benutzen, eine diskrete Leiterbahn mit Richtlinien nach Abb. 13.16 und für unkritischere Bereiche eine Massefläche. Die Zusammenführung beider erfolgt an einem Punkt, der nach dem Kriterium des wichtigsten Bezugspunktes auszuwählen ist. Außerdem sollte die Massebahn so an die Fläche gekoppelt werden, dass auf der Bahn die höheren Ströme den kürzesten Weg einnehmen.

Aufgetrennte Massefläche

Ein Schlitz auf einer Massefläche zwingt den Strom, an den verbleibenden Stegen zu passieren. Was wird damit bezweckt? Damit sollen Schaltungsbereiche, die sich stören könnten, getrennt werden. Die sonst sich überlagernden Ströme *einer* Fläche würden sonst Spannungen induzieren, und möglicherweise die Einheiten nicht mehr störungsfrei arbeiten lassen. Man sollte sich bei der Verlegung der Bahnen für die Zuströme darüber im Klaren sein, dass auch je ein entsprechender Rückstrom fließen wird. Da der Platz für das Routing auf jeder Leiterplatte mehr oder weniger beschränkt ist, ist das Konzipieren der Anordnung der Bauelemente auch nach den Kriterien der steilflankigsten Ströme auszurichten. Diese Ströme sollten auf der Platine möglichst kurz sein und eine möglichst kleine Fläche aufspannen. Deshalb ist für solche Fälle ein Layout sinnvoll, welches den hohen Impulsstrom der Schaltung in Abb. 13.21 getrennt führen kann.

Gleichzeitig sollte die rückführende Masseleitung parallel zur hinführenden sein.

13.3.3 Kapazität zwischen Leiterbahnen und Kupferflächen

Ist das Netz einer Schaltung von hoher Impedanz (empfindlicher Eingang), so ist es oft schädlich, die entsprechende Leiterbahn dicht an einer anderen mit hohen Signalspannungen vorbeizuführen. Ferner sollte auch die Kapazität zwischen solchen Leiterbahnen gering gehalten werden. Die Abschirmung einer empfindlichen Leiterbahn ist über Multilayer kein Problem, obwohl auch hier die auftretende Kapazität zwischen Bahn und Schirmfläche zu beachten ist. Auch auf einer Ebene ist eine gewisse Abschirmwirkung möglich. Beide Möglichkeiten sind in Abb. 13.22 zu sehen.

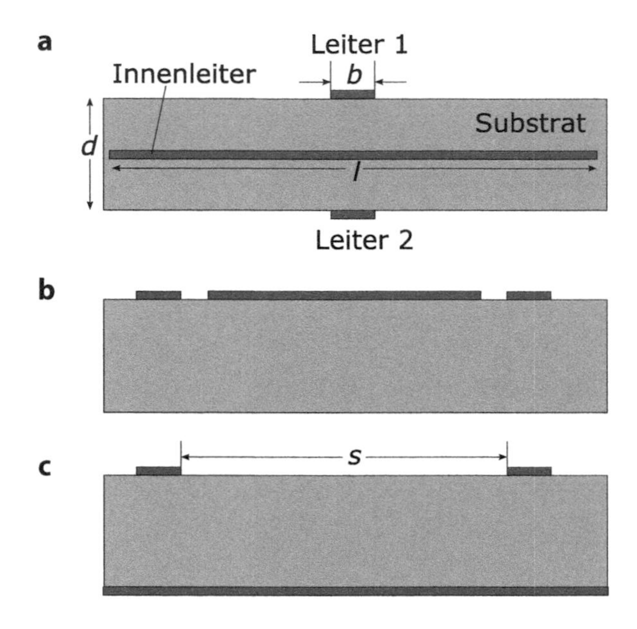

Abb. 13.22 Abschirmung einer Leiterbahn durch (**a**) Verwendung von Mehrlagen-Leiterplatten, (**b**) durch umgebende Abschirmfläche auf gleicher Lage und (**c**) Massefläche lediglich auf der anderen Seite der Leiterplatte. In der nächsten Abbildung sind zahlenmäßige Beispiele für die Dämpfungseigenschaften aufgeführt

Legt man bestimmte Abstände bzw. Längenverhältnisse fest und unterzieht die Anordnungen nach Abb. 13.22, so erhält man in Abb. 13.23 die frequenzabhängige Dämpfung der Abschirmung. Wie zu sehen ist, erhält man die beste Abschirmwirkung, wenn die GND-Fläche zwischen den Bahnen oder auch wenn die beiden voneinander abzuschirmenden Bahnen möglichst weit voneinander entfernt sind. Eine Abhängigkeit von der Frequenz besteht in diesem idealisierenden Kontext nicht, da alle Impedanzen rein kapazitiv sind und somit die Admittanzen nur aus Suszeptanzen bestehen. Sind dagegen reelle Anteile ebenfalls vorhanden, spielt die Frequenz eine nicht untergeordnete Rolle.

13.3.4 Stützkondensatoren

Wie Stützkondensatoren im Platinenlayout optimal zu platzieren und anzubinden sind, darüber gibt es in öffentlichen Foren ebenfalls – wie über die Ausgestaltung der oben beschriebenen Masseflächen – teils heftige Debatten. Dabei geht es eigentlich nicht so sehr um feine Details, sondern nur darum, die Ausgleichsströme, die Stützkondensatoren zu übernehmen haben auf möglichst engem Wege zu führen. Das heißt im Klartext, dass das Bauelement möglichst nahe beim zu stützenden Schaltkreis oder Schaltungsbereich und dass die Zuführung an die Versorgung bzw. Masse auf der anderen Seite des Kondensators sein soll. Das ist auch vergleichbar mit Abb. 13.6, wo die Anschlüsse der Suppressordiode Dreh- und Angelpunkt für zu- und wegführende Ströme sind. Diese Richtlinie ist für Stützkondensatoren ebenfalls notwendig. Ein Gut-Schlecht-Beispiel ist Abb. 13.24 zu entnehmen.

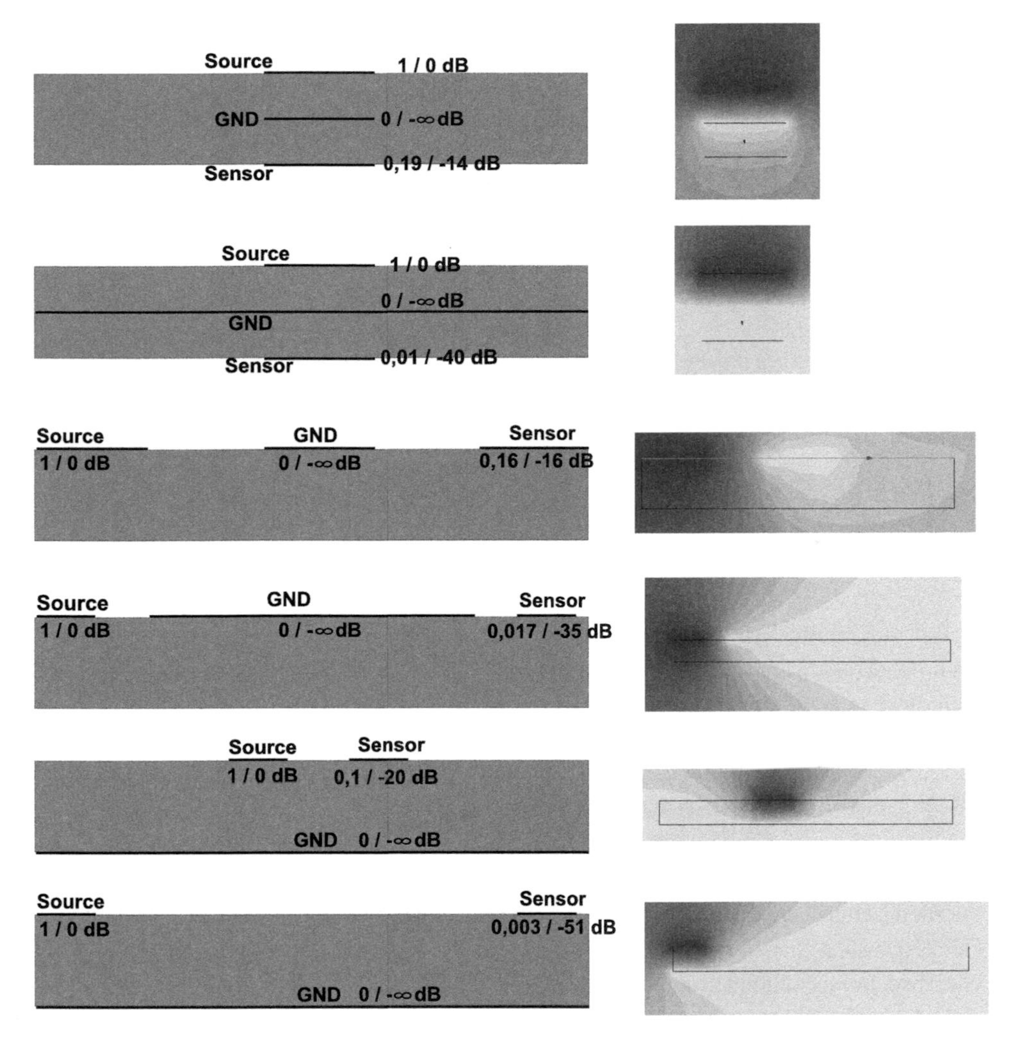

Abb. 13.23 Abschirmwirkung von Abb. 13.22 bei verschiedenen Geometrien. Es handelt sich um verschiedenen Anordnungen von Leiterflächen und -bahnen auf einer Leiterplatte. Dabei sei stets auf der Bahn *Source* eine Spannungsquelle mit Amplitude von 1 V angeschlossen, die GND-Fläche habe das Potenzial null und die frei schwebende Leiterbahn *Sensor* hat eine unendliche Impedanz nach außen, hat aber natürlich eine bestimmte Kapazität. Nun werden die Potenziale per Simulationsprogramm (QuickField) bestimmt. Das Potenzial an der Bahn *Sensor* ist entscheidend für die Abschirmwirkung – es wird in Volt und dB abgegeben. Der Zahlenwert in Volt bezieht sich auf 1 V, somit ist er gleichzeitig der normierte Wert. Im rechten Teil der Abbildung sind Grauabstufungen zu sehen, was der Potenzialverteilung entspricht, wobei das dunkelste Grau für das Potenzial 1 V und Weiß für das Potenzial null steht. Aus dem Programm QuickField, siehe [1]

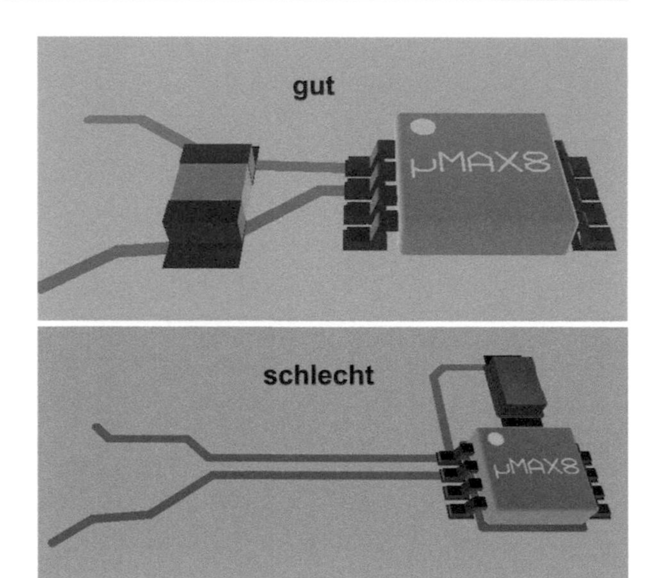

Abb. 13.24 Stützkondensatoren sollen die teils hohen Impulsströme erbringen, ohne dass störende Spannungseinbrüche zu erwarten sind. Gleichwohl können sie bei günstiger Platzierung und Anbindung dafür sorgen, dass die Stromschleifen nur geringe Flächen eröffnen und somit nur geringe Abstrahlfelder entstehen. Aus dem Programm Target, siehe [2]

Bei aufgeteilten Masseflächen (siehe auch Abschn. 13.3.2) sind Stützkondensatoren auch pro Massefläche ratsam. Das mindert hohe Stromflanken zwischen den Bereichen, weil diese ja gepuffert sind.

13.4 Gehäuse-Anbindung und Erdung

In diesem Abschnitt geht es um die Frage, wie ein Metallgehäuse mit der Masse einer internen Leiterplatte oder einem ganzen Komplex zu verbinden ist. Handelt es sich um ein Gerät, das auch Anschlüsse für Spannungen über 42,4 V_{eff} für Wechselspannung und 60 V Gleichspannung (Grenze für Kleinspannung) vorsieht und bei dem die Schaltungsmasse elektrisch nicht geerdet werden soll oder darf, so sind bei der Beantwortung der Frage auch sicherheitsrelevante Aspekte mit einzubeziehen.

13.4.1 Gehäuseanbindung für Kleinspannung

Viele Geräte der Industrie arbeiten heute (immer noch) mit einer Versorgungsspannung von 24 V Gleichspannung. Die meisten Anlagenbauer verbinden dabei den Minus-Anschluss dieser Spannung am Schaltschrank mit Schutzerde. Galvanisch damit verbunden sind aus Sicherheitsgründen auch alle großen Metallteile der gesamten Anlage (Gerüst, Chassis, Tanks usw.).

Dieser Bezugspunkt ist nicht zwangsläufig auch der Bezugspunkt einer Geräteschaltung. Es ist sogar eher davon abzuraten, mit dem Minuspol der 24-V-Versorgung direkt auf die Schaltungsmasse zu gehen. Denn zur Sperrung von Gleichtaktstörungen ist es auch angebracht, die Minusversorgung über ein Filter gehen zu lassen.

Das geerdete Gehäuse bietet natürlich die Möglichkeit, von außen kommende Störungen abzuleiten, wie wir das in Abschn. 13.2.2 gesehen haben. Hierzu ist der ankommende Minuspol über einen keramischen Kondensator von ca. 10 nF auf das Gehäuse zu führen – noch bevor dieser in die Schaltung gelangt.

Besteht sonst keine Gehäuseanbindung an die innere Schaltung, so wäre es angebracht, dem Kondensator eine zweiseitige Suppressordiode parallel zu schalten. Damit kann es zu keinen unkontrollierten Aufladungen kommen. Falls von Anlagenkonzeption her der Minuspol sowieso formal auf Erdpotenzial liegt, kann die Nennspannung der Diode bei wenigen Volt liegen.

Der Zustand der fehlenden Anbindung an Erdpotenzial (*floating*) ist zu vermeiden, sonst können sich Störungen fast ungehindert ausbreiten. Auf jeden Fall ist eine hochfrequenzmäßige Anbindung durch eine Kapazität von ca. 10 nF zu empfehlen.

13.4.2 Gehäuseanbindung für größere Spannungen (Niederspannung)

Unter Berücksichtigung der Niederspannungs-Richtlinie kann es nötig sein, höheren Spannungen zwischen Gerätemasse und Schutzerde ohne Zerstörung von Bauelementen standzuhalten. In diesem Falle ist ein einfacher Keramikkondensator zwischen beiden Punkten nicht geeignet, sondern es ist ein sog. *Y-Kondensator* zu wählen, der den Sicherheitserfordernissen genügt.

Solche Y-Kondensatoren (Folienisolation) zeigen trotz des günstigen ESR-Wertes keine so guten Impedanz-Eigenschaften bei hohen Frequenzen wie Keramikkondensatoren. Außerdem sind sie bei gleicher Kapazität voluminöser und teurer. Ersteres ist auch der Tatsache geschuldet, dass man die Y-Typen zwangsläufig für größere Spannungen auslegen muss, da ja damit oft Netzspannung auf den Schutzleiter kapazitiv gebrückt wird. Die Kapazitäten liegen normalerweise bei etwa 1000–3300 pF, damit der Ableitstrom innerhalb sicherer Grenzen gehalten wird.

Da damit auch die Kapazität niedriger ist als bei Keramik, sollte eine stromkompensierte Drossel vorgeschaltet sein, wie in Abb. 13.25 dargestellt. Der X-Kondensator , welcher übrigens beliebig große Kapazität aufweisen darf, schließt die beiden Versorgungsleitungen für Hochfrequenz kurz.

Wie erwähnt spielt der Y-Kondensator auch eine sicherheitstechnische Rolle, d. h. er muss je nach Anwendung bestimmte Kriterien erfüllen. Deshalb sind solche Kondensatoren auch weiter in Klassen unterteilt (Y1, Y2 usw.). Für die reine Gerätefunktion ist er häufig störend, denn je nach Polung aus dem Versorgungsnetz kann auf der Gerätemasse durch ihn eine hohe Wechselspannung gegenüber Schutzerde liegen. Eine solche Spannung wäre für den Gate-Anschluss eines MOS-Transistors schon zu viel.

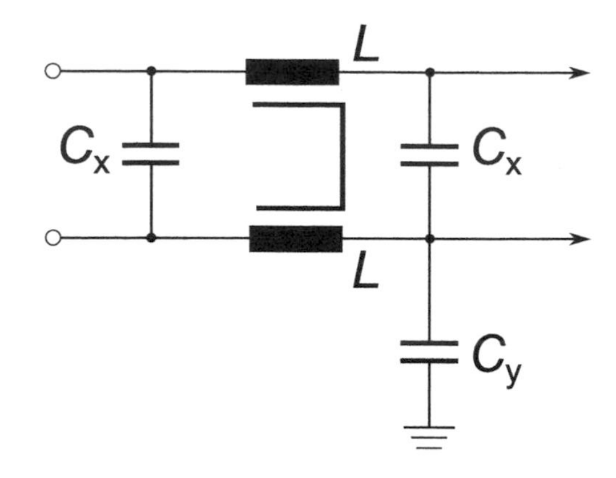

Abb. 13.25 Anbindung der Versorgungsleitungen an das Gehäuse bzw. an Schutzerde. Während die X-Kondensatoren beide Leitungen störungstechnisch gleichsetzen (*Gleichtakt*), führt der Y-Kondensator die Störung nach Erde ab

13.5 Ein- und ausgehende Signalleitungen

Direkt an Ein- und Ausgangsanschlüssen bzw. -Terminals auf der Leiterplatte sind an jeder Leitung direkt Keramikkondensatoren zu legen, deren anderes Ende jeweils nach Masse führen. Ein entsprechendes Layout geht aus Abb. 13.26 hervor.

Auch hier gilt die Regel, die Bahnen möglichst kurz auszulegen und erst *nach* den Kondensatoren in die Schaltung zu gehen. Falls die Möglichkeit besteht, die Kondensatoren bereits außerhalb der Platine an die Einzelleiter zu bringen, so wäre diese Möglichkeit vorzuziehen, denn je eher diese Anbindung erfolgt, desto wirksam ist sie.

Die Kondensatoren können nur der Unterdrückung der hochfrequenten Störspannung effektiv entgegenwirken – gegen ESD und Surge sollten man auch hier zu Suppressordioden und/oder Varistoren greifen.

13.5.1 Hochfrequente Datenleitungen

Datenleitungen, auf denen hochfrequente oder auch digitale Signale anliegen, kann man verständlicherweise nicht bedenkenlos mit Blockkondensatoren versehen, sonst könnte die Funktion grundsätzlich gestört sein. Falls hier keine Kapazität zu vertreten ist, wäre immerhin noch ein Schutz durch Suppressordiode denkbar, obwohl auch diese Dioden in Standardausführung Kapazitäten in der Größenordnung von 100–1000 pF annehmen können.

Ob die Verfälschung der Signalform hinreichend gering ist, hängt von der Impedanz der Quelle und der Applikation ab. Wenn man als Schutz ein T-Glied nach Abb. 13.27 einsetzt, kommt es in Abhängigkeit von der Frequenz zur Abnahme der Flankensteilheiten und irgendwann verkümmert das Signal zur Dreieckform.

Obwohl grundsätzlich Varistoren mehr für sporadische Störungen geeignet sind (wie z. B. Surge und ESD), sind sie für hochfrequente Datenleitungen nur sehr eingeschränkt tauglich, denn die Kapazität ist noch um eine Zehnerpotenz größer als diejenige von Suppressordioden.

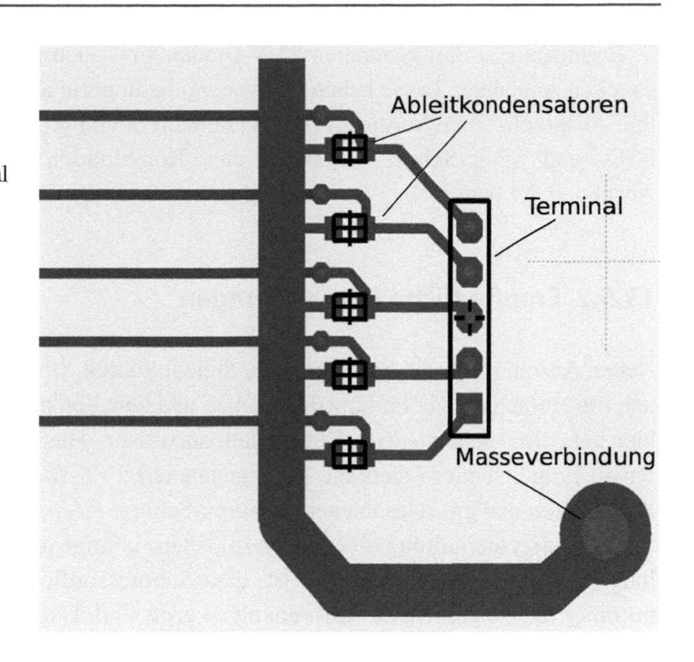

Abb. 13.26 Anordnung von Ableitkondensatoren. Die keramischen Kondensatoren sollten so dicht wie möglich am externen Anschlussterminal sein und direkt an eine gemeinsame Fläche führen, von dort aus auf einen Masseanschluss (z. B. Schraubanschluss). Die weiterführenden Bahnen müssen meist über Durchkontaktierungen auf die andere Ebene gelangen. Aus dem Programm Target, siehe [2]

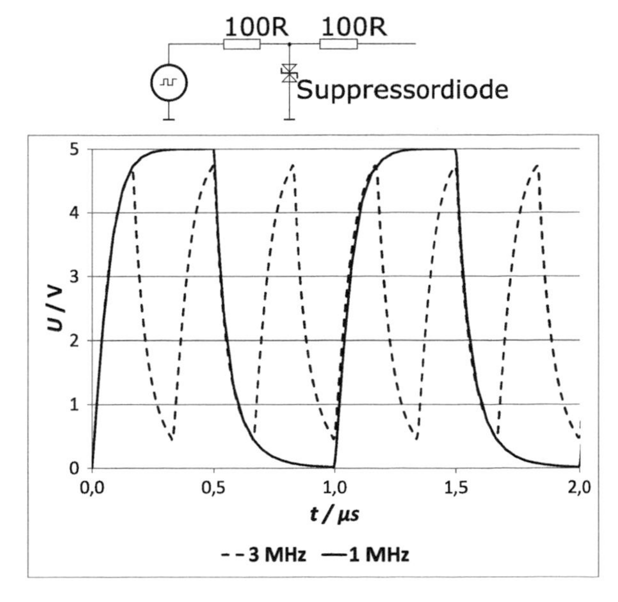

Abb. 13.27 Abhängigkeit der Signalform von der Frequenz bei vorgegebener Schaltung. Die abgebildete Suppressordiode hat eine angenommene Kapazität von 1000 pF

Für Ethernet, USB und andere Anwendungen sind spezielle EMV-Schutzkomponenten von der Fa. Würth Elektronik entwickelt worden. Darunter fallen auch TVS-Dioden (Transient Voltage Suppressor) mit extrem niedriger Kapazität (< 10 pF). Natürlich bieten auch sie lediglich einen Schutz gegen Surge, ESD und teilweise Burst. Eine Beaufschlagung der Datenleitungen mit HF-Störspannung ist hier viel schwerer zu bekämpfen. Der praktikabelste Weg ist immer eine Konzeption mit abgeschirmter Leitung oder auch symmetrische Eingänge.

Ergänzend zu den genannten TVS-Dioden sind auch noch Gasableiter bzw. Funkenstrecken zu nennen. Diese haben den Vorzug, recht geringe Kapazitäten zu haben, doch ist ihre Ansprechzeit im Vergleich zu den Halbleitern viel größer. Will man einen wirksamen ESD- und Surge-Schutz, ist sicher eine Kombination aus beidem angeraten (siehe Abschn. 9.2.1 und 9.4).

13.5.2 Empfindliche Datenleitungen

Neben Anschlüssen, die hochfrequente Signale führen, sind auch noch welche zu betrachten, die einfach eine hohe Impedanz haben und behalten müssen. Schutzelemente müssen hier unbedingt sehr niedrige Kapazitäten aufweisen. Hier kommen niemals Kondensatoren in Frage, sondern stets die oben genannten TVS-Dioden mit kleinen Sperrschicht-Kapazitäten und ggf. Gasableiter als Surge-Schutz.

Die Aufrechterhaltung einer hohen Impedanz gelingt auch über eine einfache Entkopplung per RC-Glied. Zu beachten ist, dass Suppressordioden Restströme aufweisen, die mitunter für die geforderte Anwendung zu groß sind. Ein wirksamer ESD-Schutz könnte über eine Schaltung nach Abb. 13.28 erfolgen.

Im Gegensatz zu einem statischen Überspannungsschutz macht es der ESD-Schutz erforderlich, sorgfältig über die Anordnung der Massepunkte für die Bauelemente Kondensator und Diode nachzudenken. Diese müssen unbedingt deutlich vor dem Operationsverstärker zur Gehäusemasse führen, andernfalls würde der Strom zunächst durch ihn fließen und womöglich zerstörend wirken.

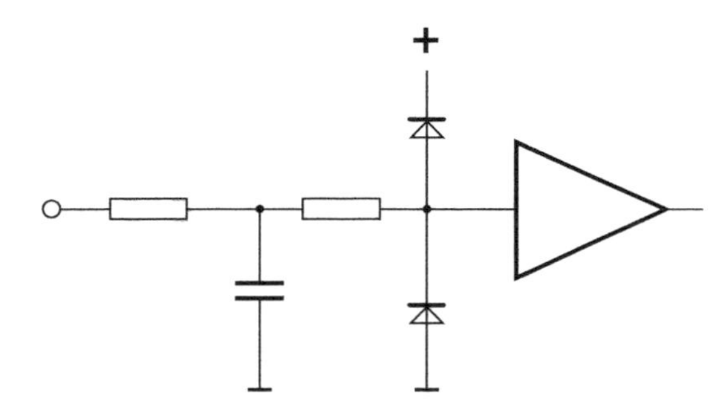

Abb. 13.28 ESD-Schutz eines sehr hochohmigen Anschlusses. Die Anstiegsgeschwindigkeit wird über ein RC-Glied gedrosselt, die Überspannung oder Unterspannung verhindert dann die Doppeldiode. Diese muss ggf. für hinreichend geringe Sperrströme ausgelegt sein. Auch der Kondensator sollte geringe Leckströme aufweisen

13.6 Schutz diskreter Halbleiter

Der Schutz für diskrete Halbleiter richtet sich ebenfalls nach der Applikation des Bauelements. Handelt es sich nur um langsame Schaltfunktionen, sind einfache Maßnahmen mit Suppressordioden oder auch normalen Dioden denkbar. Sind schnell arbeitende Schalt- oder Analogfunktionen verlangt, so sind ebenfalls schnelle Elemente mit niedrigen Kapazitäten erforderlich.

13.6.1 Schutz von Sperrschicht-Transistoren

Bei üblichen Sperrschicht-Transistoren können ESD-Vorfälle einen Defekt hervorrufen. Besonders empfindlich sind hierbei die PN-Strecken in Sperrrichtung. Einen Schutz für den Basis- und den Emitter-Anschluss bietet Abb. 13.29.

Es sind nach dieser Methode nur ESD-Vorfälle geringer Energie abzufangen, denn die jeweils andere Polarität muss sowieso vom Transistor übernommen werden.

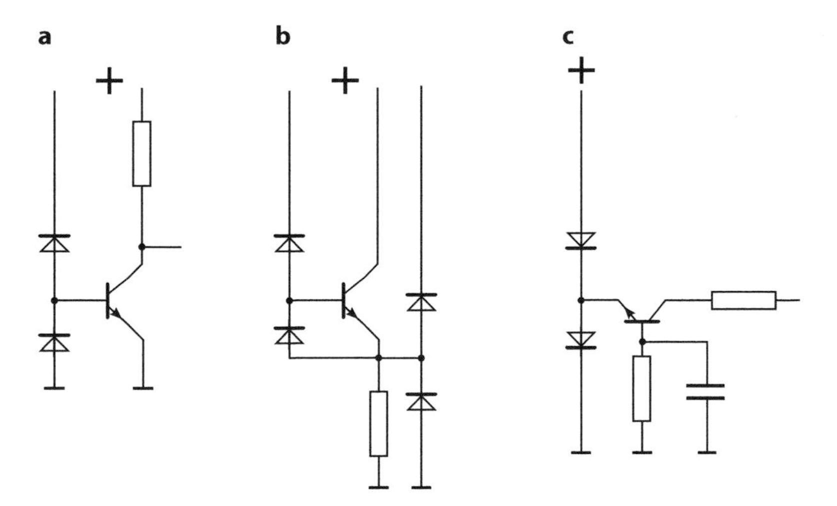

Abb. 13.29 ESD-Schutz eines diskreten Transistors bei allen Grundschaltungen. Wichtig ist bei (a), dass die obere Diode nicht auf den Kollektor des Transistors führt, weil man sonst eine drastische Verringerung der oberen Grenzfrequenz zufolge *Miller-Effekts* zu befürchten hat. Bei der Kollektorschaltung (**b**) und der Basisschaltung (**c**) ist kein Miller-Effekt zu befürchten, da Kollektor bzw. Basis „festgehalten" werden. Zum Schutze des Emitteranschlusses sind ebenfalls zwei Dioden geeignet. Anstelle einzelner Dioden sind auch z. B. serielle Doppeldioden wie BAV99 geeignet. Ist der Transistor ein PNP-Typ, sind die Dioden umzupolen

13.6.2 Schutz von MOS-Transistoren

Transistoren mit isoliertem Gate-Anschluss (MOS-FET) erlauben nur eine sehr begrenzte Spannung an dieser Elektrode gegenüber dem Kanal. Die Oxidschicht ist sehr dünn und wird in der Regel zerstört, sobald Spannungen > 40 V anliegen. Ein Anwachsen über diese Spannung ist also unbedingt zu vermeiden. In der Schaltungsfunktion ist diese Forderung einfach zu erfüllen. Passiert jedoch ein ESD, sind zusätzliche Maßnahmen nötig.

Führen Anschlüsse von MOS-Transistoren, speziell die Gate-Anschlüsse direkt oder indirekt auf einen Anschluss, der von der Schaltung nach draußen führt, sind unbedingt Schutzmaßnahmen zu überlegen. Die Begrenzung der Gate-Spannung gegenüber dem Kanal ist einfach per Suppressordiode einzuhalten. Ein zusätzlicher Vorwiderstand vor dem Gate kann zum Einsatz kommen, allerdings ist dessen Bemessung kritisch, denn sind schnelle Schaltfunktionen gefordert, muss er sehr klein sein. Man darf nicht vergessen, dass bei Leistungs-MOS-FETs die Kapazität zwischen Gate und Kanal in der Größenordnung von 1 nF liegt. Diese Kapazität kann auch bewirken, dass nicht unbedingt die erste Entladung zu einer Überspannung führt. Doch werden kumulative Ladungen zu immer mehr anwachsender Spannung führen.

Handelt es sich um CMOS-Schaltkreise, so sind dort üblicherweise bereits Überspannungsdioden eingefügt, die auch verhindern, dass das Eingangspotenzial über die positive Versorgungsspannung oder unter Massepotenzial geraten kann. Es ist allerdings fraglich, ob im speziellen Fall die integrierten Dioden die erforderliche Energie absorbieren können. Im Zweifelsfalle sind stets zusätzliche, externe Schutzdioden einzufügen, idealerweise in Serie zu Schutzwiderständen. Übrigens muss nicht unbedingt ESD zur Zerstörung führen, es kann auch u. U. sein, dass in Folge von ESD ein Latch-Up entsteht, das bedeutet, der parasitäre Thyristor einer CMOS-Schaltung zündet und lässt einen extremen, zerstörenden Strom fließen.

13.6.3 Schutz von Leuchtdioden

So trivial es klingen mag: Leuchtdioden (LED) reagieren empfindlich auf Durchbruch in Sperrrichtung, was ja auch bei ESD auftreten kann. Einen direkten Schutz bietet eine antiparallel geschaltete Diode, wie in Abb. 13.30 gezeigt.

Die etwas aufwendigere Methode in dieser Abbildung ist bei heftigen Spannungsspitzen sinnvoll, im Normalfall genügt die antiparallele Diode durchaus.

13.7 Schirmung von Kabeln und Spalten

In Abschn. 13.3.3 hatten wir bereits statische Schirmwirkungen bei verschiedenen Leiterbahnanordnungen gesehen. Genauso wichtig ist die zweckmäßige Schirmung von externen Leitern und Spalten an Gehäusen.

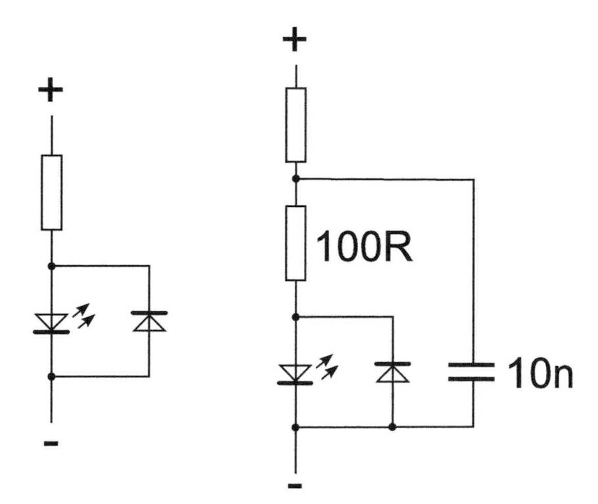

Abb. 13.30 Häufig genügt eine einfache Diode in Antiparallel-Schaltung zur LED, um ESD zu entschärfen. Die Diode muss nicht für hohe Leistung ausgelegt sein, aber sie sollte schnell sein. Noch bessere Entkopplung bietet der rechte Teil der Abbildung, weil dort die Entkopplung per Kapazität und Widerstand ein schnelles Ansteigen der Spannung verhindert. Muss die LED schnellen Stromänderungen folgen können, ist der Kondensator auch verzichtbar

Zunächst sind noch einige theoretische Aspekte zur Schirmung von Leitern zu erörtern. Es gibt bei unterschiedlichen Methoden (z. B. einseitig und zweiseitig aufgelegter Schirm) – keine einheitliche, stets zum Erfolg führende Regel.

13.7.1 Betrachtungen zur Leitungsabschirmung

Ein sehr häufig aufkommendes Thema behandelt die Frage, ob der Schirm einer Leitung auf beiden Seiten aufzulegen ist oder nicht. Dies lässt sich nicht ganz eindeutig beantworten, obwohl die Tendenz dahin geht, dass das beidseitige Auflegen zu empfehlen ist und nur in Notfällen davon abzuweichen ist. Wir wollen hier einige Aspekte dazu erörtern.

Kapazitive Störkopplung von außen

Beim einseitig aufgelegten Kabelschirm kann durch eine kapazitive Störkopplung zu Strömen im Schirm führen und somit auch zu solchen im Innenleiter. Dagegen kommt es bei beidseitigem Auflegen zu einer wenigstens teilweisen Kompensation der Störströme im Schirm.

Flächiges Auflegen

Eine Kabelabschirmung sollte auf jeden Fall flächig aufgelegt sein, damit HF-Störungen besser unterdruckt werden.

Führung eines geschirmten Kabels

Ein abgeschirmtes Kabel sollte nicht quer durch den Raum verlegt sein, sondern möglichst entlang und nahe bei metallischen Flächen, die Massepotenzial führen. So bleibt es geschützt gegen äußere Störfelder, weil das Störpotenzial geringer ist.

Störspannung zwischen zwei Massepunkten

Liegt eine Störspannung mit gewissem Innenwiderstand Z_i zwischen zwei Massepunkten vor, so würde ein einseitiges Auflegen des Schirms bewirken, dass sich die Störspannung direkt zum Nutzsignal addiert. Bei beidseitigem Auflegen dagegen vermindert die Störung durch die Belastung des Schirms.

Masseschleife

Ein beidseitig aufgelegter Schirm kann jedoch auch eine ungünstige Masseschleife bewirken. Dadurch fließt möglicherweise ein hoher Strom durch den Schirm. Außerdem können bestehende magnetische Wechselfelder in einer flächig aufgespannten Masseschleife (Erdschleife) einen Induktionsstrom bewirken, der auf dem Schirm eine entsprechende Störspannung abfallen lässt, welche sich wiederum direkt zum Nutzsignal addiert. Eine Lösung des Problems wäre, die Gerätemassen nicht direkt auf Erde und die Schirme nur auf die Gerätemasse zu legen. Eine weitere Alternative sind symmetrische Signalleitungen ggf. ohne Abschirmung.

Antennenwirkung

Ein Kabelschirm kann als Antenne wirken, unabhängig davon, ob er ein- oder beidseitig aufgelegt ist. Die Wirkungsrichtung kann außerdem abstrahlend und einstrahlend sein.

13.7.2 Materialien zum Abschirmen

Abschirmgeflechte

Abschirmgeflechte sind meist hervorragende Leiter für Hochfrequenz, da sie über eine große Oberfläche verfügen und somit der *Skin-Effekt* wenig ausgeprägt ist.

Federstreifen und Gaskets

Für Kanten und Gehäuseöffnungen, die gegenüber höchsten Frequenzen und gegen eine Entladung zu schützen sind, werden federnde Materialien den Vorzug finden. Es gibt derartige EMV-Zubehörteile in fast jedem Elektronik-Versandhandel. Viele Ausführungen sind selbstklebend und manche auch schraubbar.

Literatur

1. Fa. Tera Analysis, Programm Quickfield.
2. Fa. Ing.-Büro FRIEDRICH, Programm Target.

14 Mikrocontroller-Steuerungen

Zusammenfassung

Sobald ein Gerät oder ein elektronisches System über Mikroprozessor oder Mikrocontroller verfügt, kann sich die Situation in Bezug auf Immunität drastisch verschlimmern. Man stelle sich vor, eine von außen eindringende Störung beeinflusst die Schaltungsfunktion so, dass sich der Programmablauf nicht mehr ordnungsgemäß verhält.

Der Einsatz von Mikrocontrollern bietet jedoch auch Vorteile: Immerhin lassen sich viele Reaktionen oder Messgrößen, die ausgewertet werden, auf ihre Plausibilität hin überprüfen. Ein Messsignal, das nach draußen gelangt und in irgendeiner Form als Sensorsignal zurückkommt und vom System weiter zu verarbeiten ist, lässt sich durch eine gewisse Intelligenz auf Kongruenz überprüfen und somit von unabhängigen Störsignalen unterscheiden.

14.1 Programmablauf und Verhinderung von Abstürzen

EMV-Maßnahmen beschränken sich bei einem vom Mikrocontroller gesteuerten System nicht nur auf Hardware-Richtlinien, auch der Programmcode kann maßgeblich dazu beisteuern, ein stabiles Gerät zu erhalten.

14.1.1 NOP im Programmcode

Der Programmcode könnte – auch wenn die Störung schon vorüber ist – anhaltend falsch interpretiert werden. Das kann sogar selbst dann der Fall sein, wenn am Code selbst nichts verändert wurde.

D. Stotz, *Elektromagnetische Verträglichkeit in der Praxis*,
https://doi.org/10.1007/978-3-662-62221-6_14

Hierzu sehen wir uns den nachfolgenden Assemblercode an. Verrückt der Programmzeiger um genau ein Adressinkrement, so ergibt sich eine völlig andere Bedeutung – der funktionelle Ablauf ist gestört.

```
0100        8B C8       ADDA,C8
0102        CB C8       ADDB,C8
0104        81 89       CMPA,89
0106        8D 03       BSR,03
```

Zeiger um ein Adressinkrement verschoben:

```
0101        C8 CB       EORB,CB
0103        C8 81       EORB,81
0105        89 8D       ADCA,8D
0107        03          FDIV
```

Betrachten wir stattdessen den unten stehenden Code, so fängt sich der ordnungsgemäße Programmablauf innerhalb weniger Zeilen, da NOPs (No Operation) durch ihre Einzeilenstruktur eine falsche Interpretation unmöglich machen. Springt der Programmzeiger auf die erste NOP-Anweisung, erfolgt der Ablauf bereits wieder nach geordneter Manier.

```
0100        8B C8       ADDA,C8
0102        01          NOP
0103        01          NOP
0104        CB C8       ADDB,C8
0106        81 89       CMPA,89
0108        8D 03       BSR,03
```

Zeiger um ein Adressinkrement verschoben:

```
0101        C8 01       EORB,01
0103        01          NOP
0104        CB C8       ADDB,C8
0106        81 89       CMPA,89
0108        8D 03       BSR,03
```

Freilich kann es auch ohne zusätzliche NOPs zu einer Re-Synchronisation kommen – beispielsweise wenn ein unbekannter Befehl interpretiert wurde oder wenn ein nicht gewollter Sprung erfolgte. Dennoch ist festzuhalten, dass bei jeder „falschen“ Anweisung Daten durcheinander geraten. Der Einsatz von NOPs ist – wie schon oben gesehen – wirksamer, wenn man sie paarweise integriert.

14.1.2 Watchdog setzen

Die Möglichkeit, einen Watchdog zu setzen, besteht eigentlich in jedem modernen Mikrocontroller, selbst bei älteren Modellen wie MC68HC11 wurde dieses Feature bereits realisiert. Es handelt sich dabei um eine interne Struktur, die neben der Programmabarbeitung autark läuft. Vor dem Ablauf einer (einstellbaren) Zeit muss das Programm das Watchdog-Flag frisch initialisieren, andernfalls erzeugt der Controller einen Reset. Dies wiederum würde einem Neustart gleichkommen. Ist der Programmablauf also gestört, so würde diese Watchdog-Initialisierung ausbleiben, und der Mikrocontroller könnte nach dem erfolgten Neustart wieder korrekt arbeiten.

Die klassische Programmstruktur bei einem Mikrocontroller besteht aus einer Hauptschleife, die zyklisch durchlaufen wird. Genau an einer Stelle dieser Hauptschleife ist der kurze Code zur Initialisierung des Watchdog zu setzen, denn so ist sichergestellt, dass dieser Vorgang auch tatsächlich (ohne Störfall) regelmäßig stattfindet. Der generelle Aufbau geht aus Abb. 14.1 hervor.

Die maximale Dauer für einen Schleifendurchgang sollte bekannt sein, damit der Watchdog in der Startup-Initialisierung auf eine Zeit gesetzt werden kann, die sicher über der des Schleifendurchgangs liegt, andernfalls kann es auch im nicht gestörten Betrieb zu Resets kommen, die auf das Konto des Watchdog gehen. Es ist natürlich wichtig, die Watchdog-Zeit nicht zu knapp einzustellen, denn je nach den internen Verzweigungen und Schleifen könnten möglicherweise die Abarbeitungszeiten stark variieren.

Gänzlich zu vermeiden sind sogenannte Endlos-Warteschleifen (etwa bei einer erwartetem Tasteneingabe), denn dann spricht unweigerlich der Watchdog an. Diese Art der

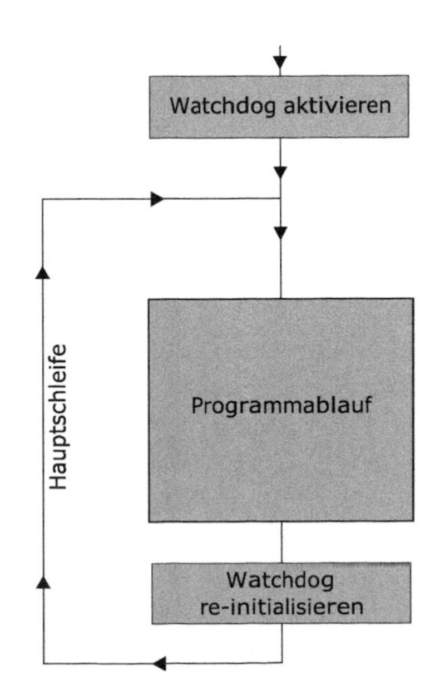

Abb. 14.1 Der Urstart des Programms führt durch die Erst-Initialisierung, wo der Watchdog gesetzt und seine Zeit definiert wird. Danach kommen nur noch Hauptschleifen-Durchläufe, in denen jeweils einmal der Watchdog zurückgesetzt wird. Läuft seine Zeit einmal ab, ohne dass zuvor seine Rücksetzung erfolgt ist, kommt ein interner Reset des Mikrocontrollers und das Programm fängt von ganz vorne an

Programmierung ist sowieso nicht empfehlenswert – man sollte bestrebt sein, den Durchlauf der Schleife stets aufrechtzuerhalten.

14.1.3 Grundinitialisierung und Parametrierung

Eine Änderung des Parameterfeldes oder gar des Programmcodes aufgrund einer externen Störung ist unter allen Umständen zu vermeiden, denn die Forderung in der Norm besagt, dass keine bleibenden Änderungen im Ablauf oder der Funktion entstehen dürfen. Eine vorübergehende Störung kann meist immer noch über ein Bewertungskriterium eingeräumt werden, eine bleibende jedoch nicht.

Eine weitere Gefahrenquelle ist die Überschreibung von RAM-Speicherzellen, die normalerweise für Variablen oder auch Initialwerte benutzt werden. Ist die externe Störung zeitgleich zu einem Schreibzugriff, kann es zu Fehlern kommen. Bei Variablen ist es ja meist so, dass diese immer wieder neu berechnet werden, während irgendwelche Grenzwerte nur einmal zu initialisieren sind. Möglicherweise liegen berechtigte Gründe vor, derartige Parameter als RAM-Wert vorliegen zu haben, dann empfiehlt es sich aber auch, diesen gelegentlich zu re-initialisieren. Dies geschieht wieder am besten zyklisch pro Schleifendurchgang.

Erhöhte Sicherheit gegen unplausible Parameterdaten bietet eine CRC-Routine, d. h. eine zyklische Redundanzprüfung . Für alle Daten, die dieser Prüfung zu unterziehen sind, besteht eine Prüfsumme, die ebenfalls als Byte oder Word abgelegt ist. Eine häufig genutzte Methode, die Übertragungsdaten eines Hexfiles zu prüfen, arbeitet auf dieselbe Weise: Die Daten einer Zeile werden alle addiert, der Überlauf von 8 Bit bleibt unbeachtet. Zu dieser Summe ist nun das Komplement zu null zu bestimmen – dies entspricht der Prüfsumme.

14.1.4 Routinen-Überwachung

Weitere Sicherheit bieten Zusatzcodes, die vor jedem Sprung zu einer Subroutine an eine Variable übergeben werden, die dann in der Routine selbst einer Überprüfung zu unterziehen sind. Das bedeutet, ein durch Störung hervorgerufener Sprung in eine solche Routine wird sehr schnell erkannt und ausgebügelt (z. B. durch Reset oder einen Sprung zu einer Fehlerroutine).

Es ist abhängig von der Arbeitsweise des Programms, welche Routinen zweckmäßigerweise zu schützen sind – auf jeden Fall wäre es gut, Schreibroutinen für den Parameterspeicher auf diese Weise zu schützen. Ferner sollten stets die oben genannten CRC-Schutzcodes mitzuspeichern.

Beim Hardware-Design (und u. U. auch beim mechanischen Design) ist darauf zu achten, dass keine verbotenen Zustände entstehen können, die dann im Extremfall dem Gerät schaden könnten (siehe auch Abb. 14.2 weiter unten). Handelt es sich z. B. um eine moto-

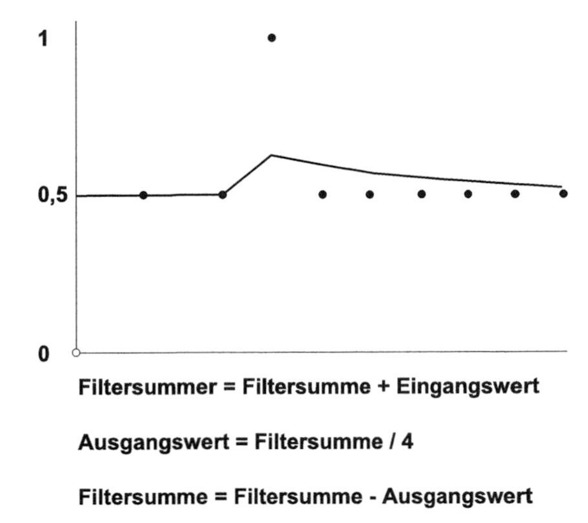

Abb. 14.2 Dämpfungsfilter sowie die Auswirkung bei einem einzelnen Fehlerwert. Zunächst stehen regelrechte Werte von **0,5** an, dazwischen ergibt sich ein Fullscale-Fehlerwert von **1,0**. Das gleitende Filter bewertet diesen Einzelwert entsprechend seinem Filterfaktor (hier 0,25.) Der Ausschlag ist zwar wesentlich geringer, aber die Sprungantwort dauert sehr lange (theoretisch unendlich lange). Ein Plausibilitätsfilter würde solche Werte vollständig unterdrücken

risch angetriebene Mechanik mit Endschalter, so tun die Erfassung der Laufrichtung und die Erreichung einer Endposition not. Problematisch wäre, wenn es einen Zustand gäbe, bei dem der Motor über einen Anschlag hinaus fahren würde. Aus der erreichten Endposition muss sich zwingend die *richtige* Laufrichtung ergeben. Ratsam ist auf jeden Fall auch die Verwendung eines einfachen Hardware-Schalters, der autark vom Mikrocontroller arbeitet.

14.1.5 Redundante A/D-Wandlung

Die Erfassung von analogen Größen geschieht normalerweise über einen A/D-Wandler, der entweder extern ausgeführt ist oder sich im Mikrocontroller befindet. Ist durch eine externe Störung (z. B. leitungsgebundene HF-Störspannung oder schnelle Transienten) die Messung einer Gleichspannung offensichtlich nicht mehr innerhalb gewünschter Toleranzgrenzen, so kann eine Plausibilitätsprüfung im Programmcode oftmals helfen. Leider sind empfindliche Messschaltungen oftmals nicht absolut störungsfrei bzw. mit höchster Immunität zu realisieren, deshalb besteht nur noch der Ausweg über die Software.

Hierzu ist es nötig, die Wandlung häufiger als erforderlich durchzuführen. Je nachdem, welche Schwankungen im Wert zwischen zwei Messungen auftreten können, ist der eine oder andere Wert zu verwerfen. Wird die Anzahl der zu verwerfenden Werte zu groß, ist eine Fehlermeldung angebracht. Solange sich ähnelnde Werte in der Mehrzahl befinden, ist eine sichere Ausgabe bzw. Weiterverwendung möglich, ohne dass Störungseinflüsse sich bemerkbar machen.

Ein einfaches gleitendes (bzw. dämpfendes) Filter nach dem Schema von Abb. 14.2 verkleinert die Wirkung einzelner „Ausreißer“ ebenfalls, jedoch ist für den oben genannten Zweck ein Auslesefilter nach dem Plausibilitätskriterium besser geeignet.

Die drei Textzeilen lassen sich einfach in Code umsetzen. Jeder Hauptschleifendurchlauf bedeutet auch einen Filterdurchlauf, bei dem dann auch immer ein aktueller Eingangswert durch Messung ansteht und bei der Verrechnung ein neuer Ausgangswert entsteht. Lediglich die Filtersumme ist als Register zu führen, das seinen Wert bis zum nächsten Durchlauf halten muss.

Es sind noch viele andere Filter denkbar, auch etwa adaptive Arten, bei denen ein lange andauernder Wert das Filter träger macht für neue, abweichende Eingangswerte. Bei stets schwankenden Eingangswerten wird dann das Filter wieder schneller.

14.2 Externe Schaltung

14.2.1 Port-Ausgänge

Verlangt ein Schaltungsteil vom Mikrocontroller wechselnde oder gar zu jeder Zeit komplementäre Port-Signale, so wird dieser Forderung im Störfall möglicherweise nicht Genüge getan, weil der Port den Status nicht mehr wechselt bzw. weil zwei Ports gleichzeitig low oder high bleiben. Für eine Schaltung nach Abb. 14.3 wäre dies ein fataler Zustand.

Für alle möglichen statischen Zustände ist eine externe Schaltung so auszulegen, dass keine Überlastung auftreten kann – eine Deaktivierung wäre erstrebenswert.

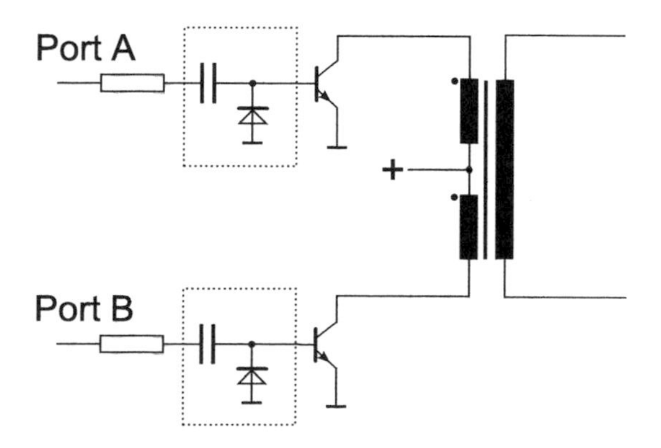

Abb. 14.3 Eine Trafoansteuerung mit synchronem Takt zum Mikrocontroller. Die Komponenten im gestrichelten Rahmen sind einzufügen, andernfalls würde bei einem dauerhaften High-Potential an einem der Ports eine Überlastung stattfinden, falls die Primärseite des Trafos nicht strombegrenzend ist. Mit Koppelkondensatoren ist dagegen der ständige Potenzialwechsel notwendig für die Ansteuerung des Trafos

Stehen mehr Ausgangs-Ports als nötig zur Verfügung, so lassen sich damit gestörte Ausgangszustände unterbinden. Beispielsweise könnte man einem Port einen zweiten, der komplementär dazu arbeitet, zur Verfügung stellen. Eine externe Schaltung sorgt dafür, dass nur bei exakter Komplementarität die Stati am Ausgang übernommen werden, sonst erscheint permanent low. Dabei werden auch kurzfristige Fehler zu einem längeren Low am Ausgang führen. Eine solche Schaltung sei beispielhaft in Abb. 14.4 gezeigt.

14.2.2 Port-Eingänge

Eingänge, die lediglich der Erfassung von Handtastern dienen, sollten nicht wesentlich schnellere Signale annehmen können, wie das tatsächlich bei der Handbedienung der Fall sein kann. Bei Registrierung schnellerer Zustandsänderungen sind diese per Programmcode zu ignorieren. Hierzu kann ebenfalls ein Plausibilitätsfilter für ein Bit dienlich sein. Dabei ist im Gegensatz zu dem oben beschriebenen Filter nicht die Höhe der Änderung zwischen zwei Zustandsdetektionen entscheidend, sondern die Dauer dazwischen. Das heißt mit anderen Worten, ein Zustand gilt erst dann als akzeptiert, wenn dieser mehrfach hintereinander bestehen blieb. Dabei ist ein Kompromiss zu finden zwischen Reaktionsschnelle und Störungsunterdrückung.

14.2.3 Reset-Eingang und Interrupts

Der externe Reset-Anschluss an einem Mikrocontroller (häufig kombiniert mit dem Anschluss für die Programmierspannung) sollte geschützt sein gegen Störflanken. Allerdings ist es bei einer Schaltung fürs *In-Circuit-Programming* (ICP) nicht einfach möglich, diesen Anschluss durch RC-Filter ganz langsam zu machen, weil sonst das ICP auch nicht mehr arbeitet. Ein Ausweg wäre ein Jumper, der für das ICP umgesteckt werden müsste.

Unbenutzte Pins als Eingänge hochohmig zu belassen, wäre in jedem Falle ungünstig, denn die Anschlüsse folgen jedem kleinen Störimpuls und könnten auch die Gefahr eines Latchup für den Chip heraufbeschwören.

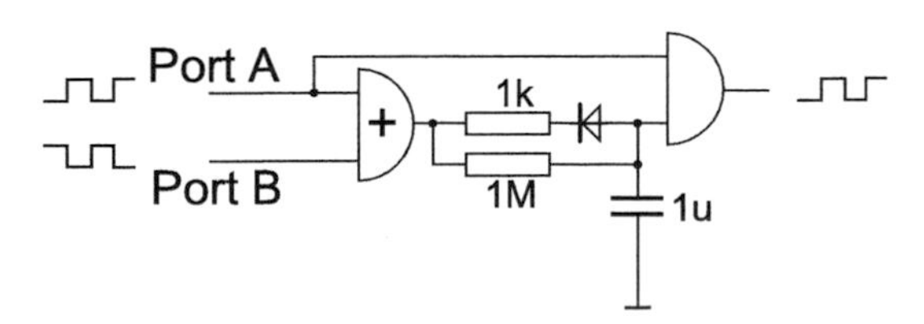

Abb. 14.4 Redundanz eines digitalen Ausgangssignals durch Bereitstellung eines zweiten Ports mit komplementärem (inversen) Signal. Sobald durch einen Fehler beide Port-Leitungen gleichzeitig low oder high sind, wird das EXOR-Gatter auf low gehen und damit das nachfolgende AND-Gatter für das normale Signal sperren

Anschlüsse für externe Interrupts (z. B. für Endschalter, Encoder-Signale oder dergleichen) greifen i. Allg. drastisch in den Programmablauf ein. Deshalb sind eventuelle Signalstörungen auf solchen Anschlüssen zu unterdrücken. Da die Eingänge meist zeitkritisch sind, darf man sie nicht künstlich durch Kapazitäten verlangsamen. Ein durch äußere Störung entstandener Interrupt-Impuls innerhalb einer Interrupt-Routine wird ignoriert, sodass hiervon kein weiterer Fehler entstehen kann. Ob ein Interrupt plausibel ist, lässt sich nicht immer feststellen. Falls das Erscheinen vorhersagbar ist, könnte man auch hier bei großen Abweichungen eine Störung detektieren und eine Fehlerroutine auslösen.

Beispielsweise könnte ein jede Sekunde erscheinender DCF-Impuls auf einen Interrupt-Eingang führen und den Mikrocontroller hochexakt synchronisieren. Wenn alle Interrupts berücksichtigt werden, hätten Störimpulse leichtes Spiel, die gesamte Schaltung früh außer Kontrolle zu bringen. Dagegen könnte man den Interrupt nur an einem schmalen Zeitfenster aktivieren, in dem auch regelrechte DCF-Impulse erscheinen werden.

14.3 Programmierbare Flankensteilheit

Bereits weiter oben wurde erwähnt, dass sich hohe Flankensteilheiten negativ für EMV-Kriterien auswirken können. Sofern keine Flankensteilheit für die Ansteuerung externer Geräte oder Komponenten erforderlich ist, sollte diese auch nur so gering wie möglich sein. Der Vorteil ist nicht nur eine oftmals verringerte Leistungsaufnahme, sondern auch eine reduzierte Abstrahlung im oberen Frequenzbereich (und im unteren Frequenzbereich erfolgt die Abstrahlung ohnehin schlechter bei gleichen Kapazitäten).

Manche neuere Mikrocontroller erlauben eine Programmierung der Flankensteilheit. Doch auch ohne diese Möglichkeit kann eine nach draußen führende Leitung per RC-Glied eine reduzierte Flankensteilheit erhalten. Betrachtet man lediglich die kapazitive Wirkung auf naheliegende Leiter, so ergeben sich nach Abb. 14.5 unterschiedliche Spektren. Die Form des Rechtecks nach dem RC-Glied ist jeweils ebenfalls angedeutet. Die

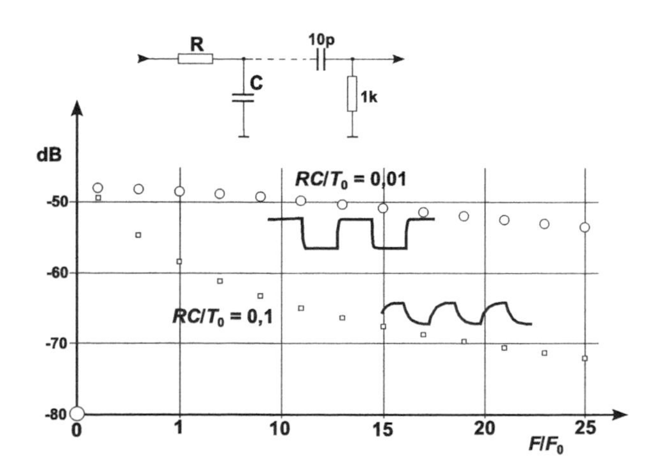

Abb. 14.5 Eine Leitung mit Rechtecksignal 100 kHz und unterschiedlichen Slewrates, die kapazitiv auf eine benachbarte Leitung wirkt

ungeradzahligen Harmonischen erscheinen nach dem Auskoppelglied mit der dargestellten Dämpfung. Da es sich bei Verwendung eines einfachen RC-Gliedes die Angabe der Slewrate nicht ganz korrekt ist, sind hier die Verhältnisse der RC-Konstanten zur Periodendauer der Grundfrequenz des Rechtecksignals angegeben sowie die Ordnung der Harmonischen.

Eine elektromagnetische Abstrahlung ist damit noch nicht berücksichtigt. Man kann sich aber vorstellen, dass es sich dort um ähnliche Verhältnisse handelt.

Handelt es sich um nach außen führende Leitungen mit Abschirmung, so ist natürlich die Leitungskapazität ebenfalls zu berücksichtigen. Sobald ein endlicher Widerstand zur Auskopplung dient, wird die Flankensteilheit somit von der Länge der Leitung abhängen – im Extremfall könnten die Pegel nicht mehr ausreichend sein.

Signalverarbeitung 15

Zusammenfassung

Während die letzten Kapitel den Aufbau einer Schaltung in den Fokus nahmen, soll dieses Kapitel die Funktionsweise zum Thema haben. Wie eine Schaltung oder ein ganzes Gerät arbeitet, das Zusammenspiel der Einzelkomponenten gestaltet, nimmt bedeutenden Einfluss auf das EMV-Verhalten. Beispielsweise kann man die Verstärkung eines Sensorsignals fast beliebig steigern, um eine erforderliche Empfindlichkeit zu erreichen. Damit könnte jedoch auch vermehrt ein Störsignal überhandnehmen. Um dies zu verhindern, sollte die Verstärkung nur zu bestimmten, festgelegten Zeiten hochgesteuert werden, nämlich dann, wenn ein Signal tatsächlich zu erwarten ist. Man nennt diese Art der Steuerung auch *Koinzidenz-Verfahren*.

Die in diesem Kapitel erläuterten Methoden und Schaltungen dienen als Anregung – sie stellen keine fertigen Konzepte oder Detailschaltungen dar, dafür ist in diesem Buch kein Platz, denn die Anforderungen sind zu vielfältig.

15.1 Störungssichere Sensorspannungen

Um Nutzsignale, die vom Sensor kommen, gegenüber Störsignalen zu isolieren, sind einige Verfahren verfügbar, deren Gewinn auch vom Störsignal-Charakter abhängt. Dabei kann man unterschiedliche Kriterien heranziehen, z. B. die Frequenz, die Phase und andere.

D. Stotz, *Elektromagnetische Verträglichkeit in der Praxis*,
https://doi.org/10.1007/978-3-662-62221-6_15

15.1.1 Filter-Verfahren

Um selektiv für eine bestimmte Frequenz zu sein, auf der das Nutzsignal liegt, kann man per Bandpass-Filter dieses isolieren und andere Frequenzen unterdrücken. Dies hilft viel, wenn die Störfrequenzen weitab liegen, d. h. wenigstens eine Oktave unterhalb oder oberhalb der Frequenz des Nutzsignals.

Abb. 15.1 zeigt die Verhältnisse eines Filters eines frequenz-selektiven Amplituden-Demodulators unter dem Einfluss von Störsignalen unterschiedlicher Frequenzen.

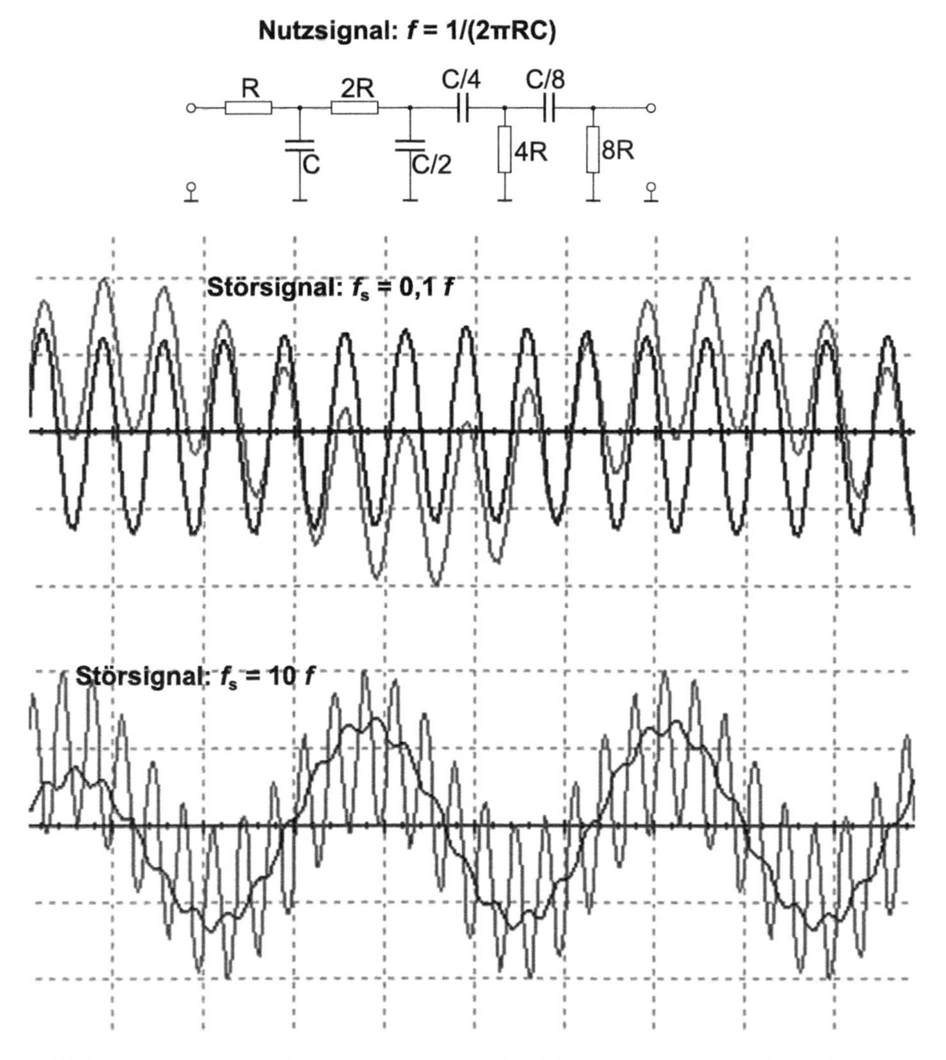

Abb. 15.1 Verbesserung des Nutzsignals durch passive Filter. Im Hintergrund ist das Gesamtsignal sichtbar. Das Störsignal ist jeweils von gleicher Amplitude wie das Nutzsignal, die Frequenz ist einmal ein Zehntel und dann das Zehnfache des Nutzsignals. Das Filter ist in der Lage, die Störanteile wirksam zu unterdrücken. Allerdings zeigt das Filter eine Durchlaufdämpfung von ca. 18 dB, was durch Verstärkung ausgeglichen werden muss

Speziell bei sehr schmalbandigen Filtern kämpft man mit zwei aufkommenden Problemen. Zum einen besteht die Gefahr, dass die Mittenfrequenz des Bandpasses driftet, somit könnte auch die ermittelte Amplitude der Nutzfrequenz falsch detektiert werden. Das zweite Problem ist die Reaktionszeit, die mit steigender Güte anwächst, da das Filter Einschwing-Verhalten zeigt. Die Zusammenhänge mit den Einschwingzeiten ist in Abb. 15.2 dargestellt.

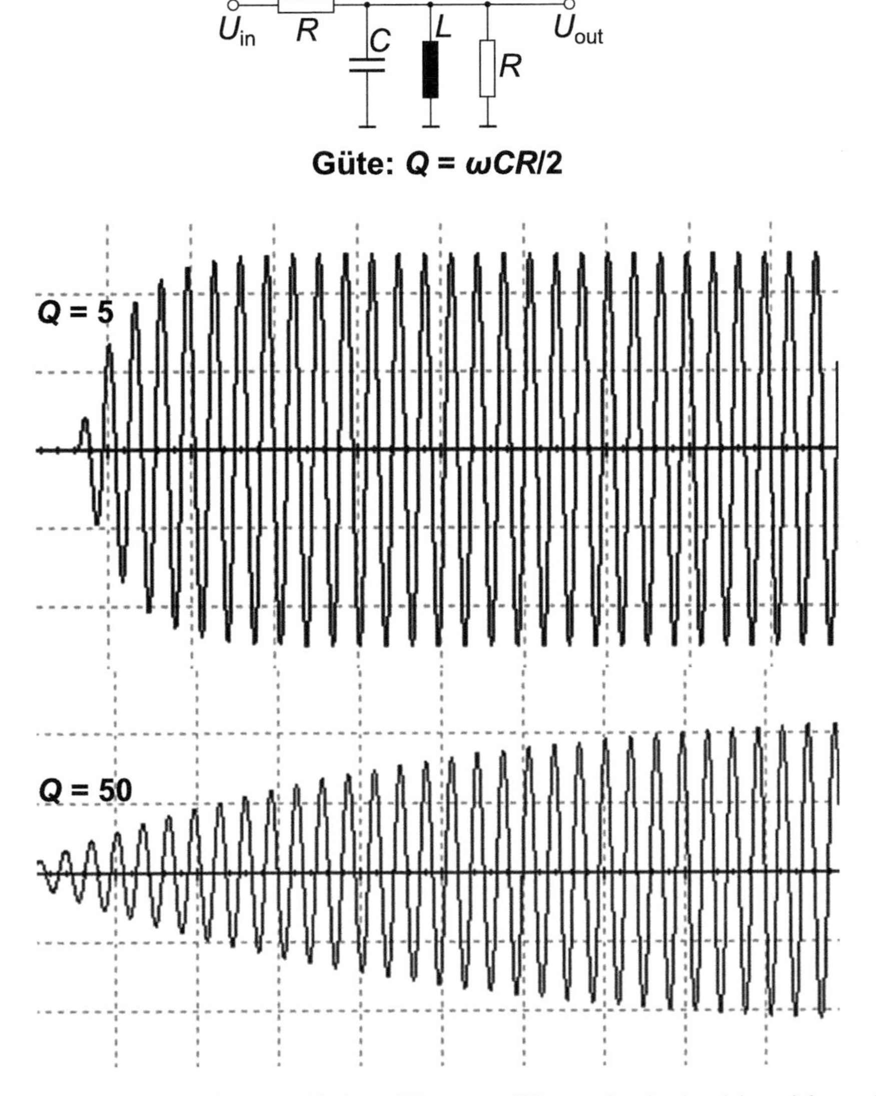

Abb. 15.2 Einschwingzeiten verschiedener Filtertypen. Wie zu sehen ist, handelt es sich um einen Bandpass, bestehend aus einem Parallel-Resonanzkreis und Koppelwiderständen. Die Güte Q wird durch letztere beeinflusst. Gleichzeitig ist die Güte verantwortlich für die Bandbreite $b = \frac{f_{res}}{Q}$

Allgemein ist zu konstatieren, dass nach Q/π Schwingungen die Amplitude auf den Anteil $1-1/e$, also ca. 63 % angewachsen ist.

Als Fazit ist zu ziehen, dass einfache Filtermethoden für leichte Störpotenziale hilfreich sein können. Sobald zu erwarten ist, dass Störanteile permanent oder mit hohem zeitlichen Anteil auf der Nutzfrequenz liegen, versagen einfache Filter [1].

15.1.2 Modulations-Verfahren

Um ein HF-Nutzsignal aus einem anderen heraus zu unterscheiden, dessen Frequenz möglicherweise nahe beim Nutzsignal liegt, scheiden einfache Filtermethoden aus. Viel besser eignen sich modulierte Signale, weil dabei sind bereits zwei Parameter zu erfüllen, um störwirksam zu werden: Trägerfrequenz und Modulation. Wenn man dann noch zwischen Modulationsarten unterscheidet, rückt der zu vermeidende Koinzidenzfall noch mehr in die Ferne.

Amplituden-Modulation
Nehmen wir an, unser Sensor stellt eine Kapazität dar, deren Wert die Amplitude einer Hochfrequenz beeinflusst. Diese stellt einen Träger dar, der moduliert wird. Zur Detektion kommt bei Amplituden-Modulation (AM) nicht der Hochfrequenz-Träger alleine, sondern die aufmodulierte Niederfrequenz (NF). Wenn es sich um einen definierten Modulationsgrad handelt, kann man mit Erfassung der NF-Amplitude auf die Trägeramplitude schließen (siehe auch Abschn. 1.7.1). Eine einfache Demodulation geschieht normalerweise durch Gleichrichtung und anschließender Glättung, sodass eine Hüllkurve entsteht, die dann das Modulationssignal abbildet.

Wir sehen in Abb. 15.3 die Rückgewinnung der Modulationsspannung und damit ein maß für die Trägeramplitude.

Wenn es sich um Störimpulse handelt, werden diese in der demodulierten Spannung (Hüllkurve) auch auftauchen. Deshalb sind noch Methoden zur Mittelung der Amplitudenwerte des Modulationssignals gefragt. Hier helfen durch Mikrocontroller gesteuerte Plausibilitätsprüfungen besser als eine weitere, sehr langsame AM-Demodulation für das NF-Signal selbst.

Ein Dauersignal derselben Frequenz wie der Nutzsignal-Trägerfrequenz kann einem AM-Signal wenig anhaben, dagegen hätte man ohne AM eine sehr niederfrequente Schwebung.

Frequenz-Modulation
Soll die Trägeramplitude wie im obigen Beispiel das Maß zur Auswertung sein, scheidet die Frequenz-Modulation (FM) eigentlich als Methode aus. Denn bei der Übertragung von Informationen will man durch FM ja gerade unabhängig von der Trägeramplitude sein.

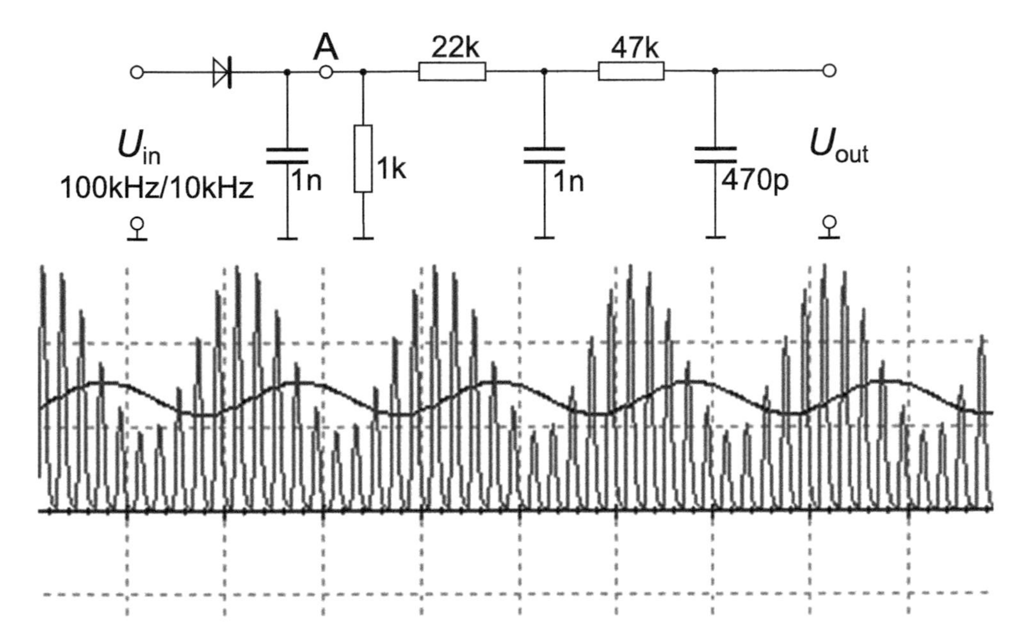

Abb. 15.3 AM-Demodulation und Gewinnung des Modulationssignals. Die Trägerfrequenz war hier 100 kHz, die Modulationsfrequenz 10 kHz. An Punkt (**A**) ist die reine demodulierte Spannung abnehmbar, während am Ausgang das Modulationssignal zur Verfügung steht. Die Störspannung äußert sich lediglich durch einen Offset am Ausgang. Zur Erfassung der Amplitude ist jetzt nur noch der Wechselanteil des Ausgangssignals abzutrennen oder aber zu geeigneten Zeitpunkten die Scheitel abzutasten

Aber gerade eine störungsresistente Übertragung von Informationen ist mit FM relativ einfach möglich. Zur Demodulation sind verschiedene Verfahren bekannt, wie z. B. Phasendiskriminator oder auch Ratiodetektor (siehe auch Abschn. 1.7.2). In Abb. 15.4 betrachten wir das Prinzip der FM-Demodulation durch Phasendiskriminator.

Bei der Demodulation per *Hüllkurven-Detektion* (AM-Demodulation) leuchtet es ein, dass jeder Nadelimpuls auch mit auf die Hüllkurve geraten wird. Kommt bei der Hüllkurven-Erzeugung allerdings absichtlich nur z. B. jede zehnte Halbschwingung zum Zuge und sind die Impulse nicht länger als eine volle Schwingung des Trägers, so fällt damit auch die Wahrscheinlichkeit, dass sich die Störung auswirkt. Allerdings muss die höhere Bewertung umgangen werden, indem der Gleichrichter nur für das entsprechende Zeitfenster aktiviert ist.

Phasen-Modulation

Prinzipiell verändert sich bei der Phasen-Modulation auch die Frequenz, allerdings darf sich die Phase gegenüber einer Bezugsphase nicht mehr als 2π ändern, sonst ist die Demodulation normalerweise undefiniert. Ansonsten gelten die ähnlichen Vorteile wie bei der Frequenz-Modulation. Eine korrekte Phasen-Demodulation benötigt eine Hilfsträger-

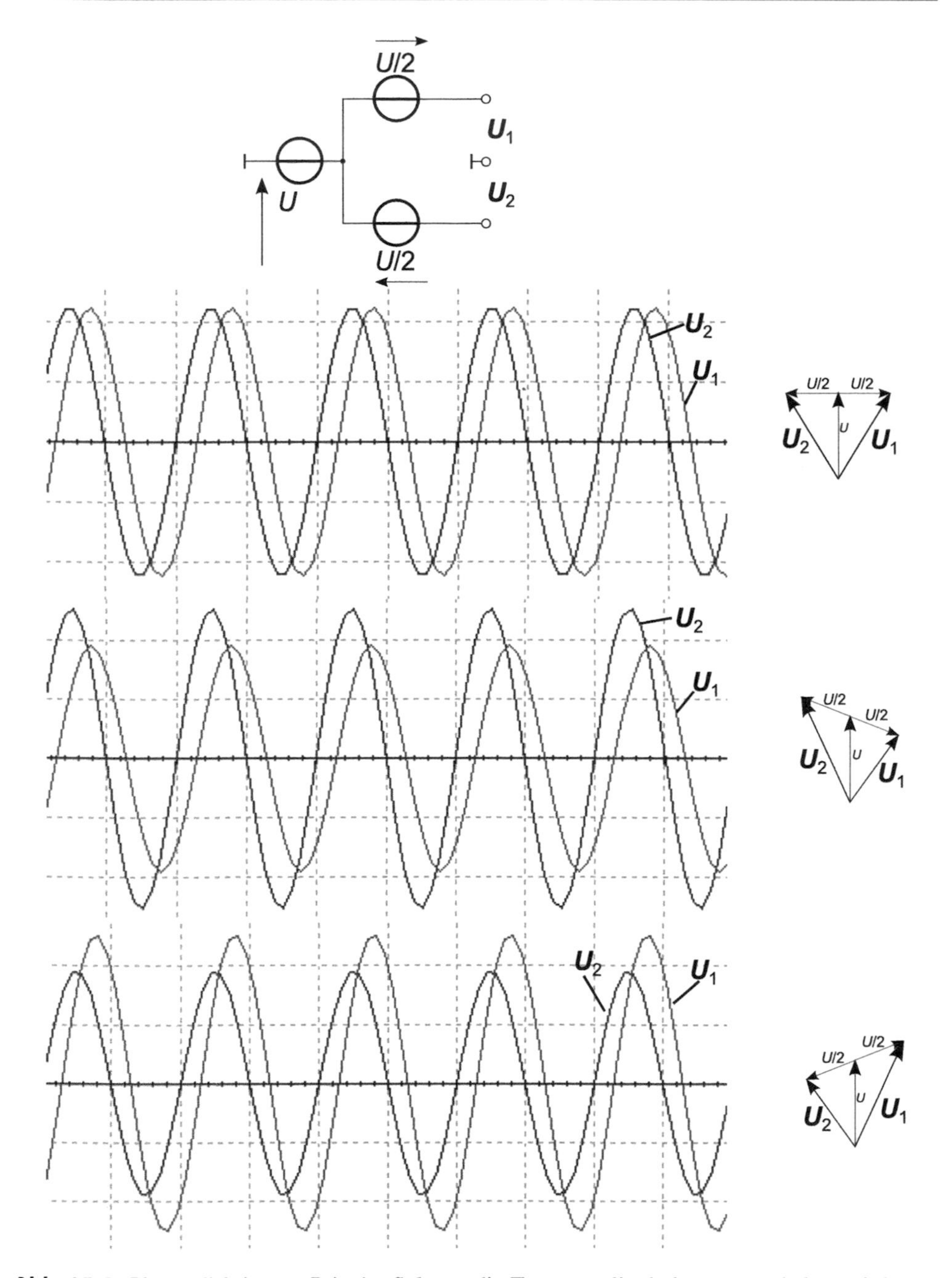

Abb. 15.4 Phasendiskrimator-Prinzip. Solange die Trägeramplitude konstant gehalten wird, entsteht keine auswertbare Spannung durch AM. Lediglich FM bewirkt, dass die beiden (aus Schwingkreisen bestehenden) Spannungsquellen den Phasenwinkel zur linken Spannungsquelle verändern. Wie das Zeigerdiagramm demonstriert, ändern sich dabei die beiden beiden Teilspannungen an den Ausgängen gegenläufig, sowohl die Amplituden als auch die Phasen. Die anschließende Gleichrichtung liefert dann das demodulierte Signal

schwingung als Referenz – vergleichsweise geschah dies so beim *analogen Farbfernsehen* bei der Demodulation aus dem *Farbträger* .

15.1.3 Rauschimpuls-Verfahren

Als Alternative zu periodischen Prüf- und Messsignalen kommen Rauschsignale in Betracht, speziell sogar Rauschimpulse.

Worin bestehen die Vorteile gegenüber z. B. einfachen Sinussignalen?

Sinussignale können einfacher Störungen unterliegen, weil es möglich ist, zumindest frequenzmäßig benachbarte Signale zu haben. Man darf auch nicht vergessen, dass sich ein baugleiches Gerät in der Nähe befindet und deshalb erhebliche Störungen produziert. Anders ist es bei einem Rauschimpuls, weil er absolut *stochastisch*, also zufällig ist. Damit ist es auch *aperiodisch* . Man kann kein Signalintervall finden, welches deckungsgleich auf ein anderes passt.

Ein durch einen Rauschimpuls hervorgerufenes Nutzsignal bei einem Sensor kann also lediglich ähnlich bzw. kohärent sein zum Ursprungssignal selbst. Deshalb ist dieses zur Demodulation unbedingt erforderlich. Siehe hierzu Abb. 15.5.

15.1.4 Lock-in-Verfahren

Extrem schwache Signale können aus einem Teppich von Rauschen und Störsignalen extrahiert werden, sodass das Nutzsignal gut und sicher von den Störungen unterscheidbar wird. Ein Beispiel für einen Lock-in-Verstärker ist in Abb. 15.6 gegeben.

Das Prinzip entspricht der *Kreuzkorrelation* . Der Gleichrichtwert ist proportional der Amplitude des Eingangssignals und dem Kosinus der (nach Phasenkorrektur verbleibender) Phasenverschiebung. Vor allem für Sensorik, bei der konduktive und reaktive Größen zu trennen sind, ist das Lock-in-Verfahren prädestiniert. Für spezielle Fälle ist dann natürlich auch eine Phasenlage von 90° interessant.

Handelt es sich bei den beiden Signalen um nicht-kohärente Signale, die also auch keine identischen Frequenzen mit starrer Phase zueinander aufweisen, so ergibt sich als Integrationsergebnis null, also auch keine Gleichspannung am Ausgang. Selbst frequenzmäßig sehr enge Signale liefern eine Wechselspannung (Schwebung) als Ausgangssignal, welches dann vom Tiefpass mit hinreichend großer Zeitkonstante zur Nullspannung konvertiert.

Das Lock-in-Verfahren eignet sich nicht nur zur Unterdrückung von Störsignalen, sondern auch zur Hervorhebung des Nutzsignals gegenüber Rauschen, welches sogar größer als das Nutzsignal sein kann.

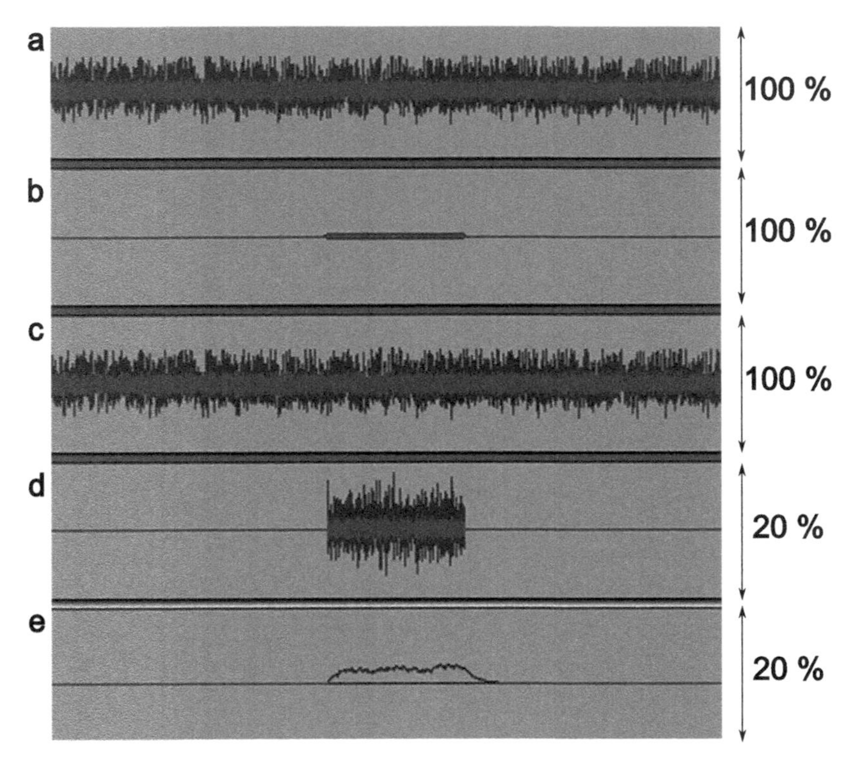

Abb. 15.5 Rauschimpuls-Verfahren. Zur Rückgewinnung kann das weiter unten beschriebene Lock-in-Verfahren dienen. Wir sehen in der Abbildung fünf Signale, ein Störsignal (**a**), den Rauschimpuls (**b**), die Summe aus beidem (**c**), den rückgewonnenen Rauschimpuls (**d**) und den gefilterten DC-Wert (**e**)

Abb. 15.6 Lock-in-Verstärker für sehr kleine Signale. Die Phasenkorrektur dient der Anpassung auf (meist geringe) Phasenfehler zwischen Eingangs- und Referenzsignal

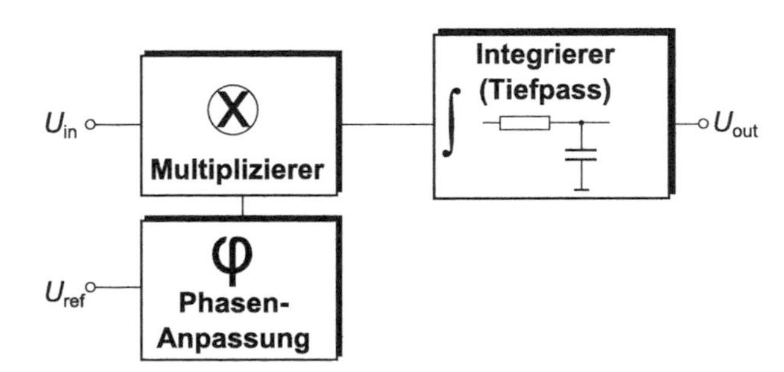

15.1.5 Sweep-Verfahren zur Immunitäts-Steigerung

Beim Sweep-Verfahren nutzt man ähnliche Vorteile wie bei der Frequenz-Modulation. Allerdings sind normalerweise – wenn man die Verbesserung eines Sensorsignals sucht – Geber und Nehmer aufeinander synchronisiert, sodass ein frequenz-diskretes Störsignal sowohl in Frequenz als auch in Phasenlage und somit Polarität ständig wechselt. Jedoch

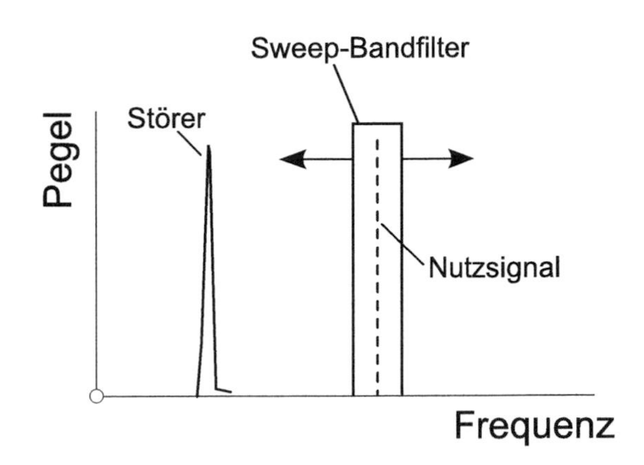

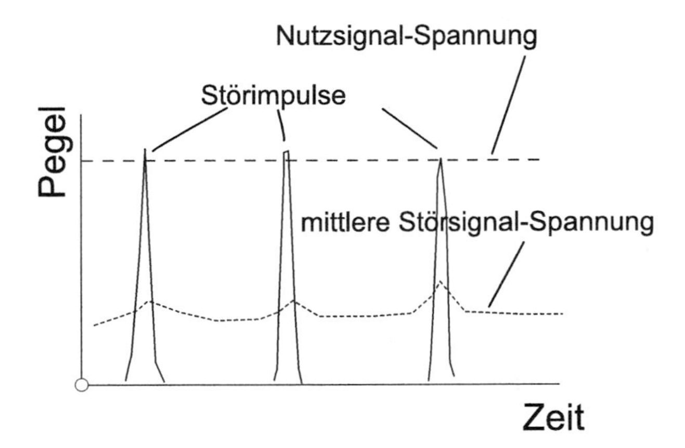

Abb. 15.7 Verbesserung des Nutzsignals durch Sweep-Signal. Während das Gebersignal den Sweep – also das Frequenzintervall – durchläuft, macht auf der Empfängerseite ein Bandfilter die entsprechende Bewegung in Frequenzrichtung mit. Der Störimpuls dagegen liegt nur für eine kurze Zeit innerhalb dieses aktiven Bandes. Bei der Demodulation ergibt sich eine hohe, stehende Nutzsignal-Spannung, der Pegel des Störsignals jedoch steigt nur sporadisch an, sodass sich dies nur wenig auswirkt

müsste man eher die Vorteile im Niederfrequenten sehen, weil ein synchronisierter Sweep feste Phasenlage des Demodulators zum Nutzsignal erfordert, und dies gelingt nicht mehr bei vielen Megahertz. Eine solche Synchronität liefert das Verfahren mit Synchron-Gleichrichtung, was weiter unten beschrieben ist. Siehe hierzu Abb. 15.7.

Die Frequenzänderung kann zeitlich linear sein oder aber auch beliebige Verläufe annehmen, damit tunlichst keine Ähnlichkeit mit einem Störsignal vorkommt. Mittels Mikrocontroller gelingt hierbei sogar die zufällige Variation der Frequenz.

15.1.6 Synchron-Gleichrichtung

Synchron-Gleichrichtung ist eine Art Amplituden-Demodulation bei vorhandenem Takt des Trägersignals. Dadurch ist eine getaktete Phasenumkehr möglich. Es ergibt sich ein Frequenzgang nach Abb. 15.8.

Die am Ausgang anstehende Gleichspannung ist anteilig f_0/f von der Gesamtspannung bzw. das logarithmische Maß hiervon. Für Frequenzen dazwischen gilt: Bei einem

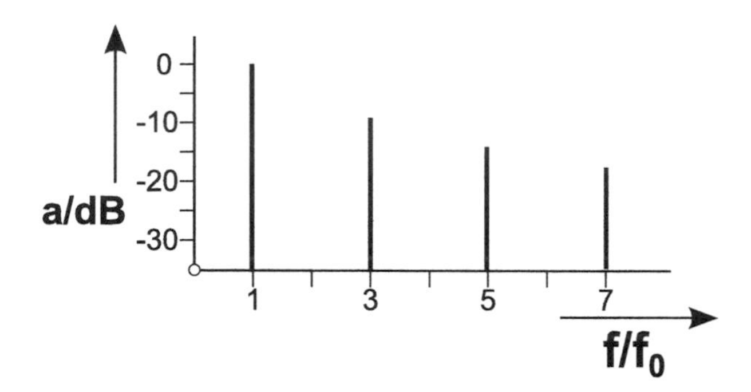

Abb. 15.8 Frequenzgang eines Synchron-Gleichrichters. Nur bei ungeradzahlig Vielfachen der Taktfrequenz verbleibt im zeitlichen Mittel eine positive Spannung

nachgeschalteten Tiefpass mit endlicher Zeitkonstante ergeben sich Schwebungen mit bipolarem Charakter.

Die Synchron-Gleichrichtung ist wieder eine Möglichkeit, bei einem Signal mit diskreter Frequenz Amplituden-Demodulation durchzuführen. Allerdings ist gegenüber einfachen frequenz-selektiven Methoden (wie bei der Filterung, siehe Abschn. 15.1.1) eine (fast) beliebige Variation der Frequenz des Nutzsignals erlaubt. Es ist sogar Phasen-Modulation möglich, also Sprünge der Phase. Dies bedeutet auch gleichzeitig eine Verbreiterung des Spektrums, was der Reduzierung der Emissionsamplitude dienen kann, wie wir weiter unten noch sehen werden. Einschränkend ist sagen, dass man Synchron-Gleichrichtung nur bis in den Kilohertz-Bereich verwenden sollte, weil sonst die Vorteile mehr und mehr schwinden.

Im Gegensatz zum Lock-in-Verfahren ist als Referenzsignal nur ein Rechteck denkbar, der den Gleichrichter umschaltet. Somit scheiden Signale mit ungleich langen Halbschwingungen aus.

Wir sehen in Abb. 15.9 eine einfache Schaltung zur Realisierung der Synchron-Gleichrichtung.

15.1.7 Amplituden-Sampling-Verfahren

Während eine Synchron-Gleichrichtung mit nachgeschaltetem Tiefpass bereits ein analoges Auswertesignal liefern kann, ist es bei unverändertem Signal möglich, stattdessen geeignete Abtastwerte heranzuziehen.

Nehmen wir an, ein Sensor nimmt wieder einen geringen Anteil eines Gebersignals auf. Dabei kann der Abtastzeitpunkt (AZ) bei einem Sinussignal auf den Scheitel gelegt werden, weil das Gebersignal ja dem System bekannt ist. Viel geschickter ist es, ein Rechtecksignal zu verwenden. Die Höhe der Amplitude bei einer Probenentnahme ist kaum vom AZ abhängig. Umladeeffekte sind ebenfalls leicht ausblendbar, indem man den AZ in den hinteren Bereich der Rechteckfläche legt. In Abb. 15.10 sehen wir eine solche Anwendung.

Da das Sampling normalerweise über Mikrocontroller gesteuert ist, besteht auch die Möglichkeit der Frequenzvariation (Sweep oder Zufallssteuerung) in gewissen Grenzen.

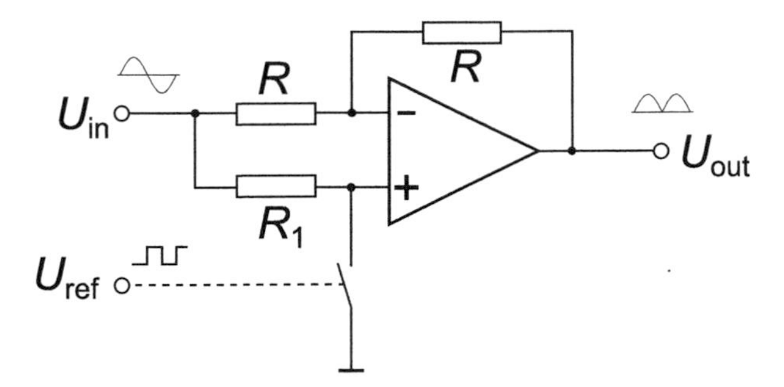

Abb. 15.9 Einfache Schaltung für die Synchron-Gleichrichtung. Die beiden Widerstände R sind identisch, damit ist mit dem Takt eine Umschaltung zwischen den Verstärkungsgraden 1 und −1 gewährleistet, was das sinusförmige Eingangssignal gleichrichtet. Der Widerstand R_1 sollte auf den elektronischen Schalter angepasst und möglichst klein sein

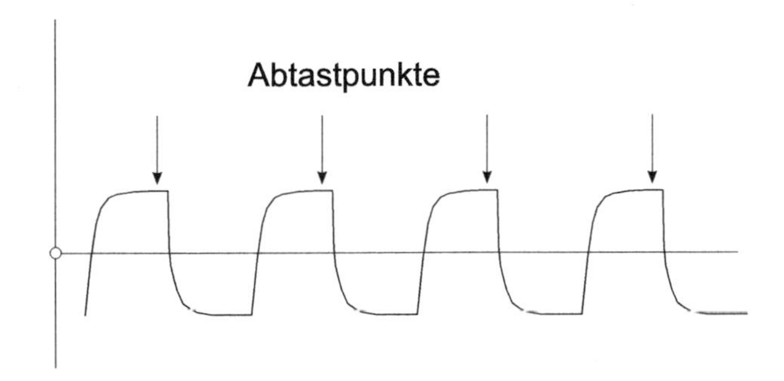

Abb. 15.10 Abtasten eines Rechtecksignals. Parasitäre Kapazitäten sind dadurch zu umgehen, dass der Abtastzeitpunkt ans Ende des Anstiegs gelegt wird

15.1.8 Koinzidenz-Vermeidung

Eine Möglichkeit der Taktung zwischen Gebersignal und Empfängersignal besteht darin, ein Störsignal erst einmal abzuwarten, um dann unmittelbar danach mit dem Nutzfenster zu beginnen. Das kann normalerweise nur funktionieren, wenn das Störsignal nicht als Dauersignal präsent ist, sondern unterbrochen ist. Idealerweise weist das Störsignal gar einen periodischen Takt auf. Bei Burst-Prüfungen ist dies sogar der Fall – dies auszunutzen, bringt im Feld jedoch nicht immer einen Vorteil, denn nicht alle Störer sind so zu charakterisieren. Wir wollen dennoch auf eine solche Situation genauer eingehen.

Ein Blockschaltbild einer entsprechenden Signalverarbeitung geht aus Abb. 15.11 hervor.

Natürlich muss die Schaltung auch spontan Messphasen zulassen, andernfalls käme eine solche nicht mehr zustande, wenn keine Störungen zur Detektion kommen. Der Taktgeber für die Messphasen „im Freilauf" wird jedoch bei vorhandenen Störimpulsen auf diese synchronisiert.

Sinnvoll ist eine solche Anordnung, wenn die Störimpulse große Pausen und kurze Aktivphasen aufweisen. Dazu passend wären Aktivphasen des Messsystems, die häufig in

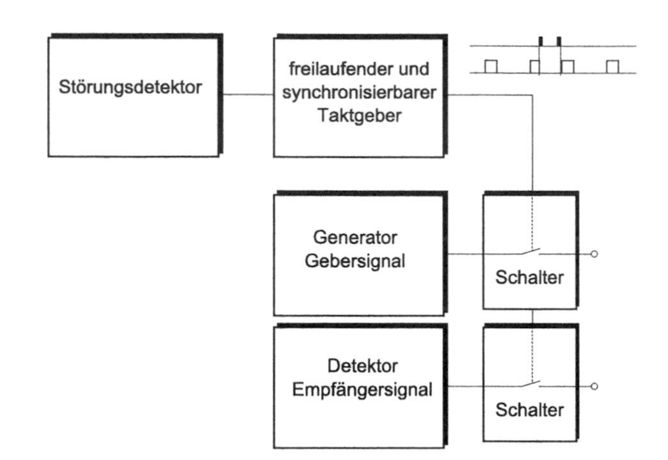

Abb. 15.11 Blockschema für eine Schaltung, die nonspontane Störimpulse ausblendet. In diesem Fall brechen die Störimpulse die Einschaltphasen abrupt ab – in diesem Fall folgt erst einmal eine normale Pause. Trifft der Störimpuls in eine Pause, so folgt unmittelbar nach seinem Ende eine neue Einschaltphase

die Störpausen „hineinpassen". Somit ist bereits die Wahrscheinlichkeit der Koinzidenz gering – durch die erwähnte Synchronisierbarkeit reduziert sich diese noch weiter.

Eine diskrete Schaltung sehen wir in Abb. 15.12.

15.2 Konzepte für Sensoren mit geringer Emission

Hier handelt es sich um Methoden, die Abstrahlung zu reduzieren. Dabei soll die Funktionalität nicht eingeschränkt sein. Dabei ist das Ziel, das Nutzsignal auf ein breites Spektrum zu verteilen oder aber zeitlich punktuell zu gestalten.

15.2.1 Sweep-Methoden

Zur Minderung der Emission auf einer diskreten Frequenz kann man das Gebersignal per Sweep frequenzmäßig verteilen. Man muss sich aber im Klaren darüber sein, dass die Verteilung bei der entsprechenden EMV-Messung auch tatsächlich eine Reduzierung des Emissionswertes nach sich zieht. Dabei spielen die Bandbreite bei der Messung sowie die Bewertung bei Quasi-Peak- und Average-Erfassung eine entscheidende Rolle. Hierzu betrachten wir Abb. 15.13.

Auf welchen relativen Pegel das gesamte Signal abfällt, kommt neben dem Grad der Spreizung auf die Auflösung der Transformation bzw. auf die Bandbreite der einzelnen Detektoren an.

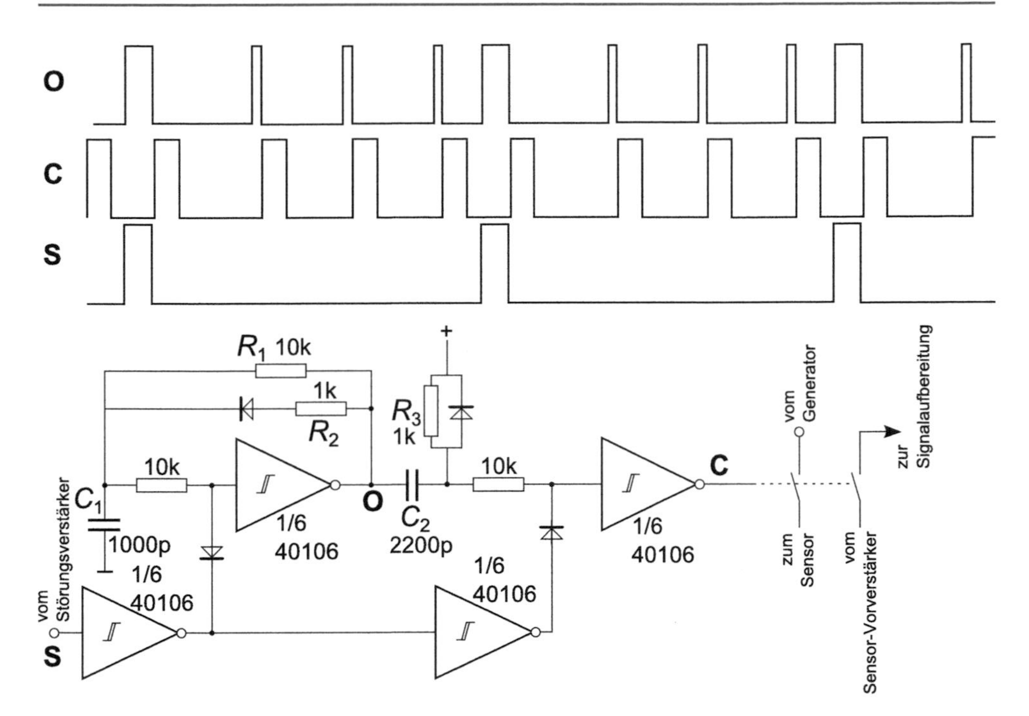

Abb. 15.12 Ausschnitt einer Beispielschaltung, die non-spontane Störimpulse ausblendet und somit nur Nutzsignale weiterverarbeitet. Normalerweise schwingt der Oszillator – bestehend aus dem Schmitt-Trigger links oben – frei durch. Die spezielle Beschaltung bewirkt dabei, dass an **O** nur kurze Einschaltpulse entstehen (hier ca. 1 µs, Gesamtperiode ca. 10 µs). Nach diesen erscheint jeweils ein längerer Impuls von ca. 2,5 µs an C, der dann die eigentliche Messphase aktiviert. Störimpulse lassen am Ausgang des Störungsverstärkers **S** H-Pegel kommen. Dies synchronisiert unmittelbar den Oszillator, und die Dauer der Impulse an **O** verlängert sich entsprechend. Danach erfolgt wieder der Messimpuls an **C**. Prinzipiell werden damit zwei Kriterien erfüllt: Der Selbstschwinger synchronisiert sich auf die Störungen und für die Dauer dieser Störungen unterliegt die Messschaltung der Passivität

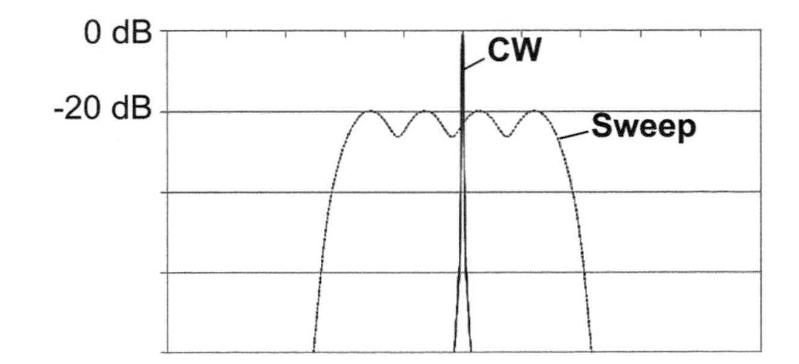

Abb. 15.13 Änderung der erfassten Emissionswerte durch Sweep des Gebersignals. Eine Schwingung derselben Amplitude besitzt als **Sweep** (Frequenzdurchlauf) niedrigere Pegel im Spektrum als eine gleichbleibende Dauerschwingung (**CW**)

15.2.2 Chopper-Methoden

Sind zur Detektion oder Analyse kräftige Gebersignal erforderlich, so kann man sich dazu entschließen, den Geber zu takten. Handelt es sich um recht hochfrequente Signale, so ist der Chopper-Betrieb meist einfach zu realisieren. Es ist nur zu gewährleisten, dass die gelieferten Schwingungspakete ein sauberes Anschwingen sicherstellen.

In Abb. 15.14 sind die beiden Fälle Dauerschwingung und getaktete Schwingung gegenübergestellt.

Neben dem Vorteil des geringeren Störungspegels reduziert sich dadurch auch meist der allgemeine Stromverbrauch merklich.

15.2.3 Begrenzungsmethoden

Hochfrequenz-Oszillatoren sind mittels Begrenzer-Komponenten bezüglich ihrer Amplitude reduzierbar, sodass möglicherweise Abstrahl-Kriterien einhaltbar werden. Eine solch einfache Methode sehen wir in Abb. 15.15. Es ist allerdings damit zu rechnen, dass durch das Clipping verstärkt Harmonische entstehen, die vorher nicht störten.

Sind Begrenzermethoden wegen der erwähnten Oberschwingungen ungeeignet, kommt man nicht umhin, eine HF-Schwingung, die nach außen (z. B. auf den Sensor) gelangen kann, in ihrer Amplitude zu regeln. Das ist meist mit etwas Mehraufwand verbunden, denn die Amplitude muss mittels Demodulator erfasst, die daraus gewonnene Regelspannung einem Regelglied zugeführt werden. Eine solche Schaltung ist in Abb. 15.16 zu sehen.

Normalerweise liefern übliche LC-Oszillatoren nur näherungsweise ein Sinussignal. Durch die Erfüllung der Schwingungsbedingung käme es bei einem idealen Verstärker stets zu Übersteuerungen, die sich in Deformation der Sinusform widerspiegeln. Allerdings arbeiten diskret aufgebaute Verstärkerschaltungen nur in einem begrenzten Bereich hinreichend linear. Außerhalb diesem reduziert sich der Verstärkungsfaktor drastisch, sodass die Schwingamplitude nicht bis an die Grenzen der Versorgungsspannung gehen wird. Ferner bewirkt der Schwingkreis selbst durch seine Filterwirkung eine Unterdrückung von Verzerrungen.

Nach außen geführte Sinusspannungen mit diskreter Frequenz können über ein definiertes Rechtecksignal mit nachgeschalteten Filtern generiert werden. Die Sinusreinheit hängt dabei nur noch von der Güte und Qualität der Filter ab. Amplitudenregelung kann über die Rechteckamplitude erfolgen, sodass ein nichtlineares Glied im Sinusbereich der Schaltung vermieden wird [2].

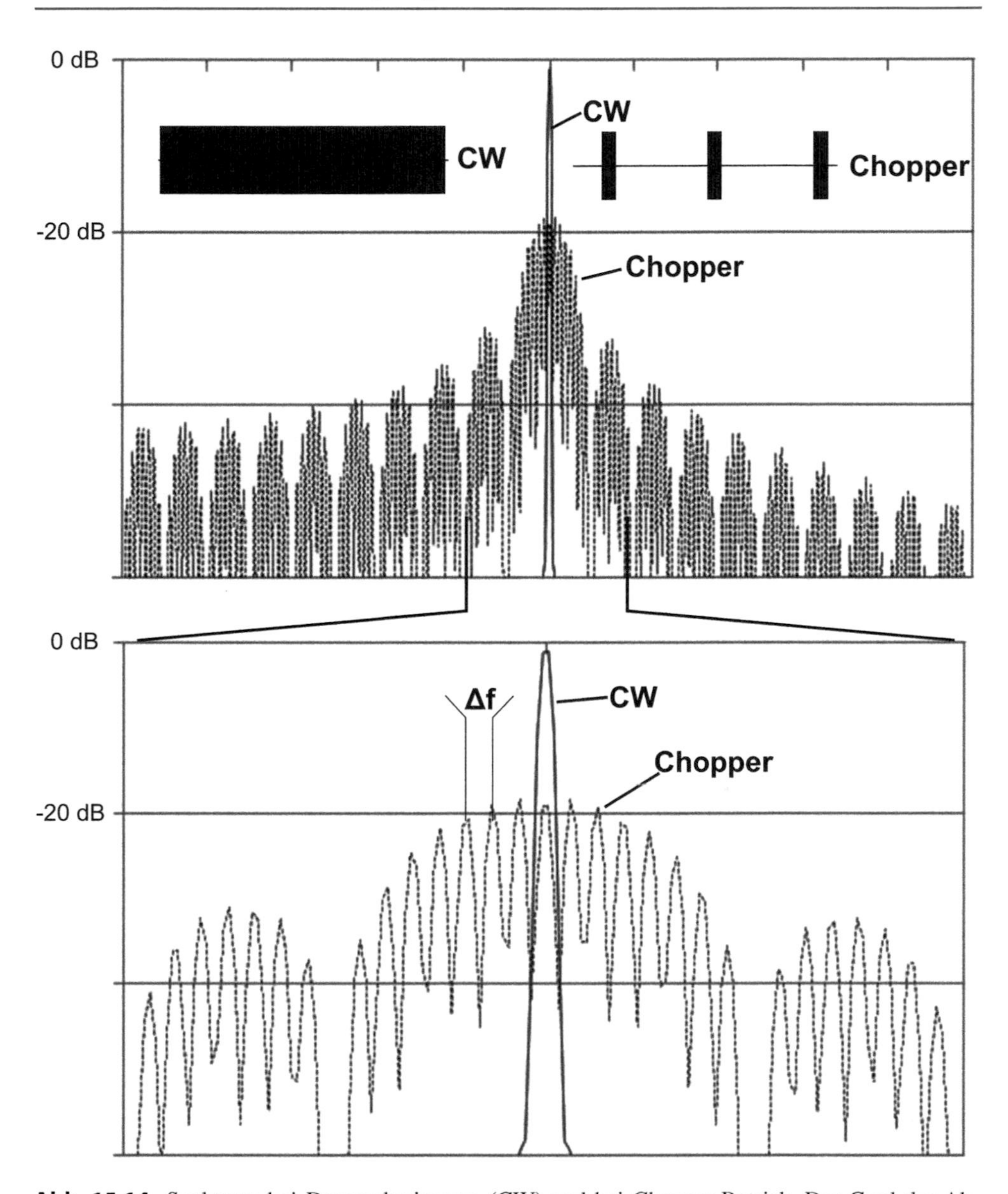

Abb. 15.14 Spektrum bei Dauerschwingung (CW) und bei Chopper-Betrieb. Der Grad der Abschwächung entspricht dem Tastverhältnis (hier ca. 1/8). Die Abstände der Nebenschwingungen Δf entsprechen der Chopper-Frequenz. Durch die Taktung entstehen Nebenschwingungen, d. h. das Spektrum verbreitert sich und reduziert unter Beibehaltung der Fläche seine Höhe. Dadurch, dass die Pausen jedoch sehr lang sind, verringert sich auch seine Fläche drastisch

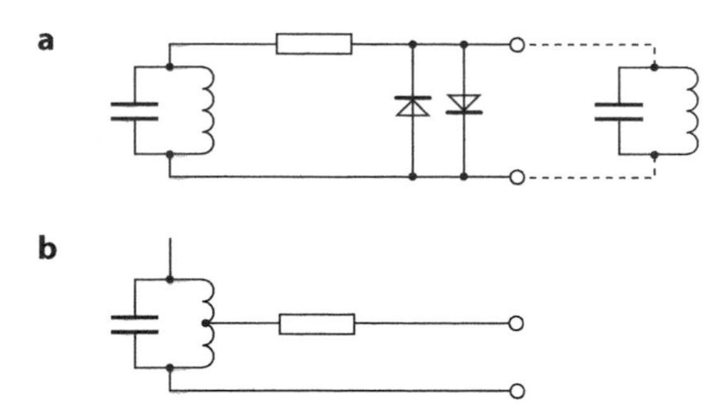

Abb. 15.15 HF-Oszillator mit begrenzter Amplitude. Die beiden Begrenzerdioden deformieren die Schwingungen etwas, jedoch lässt sich dies mit nachgeschaltetem Schwingkreis wieder etwas korrigieren. Die zweite Methode (**b**) greift an einer Anzapfung der Spule ab, sodass nach draußen eine geringere Spannung führt. Ohmsche Spannungsteiler sind für hohe Frequenzen ungünstiger, da sie selbst kapazitiv wirken und außerdem die Impdedanz beeinflusst wird

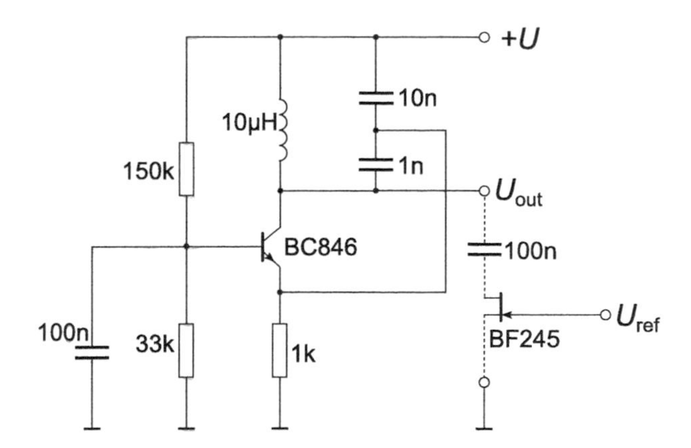

Abb. 15.16 HF-Oszillator mit geregelter Amplitude. Es handelt sich um die Colpitts-Oszillatorschaltung in Basisschaltung. Am Ausgang hängt über einen Kondensator ein Sperrschicht-Feldeffekt-Transistor (J-FET) gegen Masse, der den Ausgang mehr oder minder belastet. Hiervon hängt die sich einstellende Amplitude ab. Wenn man dem J-FET eine Steuerspannung zuführt, die mit der Ausgangsamplitude in Zusammenhang steht, ist sogar eine Amplitudenregelung möglich

15.3 Konzepte für Potenzialtrennung

Speziell gegen Störströme oder auch Wellen längs einer Leiterplatte oder einer Struktur von dieser können Maßnahmen dienen, die dem Verlauf einer solchen Gleichtaktstörung Einhalt gebieten. Sie tun dies durch die Schaffung einer Grenzstruktur auf der Leiterplatte, über die kein Strom und keine leitungsgeführten Wellen hinwegziehen können. Die Signale, die über diese Grenzen gelangen sollen, überträgt man nicht mehr *galvanisch*, sondern auf andere Weise.

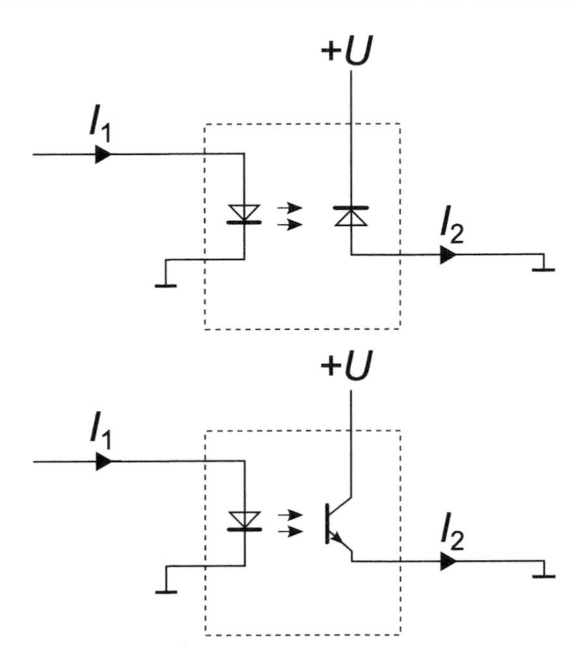

Abb. 15.17 Zwei unterschiedliche Arten von Optokopplern: Mit Fotodiode (oben) und mit Fototransistor (unten). Man erhält auch Kombinationen aus beidem, darüber hinaus sind auch fotoempfindliche FET, MOSFET und Thyristoren möglich. Das Verhältnis von Ausgangsstrom zu Eingangsstrom $\frac{I_2}{I_1}$ heißt Übertragungsverhältnis bzw. Transfer-Ratio . Während fotoempfindliche Transistoren ein hohes Übertragungsverhältnis bewirken, sind Koppler mit einfachen Fotodioden für höhere Übertragungsgeschwindigkeiten geeignet

Man verhindert auf diese Weise häufig Störauswirkungen durch Burst oder andere Störspannungen, die leitungsgeführt sind.

15.3.1 Optische Trennung

Eine dieser Trennmöglichkeiten ist die optische. Das zu übertragende Signal gelangt über einen *Optokoppler*, wie er in Abb. 15.17 zu sehen ist.

Das Signal gelangt entweder in analoger oder digitaler Form von der Eingangs- zur Ausgangsseite. Natürlich sind der Übertragung Grenzen gesetzt, weil kein Optokoppler verlustfrei übertragen kann. Vor allem drei Kriterien bestimmen die Übertragungsfähigkeit eines Optokopplers: die Geschwindigkeit, die Linearität und das Übertragungsverhältnis (Transfer-Ratio) .

Für die analoge Übertragung kann man die Eingangsseite des Optokopplers mit einem bestimmten Strom beaufschlagen – der Ausgangsstrom verhält sich dann nahezu proportional dazu. Damit die Abhängigkeit vom Altern der Geber-LED sich nicht auswirken kann, steuert man mit einer LED zwei Fotodioden bzw. Fototransistoren. Einer der Kanäle dient dann als Ausgangssignal, der andere als Pilotkanal, der den Stellwert der LED ausregelt. Auf diese Art regelt sich immer ein definierter Fotostrom . Wie gut beide Kanäle „matchen", d. h. wie gut die beiden Kanäle untereinander ausgewogen sind, hängt sowohl vom Typ als auch vom Exemplar des Bausteins ab.

Beim Baustein IL300 laufen die beiden Übertragungsfaktoren als Bezugsgröße $\Delta K_3 = \Delta(K_1/K_2)$ beispielsweise maximal um einen Faktor auseinander, der viel geringer ist als 1 % (typisch ca. 0,1 %) (K_3 kann aber schon weiter von 1 abweichen).

Eine einfache Schaltung zur Übertragung analoger Werte oder Signale stellt Abb. 15.18 dar.

Natürlich bekommt man mit noch so guten, getrimmten und selektierten Bausteinen keine ideal lineare Übertragung – ein Restfehler an Abweichung wird immer verbleiben. Was noch schlimmer ist: Die Anordnung wird eine Temperaturdrift aufweisen, die sich zwar definierter Grenzen aufhält, die jedoch nicht vorausberechenbar ist.

Eine weitere Einschränkung ist verständlicherweise die maximale Übertragungsfrequenz. Vor allem die Fotodioden bzw. Fototransistoren unterliegen einem Limit für die Anstiegsgeschwindigkeit. Für einfache Musiksignale ist eine Trennung durch Optokoppler recht gut realisierbar, obwohl sich die Verzerrungsattribute bereits merklich verschlechtern.

Eine ganz andere Technik nutzt Optokoppler lediglich zur Übertragung digitaler Daten. Bei der Übertragung analoger Werte sind diese vorher ins digitale Format zu bringen, dann kann die Übertragung per Optokoppler entweder seriell oder parallel erfolgen. Zur Ver-

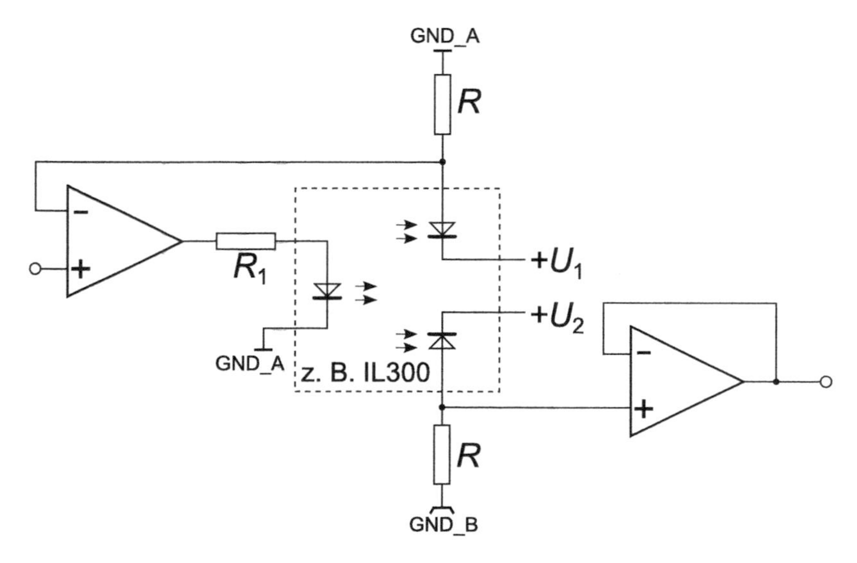

Abb. 15.18 Schaltung zur optischen Potenzialtrennung. Eine Eingangsspannung U am linken Operationsverstärker bewirkt den Strom $\frac{U}{R}$ am oberen Widerstand R. Bei absoluter Symmetrie ergibt sich derselbe Strom durch den unteren Widerstand R, wodurch sich wiederum dieselbe Ausgangsspannung U einstellt. Gewisse Asymmetrien lassen sich durch Variation einer der beiden Widerstände austrimmen

meidung von Datenfehlern muss der Koppler allerdings auch eine gewisse Mindestgeschwindigkeit schaffen. Auf der anderen Seite ist dann ein D/A-Wandler für die Rückgewinnung der Analogwerte verantwortlich. Beide Wandlersystem jedoch können mit weitaus besserer Qualität ausgeführt werden, als dies jemals mit einem direkt arbeitenden Analogsystem der Fall sein würde.

Für die digitale Trennung genügen die Koppler keinen Linearitätskriterien, sondern hier zählt einzig und allein die Übertragungsgeschwindigkeit . Demzufolge wird man keine Typen der Reihe IL300 verwenden, sondern z. B. 6N137, der bereits mit digitalen Ausgänge ausgerüstet ist. Da man mit Vorliegen von Digitalzuständen aber kein Kleinsignal mehr gegen Störungen schützen muss, ist die Verwendung von Optokopplern als EMV-Barriere normalerweise nicht erforderlich. Der gleiche Fall gilt für eine Trennung durch Relais .

Die Barriere für Gleichtaktstörungen ist durch Optokoppler relativ gut. Schnelle Transienten können je nach Schärfegrad bis zu 4 kV hoch sein, sodass auch der Optokoppler in diesem Falle dieser Spannung standhalten muss. Auch ist zu beachten, dass die Koppelkapazität nicht null ist, sondern sich in der Größenordnung von 1 pF bewegt. Man kann dieser parasitären Kapazität begegnen, wie im Abschn. 15.3.2 weiter unten zu sehen ist.

Eine sehr viel weiträumigere Trennung bietet natürlich noch die Übertragung per Lichtleiter. Eine solche Kopplung vermeidet noch besser eine Restkapazität, obwohl die Schaltung auch durch die Flächen ihrer Leiter zur Außenwelt eine nur begrenzt vermeidbare Kapazität aufweist (Kapazität einer Kugel mit Radius r gegenüber dem unendlich entfernten Raum beträgt $4\pi\epsilon_0 r$).

15.3.2 Induktive Trennung

Die induktive Trennung setzt die Verwendung eines Transformators voraus. Mit ihm kann man zwar auch Daten bzw. Kleinsignale potenzialfrei übertragen, meist ist jedoch gewünscht, eine Versorgungsquelle potenzialfrei bereitzustellen. Hierfür stehen einige Grundschaltungen zur Verfügung – eine davon ist die des Sperrwandlers (siehe Abb. 10.11). Obwohl diese auch selbst das Potenzial zur Störquelle besitzt, hat sie auch Vorzüge bezüglich Störspannungsbarriere vom Versorgungsanschluss ins Innere der Schaltung eines Gerätes.

Ähnlich wie beim Optokoppler können sich Gleichtaktstörungen zwar entlang dem Versorgungsbereich ausbreiten, auf die Sekundärseite gelangen sie idealerweise jedoch nicht. In der Realität beinhaltet der Übertrager jedoch eine parasitäre Kapazität zwischen Primär- und Sekundärseite, was einen gewissen Anteil an Störungen eben doch durchlässt. Wie dies möglich ist, lässt sich Abb. 15.19 entnehmen.

Im Gegensatz zu Optokoppler-Bausteinen ist hier mitunter mit größeren Kapazitäten zu rechnen – es handelt sich um Größenordnungen um 10 pF. Gleichtaktstörungen haben als Bezugspunkt große Masseteile, Metallgehäuse oder die Erde. Deshalb sind sie dahin über einen keramischen Kondensator oder auch Folienkondensator (Y-Kondensator) abzulei-

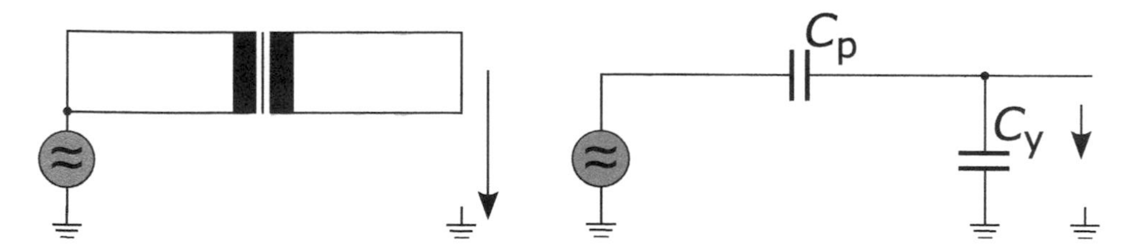

Abb. 15.19 Parasitäte Kapazität bei einem Übertrager und Vermeidung einer Störungskopplung darüber (schematisch)

ten. Dies sollte man – wie in Abschn. 13.5 beschrieben – bereits auf der Stromzuführungsseite tun. Im Sekundärbereich hilft diese Maßnahme jedoch mehr, denn es ergibt sich ein Spannungsteiler aus Transformator-Kapazität und Ableitkondensator. Auf der Platine herrscht also nur noch eine sehr geringe Störspannung gegenüber der umgebenden Masse, Metallgehäuse oder Erde.

Wir betrachten die Ergebnisse mit einem Trennübertrager und Ableitkondensator in Abb. 15.20.

Eine optimale Potenzialtrennung wird durch den Y-Kondensator eingeschränkt, denn die Sekundärseite ist durch eine nicht zu vernachlässigende Kapazität mit Schutzerde verbunden. Wenn es gerade signaltechnisch darum geht, möglichst wenig an PE angebunden zu sein, eignet sich diese Methode nicht. Hierfür steht eine weitere Methode zur Verfügung, nämlich die Erdung des Kernes oder eines Zwischenleiters.

Eine Unterdrückung der Koppelkapazität gelingt nämlich meist auch über die Erdung des Kernes oder durch Einbringen einer Abschirmwindung . Dabei ist unbedingt darauf zu achten, dass diese keinen Kurzschluss darstellt – sie muss also offen gehalten werden. Hierzu wird einseitig isolierte Kupferfolie mit ca. 1,5 Windungen zwischen Primär- und Sekundärseite aufgebracht. Diese ist dann mit dem Erdpotenzial – entsprechend dem Anschluss des Y-Kondensators – zu verbinden. Wichtig ist immer, sich darüber im Klaren zu sein, wie die Ersatzschaltung aussieht und zwischen welchen Potenzialen die parasitäre Kapazität wirkt. Hierzu sei noch einmal auf das Prinzip in Abb. 15.21 hingewiesen [3].

Die sich nach PE bildende Kapazität ist noch durch Einbringen einer Isolationslage zu reduzieren.

Handelt es sich um eine Potenzialtrennung für die Versorgung, so ist meist gleichzeitig die Trennung eines Signalweges (z. B. über Optokoppler) interessant – siehe hierzu die weiter oben gemachten Erläuterungen.

15.3.3 Akustische Trennung

Unter der Potenzialtrennung auf akustischem Wege sind nicht nur die klassische Vorstellung mit Lautsprecher und Mikrofonkapsel zu verstehen, sondern auch Systeme, die mit Piezo-Kristallen arbeiten. Ein komplettes Wandlersystem stellt z. B. die Ultraschall-

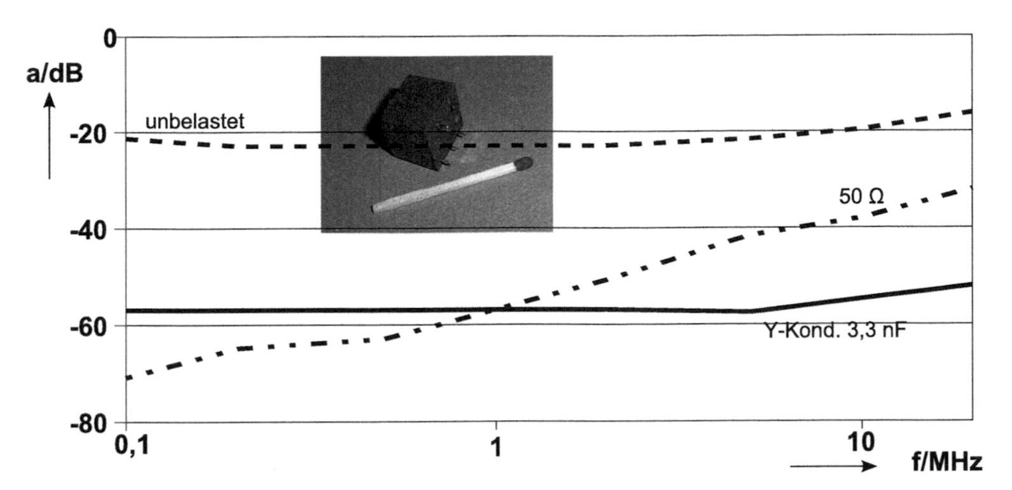

Abb. 15.20 Störungsminderung durch Trennübertrager und Ableitkondensator. Der abgebildete Trafo wurde bei diesem Test wie in Abb. 15.19 mit dem Generator bzw. dem Oszilloskop verbunden. Anstelle des Y-Kondensators kam alternativ auch ein 50-Ω-Widerstand zum Einsatz, außerdem wurde das Oszilloskop auch „lose" an den Trafo angeschlossen. Bei ohmscher Belastung wird der kapazitive Charakter des Trafos deutlich, bei Verwendung eines Y-Kondensators dagegen wirkt ein nahezu konstanter kapazitiver Spannungsteiler

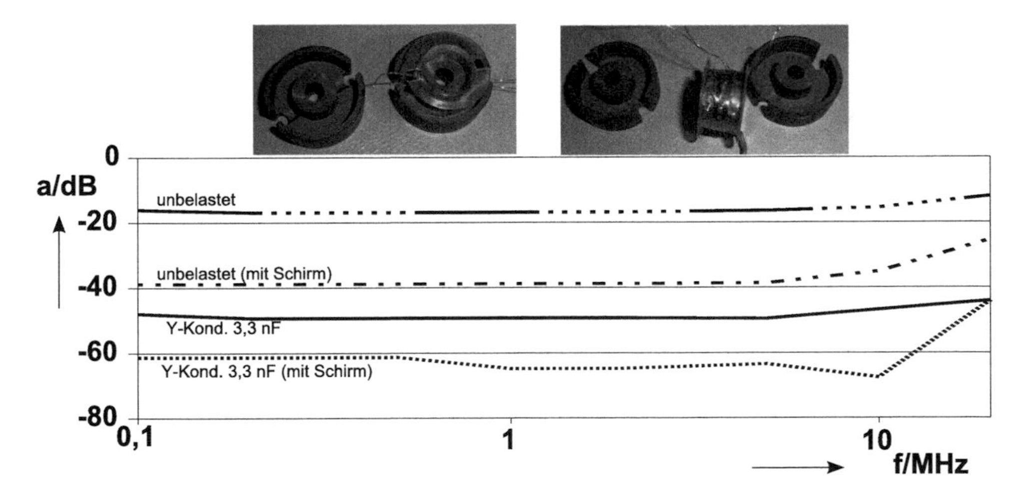

Abb. 15.21 Wirkung der Abschirmwindung und die Unterdrückung der Koppeleigenschaften der parasitären Kapazität. Die Folie muss beide Wickel voneinander vollständig abschirmen, d. h. es sollen auch keine geringen Flächen gegenüberstehen. Außerdem muss einseitig eine überlappende Isolationsfolie aufgebracht sein, damit keine Kurzschlusswindung entsteht. Die Ersatzschaltung macht die tatsächlichen Umstände deutlich. Bereits bei Anschluss des Oszilloskops an die Sekundärseite des (kurzgeschlossenen) Trafos erhält man eine Stördämpfung von rund 40 dB. Die restliche Spannung bleibt, weil im Schalenkern die Kopplung auch außen herum über das Kernmaterial stattfindet. Dennoch ist die Dämpfung rund 20 dB größer als beim Trafo ohne Schirmwicklung

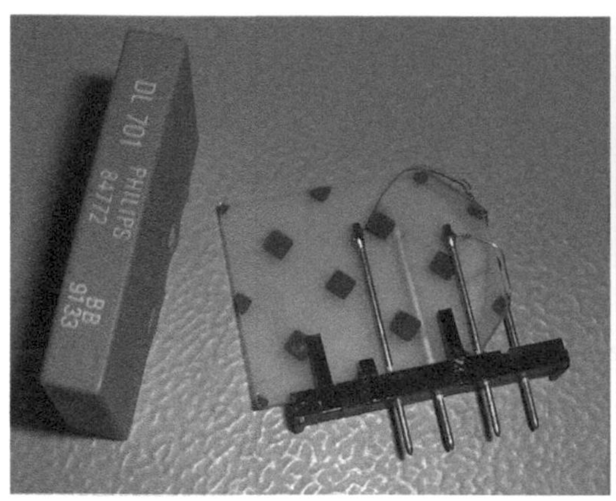

Abb. 15.22 Ultraschall-Verzögerungsleitung zur Potenzialtrennung. Es handelt sich ein Bauteil, welches früher in Farbfernsehgeräten zur Farbdemodulation diente. Man kann sich prinzipiell solche Übertragungsstrecken auch selbst aufbauen, indem man Piezo-Zylinder oder -Scheiben in einer passenden Anordnung montiert. Die Stirnflächen sind mit einer Silberschicht überzogen, sodass hier das Anlöten eines Anschlussdrahtes möglich ist

Verzögerungsleitung von früheren Farb-Dekodersystem bei Fernsehgeräten dar, siehe Abb. 15.22.

Da der Piezo ein für Schall leitfähiges Medium darstellt und er gewisse geometrische Ausmaße annimmt, wird bei der Übertragung eine Laufzeit auftreten. Das ausgegebene, rückgewandelte, elektrische Signal weist demnach eine bestimmte Phasenverschiebung auf, welche von der Übertragungsfrequenz abhängt.

Die in der Abbildung gezeigte TV-Delayline ist für eine Frequenz von 4,43 MHz ausgelegt (Farbhilfsträger bei PAL). Sie überträgt jedoch relativ breitbandig (ca. ±1 MHz), da ja auch in der Original-Anwendung Phasensprünge innerhalb der 64 µs zu übertragen sind. Deutliche Resonanz-Peaks sind erst bei wenigen hundert Kilohertz zu beobachten.

Schwache Signale sind damit nur schwer zu übertragen, aber die Koppelkapazität ist sehr gering, wahrscheinlich weit unter 1 pF. Es ist mit einer optischen Übertragung per Lichtleiter vergleichbar.

15.3.4 Trennung durch HF-Übertragung

Auch eine Trennung der Signalaufbereitung per HF-Übertragung ist möglich. Dafür gibt es viele Kleinmodule, die z. B. auf dem 2,4-GHz-Band arbeiten. So ist dann die komplette Signalaufbereitung von Versorgungsanschlüssen getrennt und somit nicht deren Störungseinflüssen ausgesetzt. Natürlich benötigen auch diese Systeme eine Versorgung, welche aber unabhängig vom Außennetz sein könnte. Stattdessen kann man mit Batterie- oder Solarspeisung arbeiten. Ebenfalls ist eine „sporadische“ Versorgung denkbar, wie sie im nächsten Abschnitt zur Sprache kommt.

15.3.5 Trennung der Versorgung

Eine Versorgung, die sich nur sporadisch ans Außennetz schaltet, kann für die Dauer der Messzyklen vom autarken Puffer leben.

Diese stoßweise Pufferung kann im einfachsten Falle mit Relais erfolgen, der Energiespeicher könnte ein *Goldcap* bzw. *Supercap* fungieren. Der Schalter kann auch elektronisch sein, geeignet sind hier Bipolar-Transistoren, MOSFETs oder Thyristoren. Einziges Handicap sind begrenzte Sperrspannung und nicht zu vernachlässigende Restkapazitäten im Aus-Zustand. Hier sind Relais als Schalter der Vorzug zu geben. Doch auch bei Relais muss man sich überlegen, ob ein Schutz gegen schnelle Transienten (mit bis zu 4 kV) gegeben ist.

Für die Dauer der Aufladung finden keine Messvorgänge statt, somit können sich Störungen während der Verbindung mit dem Außennetz nicht auswirken.

Ein schematisches Prinzip des Verfahrens zeigt Abb. 15.23.

Das „Resultat" der Signalaufbereitung, also ein Analogwert, ein Schaltstatus oder dergleichen kann über die oben genannten Trennverfahren zum Außenbereich gelangen, sodass auch hier die Ausbreitung von Störimpulsen oder -strömen unterbunden ist.

Neben einem solchen Chopper-Betrieb ist es in manchen Fällen möglich, die Versorgung per Lichtkoppler-Modul (*Photocoupler*) zu verwirklichen. Es handelt sich dabei um einen Optokoppler, der kein zu versorgendes Ausgangselement besitzt, sondern eine Solarzelle. Ein Beispiel ist der Baustein TLP190B von Toshiba. Die Effizienz ist nicht besonders hoch, und die nutzbare Stromausbeute spielt sich im Mikroampere-Bereich ab. Der Strom-Transferfaktor beträgt ca. 500:1, d. h. bei einem Strom von 50 mA in der

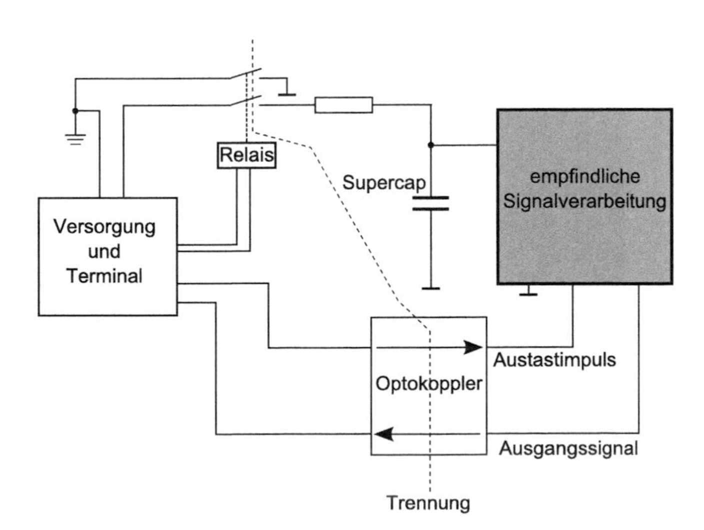

Abb. 15.23 Getaktete Verbindung mit der Hauptversorgung. Für die Zeit der Verbindung ruht die Signalverarbeitung, damit sichergestellt ist, dass sich keine Störungen auswirken können

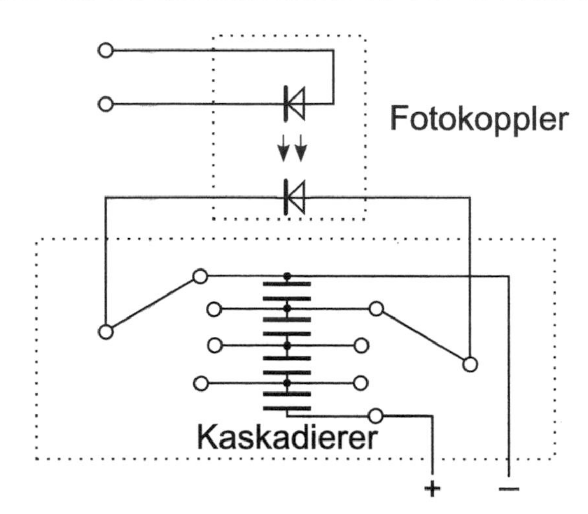

Abb. 15.24 Leistungstrennung mit Fotokoppler. Zur Vergrößerung der Spannungsausbeute ist eine Kaskadierschaltung möglich, bestehend aus MOS-Schaltern – die geringen Ströme halten den Verlust am Ein-Widerstand der Schalter gering. Der Schaltkreis TLP190B von Toshiba liefert jedoch auch bereits ohne Kaskadierung bis ca. 8 V. Der Wirkungsgrad ist mit ca. 0,2 % sehr gering, was u. U. nicht störend ist

Steuer-LED erhält man am Ausgang einen Kurzschlussstrom von ca. 50 µA. Die parasitäre Kapazität zwischen Eingang und Ausgang liegt bei <1 pF.

Um höhere Ströme zu erzielen, ist entweder eine Kaskadierung erforderlich, oder man puffert die Energie über eine längere Phase. Auch hier sind wieder Schalter erforderlich, wenn man nicht den Spannungsverlust an einer Diode in Kauf nehmen möchte. In diesem Falle eignet sich ein MOSFET am besten, denn dessen Verlustwiderstand ist vernachlässigbar klein. Ein kleines Schaltungsbeispiel zeigt Abb. 15.24.

Literatur

1. Tietze, U., Schenk, C.: Halbleiter-Schaltungstechnik. Berlin/Heidelberg: Springer-Verlag 1991.
2. Strauß, F.: Grundkurs Hochfrequenztechnik. Berlin/Heidelberg: Springer-Verlag 2016.
3. Hartl, H., Krasser, E., Pribyl, W., Söser, P., Winkler, G.: Elektronische Schaltungstechnik mit Beispielen in PSpice. München: Pearson Studium 2008.

Anhang

Anhang A: Tabellen und Diagramme

Dieser Nachschlagebereich dient der Messpraxis zur Umrechnung von Pegeln, Interpretation von Datenblättern und Abschätzung anderer Größen.

Physikalische Konstanten, Größen und Werte

Tab. A.1 zeigt einige wichtige Naturkonstanten.

Tab. A.2 zeigt die Skin-Tiefe bei Kupfer an. Sie entspricht der *Äquivalenzdicke* δ, die diejenige Tiefe der Außenschicht angibt, bei der beim Vollmaterial die Stromdichte auf den Wert $1/e \approx 37\%$ abgefallen ist. Somit hätte ein Röhrchen der Wandungsdicke δ denselben Gleichstrom-Widerstand wie das Vollmaterial Wirkwiderstand bei der jeweiligen Frequenz.

Tab. A.1 Naturkonstanten. Es wurden alle Werte auf vier Stellen genau angegeben – damit ist normalerweise ein Rechnen hinreichend genau

Bezeichnung	Beschreibung	Wert	Einheit
elektrische Feldkonstante ϵ_0	Permittivität des Vakuums	$8{,}854 \cdot 10^{-12}$	$\frac{\text{As}}{\text{Vm}}$
magnetische Feldkonstante μ_0	Permeabilität des Vakuums	$1{,}257 \cdot 10^{-6}$ $=4\pi \cdot 10^{-7}$	$\frac{\text{Vs}}{\text{Am}}$ $\frac{\text{Vs}}{\text{Am}}$
Lichtgeschwindigkeit im Vakuum c_0	$\epsilon_0 \cdot \mu_0 = \frac{1}{c_0^2}$	$299{,}8 \cdot 10^6$	m/s
Feld-Wellenwiderstand des Vakuums Z_0	$= \sqrt{\mu_0 / \epsilon_0}$	376,7	Ω = V/A

D. Stotz, *Elektromagnetische Verträglichkeit in der Praxis*,
https://doi.org/10.1007/978-3-662-62221-6

Tab. A.2 Skin-Tiefe bei einem Rundleiter aus Kupfer

Frequenz/Hz	Skin-Größe δ/mm
50	9,38
1 k	2,10
10 k	0,66
100 k	0,21
1 M	66µm
10 M	21µm
100 M	6,6µm

Pegelmaße

In Abb. A.1 und A.2 sehen wir die Umrechnung von Pegeln, ausgehend von einer Signalspannung bzw. von einem Leistungspegel.

Kapazität und Induktivität verschiedener Körper und Geometrien

Kapazität zweier paralleler Leiter mit Durchmesser D, Länge l und Abstand x (zwischen der Leiter-Zentrallinie):

$$C = \frac{\pi \cdot \epsilon_0 \cdot l}{\cosh^{-1}\left(x / D\right)} \tag{A.1}$$

Beispiel: Zwei Leiter der Länge 5 cm, dem Abstand 1 cm und der Drahtstärke 1 mm hätten demnach eine Kapazität von $C = 0{,}46\text{pF}$.

Kapazität eines Leiters mit Durchmesser D, Länge l und Abstand x zu einer parallelen, leitfähigen Ebene:

$$C = \frac{2\pi \cdot \epsilon_0 \cdot l}{\cosh^{-1}\left(2x / D\right)} \tag{A.2}$$

Einer der oben Leiter mit Länge 5 cm, dem Abstand 1 cm von der Ebene und der Drahtstärke 1 mm hätte eine Kapazität von $C = 0{,}38\ \text{pF}$.

Liegt ein Dielektrikum zwischen den Leitern, so kommt bei beiden Gleichungen zum ϵ_0 noch ein Faktor ϵ_r, die relative Dielektrizitätszahl (Materialkonstante), hinzu.

Kapazität einer Kugel mit Durchmesser D gegenüber dem umgebenden Raum:

$$C = 2 \cdot \pi \cdot \epsilon_0 \cdot D \tag{A.3}$$

Eine Kugel mit 1,8 cm Durchmesser hätte also eine Kapazität von ca. 1 pF.

Die Induktivität eines geraden Leiters der Länge l beträgt:

$$L = \frac{\mu_0 \cdot l}{8\pi} \tag{A.4}$$

Ein Leiter mit Länge 1 cm hätte demnach eine Induktivität von (exakt) 0,5 nH.

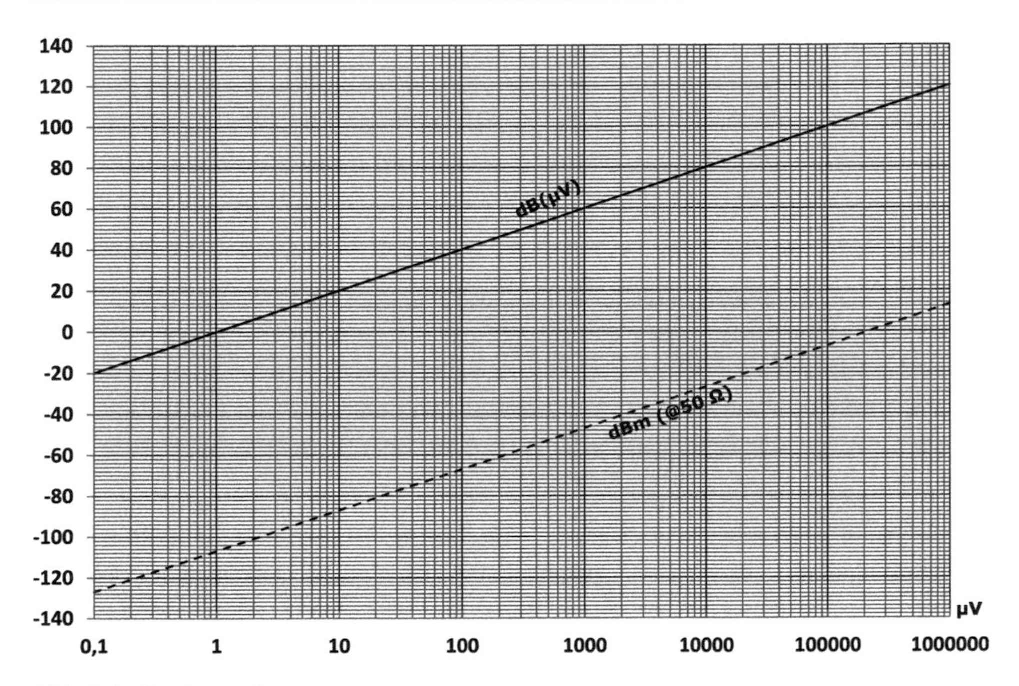

Abb. A.1 Pegelumrechnungen

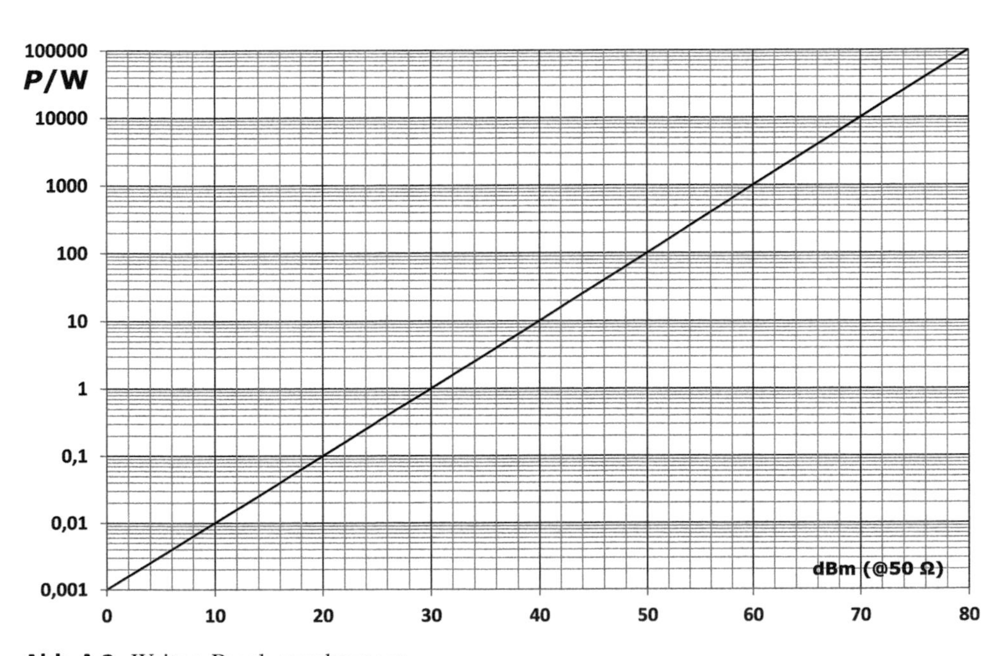

Abb. A.2 Weitere Pegelumrechnungen

Informationen aus Datenblättern

An dieser Stelle sollen Datenblätter betrachtet und deren Angaben interpretiert werden.

Im Datenblatt der ESD-Diode *823 57 120 050* der Firma Würth ist eine Datenzeile besonders aufschlussreich:

- Working Voltage: 12 V (Nennspannung ablesbar in der dritten Zahlengruppe der Typenbezeichnung)
- Max. Clamping Voltage: 80 V
- Leakage Current: 1 µA
- ESD Voltage Air Discharge: ±15 kV
- Capacitance: 5 pF

Unter Berücksichtigung der im Datenblatt stehenden Fußnoten kann man folgende Aussage machen: Die erste Spannung ist der eigentliche Wert für die Betriebsspannung der Schaltung bzw. diejenige Spannung, die an der Diode liegen darf. Bei einem 8/20-Stromimpuls (Surge) von 1 A als Maximum wird die maximale Spannung von 80 V erreicht. Es ist bei dieser Angabe zu erörtern, ob die Schaltung eine solche Spannung aushalten kann – meist kann sie es nicht, was bedeutet, dass die Diode als alleiniger Schutz nicht ausreichend ist. Für die meisten Fälle ist ein Leckstrom von nur 1 µA sehr niedrig und wird keine Rolle spielen. Es gibt jedoch andere Dioden mit höheren Leckströmen (vor allem bei hohen Temperaturen), die dann für spezielle Stromspar- oder für Stromschleifen-Anwendungen nicht geeignet sind.

Die nächste Angabe mit der ESD-Spannung sagt aus, bis zu welcher Prüfschärfe der Entladung die Diode geeignet ist. In diesem Falle reicht es bis zur höchsten Stufe bei Luftentladung. Schließlich gibt das Datenblatt noch Aufschluss über die Kapazität der Diode. Diese beträgt 10 pF, der Wert kommuniziert mit der Betriebsspannung von 12 V. Es ist eine relative geringe Kapazität für Suppressor-Dioden – aber man darf sich nicht täuschen lassen, denn bei geringeren Spannungen wird dieser Wert meist auch erheblich größer. Es ist in diesem Falle angezeigt, den Hersteller hierzu zu befragen.

Kommen wir zu einer anderen Suppressor-Diode, dem Typ *P6SMB*. Einige Werte aus dem Datenblatt:

- Die Sperrspannungen können je nach Typ von 5 bis 170 V gehen. Von jeder Spannung gibt es sowohl unidirektionale wie auch bidirektionale Typen (Suffix A bzw. CA).
- Der Sperrstrom beträgt bei der Sperrspannung maximal 5 µA.
- Die Durchbruchsspannung liegt ein paar Volt höher als die Sperrspannung. Sie ist definiert bei 1 mA Sperrstrom und kann sich in einem Spannungsintervall bewegen.
- Als letztes Wertepaar ist angegeben, welche Begrenzungsspannung bei einem Norm-Stromimpuls von 10/1000 µs der angegebenen Höhe erreicht wird. Aus dem Produkt dieser beiden Werte ergibt sich auch die Spitzenleistung von 600 W, die sich bei diesem Impuls einstellt. Dieser Wert ist ebenfalls im Datenblatt weiter vorne zu finden.

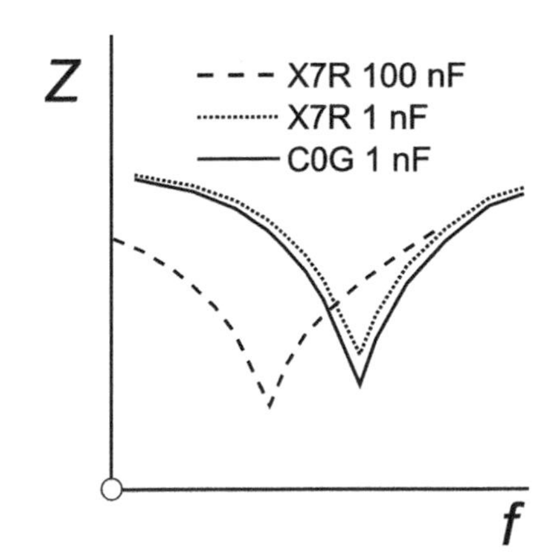

Abb. A.3 Impedanz von Keramik-Kondensatoren über der Frequenz

- Als allgmeine Daten findet man noch die Dauerleistung von 5 W und für unidirektionale Typen den maximalen Scheitelstrom in Durchlass-Richtung für die Dauer einer Halbwelle bei 60 Hz.

Für die korrekte Auslegung sollte man übrigens dringend die Wärmewerte beachten (Wärmewiderstand, Dauerleistung, Außentemperatur).

Bezüglich der EMV-Eigenschaften gibt es bei Kondensatoren große Unterschiede. Wir sehen uns hierbei die schematischen Impedanz-Verläufe von keramischen Kondensatoren mit unterschiedlichen Dielektrika in Abb. A.3 an.

Es sind hier keine Zahlenangaben gemacht worden, weil sich die Datenblätter hierzu nicht eindeutig äußern. Die Tendenz ist jedoch ersichtlich: C0G liegt bezüglich Impedanz stets unter X7R, vor allem am niedrigsten Punkt. Ferner wird es besser sein, mehrere gleiche Kondensatoren parallelzuschalten, anstatt einen mit großem Wert zu nehmen. Zu beachten ist natürlich, dass C0G-Typen nur bis zu niedrigeren Kapazitätswerten erhältlich sind als X7R.

Anhang B: Spezielle Steckverbindungen der HF-Technik

Die Steckverbinder in Abb. B.1 sind teilweise in der EMV-Messtechnik und teilweise bei Consumer-Geräten sehr verbreitet.

Zu den einzelnen Typen:

- **BNC**: Sehr häufig eingesetzt bei Messgeräten aller Art. Ist sehr stabil, da Bajonett-Verschluss.
- **SMA**: Wird mehr und mehr für kleinere Geräte und Adapter eingesetzt. Schraubgewinde als Verschluss.
- **SMB**: Diese Steckverbindung dient mehr zum Verbinden innerhalb von Baugruppen. Reiner Steckverschluss, jedoch mit Rastung.

Abb. B.1 Gebräuchliche HF-Steckverbinder

- **N**: Größere Steckverbindung für die Übertragung größerer Leistungen, vor allem an Leistungsverstärkern, Antennen und G-TEM-Zellen zu finden. Schraubgewinde als Verschluss.
- **F**: HF-Steckverbindung für Consumer-Geräte (TV, Sat-Receiver).

Anhang C: Grenzwerte auf einen Blick

Hier soll ein Auszug aus den wichtigsten Fachnormen helfen, alle Grenzwerte im Überblick zu haben. Die vorliegenden Werte sind aktuell zur Zeit der Drucklegung. Man sollte deshalb stets darauf achten, die wichtigsten Normen aktuell zu halten. Nachfolgende Tab. C.1, C.2, C.3 und C.4 zeigen Grenzwerte für Störfestigkeit und Tab. C.5 und C.6 für Störaussendung auf.

Anhang D: Beispiel-Berechnungen

Es folgen ein paar Beispielrechnungen, die auch zum Üben geeignet sind.

Auslegung eines Gleichtakt-Sperrkreises

Wie in Abschn. 13.2.2 bereits erläutert, können Sperrkreise bezüglich Aussendung wie auch Störfestigkeit einen guten Dienst tun. Es sei dabei auf Abb. 13.11 verwiesen, die ei-

Tab. C.1 Störfestigkeit Gehäuse nach Fachgrundnorm DIN EN 61000-6-2:2019-11 (Industriebereich)

Phänomen, Störgröße	Grundnorm	Prüfparameter	Bewertungs-Kriterium
Elektromagnetisches HF-Feld 80 % AM 1 kHz	IEC 61000-4-3	80–1000 MHz 10 V/m[a]	A
		1,4–6,0 GHz 3 V/m[a]	A
Magnetfeld mit energietechnischer Frequenz	IEC 61000-4-8	50 Hz, 60 Hz 30 A/m	A
Entladung statischer Elektrizität	IEC 61000-4-2	±4 kV Kontaktentladung	B
		±8 kV Luftentladung	B

[a]Effektivwert des unmodulierten Trägers

Tab. C.2 Störfestigkeit Gleichstrom-Versorgungseingänge und -ausgänge nach Fachgrundnorm DIN EN 61000-6-2:2019-11 (Industriebereich)

Phänomen, Störgröße	Grundnorm	Prüfparameter	Bewertungs-Kriterium
Hochfrequenz, asymmetrisch 80 % AM 1 kHz	IEC 61000-4-6	0,15–80 MHz 10 V[a]	A
Stoßspannungen 1,2/50 µs	IEC 61000-4-5		B
Leitung gegen Erde		±1 kV[b]	
Leitung gegen Leitung		±0,5 kV[b]	
Schnelle Transienten 5/50 ns Impuls Wiederholrate 5 kHz od. 100 kHz	IEC 61000-4-4	±1 kV[b]	B

[a]Effektivwert des unmodulierten Trägers
[b]Leerlaufspannung

Tab. C.3 Störfestigkeit Signal- Steueranschlüsse nach Fachgrundnorm DIN EN 61000-6-2:2019-11 (Industriebereich)

Phänomen, Störgröße	Grundnorm	Prüfparameter	Bewertungs-Kriterium
Hochfrequenz, asymmetrisch[c] 80 % AM 1 kHz	IEC 61000-4-6	0,15–80 MHz 10 V[a]	A
Stoßspannungen[d] 1,2/50 µs	IEC 61000-4-5		B
Leitung gegen Erde		±1 kV[b]	
Schnelle Transienten[c] 5 ns/50 ns Impuls Wiederholrate 5 kHz od. 100 kHz	IEC 61000-4-4	±1 kV[b]	B

[a]Effektivwert des unmodulierten Trägers
[b]Leerlaufspannung
[c]Entfällt für Leitungslängen ≤ 3 m
[d]Entfällt für Leitungslängen ≤ 30 m

Tab. C.4 Störfestigkeit Wechselstrom-Versorgungseingänge und -ausgänge nach Fachgrundnorm DIN EN 61000-6-2:2019-11 (Industriebereich)

Phänomen, Störgröße	Grundnorm	Prüfparameter	Bewertungs-Kriterium
Hochfrequenz, asymmetrisch 80 % AM 1 kHz[a]	IEC 61000-4-6	0,15–80 MHz 10 V	A
Stoßspannungen 1,2/50 µs	IEC 61000-4-5		B
Leitung gegen Erde		±2 kV[b]	
Leitung gegen Leitung		±1 kV[b]	
Schnelle Transienten 5/50 ns Impuls Wiederholrate 5 kHz od. 100 kHz	IEC 61000-4-4	±2 kV[b]	B
Spannungseinbrüche	IEC 61000-4-11	1 Periode auf 0 %	B
		50 Hz: 10 Perioden auf 40 % 60 Hz: 12 Perioden auf 40 %	C
		50 Hz: 25 Perioden auf 70 % 60 Hz: 30 Perioden auf 70 %	C
Spannungsunterbrechungen	IEC 61000-4-11	50 Hz: 250 Perioden auf 0 % 60 Hz: 300 Perioden auf 0 %	C

[a]Effektivwert des unmodulierten Trägers
[b]Leerlaufspannung

Tab. C.5 Störaussendung nach Fachgrundnorm DIN EN 61000-6-4:2011-09 (Industriebereich)

Anschluss	Grundnorm	Frequenzbereich	Grenzwert
Gehäuse	CISPR 16-2-3	30–230 MHz	40 dB(µV/m) Quasipeak in 10 m Abstand
		230–1000 MHz	47 dB(µV/m) Quasipeak in 10 m Abstand
Versorgungs-Anschluss	CISPR 16-2-1	0,15–0,5 MHz	79 dB(µV) Quasipeak 66 dB(µV) Mittelwert
	CISPR 16-1-2	0,5–30 MHz	73 dB(µV) Quasipeak 60 dB(µV) Mittelwert
Telekommunikations-Anschluss	CISPR 22	0,15–0,5 MHz	97–87 dB(µV)[a] Quasipeak 84–74 dB(µV)[a] Mittelwert 53–43 dB(µA)[a] Quasipeak 40–30 dB(µA)[a] Mittelwert
		0,5–30 MHz	87 dB(µV) Quasipeak 74 dB(µV) Mittelwert 43 dB(µA) Quasipeak 30 dB(µA) Mittelwert

[a]linear abnehmend mit dem Logarithmus der Frequenz

Tab. C.6 Störaussendung nach Fachgrundnorm DIN EN 61000-6-3:2011-09 (Wohn-, Gewerbebereich)

Anschluss	Grundnorm	Frequenzbereich	Grenzwert
Gehäuse	CISPR 16-2-3	30–230 MHz	30 dB(μV/m) Quasipeak in 10 m Abstand
		230–1000 MHz	37 dB(μV/m) Quasipeak in 10 m Abstand
Netzwechselstrom	CISPR 16-2-1	0,15–0,5 MHz	66–56 dB(μV)[a] Quasipeak 56–46 dB(μV)[a] Mittelwert
	CISPR 16-1-2	0,5–5 MHz	56 dB(μV) Quasipeak 46 dB(μV) Mittelwert
	CISPR 16-1-2	5–30 MHz	60 dB(μV) Quasipeak 50 dB(μV) Mittelwert
Signalleitung, DC-Versorgung und andere	CISPR 16-2-1 CISPR 16-1-2	0,15–0,5 MHz	40–30 dB(μA)[a] Quasipeak 30–20 dB(μA)[a] Mittelwert
		0,5–30 MHz	30 dB(μA) Quasipeak 20 dB(μA) Mittelwert

[a]linear abnehmend mit dem Logarithmus der Frequenz

nen solchen Sperrkreis darstellt. Statt der stromkompensierten Drossel sind auch einzelne Induktivitäten einsetzbar. Wir wollen einen Sperrkreis für die Frequenz 100 MHz dimensionieren. Nach der Schwingkreisgleichung ergibt sich für die Kapazität:

$$C = \frac{1}{L \cdot \omega^2} \tag{D.1}$$

Gibt man den Wert für die Kapazität mit 22 pF vor, so ergibt sich für die Induktivität 115 nH. Man setzt hier den Reihenwert 100 nH ein. Wichtig ist, für die Induktivität eine möglichst große Güte zu bekommen. In den Datenblättern ist dies angegeben, man achte aber darauf, wie groß die Güte bei 100 MHz ist. Für einen möglichst breiten Verlauf des Frequenzgangs sollte das LC-Verhältnis nicht zu klein gewählt werden.

Berechnung eines HF-Übertragers

Zur Anhebung eines Generatorsignals ist ein einfacher Ringkern-Übertrager mitunter hilfreich. Allerdings ist der Aufbau richtig zu bemessen, damit keine zu großen Verluste vorherrschen. Frequenzbereich für Trafo mit Ringkern K45-X830 (2770 nH) Mat. N30 liegt bei 0,15–4 MHz. Windungszahlen primär:sekundär: 10:20

Frequenzbereich für Trafo mit Doppelloch-Kern A1-X1 (330 nH) Mat. K1 liegt bei 4–80 MHz. Windungszahlen primär:sekundär: 3:6

Beides mal ist Kupferlackdraht mit einem Mindestdurchmesser von 0,5 mm zu verwenden, um die Verluste so gering wie möglich zu halten.

Das Einmessen der Trafos erfolgt wie in Abb. 4.14 beschrieben. Aus den Messwerten ergibt sich eine Korrekturtabelle, nach der entweder von Hand die Generatoramplitude nachzuführen ist oder die bei einem automatisch gesteuerten Gerät als Kompensation einzulesen ist.

Berechnung der Verstärkerleistung für ein definiertes AM-Signal

Wir schauen uns hier einmal an, welche Leistungen ein Verstärker liefern sollte, um den leitungsgebundenen Störspannungstest durchzuführen. Zunächst betrachten wir die Kalibriersituation nach Abb. D.1.

Da dieser Aufbau nur die Kalibriersituation abdeckt, sind die Leistungswerte für reale Testerfordernisse natürlich nicht ausreichend. Interessehalber sollen sie dennoch angegeben werden. Vergleiche auch mit Abb. 4.14.

Es ergeben sich folgende Werte:

- Effektivspannung (ohne AM) $U_{eff} = 10$ V gemäß Norm
- Spitze-Spitze-Spannung $U_{ss} = 2 \cdot \sqrt{2} \cdot 10$ V $\approx 28{,}3$ V
- mittlere Quellenleistung in dieser Situation $P = 10^2/300$ W $= 1/3$ W
- mittlere Abgabeleistung bei Anpassung $P_{ab} = 0{,}5 \cdot 10^2/(50 + 50)$ W $= 0{,}5$ W (27 dBm)

Wir gehen nun einen Schritt weiter und nähern uns einer realen Praxissituation, wie sie im Test vorliegen könnte. Dies sei in Abb. D.2 illustriert.

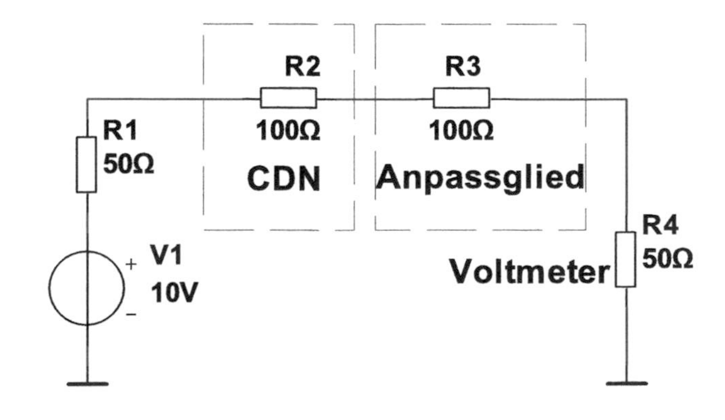

Abb. D.1 Der idealisierte Kalibrieraufbau, womit eine von der Norm geforderte Quellenspannung von 10 V einzumessen ist. Die Amplitudenmodulation (AM) ist hier nicht aktiv

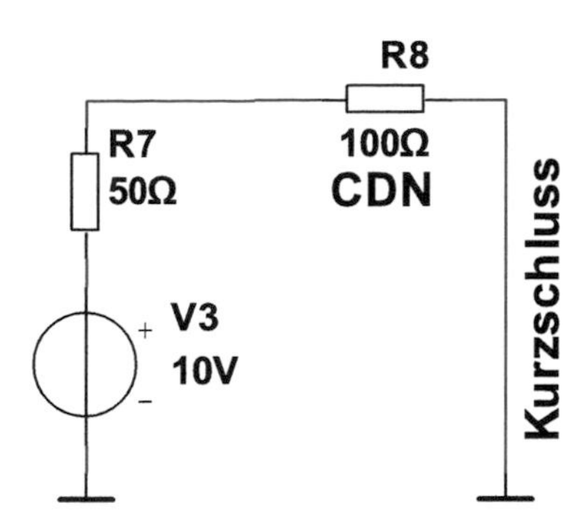

Abb. D.2 Bei leitungsgeführter Störspannung stelle der Proband einen Kurzschluss zum Bezugspunkt dar, um den extremen Belastungsfall für Generator bzw. Verstärker herzustellen

Der Proband ist ein Kurzschluss in dieser minimalistischen Situation, damit herrscht ein extremer Belastungsfall. Hierfür sind wiederum Spannungen und Leistungen von Interesse:

- Effektivspannung ohne AM $U_{eff} = 10$ V
- Spitze-Spitze-Spannung ohne AM: $U_{ss} = 2 \cdot \sqrt{2} \cdot 10$ V $\approx 28{,}3$ V
- dto., mit AM: $U_{ss} \approx 28{,}3$ V $\cdot\ 1{,}8 \approx 50{,}9$ V
- mittlere Quellenleistung in dieser Situation ohne AM: $P = 10^2/150$ W $\approx 0{,}67$ W
- dto., mit AM: $P = 1{,}32 \cdot 2/3$ W $= 0{,}88$ W
- mittlere Abgabeleistung bei Anpassung, ohne AM: $P_{ab} = 0{,}5 \cdot 10^2/(50 + 50)$ W $= 0{,}5$ W (27 dBm)
- dto., mit AM: $P_{ab} = 1{,}32 \cdot 0{,}5$ W $= 0{,}66$ W (28,2 dBm)

Scheitelleistungen ergeben sich durch Multiplikation (der Leistungen ohne AM) mit 2 ohne AM und durch Multiplikation mit $2 \cdot (1{,}8)^2$ mit AM.

Die Ermittlung des Faktors (hier 1,32), mit der die mittlere Leistung ohne AM zu multiplizieren ist, um auf jene Leistung mit AM des Grades k zu kommen, erfolgt nicht durch einfache Mittelwertbildung beider extremer Leistungswerte, sondern durch Gesamtmittelwertbildung per Integral.

Mit der Einhüllenden der Signalspannung ist zwar eine Mittelwertbildung der Extremwerte 1,8 und 0,2 korrekt (was stets zum Wert 1 führt), ein Mittelwert aus den Quadraten dieser Extremwerte für die Steigerung der mittleren Leistung durch AM ist es jedoch nicht. Hierbei ist der Mittelwert per Integral aus $\cos(x) \cdot k + 1$ zu bilden, da der Verlauf der Leistungseinhüllenden mitnichten punktsymmetrischen Charakter aufweist. Die Lösung dieses Integrals ist $k^2/2 + 1$.

Eine normgerechte Untersuchung verlangt noch die Einbindung eines 6-dB-Dämpfungsgliedes zwischen Generator/Verstärker und CDN. Damit haben wir einen Aufbau nach Abb. D.3.

Auch hier sei angenommen, das EUT stelle einen Kurzschluss dar, damit auch der extremste Fall abgedeckt sei. Für diese Situation ergibt sich:

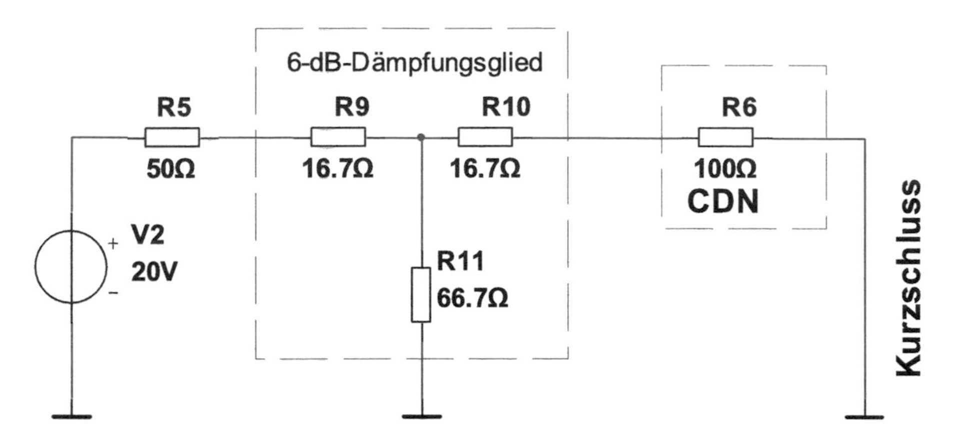

Abb. D.3 Ein von der Norm definierter Aufbau verlangt den Einsatz eines 6-dB-Abschwächers, damit der Generator/Verstärker kaum eine Fehlanpassung erfährt. Wegen dieses Dämpfungsgliedes muss wegen Abb. 4.14 bzw. Abb. D.1 die Quellenspannung auf 20 V gesetzt werden

- Effektivspannung ohne AM $U_{\text{eff}} = 20$ V (wegen Dämpfungsglied)
- Spitze-Spitze-Spannung ohne AM: $U_{\text{ss}} = 2 \cdot \sqrt{2} \cdot 20\ \text{V} \approx 56{,}6\ \text{V}$
- dto., mit AM: $U_{\text{ss}} \approx 56{,}6\ \text{V} \cdot 1{,}8 \approx 101{,}8\ \text{V}$
- mittlere Quellenleistung ohne AM: $P = 11/1200 \cdot 20^2\ \text{W} \approx 3{,}67\ \text{W}$
- dto., mit AM: $P = 11/1200 \cdot 20^2\ \text{W} \approx 1{,}32 \cdot 3{,}67\ \text{W} \approx 4{,}84\ \text{W}$
- mittlere Abgabeleistung bei Anpassung, ohne AM: $P_{\text{ab}} = 0{,}5 \cdot 20^2/(50 + 50)\ \text{W} = 2\ \text{W}$ (33 dBm)
- dto., mit AM: $P_{\text{ab}} = 1{,}32 \cdot 2\ \text{W} = 2{,}64\ \text{W}$ (34,2 dBm)

Scheitelleistungen ergeben sich durch Multiplikation (der Leistungen ohne AM) mit 2 ohne AM und durch Multiplikation mit $2 \cdot (1{,}8)^2$ mit AM.

Die Berechnung der Quellenleistung mit AM erfordert etwas mehr Schritte, was man dem Faktor 11/1200 möglicherweise ansehen kann. Wir verzichten hier jedoch auf eine exakte Herleitung. Nur so viel: Trennt man die Verbindung zwischen R10 und R6, so ergibt sich am offenen Ende von R10 wieder ein 50-Ω-Quelle, jedoch mit exakt der halben Spannung, also 10 V. Durch Wiederverbinden erhält man durch die Spannungsteilung genau 2/3 dieser Spannung, also 6,67 V. Durch den sich ergebenden Strom durch R6 lässt sich einfach das Potenzial am zentralen Punkt des Dämpfungsgliedes ermitteln (7,78 V), was wiederum zum Strom durch R5 und R9 und damit der Quellenleistung führt.

Anhang E: Bedienung der Simulationsprogramme

Die recht zahlreich im Buch verwendeten Analysen per Simulationssoftware verlangen nach einer kurzen Einführung in die Bedienung. Die meisten Handbücher sind sehr detailliert dargestellt, sodass ein schneller Einstieg in konkrete Fälle kaum möglich ist. Wir werden also hier nur die notwendigsten Handgriffe und Modellierungsmethoden erklären.

Die beiden hier vorgestellten Programme arbeiten nach der Finite-Elemente-Methode . Das bedeutet, ein in eine gewisse Anzahl von begrenzten Bereichen aufgeteilter Raum oder Gebiet liefert per numerisches Verfahren Lösungen für die dort gültigen partiellen Differenzialgleichungen. Je feiner die Aufteilung, desto genauer die Berechnung, verbunden jedoch aber gleichzeitig mit mehr Rechenaufwand.

Quickfield (Tera Analysis)

Das Programm *Quickfield* von *Tera Analysis* bietet eine kostenlose Studentenversion an, welches zwar eine Begrenzung der *Nodes* (=Knotenpunkte) mit 255 aufweist, jedoch bereits für viele Aufgaben geeignet ist. Wie der Name bereits vermuten lässt, behandelt Quickfield vor allem statische und dynamische Feldvorgänge, jedoch – zumindest nicht ohne zusätzlichen Rechenaufwand – keine Wellenausbreitung.

Generell ist bei diesem Programm zu konstatieren, dass keine echte räumliche Modellierung möglich ist. Die zugrunde liegenden Geometrien setzen im Raum entweder eine Symmetrie zu einer Rotationsachse (*axisymmetric*) oder einer Ebene (*plane-parallel*) voraus. Ein Projekt teilt sich in bis zu vier Einzeldateien auf, wobei die Problemdatei (.pbm) übergeordnet ist. Die Bedeutung dieser Struktur geht aus Tab. E.1 hervor.

Der vermeintliche Nachteil der 2D-Beschränkung hat jedoch auch einen Vorteil: Die Geometrie und die zu ihr gehörenden Randbedingungen sind sehr einfach gestaltbar, man benötigt keine komplexen 3D-Daten aus anderen Programmen.

Die hier gezeigten Beispiele zeigen hier aus Produktionsgründen die Grafiken in Grautönen – die Leistungsfähigkeit von Quickfield deckt jedoch durchaus die Erzeugung farbiger Solver-Bilder ab.

AC-Stromleitung

Die Problemtype der AC-Stromleitung liefert bei gegebenen geometrischen und elektrischen Verhältnissen die Verteilung der elektrischen Größen für Potenzial U, Feldstärke E, Verschiebung D, Stromdichte j oder Leistungsdichte (Volumen-) Q. Bei kapazitiven Anteilen des Gebildes kommt dann meist noch eine Frequenzabhängigkeit hinzu, deswegen die Wahl der AC-Stromleitung.

Tab. E.1 Aufteilung des Projektes in vier Dateien

Datei	Detaildaten
Problem.pbm	Problemtyp (z. B. AC Conduction) Modellklasse (Symmetrie) Frequenz, Präzision, Einheit Koordinatensystem
Geometrie.mod	geometrischer Aufbau des Modells Form der Blöcke, Kanten usw.
Daten.dec	elektrische Eigenschaften aller relevanten Blöcke, Kanten usw.
Schaltung.qcr	ggf. Schaltung mit zusätzlichen elektrischen Bauteilen (nur möglich bei AC Magnetics und AC Transient Magnetics)

Problemdefinition
Zunächst ist eine Datei für das Problem anzulegen. Dies geschieht per das Menü *File/New Problem*. Im Anschluss daran erfolgt die genauere Spezifikation. Es öffnet sich ein Fenster nach Abb. E.1. Die hier getroffenen Entscheidungen lassen sich später i. Allg. problemlos revidieren.

Problemtype
Die Art des Problems ist dennoch von grundlegender Bedeutung, denn normalerweise werden bei Wechselstromleitung (*AC Conduction*) andere physikalische Kriterien berücksichtigt als bei magnetischen Wechselfeldern (*AC Magnetics*). Übergreifende Fälle sind ggf. auch lösbar, bedürfen jedoch sehr viel mehr Erfahrung in physikalischen Grundlagen und auch in der Bedienung des Programms (dort sind dann u. U. integrierte Formeln notwendig).

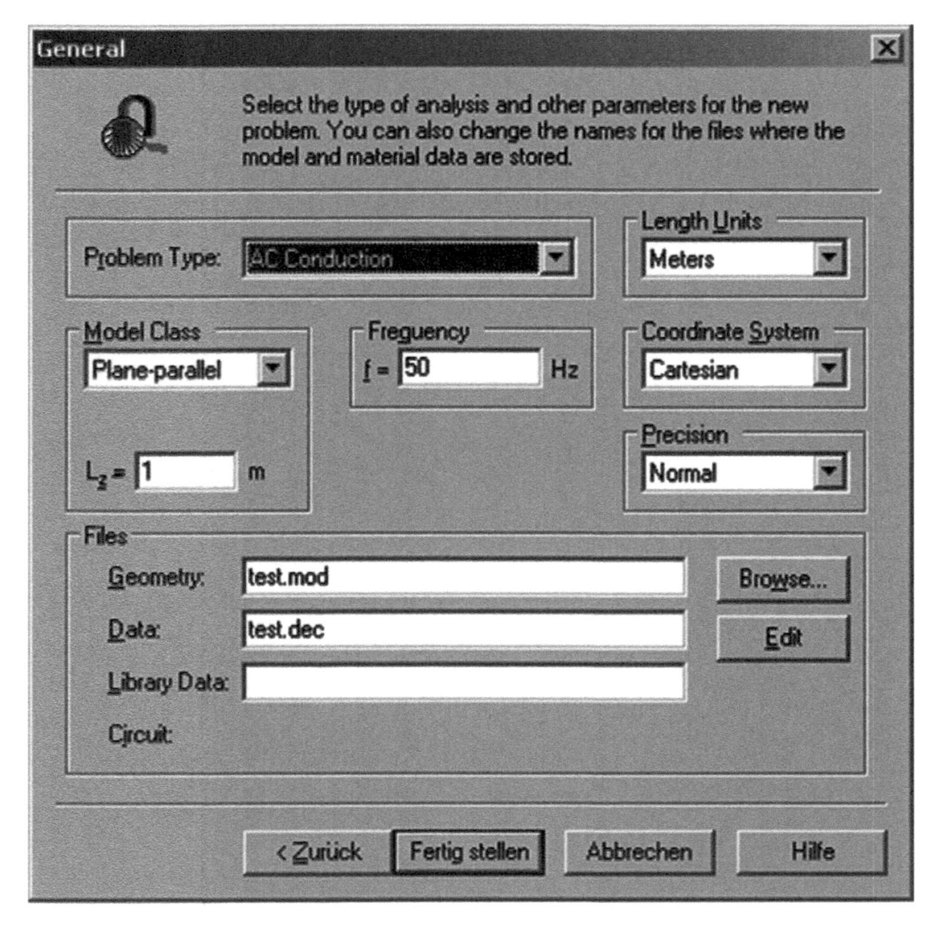

Abb. E.1 Die Eigenschaften der Hauptdatei (*Problem-*). Die hier getroffenen Festlegungen können später jederzeit revidiert werden. Die Datei spezifiziert nicht nur Typ und Klasse, sondern auch die Verbindungen mit den untergeordneten Dateien

Modellklasse
Die Modellklasse (*Model Class*) spezifiziert die gültige Symmetrie der Geometrie. Im speziellen Fall kommen wir weiter unten noch darauf zu sprechen.

Sonstige Größen
Man kann die *Frequenz* vorgeben, sie lässt sich allerdings auch nachträglich ändern. Die Längeneinheit ist für das Zeichnen der Form des Objekts nützlich, vor allem, wenn die Proportionen oder auch die absolute Ausdehnung relevant sind. Meist arbeitet man mit dem kartesischen Koordinatensystem, nur in Ausnahmefällen mit einem Polarkoordinatensystem.

Dateien
Die mit dem Projekt verknüpften Dateien bezüglich Geometrie und physikalische Daten usw. sind ebenfalls schnell wechselbar. Das ist z. B. dann hilfreich, wenn man unter der gleichen Geometrie andere physikalische Randbedingungen möchte oder umgekehrt.

Konzeption der Geometrie
Zur Erläuterung der Geometriegestaltung diene Abb. E.2. Es sind im Wesentlichen drei Schritte, die unsere Aufmerksamkeit verdienen. An jedem Endpunkt entsteht ein Punkt, sodass man später einem Strich (*Edge*) spezifische Eigenschaften zuteilen kann. Eine geschlossene Fläche stellt einen *Block* dar, dem ebenfalls bestimmte Eigenschaften zuteilwerden. Durch Doppelklicken inmitten eines Blocks, einer Kante (*Edge*) oder eines Eckpunktes (*Vertex*) lässt sich das jeweilige Objekt aufrufen, um ihm einen Namen zu geben. Dabei ist beachten, dass alle Blöcke mit Namen und Daten versehen werden *müssen*, während bei den Kanten und Eckpunkten dies nur dann vonnöten ist, wenn es das Problem verlangt (beispielsweise die Definition eines Potenzials an dieser Stelle).

Der Befehl *Build Mesh* kann nach Erstellung der Geometrie initiiert werden. Das kann aber auch erst nach Eingabe der elektrischen Daten erfolgen. Die Erzeugung der Maschen (Mesh) ist das Aufteilen der Flächen in finite Segmente finiter (endlicher) Größe.

Zusatzdaten
Die einzelnen Strukturen in der Geometrie sind nun mit elektrischen Daten zu versehen, siehe dazu Abb. E.3. Der Browser für die Problemdatei (normalerweise immer links oben) führt alle Elemente der Geometriestruktur namentlich auf. Die Spezifikationen der Blöcke sind durch Doppelklick auf die einzelnen Blocklabels im Browser zu definieren. Dabei sind sozusagen die elektrische Permeabilität und die Leitfähigkeit anzugeben.

Bei Metallen sind sehr hohe Werte von ϵ_r zu wählen, denn diese leiten die elektrischen Feldlinien hervorragend.

Den Ecklinien (*Egde Labels*) können und sollen nun feste Spannungswerte zugewiesen oder auch die Charakteristik des *Floating Conductor* zugewiesen werden. Das ist gleichbedeutend mit einer Elektrode der Dicke null und einem bestimmten Potenzial oder keinem von außen spezifiziertem Potenzial (freischwebend). Auch Punkte (*Vertex Labels*)

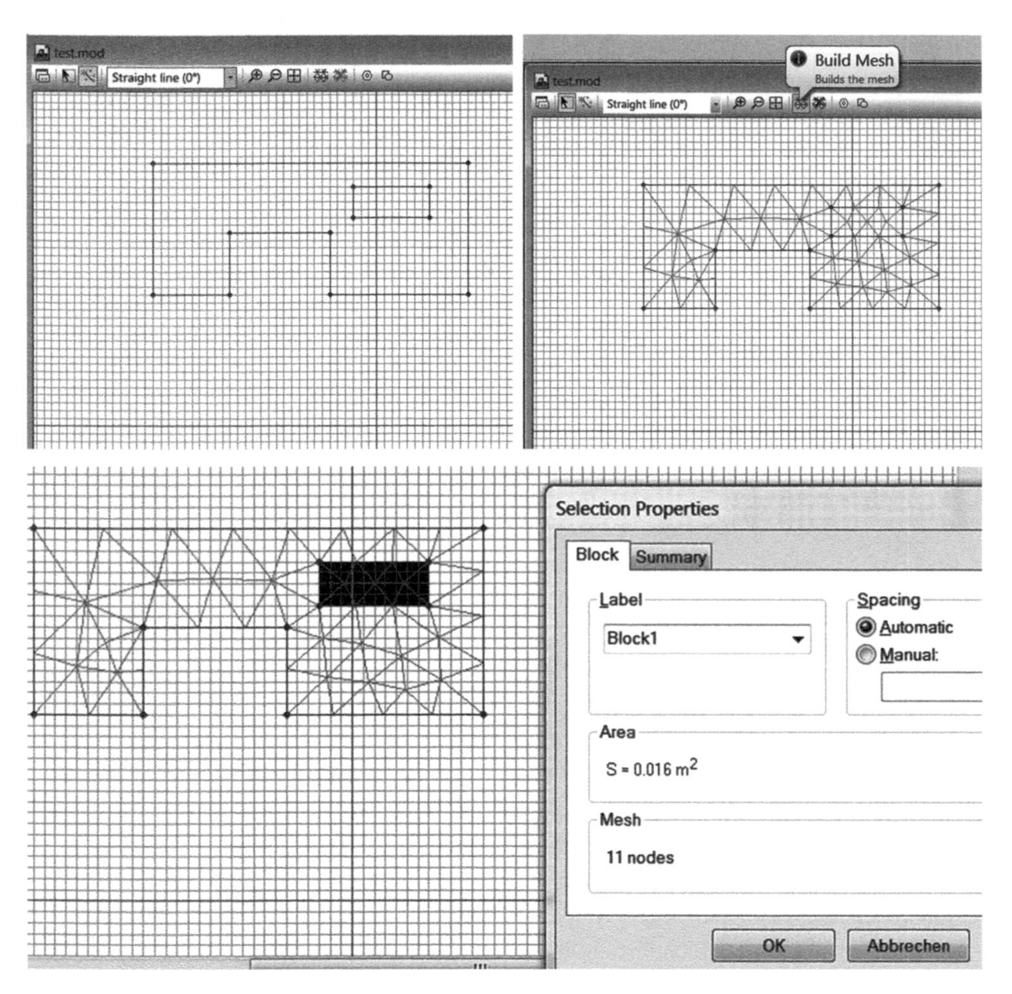

Abb. E.2 Geometriegestaltung des Problems. Mit dem Zeichenstift (rechts neben dem Schalter für den Zeiger-Cursor) sind die Begrenzungslinien bei gedrückter linker Maustaste zu ziehen. Außer geraden Linien lassen sich auch Bögen mit bestimmten Winkeln zeichnen. Die Zeichnung stellt letzten Endes die Begrenzungslinien des im Querschnitt gezeichneten Gebildes dar. Weitere Beschreibung siehe Text

lassen sich so charakterisieren. Wichtig ist im dargestellten Beispiel, dass die linke Kante des großen Blocks auf ein bestimmtes Potenzial (z. B. 10 V) und die rechte Kante auf ein bestimmtes Potenzial gesetzt wird (z. B. 0 V) – siehe Abb. E.3.

Bei allen getätigten Definitionen sollte der Browser keine Fragezeichen mehr aufweisen, wie in Abb. E.4 zu sehen ist.

Die Randbedingungen liegen nun fest und der Solver kann mit den Berechnungen beginnen. Falls nicht bereits geschehen, sollte der relevante Arbeitsbereich mit Nodes versehen sein, andernfalls ist dies über *Edit/Build Mesh/in all Blocks* zu bewerkstelligen (oder

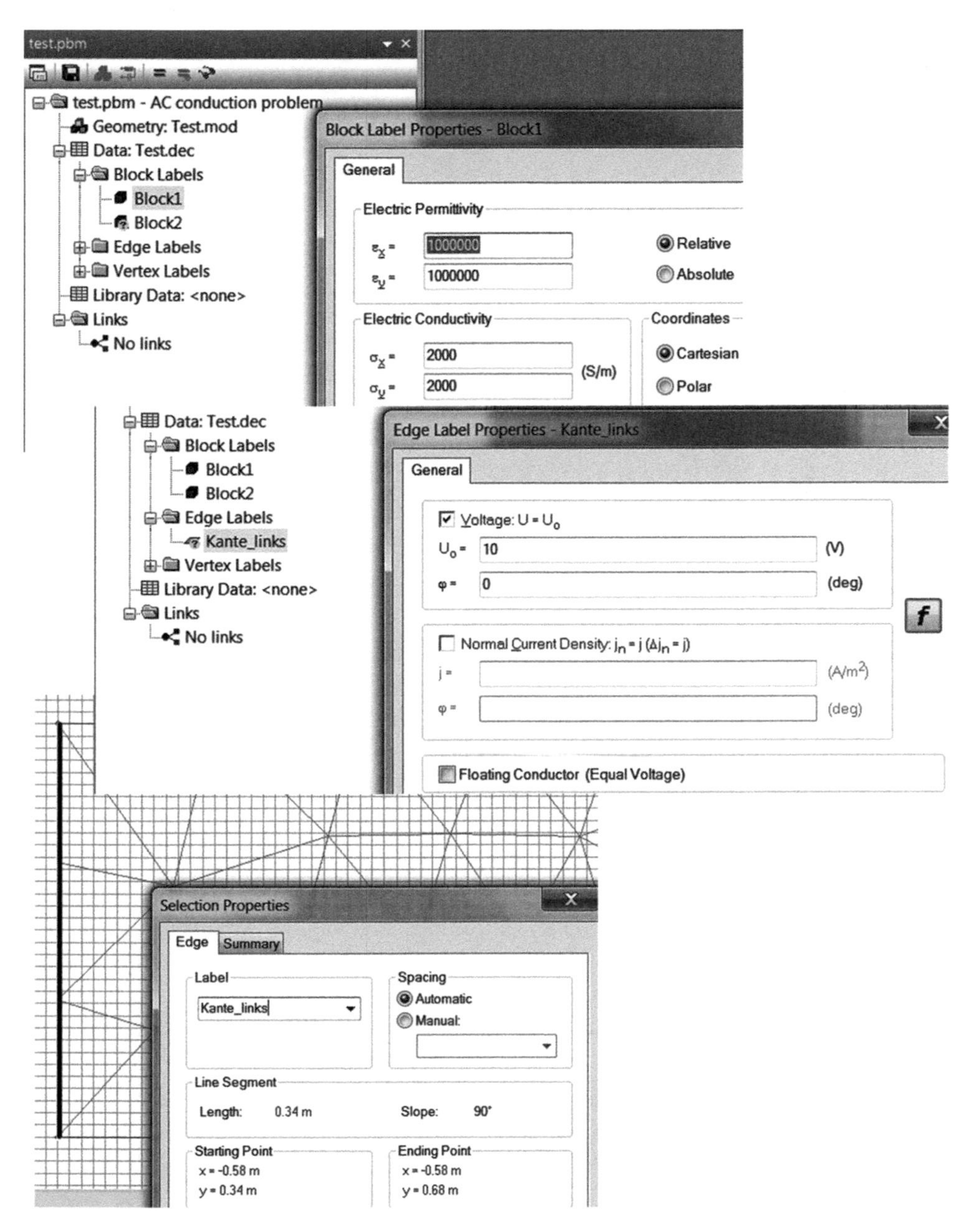

Abb. E.3 Eingabe der elektrischen Zusatzdaten. Für die im Browser auftretenden Komponenten wie Blöcke, Kanten und Punkte sind bestimmte elektrische Werte einzugeben. Durch Doppelklick auf das Element öffnet sich ein Fenster, in das die Daten einzutragen sind

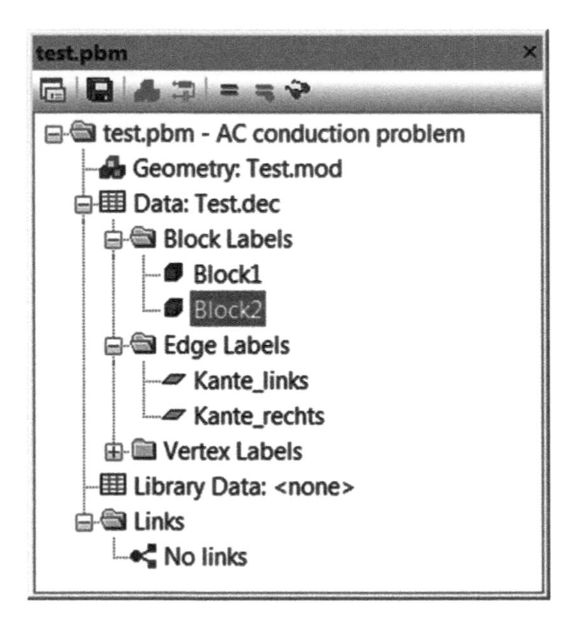

Abb. E.4 Wenn die elektrischen Definitionen der Blöcke, Kanten und Punkte gegeben sind, zeigen diese im Browser keine Fragezeichen mehr

über die entsprechende Taste im Geometriefenster). Der Start des Solvers erfolgt über den Befehl *Problem/Solve*. Es ergibt sich ein Bild nach Abb. E.5, je nachdem, welche Größe darzustellen ist (über die rechte Maustaste zu modifizieren). Abschaltbar sind die Verläufe der Äquipotenziallinien.

Wenn wir wie im Beispiel für den kleinen inneren Block eine hohe Leitfähigkeit gegenüber dem äußeren festlegen, ist dort eine Zone mit sehr geringem Potenzialgefälle zu erwarten, was sich in der Abbildung auch bestätigt.

Die bildliche Wiedergabe von Feldstärken oder Potenzialwerten anhand farblicher oder grauer Abstufung ist anschaulich interessant, jedoch sind andere Wertausgaben ebenfalls wünschenswert. Innerhalb des Solver-Fensters ist per Dragging mit der Maus eine Linie oder eine Kurve zu ziehen, siehe Abb. E.6.

Im rechten Teil ist die Größe wählbar, die im Diagramm in senkrechter Richtung zur Darstellung kommen soll.

Das Betätigen des Tabellen-Tasters liefert alle Werte spaltensortiert (Abb. E.7). Bei Rechtsklick lassen sich spezifische Werte ein- und ausblenden, sodass beim Speichervorgang eine Textdatei mit nur relevanten Daten angelegt wird, die einfach in Tabellenprogrammen einzubinden ist.

AC-Magnetismus

Eine weitere wichtige Problemtype ist der AC-Magnetismus (AC Magnetic). Als Ergebnisgrößen liefert der Solver hier u. a. den Fluss Φ, die Spannung U, die Flussdichte B, die Feldstärke H und die Lorentzkraft F. Bei solchen Modellen ist es möglich (aber nicht zwingend), einen Schaltplan (Circuit) einzubinden, damit noch weitere Bauelemente au-

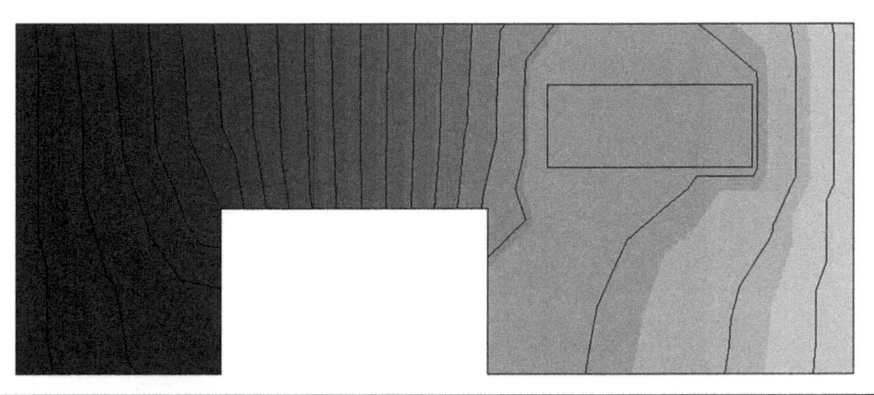

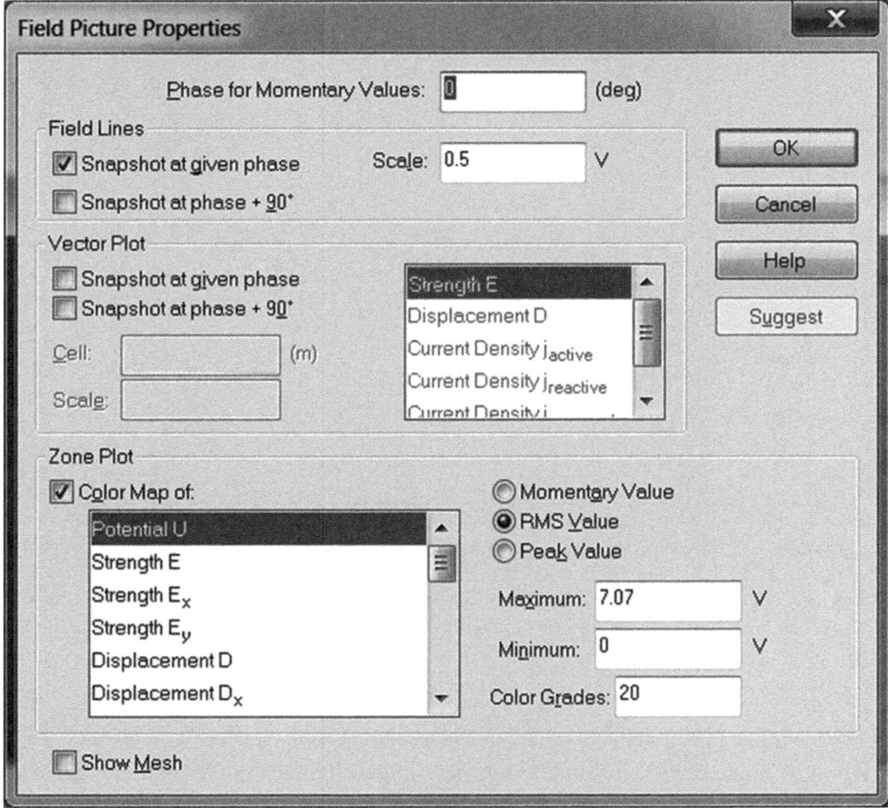

Abb. E.5 Der Solver liefert den Verlauf der Feldstärke oder des Potenzials. Hier wurde auf eine Grauwiedergabe geschaltet, sonst ist die Standardeinstellung Farbe. Rechts dieses Feldes erscheint normalerweise noch ein Fenster Legend, welches Aufschluss über die Werte-Skalierung gibt. Die Aktivierung befindet sich im Menü des Solver-Fensters

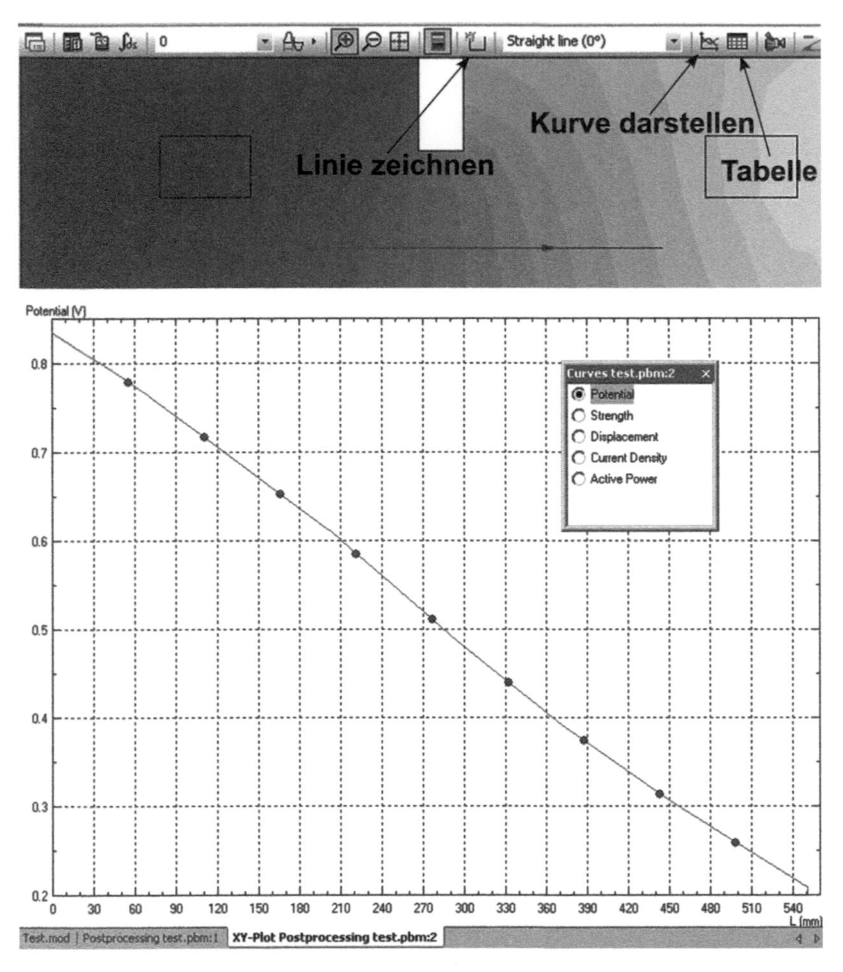

Abb. E.6 Erzeugung eines Wertediagramms längs einer gezeichneten Linie. Zunächst ist die Linie oder Kurve zu zeichnen, innerhalb der der Verlauf gefragt ist. Mittels Tasters ist dann die Grafik abrufbar

ßerhalb des in der Geometrie gezeichneten wirksam sind. Beispielsweise könnte zu einer gezeichneten Spule noch ein Kondensator parallelgeschaltet sein. Wir werden das im Einzelnen noch erörtern. Ferner soll in diesem Beispiel auch die Variante des rotationssymmetrischen Modells angewandt werden.

Problemdefinition

Wir zeigen hier nicht mehr den gesamten Vorgang, sondern geben nur Veränderungen gegenüber dem obigen Beispiel an. Bei der Definition wählen wir *AC Magnetic* und *Axisymmetric*.

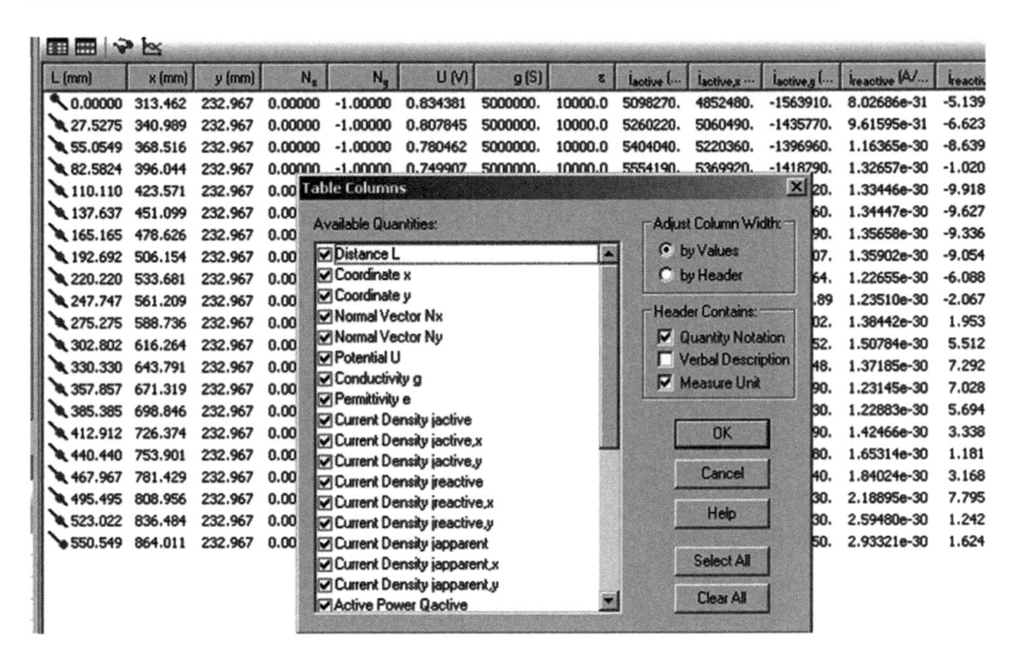

Abb. E.7 Die über eine künstliche Linie erhaltenen Werte in Form einer Tabelle. Diese lässt sich einfach als Textdatei speichern und dann in Tabellenprogrammen weiterverarbeiten. Nicht benötigte Spalten lassen sich einfach über ein Rechtsklick-Menü ausschalten

Das Minimalproblem stellt einen Ferritstab dar, auf dem eine Spule aufgewickelt ist. Wir verzichten hier auf die Definition von Kanten und Ecken, es existieren lediglich drei Blöcke, nämlich (ganz außen) *Air*, *Coil* und *Rod*. Gesucht ist die Flussdichte B bei solch einem Gebilde.

Konzeption der Geometrie

Bei der Konstruktion der Geometrie ist darauf zu achten, dass die X-Achse gleichzeitig die Rotationsachse darstellt. Falls nur ein kompletter Block als Außenleiter gezeichnet ist, handelt es sich sozusagen um eine Windung eines solchen Leiters. Sollen einzelne Windungen als Leiter dienen, sind diese als separate Blöcke zu zeichnen (bzw. zu vervielfältigen). Weiter unten sieht man, wie der Strom durch den Leiter festzulegen ist.

Schaltplan

Nun sind wieder alle vorhandenen Blöcke bezüglich Label und elektrischer Eigenschaften wie in Abb. E.8 und E.9 zu definieren. Leiter wie Kupfer haben wie üblich ein μ_r von 1 und aber eine hohe Leitfähigkeit, bei dem Stabkern ist es umgekehrt und für Luft ist wieder $\mu_r = 1$ und die Leitfähigkeit gleich null. *Field Source* und *Source Mode* sind in unserem Beispiel ausgegraut und nicht zugänglich, da wir eine Schaltung zugeordnet haben (siehe weiter unten). Ein Strom durch den Leiter ist entweder über die Angabe des totalen Stroms oder der Spannung zu wählen. Bei einem einzigen Block als Leiter ist davon auszugehen,

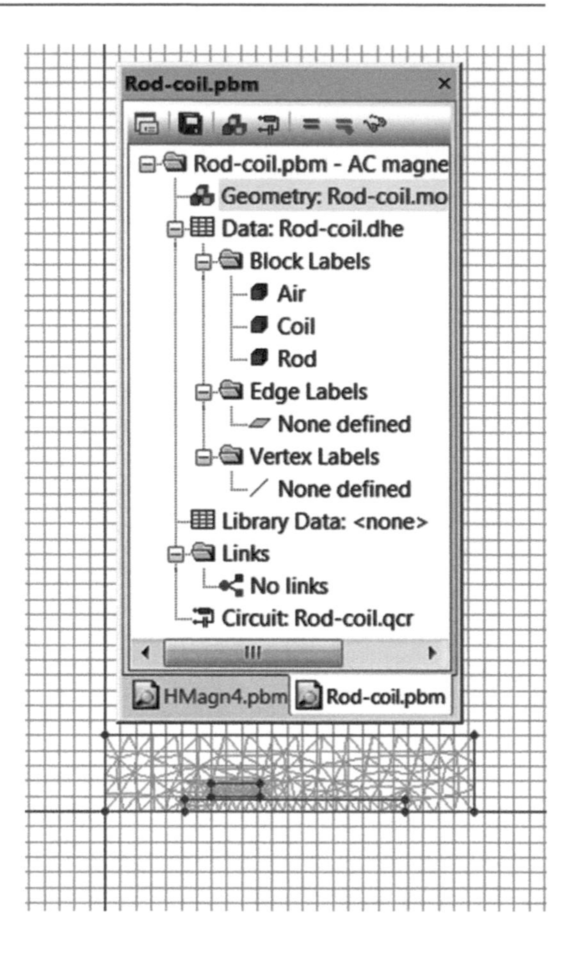

Abb. E.8 Komponenten-Browser und Geometriefenster für ein Stabmagnet-Problem. Hier waren lediglich drei Blöcke zu erstellen und zu definieren. Spezielle Kanten und Eckpunkte hat das Gebilde nicht

dass aber die Stromdichte (kann durch Start des Solvers zur Anzeige gebracht werden) von äußeren nach inneren Radien zufolge geringeren partiellen Widerstandes steigt, was ja bei einer Spule nicht der Fall ist. Für triviale Probleme genügt es aber dennoch, den Gesamtstrom zu definieren. Ist ein Drahtwickel explizit gefordert, müsste eine Aufteilung in einzelne Blöcke mit jeweils denselben Strömen erfolgen. Dabei können alle Einzelblöcke dasselbe Label erhalten. Die Wahl von *Conductor's Connection serial* würde automatisch bedeuten, dass alle Leiter wie bei einer Serienschaltung zwangsläufig denselben Gesamtstrom erhielten.

Zusatzdaten

Das vom Solver erzeugte Bild nach Abb. E.10 (als Graustufen) spiegelt z. B. die Verteilung der magnetischen Flussdichte B als Grautöne und Vektoren – die Größen sind wieder über das Rechtsklick-Menü anzupassen.

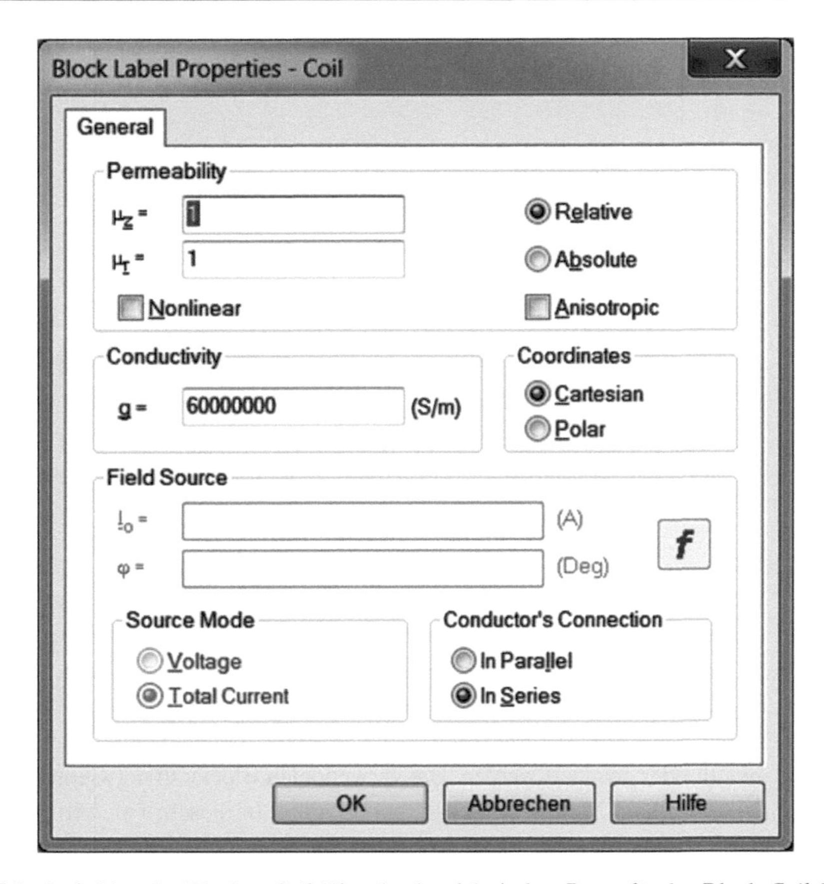

Abb. E.9 Definition des Blockes *Coil*. Eingabe der elektrischen Daten für den Block *Coil*. Die anderen beiden Blöcke sind ebenfalls mit relevanten elektrischen Daten zu versehen

Abb. E.10 Der Solver liefert hier als Graustufen dargestellte Flussdichtewerte. Außerdem wurden Vektoren aktiviert. Alle Darstellungen sind wieder per Rechtsklick-Menü modifizierbar

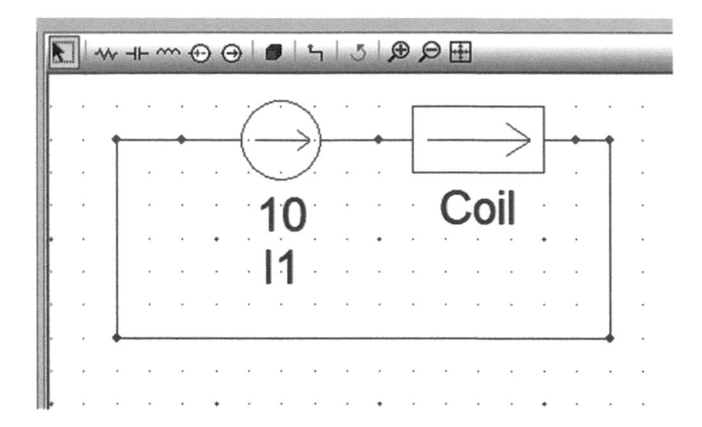

Abb. E.11 Das ist der sehr einfache Schaltplan mit Stromquelle und Spule. Selbstverständlich sind auch weitaus komplexere Schaltungen machbar

Schaltplan

In diesem Modell besteht die Möglichkeit, einen Schaltplan nach dem Beispiel von Abb. E.11 zu integrieren. Entweder bei der Neudefinition des Problems ist ein neuer Schaltplan zu erstellen, oder aber der Rechtsklick auf die Browser-Zeile (1. Zeile) des Problems und Wahl von *Properties* eröffnet das Menü der Grundeinstellungen. Wenn dann der Cursor in die Zeile *Circuit* gesetzt wird, kann über das Drücken der Tasters *Edit* der Schaltplan erstellt oder geändert werden. Die verwendeten Blöcke in der Geometrie müssen auch dieselben Label-Namen im Schaltplan erhalten. In diesem Fall betrifft das nur den Block *Coil.*

Die Verbindung des Schaltplans mit dem Projekt macht die Eingabe für Blockdaten in Abb. E.9 teilweise unmöglich, da dann der Strom durch den Leiter im Schaltplan festgelegt ist. Dadurch lassen sich jetzt noch weitere Abhängigkeiten definieren, beispielsweise die Parallelschaltung eines Kondensators zur Spule. Das ist eine einfache Möglichkeit, Schaltungskomponenten mit einzubeziehen.

Programm FEKO

An dieser Stelle sei keine Bedienung erläutert, denn das Programm benötigt eine gewisse Einarbeitungszeit. Als Stütze seien hier ein paar Bildschirm-Ausschnitte gegeben, die verschiedene Eingabedaten und Bedienfunktionen widerspiegeln. Siehe hierzu folgende Abb. E.12, E.13 und E.14.

Multisim

Ein Eröffnungsbild ist in Abb. E.15 zu sehen. Es ist möglich, mehrere Schaltungen zugleich zu öffnen, die dann als Reiter am unteren Bildrand und im Browser links erscheinen. Die verschiedenen Bauteilkomponenten sind auf der linken Seite der zweiten Reihe der Bedienelemente erreichbar, während sich die Messgeräte am rechten Rand des Fensters befinden. Der Start der Simulation erfolgt durch Drücken des grünen Dreiecks weiter

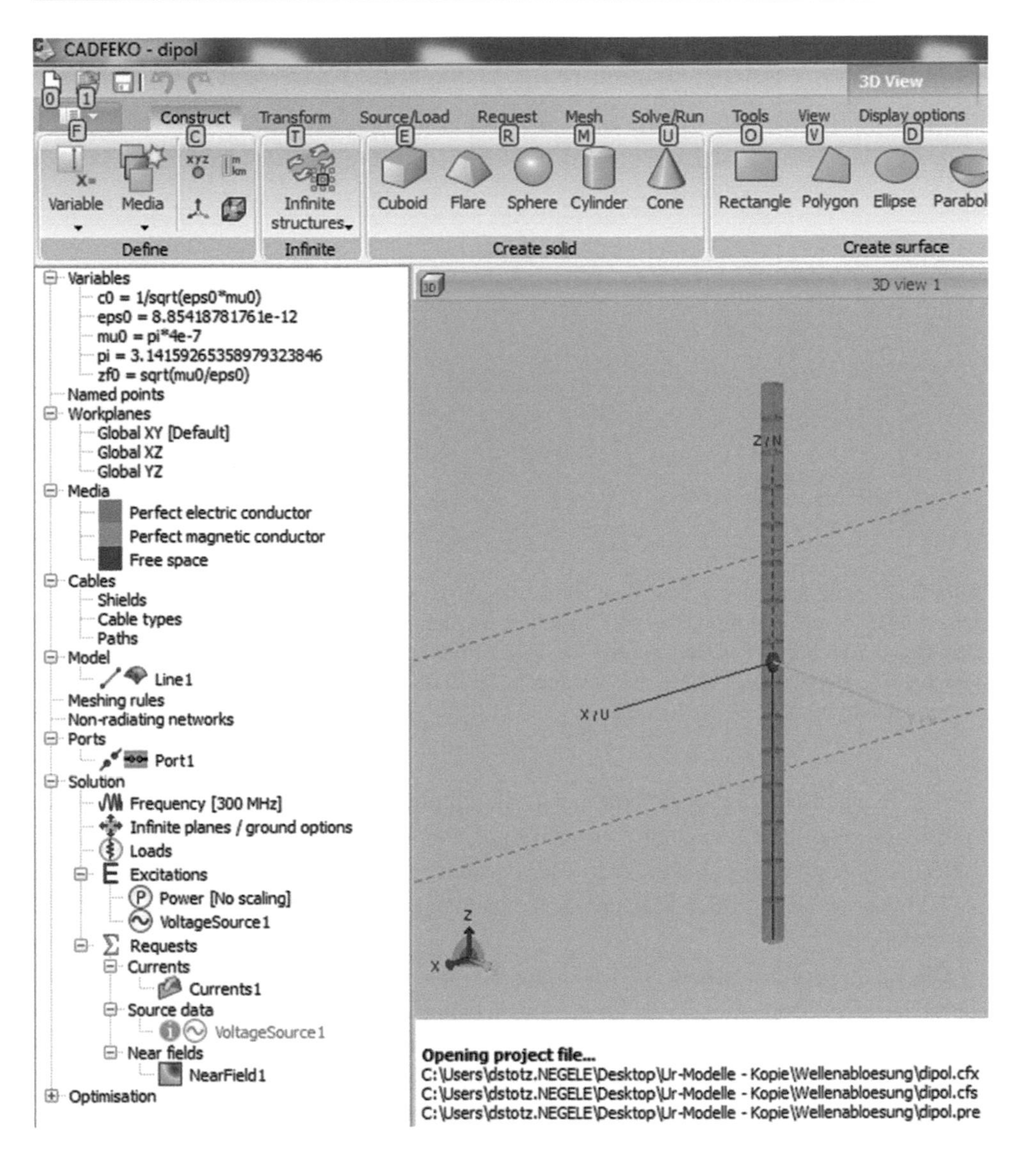

Abb. E.12 Hauptbildschirm von FEKO. Von hier aus lassen sich alle notwendigen geometrischen Gebilde eingeben bzw. auch importieren. Dort sind auch alle Parameter für Quellen, Frequenzen usw. einzugeben

rechts der Bedienelemente. Genauso kann der Ablauf der Simulation pausiert oder gestoppt werden. Messergebnisse sind als CSV-Daten mitzuschreiben, sodass auch eine spätere Weiterverarbeitung jederzeit möglich ist.

Die Parameter (z. B. Verstärkungsfaktor eines Transistors) der Bauelemente sind zwar standardmäßig gespeichert, aber auch modifizierbar.

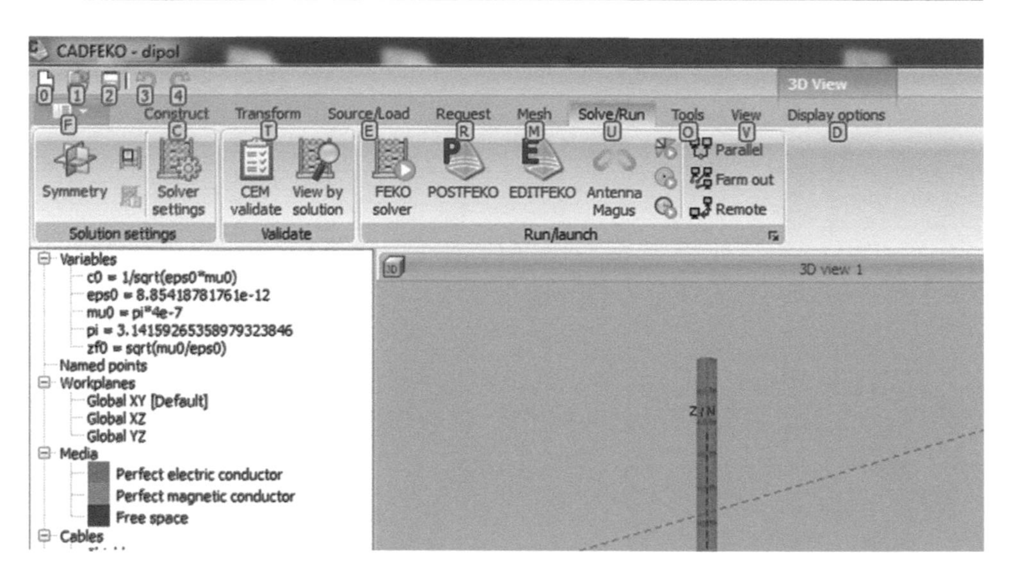

Abb. E.13 Start des Solvers. Nachdem alle Festlegungen getroffen sind, muss das Modell in einzelne kleine Bereiche (Finite Elemente) unterteilt werden. Dies geschieht mit dem Mesh-Befehl. Danach kann der Solver gestartet werden. Mit POST FEKO ist das Ergebnis zu betrachten. Es stehen verschiedene Betrachtungsweisen zur Verfügung, für Zeitbereichsdarstellung kann auch eine Animation erstellt werden

Als Beispielschaltung betrachten wir die Simulation des Surge-Generators nach Abb. E.16, also die Erzeugung eines Stoßspannungsimpulses gemäß Zeitcharakteristik 1,2/50 bzw. Stoßstromimpulses 8/20 Mikrosekunden. Für die Simulation selbst ist R1 auch kleiner wählbar (z. B. 1 kΩ), um nach dem Start schneller die Endspannung von 1 kV zu erreichen.

Die Betätigung des Schalters S1 ist mit einem fast beliebigen Taster des Keyboards zu verbinden oder kann mit einem speziellen Schalter auch anderen Bedingungen folgen (z. B. Erreichen einer Spannung oder Verstreichen einer bestimmten Zeit). Zu erwähnen ist noch, dass offene Bezugsanschlüsse von Messgeräten grundsätzlich als mit Masse verbunden zu sehen sind. Deswegen können in diesem Fall beide Minus-Anschlüsse der Kanäle auch unverbunden bleiben.

Normgemäß ist der Surge-Generator mit einem bestimmten Ausgangswiderstand zu versehen. Hier stellt sich beispielsweise die Frage, ob die zu verwendende Suppressor-Diode D2 den Anforderungen genügt oder nicht. Dabei sind die beiden Parameter maximale Impulsleistung und maximaler Impulsstrom zu betrachten und mit dem Datenblatt zu vergleichen. Hierzu stellt das Oszilloskop nicht nur den Verlauf der Spannung an der Diode dar, sondern auch den Strom mithilfe von XCP1, einer virtuellen Stromzange. Das Ergebnis ist in Abb. E.17 zu sehen.

Überschlagsmäßig ergibt sich für die maximale Spannung (blaue Linie) 20 V, für den maximalen Strom 50 A (bei gewählter Skalierung 1 V/1 A). Die Maximalleistung wäre

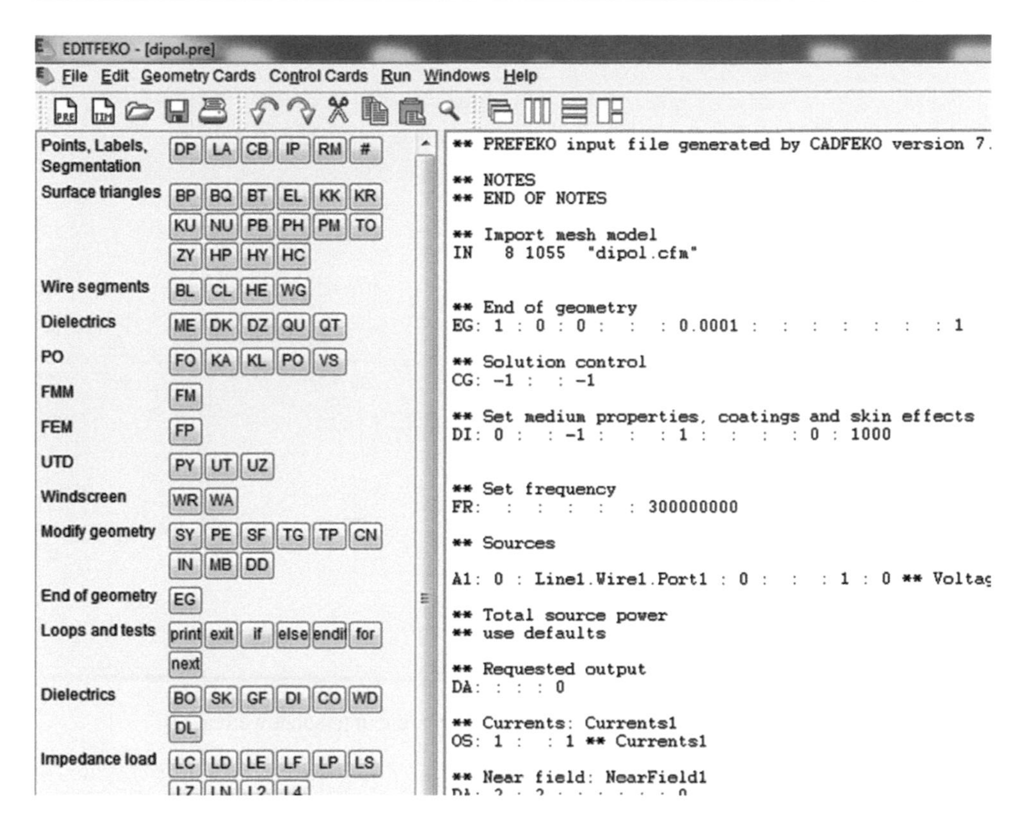

Abb. E.14 FEKO EDIT. Hier können verschiedene Befehle zum Ablauf erstellt werden. Dies entspricht einer Art Script-Sprache

also 1000 W. Die erlaubte Impulsleistung der hier gewählten Diode ist 1500 W, somit wäre sie für diesen Fall geeignet. Ein verringerter Ausgangswiderstand von Ri auf 10 Ω würde die Belastbarkeitsgrenze der Diode jedoch überschreiten.

Ein weiteres Phänomen, das hier beispielhaft mittels Multisim untersucht wird, ist das der Leitungsresonanz bzw. Leitungsreflexion. Dieser Effekt ist unter dem Abschn. 9.7.3 genauer beschrieben. Das Simulationsmodell ist in Abb. E.18 dargestellt.

Hier findet keine Untersuchung in der Zeitdomäne statt, sondern in der Frequenzdomäne. Dies erfolgt durch den sog. Bode-Plotter, ein Gerät zur Erfassung von Frequenzgängen bezüglich Verstärkung und Phase.

Im Ergebnis des Bode-Plotters sehen wir deutliche Anhebungen um ca. +20 dB ab 15 MHz mit Wiederholungen bei den ungeradzahligen Vielfachen der Frequenz.

Am zu testenden Objekt ist ein Generator (vorzugsweise Clock Voltage) beliebiger Festfrequenz anzuschließen, das Gesamtsystem führt dann selbstständig einen Sweep durch.

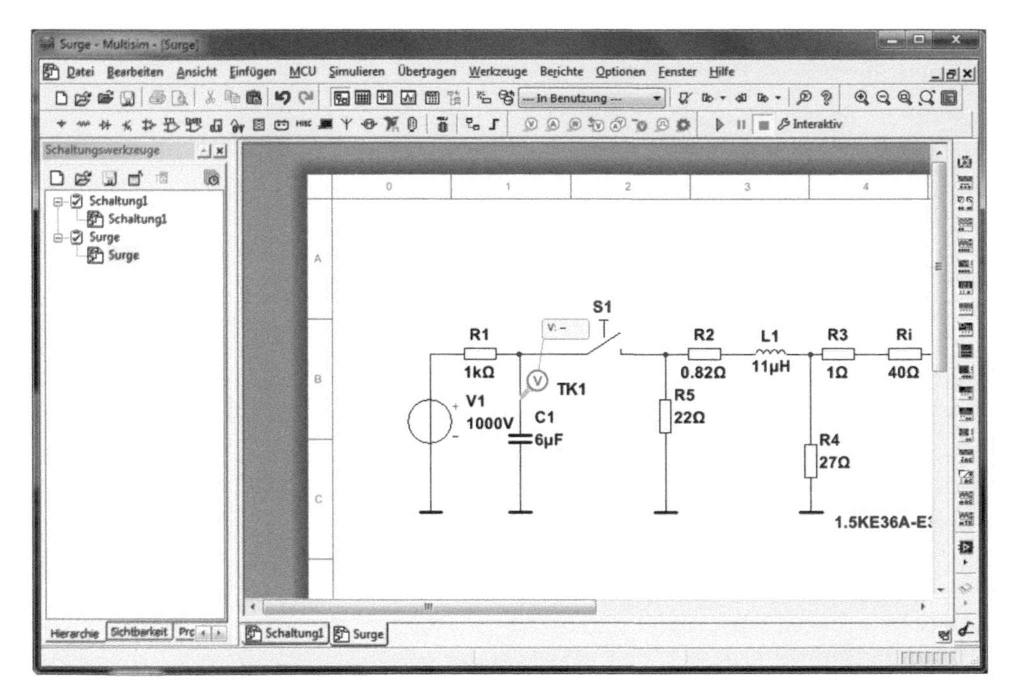

Abb. E.15 Startfenster mit zusammengestellter Schaltung, die untersucht werden soll

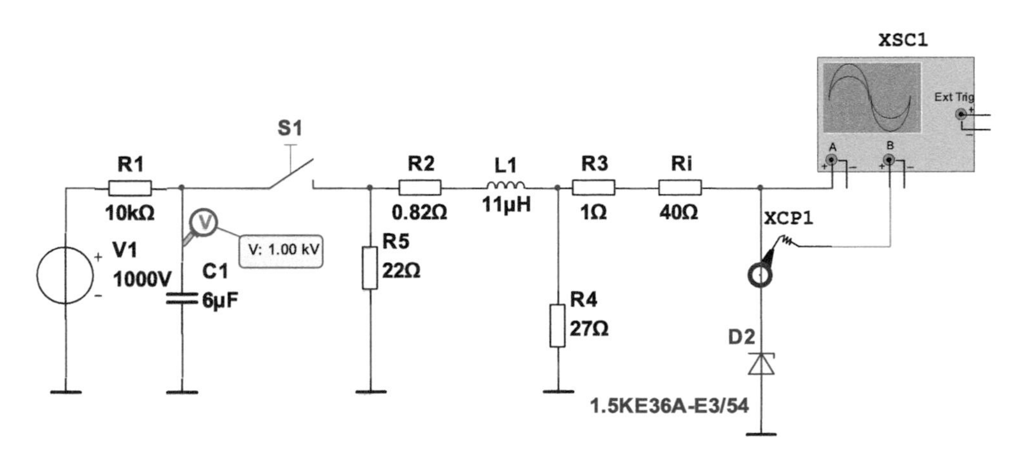

Abb. E.16 Eine Testschaltung zur Demonstration: Es handelt sich um die Simulation eines Surge-Generators

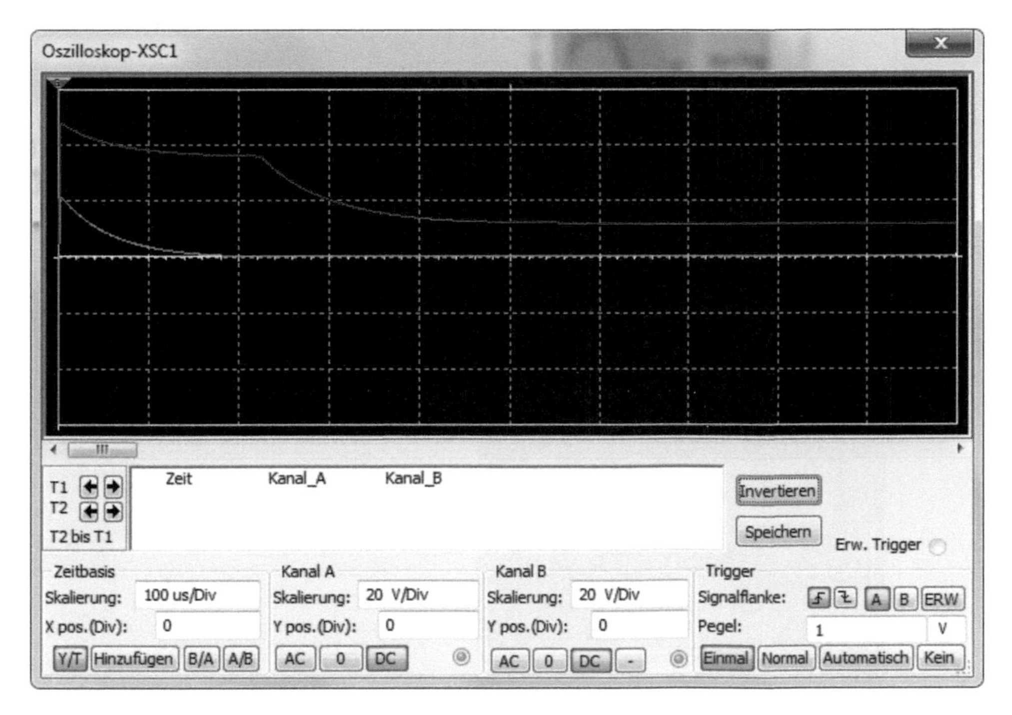

Abb. E.17 Das Ergebnis des Surge-Tests. Die blaue Linie entspricht dem Spannungsverlauf, die rote dem Stromverlauf, wobei die Skalierung 1 V/1 A entspricht

Weitere Messgeräte bzw. Analysatoren sind verfügbar, und zwar für Bitmuster, Logik, Spektrum, Netzwerk, Klirrfaktor und IV (Kennlinienschreiber). Auch ein Postprocessor ist präsent, der nachträgliche mathematische Verknüpfungen erlaubt.

Auch in Abschn. 9.7.4 und 9.7.5 sind Anwendungsbeispiele für Multisim aufgeführt.

Das Programm ist recht mächtig, alle Möglichkeiten hier zu beschreiben, würde den Rahmen sprengen. Zum Testen kann eine Demoversion heruntergeladen oder aber eine Online-Version kostenlos genutzt werden.

Anhang F: Eigenbau

Hier seien einige Beschreibungen für den Selbstbau gegeben. Damit bietet sich auch kleineren Firmen die Möglichkeit, für Precompliance keine teuren Geräte kaufen zu müssen. Obwohl heute schon wesentlich günstigere Equipments zu erwerben sind, kommt in der Summe doch eine relativ hohe Investition zusammen.

Alle Selbstbau-Geräte sind natürlich kein Ersatz für normgerechtes Testen in einem akkreditierten Haus.

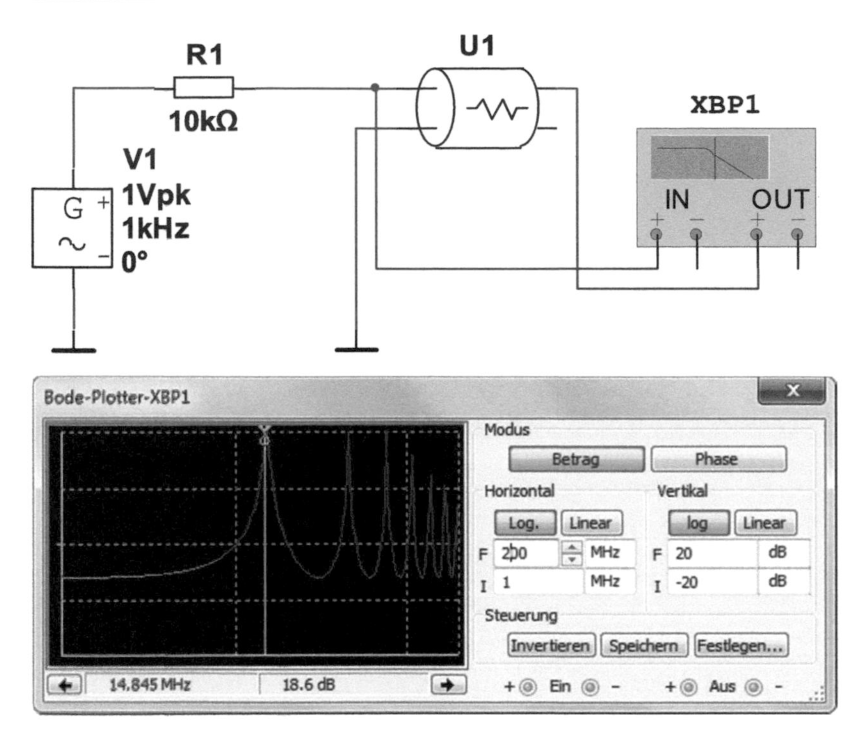

Abb. E.18 Leitungsresonanz-Erscheinung bei einseitig offenen Leitungen. Dieser Effekt kann beispielsweise bei einseitig nicht verbundener Schirmung auftreten

Hochfrequenz-Generator

Testgeneratoren sind heute relativ erschwinglich im Eigenbau herzustellen. Dies bietet die Möglichkeit, allen Erfordernissen gerecht zu werden, was beim Kauf von Billiggeräten nicht immer der Fall ist. (Wichtig ist hier in jedem Fall, auf bestimmte Kriterien wie Frequenzbereich, Modulation usw. zu achten.)

Der hier vorgestellte Generator beinhaltet als Herzstück eine Mikrocontroller-Platine *Arduino Uno*, was heute überall für einen einstelligen Eurobetrag zu erstehen ist.

Das zur Steuerung benötigte Programm steht als Quellcode zum Download bereit.

Diese Grundplatine steuert ein Analog-Devices-DDS-Modul, das Sinussignale bis 70 MHz imstande ist zu erzeugen. Ein grober Überblick zum Gerät sei durch Abb. F.1 gegeben, die Verdrahtung unter den Modulen in Abb. F.2 und F.3.

Zu letzterer ist zu ergänzen, dass dort der Spannungsregler IC1 entfallen kann, solange das DDS-Modul seine Versorgung vorzugsweise über die +5 V der Arduino-Platine erhält *und* der Arduino ausschließlich per USB versorgt wird. (Dies vermeidet die Belastung des Reglers auf dem Arduino.) Die Alternative ist, das DDS-Modul über IC1 zu versorgen und K2 auf 1–2 zu jumpern. Dann kann der Arduino seine Energie über ein externes Netzteil (an der DC-Buchse angesteckt) beziehen und damit ist wiederum der Arduino-Regler nicht durch das DDS-Modul belastet.

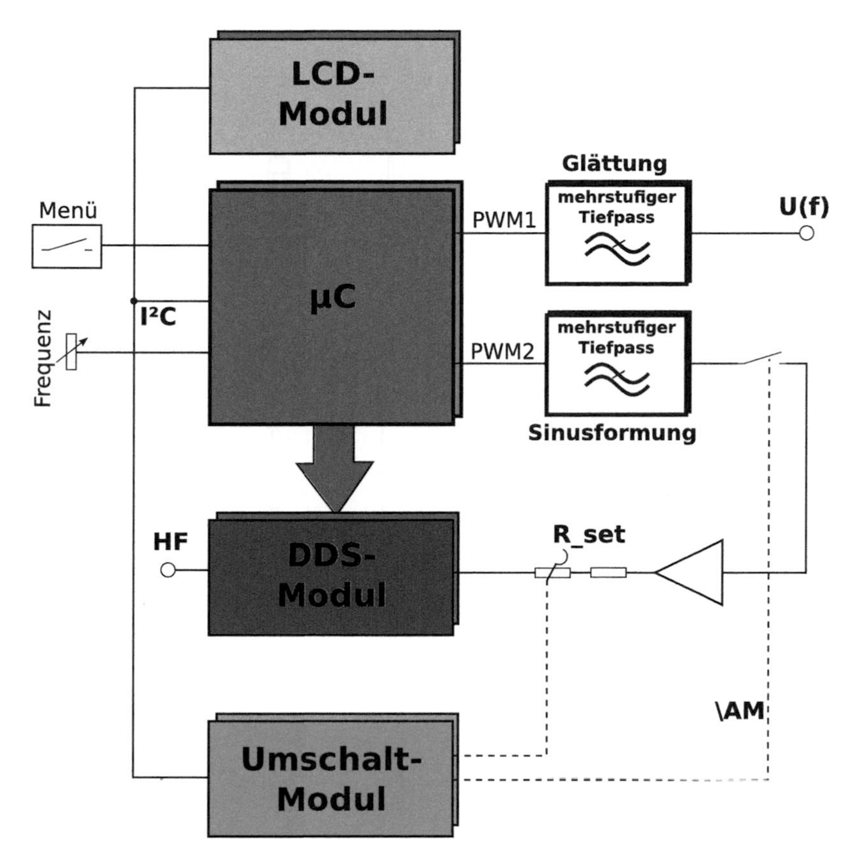

Abb. F.1 Blockdiagramm zum Aufbau des EMV-Generators. Die gesamte Steuerung inklusive Grundsignal zur Amplitudenmodulation (PWM2) obliegt der Mikrocontroller-Platine, während die Erzeugung des eigentlichen Hochfrequenzsignals ein spezielles DDS-Modul übernimmt

Der Mikrocontroller bietet zwei Ausgänge für Pulsweitenmodulation (PWM), die beide sehr nützlich sind. Zum einen ist eine zur Frequenz proportionale Gleichspannung erzeugbar, die am Anschluss DC-Out zur Verfügung steht. Daneben ist jedoch auch die ungeglättete PWM (PWM-Out) herausgeführt. Wozu das sinnvoll ist, sei weiter unten noch erläutert. Die Tiefpasskette filtert dabei hinreichend das Ripple bei 1 kHz heraus – mit dieser Frequenz laufen beide PWM-Kanäle. Der Grund ist ganz einfach: Während erster Kanal mit dynamischer PWM für die besagte Messgröße zuständig ist, liefert der zweite Kanal ein Rechtecksignal mit 50 % Tastgrad, mit dessen Hilfe ein angenähertes Sinussignal erzeugt wird. Dies ist für die Amplitudenmodulation sinnvoll und nutzbar.

Drei Taster Mode, +Switch und –Switch dienen der Menüsteuerung, das Poti ermöglicht die manuelle Frequenzabstimmung.

Einige erklärende Worte zum Modulator in Abb. F.4 sind noch vonnöten.

Die Realisierung einer 16-stufigen Widerstandsumschaltung erfolgt über einen I²C-Chip und einen Multiplexer. Das DDS-Modul mit dem AD9851-Schaltkreis beinhaltet

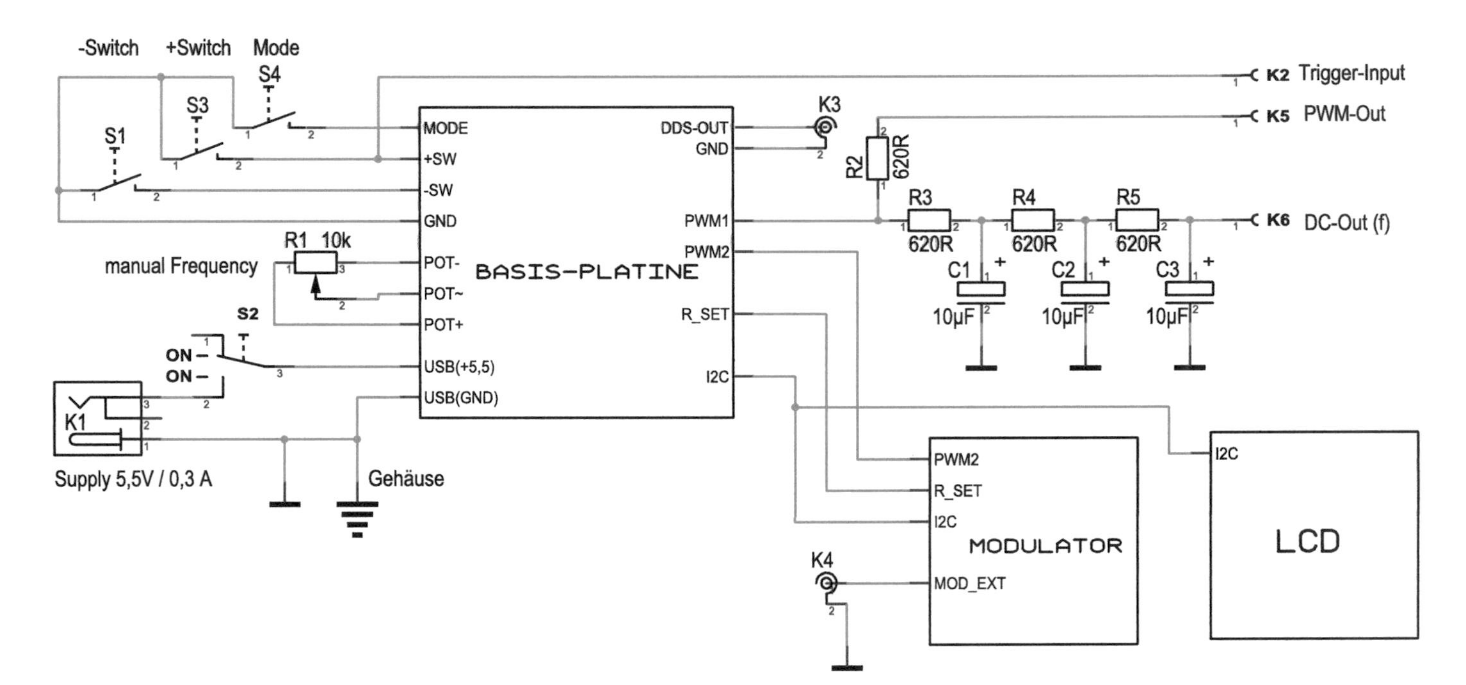

Abb. F.2 Auf der Basisplatine ist noch die DDS-Platine als sog. Shield installiert. Extern platziert sind noch die Module Modulator und LCD sowie einige Bedienelemente

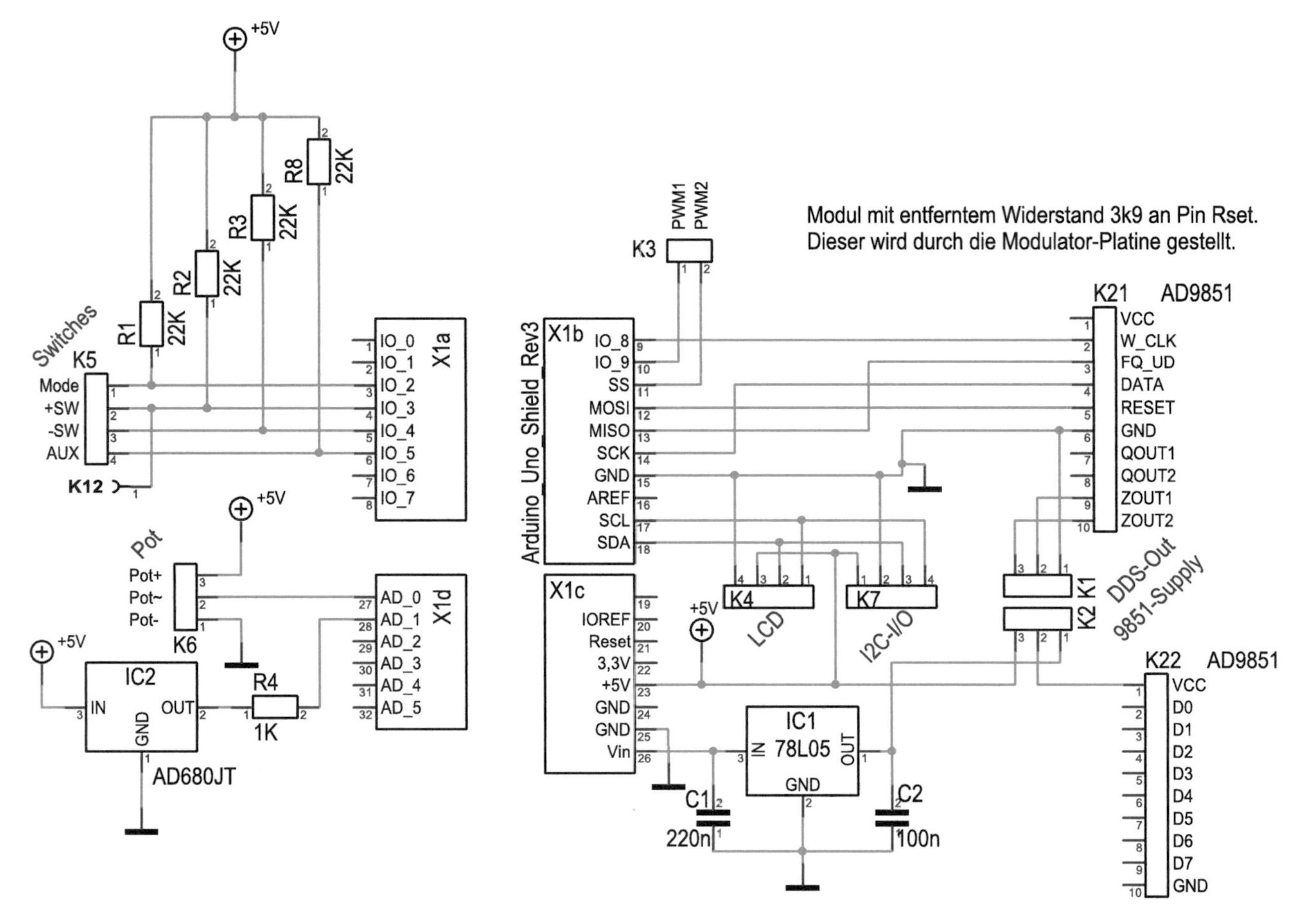

Abb. F.3 Schema, nachdem die DDS-Platine mit dem AD9851 mit dem „Shield" der Arduino-Platine zu verdrahten ist

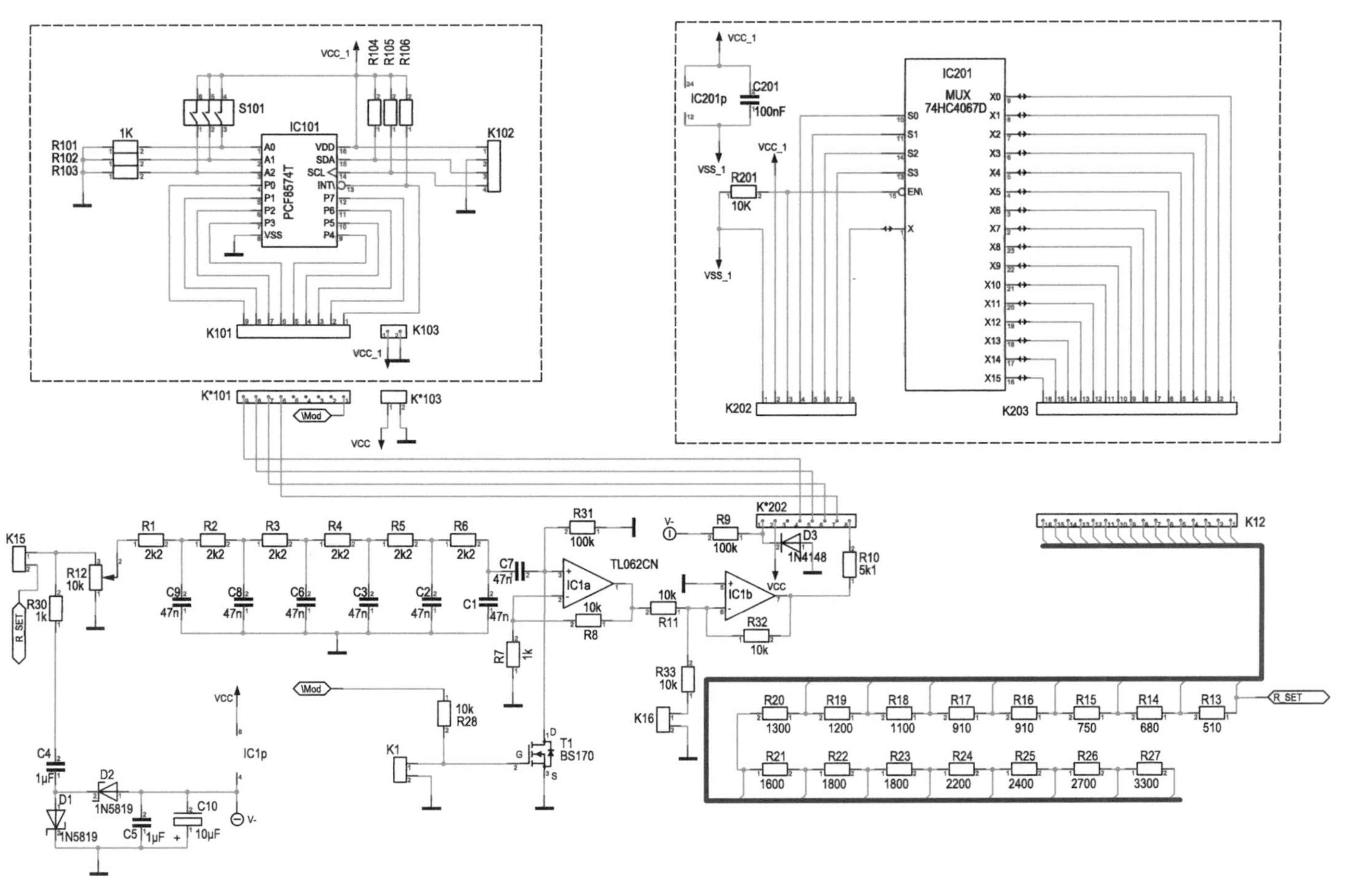

Abb. F.4 Der Modulator hat zwei Ziele: Amplitudenmodulation und Amplitudensteuerung durch Korrekturtabelle. Ersteres erledigt die Schaltung durch Sinusformung der 50-%-PWM durch einen sechsstufigen Tiefpass mit anschließender Verstärkung durch IC1. Über R10 gelangt die Modulationsspannung auf den Multiplexer IC201, der aus weiteren Serienwiderständen R13–R27 auswählt, um die Amplitudenkorrektur vorzunehmen. Schlussendlich gelangt das Modulationssignal an den Anschluss R_SET und damit an das DDS-Modul

einen Widerstand mit 3,9 kΩ, der auf dem Modul zu entfernen ist und dessen freigewordener Anschluss mit dem Anschluss R_SET der restlichen Schaltung zu verbinden ist. Der Strom durch den sich ergebenden Widerstand aus R10 und der Teilkette der Widerstände R13–R27 bestimmt letztlich proportional den Ausgangsstrom des DAC und damit die Amplitude des HF-Signals. Dieser Strom durch die Widerstände kann nun zusätzlich durch eine Signalspannung moduliert werden, was wiederum zu einer proportionalen Strom- und somit Amplitudenmodulation führt. Der Multiplexer IC201 benötigt ein geringfügig negativeres Potenzial als GND an Vss, da andernfalls durch das Modulationssignal selbst die Schalterpotenziale zu negativ werden, was zu eine Leak-Thru-Effekt und damit zu einer Verzerrung der Amplitudensteuerung führt. Eine Zusatzschaltung um D1, D2, R9 und D3 usw. ermöglicht diese Erzeugung einer geringen Negativspannung.

Die separat herausgeführte PWM an PWM-Out hat folgenden Hintergrund: Die Amplitude der PWM ist abhängig von der Versorgungsspannung und somit die Tiefe der AM. Diese Dependenz ist eliminierbar dadurch, dass die aktuelle Versorgungsspannung durch die Referenz in Form von IC2/AD680 in Abb. F.3 gemessen und darauf mit einer Anpassung des PWM-Wertes geantwortet wird. Soll nicht die Gleichspannung als Maß für die Frequenz dienen, sondern die direkte Form der PWM (und deren Tastgrad), so ist diese an PWM-Out abzugreifen, welche jedoch in diesem Falle nicht kompensiert werden darf.

Der praktische Aufbau kann beispielhaft nach Abb. F.5 und F.6 erfolgen.

Abb. F.5 Ein Beispiel für den inneren Aufbau des Generators. Das LCD ist fast bedeckt durch die Zusatzplatine des Modulators, auf dem sich die Schaltung nach Abb. F.4 befindet. Links unten ist die Shield-Platine des Arduino mit aufgestecktem DDS-Modul zu sehen. Vom Arduino selbst ist außer einem Teil der USB-B-Buchse nichts sichtbar. Darüber erfolgt auch die Versorgung von außen, wobei diese nicht über eine Spannung von 5,5 V gehen sollte. Der HF-Ausgang führt auf die untere BNC-Buchse links, die darüber liegende BNC-Buchse bietet die Möglichkeit, eine externe Modulationsquelle anzuschließen. Die Kombi-Buchse rechts unten stellt alle anderen Anschlüsse bereit (DC-Out, PWM-Out und Trigger-Input)

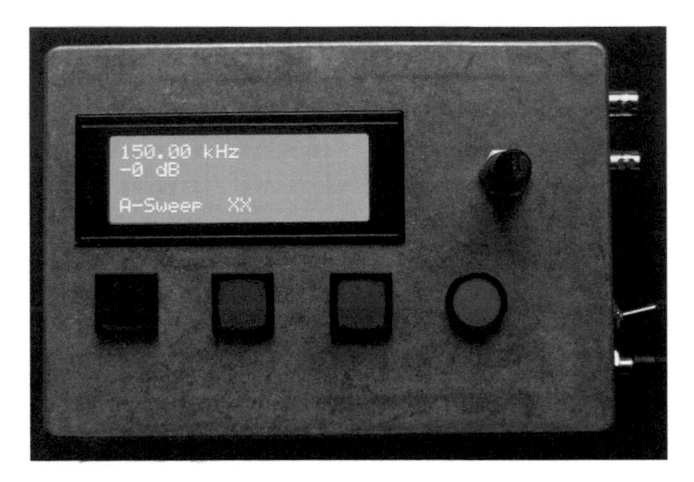

Abb. F.6 Der Generator von außen. Unter dem 4 × 20-stelligen Display sind vier Taster zur Menüsteuerung zu sehen. Das Poti rechts vom LCD dient einer manuellen Einstellung der Frequenz

Hochfrequenz-Verstärker

An den Generator schließt sich ein HF-Verstärker an, um die nötige Leistung zum Anschluss an das CDN liefern zu können. Der Selbstbau beschränkt sich hier auf einen kleinen Vorverstärker, mit dessen Hilfe eine Pegelanpassung an Leistungsverstärker gelingen kann. Der weiter oben beschriebene Generator liefert lediglich ca. 0,2 Vss ohne AM bzw. ca. 0,4 Vss mit AM.

Ein Breitband-Leistungsverstärker für 0,15 MHz–80 MHz im Eigenbau ist ohne Spezialkenntnisse im Hochfrequenzbereich nicht einfach und auch nicht lohnenswert. Deshalb beschränken wir uns hier auf den Entwurf eines kleinen Vorverstärkers, an den dann bezahlbare Fertiggeräte von Endverstärkern anzuschließen sind.

Laut Norm IEC 61000-4-6 soll die effektive, unmodulierte HF-Quellenspannung für industrielle Umgebung 10 V (für Wohnbereich 3 V) betragen. Sobald die Amplitudenmodulation mit einem Grad von 80 % eingeschaltet ist, ist ein Faktor von 1,8 zu berücksichtigen. Als Spitzenspannung ergibt sich deshalb:

$$U_s = 10\,\mathrm{V} \cdot 1{,}8 \cdot \sqrt{2} \approx 25{,}5\,\mathrm{V}\left(\text{industrielle Umgebung}\right)$$

$$U_s = 3\,\mathrm{V} \cdot 1{,}8 \cdot \sqrt{2} \approx 7{,}64\,\mathrm{V}\left(\text{Wohnbereich}\right)$$

Der ganze Spannungshub beträgt jeweils das Doppelte, nämlich ca. 51 V bzw. 15,3 V. Über die notwendigen Leistungsparameter gibt Tab. F.1 Aufschluss.

Für unsere Erfordernisse kommen eigentlich nur die Zeilen mit 3 V oder 10 V und gleichzeitig $k = 0{,}8$ (also mit AM) in Betracht. Für diejenigen Fälle, bei denen $R_L = 100\,\Omega$ ist, ergibt sich ein etwas geringerer Leistungsbedarf. Dies ist jedoch relativ unbedeutend und würde nur die Situation nach Abb. D.2 beschreiben.

Tab. F.1 Eine Übersicht zu den erforderlichen Leistungen des HF-Verstärkers unter verschiedenen Situationen. Die Leistungswerte (P und L) stellen maximale Effektivwerte dar (also Effektivwerte während des AM-Scheitels), nicht zu verwechseln mit Scheitelwerten

U_0/V	R_L/Ω	k	P/W	L/dBm	U_{ss}/V
3	50	0	0,045	16,5	8,5
	50	0,8	0,146	21,6	15,3
	100	0	0,040	16,0	11,3
	100	0,8	0,130	21,1	20,4
10	50	0	0,500	27,0	28,3
	50	0,8	1,620	32,1	50,9
	100	0	0,444	26,5	37,7
	100	0,8	1,440	31,6	67,9

Für die geringere Leistung, also für den Wohnbereich eignet sich z. B. ein Verstärker vom amerikanischen Hersteller Minicircuits mit der Typenbezeichnung ZHL-32A+, der ca. US$ 229 kostet. Für die industrielle Umgebung ist dagegen etwa das 11-fache an Leistung notwendig. Auch hier kann die genannte Firma ein Gerät anbieten mit der Typenbezeichnung LZY-22+, Kostenpunkt ca. US$ 1600. Auch dies ist erschwinglich, und für diesen Preis kann man kaum im Eigenbau konkurrenzfähig mithalten. Ersterer der genannten Verstärker deckt lediglich die Erfordernisse für den Wohnbereich ab (also für 3 V), letzterer ist für die industrielle Umgebung geeignet (also für 10 V).

Soll vor das CDN noch ein 6-dB-Abschwächer eingefügt werden (wie eigentlich normativ gefordert), sind die Leistungswerte der obigen Tabelle zu vervierfachen, die Pegel also um 6 dBm zu erhöhen. Auch diesen Fall würden die beiden genannten Verstärkermodelle abdecken.

Um die Endverstärker aussteuern zu können, bedarf es eines kleinen Vorverstärkers, für den ein MMIC zu Einsatz kommt. Die Schaltung sei in Abb. F.7 dargestellt.

Die kleine Schaltung findet Anwendung in Abb. F.8 und F.9. Der Trimmerschleifer ist zunächst auf GND zu drehen. Die Versorgungsspannung für den Vorverstärker von 12 V ist akkurat einzuhalten. Die Anschlussleitungen sollten wegen Fehlanpassungen nicht länger als 0,5 m sein.

Der Generator ist auf eine Frequenz von ca. 10 MHz einzustellen (manueller Betrieb), AM ist eingeschaltet. Nach erfolgtem Aufbau und Einschalten kann der Trimmer vorsichtig verdreht werden, bis ein Signal nach Abb. F.10 (bei 10 V entsprechend stärkere Signale) am Endverstärkerausgang zu messen ist. Weitere Koaxleitungen sollten für diese Messung am Endverstärkerausgang nicht angeschlossen sein, um lediglich die Quellenspannung zu bestimmen. Alternativ ist natürlich auch die Methode nach Abb. D.1 anwendbar.

Gemäß dem erhaltenen Messsignal ist die Forderung der Signalstärke von ca. 15 Vss gut erreicht, die Signalform macht auch einen relativ unverzerrten Eindruck.

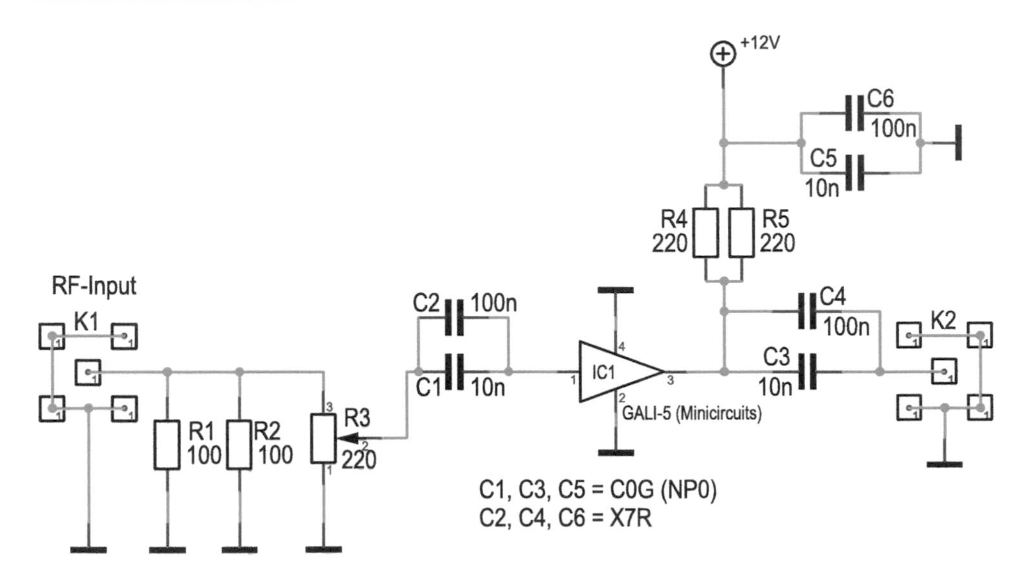

Abb. F.7 Kleine Vorverstärkerschaltung, mit der der Generatorpegel angehoben wird zur Ansteuerung eines Endverstärkers. Die Bauteile sind dicht an dicht anzuordnen. Das Einmessen erfolgt durch das Trimmen von R3

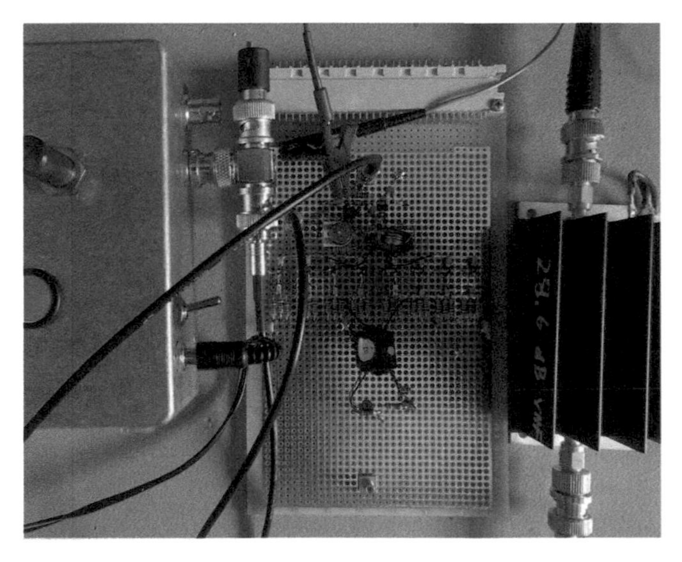

Abb. F.8 Testaufbau mit Selbstbau-Generator (links), HF-Vorverstärker auf Experimentierplatine (Mitte) und Endverstärker ZHL-32A (rechts)

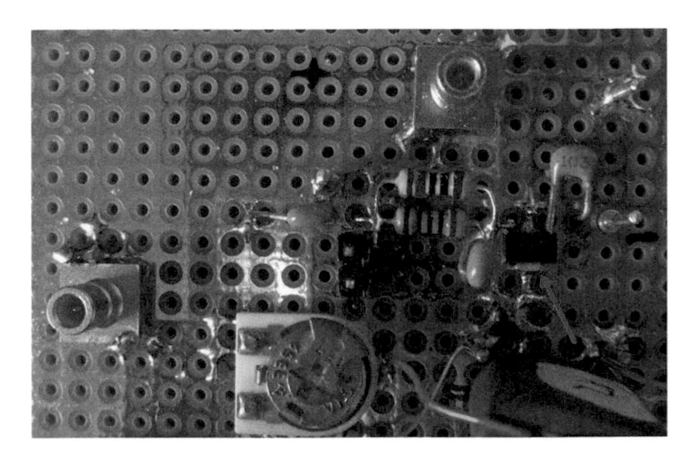

Abb. F.9 Der kleine Bereich der Experimentierplatine beinhaltet den Vorverstärker mit dem MMIC-Baustein GALI-5 (roter Pfeil)

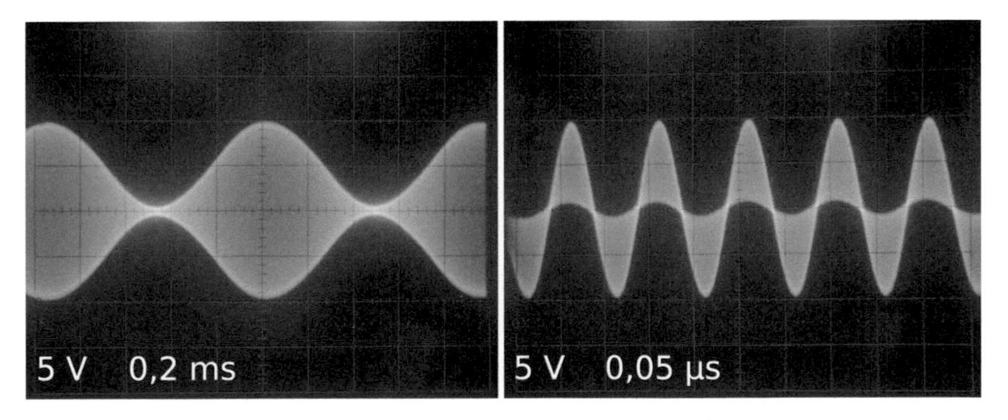

Abb. F.10 Test der Quellenspannung am Ausgang des Endverstärkers (ohne Last). Das Oszillogramm links ist auf das Modulationssignal aufgelöst, während das rechte Oszillogramm die eigentliche Hochfrequenz abbildet

Glossar

Abschlusswiderstand Auch Terminator genannt. Dient zur Vermeidung von Leitungsreflexionen. Der A. hat dabei einen Wert, der dem → Wellenwiderstand der Leitung entspricht. Für jede Quelle ist am Ende der Leitung, die bei der Verschaltung mehrerer Geräte in linienförmig (und nicht sternförmig) sein muss, ein einziger A. anzukoppeln. Auch beim Anschluss offener Leitungen kommt es beim Fehlen des A.s zu Reflexionen.

Admittanz Scheinleitwert, zusammengesetzt aus Blindleitwert (→ Suszeptanz) und Wirkleitwert (→ Resistanz).

Amplitude Eine periodische Schwingung zeigt Auslenkungen um ihren Nullpunkt; das Maximum der Auslenkungen entspricht der Amplitude und somit der Hälfte des Spitze-Spitze-Werts.

Anpassung Werden Geräte oder Übertragungssysteme mit einander verbunden, so kann je nach Anpassungsart entweder maximale Leistung (Leistungsanpassung) , maximale Spannung (Spannungsanpassung) oder maximaler Strom (Stromanpassung) mit dem angeschlossenen System übertragen werden.

Arithmetischer Mittelwert Derjenige Wert, der von einem trägen Messinstrument angezeigt wird. Handelt es sich um eine Wechselspannung, so spricht man normalerweise nicht vom G, sondern vom Gleichrichtwert, der nach vorheriger Gleichrichtung durch Mittelung entsteht.

Bandbreite Die B. bestimmt Grenzen eines Frequenzintervalls, an denen die Leistung auf die Hälfte gegenüber dem Maximum (dieses kann auch außerhalb liegen) angenommen hat. Spannung oder Strom sind auf $\frac{1}{\sqrt{2}}$ abgefallen. In Pegelmaß bedeutet dies einen Abfall um 3 dB.

Bel Logarithmische Pseudoeinheit für den Pegel. Namensgebung zu Ehren von Graham Alexander Bell. Heutzutage arbeitet fast nur noch ausschließlich mit dem → Dezibel.

Bewertungsfenster *Fensterfunktion*, mit der Digitaldaten multipliziert werden, damit Randwerte ausklingenden Charakter haben. Bei der digitalen Signalverarbeitung werden üblicherweise begrenzte Blocklängen einer Bearbeitung unterzogen (z. B. FFT). Im allgemeinen Fall werden in diesem Block nicht immer alle darin enthaltenen Signalfrequenzen mit einer ganzen Zahl an Perioden vertreten sein. Würde man keine Fens-

D. Stotz, *Elektromagnetische Verträglichkeit in der Praxis*,
https://doi.org/10.1007/978-3-662-62221-6

terfunktion anwenden (also das sog. Rechteckfenster einsetzen), erscheinen die diskreten Peaks der Einzelfrequenzen unscharf. Ein B. kann diese Erscheinung abmildern, jedoch nicht ganz beseitigen.

Burst B. kommt aus dem Englischen und heißt *Bruch* oder *Platzer*, die Bedeutung in der EMV ist *schnelle Transienten*, also durch geschaltete Induktivitäten schnelle Spannungsanstiege. Das spektrale Resultat des B. ist breitbandig.

CDN **C**ouple- **D**ecouple- **N**etwork. Eine Schaltung zur Einspeisung von Störsignalen, die den Probanden vom Versorgungsnetz entkoppelt und die Störspannung auf ihn einkoppelt.

CISPR **C**omité **I** nternational **S**pécial des **P**erturbations **R**adioélectriques. Ein Komitee bzw. Gremium für Funkstörungen, welches die Aufgabe zur Erstellung von Richtlinien zur Messung von Störungen hat. Gründungsjahr 1934.

Crest-Faktor Verhältnis von → Scheitel- und → Effektivwert einer Wechselgröße.

Degradation Bei der D. handelt es sich um eine z. yB. durch → ESD hervorgerufene Verschlechterung von Bauelemente-Daten. Eine weitere Verschlechterung bis zum Totalausfall während des Normalbetriebs ist möglich. Auch Leuchtdioden unterliegen der D., denn es entstehen vermehrt Fehlstellen und ihre Leuchtintensität reduziert sich.

Demodulation Durch eine D. wird das dem Träger aufmodulierte Signal zurückgewonnen. Je nach Art der Modulation ist eine geeignete Schaltung für den Demodulator nötig.

Dezibel Abkürzung **dB**. Der zehnte Teil der Pseudoeinheit → Bel. Sie dient der Spezifizierung von absoluten oder relativen Pegeln. Bei absoluten Pegeln wird dem dB eine Spezifizierung nachgestellt, also z. B. dBμV, wenn der Bezugspegel einer Spannung von 1 μV entspricht. Bei relativen Pegeln setzt man zwei beliebige Spannungen zueinander ins Verhältnis.

DUT Damit wird der Prüfling bezeichnet. Vielfach erscheint auch die Bezeichnung → EUT.

Dynamik Die D. definiert den möglichen Pegelunterschied zwischen kleinster und größter Messspannung einer Übertragungsstrecke oder Messanordnung. Digitale Systeme gestatten meist eine Bestimmung der D. durch die Kenntnis der Auflösung bzw. der Bit-Breite der → Quantisierung.

Eckfrequenz Beschreibt man den Frequenzgang durch zwei Tangenten (z. B. durch eine waagerechte und eine schräge Tangente bei einem Tiefpass), so schneiden sich diese bei der E. (bei einem 6-dB-Tiefpass entspricht dies der → Grenzfrequenz).

Effektivwert Der E, auch RMS-Wert genannt (**R**oot **M**ean **S**quare), einer Wechselspannung entspricht derjenigen Gleichspannung, die an einem ohmschen Verbraucher dieselbe Leistung umsetzen würde wie im zeitlichen Mittel die Wechselspannung.

Einhüllende Eine Linie mit großer Zeitkonstante, die sich auf den Verlauf von Signalen legt, nennt man E. In der Praxis handelt es sich beim Amplituden-Demodulator (→ Demodulation) um eine Anordnung, die aus Signalen nach der Gleichrichtung und Tiefpass-Filterung eine E. liefert. Wie schnell und geschmeidig sich die E. an einen Amplitudensprung anschmiegt, hängt vor allem von der → Zeitkonstanten ab. Es sind aber auch dynamische Zeitkonstanten, deren Wert von den Änderungsraten abhängig ist.

Elongation Unter der E. versteht man die momentane Auslenkung einer Schwingung (im Gegensatz zur → Amplitude, die der maximalen E. entspricht).

EMV-Richtlinie Richtlinie mit derzeitiger Bezeichnung 2004/108/EG, die festlegt, dass elektronische Geräte und Betriebsmittel miteinander und nebeneinander störungsfrei arbeiten können. Es handelt sich dabei nicht um eine Norm, die Grenzwerte unter bestimmten Bedingungen vorschreibt, sondern lediglich um eine Definition von Geräten und Anlagen, die diesen Regeln unterliegen sollen. Die europäischen Mitgliedstaaten sollen dieser Richtlinie für die elektromagnetische Verträglichkeit entsprechen.

ESD **E**lectro **S**tatic **D**ischarge. Durch Ladungstrennung an Isolatoren hervorgerufene hohe Spannungen können sich unter gewissen Bedingungen entladen, wodurch zwar lediglich geringe Energien umgesetzt werden, dafür aber sehr hohe Ströme für kurze Zeit. Solche Ströme können Halbleiterstrukturen dauerhaft schädigen.

EUT Bezeichnung für den Prüfling. Sonst auch mit → DUT bezeichnet.

FFT **F**ast **F**ourier **T**ransformation. Eine spezielle Methode, aus einem Block endlicher digitaler Signaldaten deren Spektralwerte zu errechnen.

Formfaktor Verhältnis von → Effektivwert zu → Gleichrichtwert. Also muss man den Wert eines Messinstruments, das lediglich den Gleichrichtwert anzeigt, mit dem Formfaktor multiplizieren, um auf den Effektivwert zu kommen. Einzelne Formfaktoren sind: Sinus 1,11, Dreieck 1,155, Halbwellensinus 1,571, Weißes Rauschen 1,254.

Gegentaktsignal Ist zu jeder Zeit das Potenzial eines Signals auf zwei Leitungen gegenüber einem Bezugspunkt gegensätzlich, so spricht man von G. oder auch davon, das Signal sei symmetrisch. Siehe → Gleichtaktsignal.

Gleichrichtwert Wert, den ein Wechselsignal nach einem idealen Gleichrichter produziert. Eigentlich ist meist das zeitliche Mittel des G.s gemeint.

Gleichtaktsignal Ist zu jeder Zeit das Potenzial eines Signals auf zwei Leitungen gegenüber einem Bezugspunkt identisch, so spricht man von G. oder auch davon, das Signal sei asymmetrisch. Siehe → Gegentaktsignal.

Grenzfrequenz Die G. ist definitionsgemäß diejenige Frequenz, bei der ein Pegel um 3 dB (ca. 71 % der Spannung) gegenüber dem Maximalpegel abgefallen ist. Damit ist die G. ein wichtiger Parameter eines Filters. → Eckfrequenz

Gruppengeschwindigkeit Haben verschiedene Frequenzanteile eines Signals auf der Übertragungsstrecke keine einheitliche Laufzeit, so spricht man bei der sich ergebenden Hüllkurve von der G. Sie kann sich stark von den einzelnen → Phasengeschwindigkeiten unterscheiden bzw. ist stets geringer als jede der geringsten Phasengeschwindigkeiten.

Harmonische H. sind Signale, die ein ganzzahliges Vielfaches der Frequenz der Grundschwingung aufweisen. Reine Sinussignale zeigen keine H., sie bestehen daher nur aus ihrer Grundschwingung. Jede andere periodische Signalform jedoch besteht aus der Grundschwingung und H.n, deren Amplitude und Frequenz von der Form des Gesamtsignals abhängen.

Impedanz Größe des Wechselstromwiderstands oder Scheinwiderstands von einer Komponente. Die I. wird in Ω angegeben. Im Allgemeinen setzt sie sich zusammen aus einem Wirkanteil und einem Blindanteil. In der Komplexrechnung setzt sich der Wert aus Real- und Imaginärteil zusammen.

Lock-in-Verstärker Es handelt sich um einen phasenempfindlichen Verstärker, der zu einem Referenzsignal kohärente Signale gegenüber anderen herausfiltern kann. Im Prinzip handelt es sich dabei um die Multiplikation eines Eingangssignals mit einem Referenzsignal und nachfolgendem Tiefpass.

Mittelwert Meist ist der zeitliche M. gemeint. Es handelt sich um die Aufsummierung von Einzelwerten, dividiert durch die Anzahl der Werte. Auch *Average* oder *Mean* genannt. Handelt es sich z. B. um einen Spannungsverlauf innerhalb eines definierten Zeitintervalls, so ist die Fläche unter der Kurve im besagten Intervall per Integration zu bestimmen und dann durch die Zeit des Intervalls zu dividieren.

Modulation Die wichtigsten Arten von M.en im zeitkontinuierlichen Bereich sind Amplituden-Modulation (AM), Frequenz-Modulation (FM) und Phasen-Modulation (PM). Bei AM wird ein Träger mit einem zweiten Signal, welches normalerweise von niedrigerer Frequenz ist, multipliziert. Es entstehen dadurch Seitenbänder durch Addition und Subtraktion beider beteiligten Frequenzen. Bei FM hingegen ändert sich nicht die Amplitude des Trägers, sondern nur dessen Frequenz gemäß der → Elongation des Modulationssignals. Auch dadurch entstehen Seitenbänder um den Träger herum. Die PM ist ein Sonderfall der FM, bei der sich im Normalfall jedoch im Gegensatz zur FM die Phasenlage gegenüber dem unveränderten Träger nur um $\pm 180^\circ$ ändert.

Netznachbildung Die N. soll die Impedanz des Versorgungsnetzes nachbilden und das Eindringen von Störungen von außen verhindern. Sie dient als Blockfilter zur Erfassung von Störspannungen eines Prüflings.

Pegel Logarithmisches Maß von Spannungen, Strömen, Leistungen oder Feldstärken in Bezug auf eine feste Größe oder (bei relativem P.) in Bezug auf andere Spannungen, Ströme, Leistungen oder Feldstärken. Bei identischen Impedanzen ist der Pegel unabhängig von den Größen (Spannung, Strom oder Leistung).

Permeabilität Unter P. versteht man die Fähigkeit eines ferromagnetischen Stoffes, magnetische Feldlinien um den Faktor P. besser zu leiten als das Vakuum. Um denselben Faktor erhöht sich auch die magnetische Flussdichte.

Phase In einer Schwingungsgleichung $f(t) = \sin(\omega t)$ das Argument des Sinus die P. Demnach hat die Phase die Einheit eines Winkels bzw. ist bei Radiant-Angabe einheitenlos.

Phasengeschwindigkeit Die P. beschreibt diejenige Geschwindigkeit, mit der sich eine Welle (auch auf einer Leitung) fortpflanzt.

Phasenlage Betrachtet man den Phasenwinkel eines Signals zum Zeitpunkt t_1 oder vergleicht zwei Phasen zweier Signale zum Zeitpunkt t_1, so ergibt sich ein Winkelunterschied, die P.

Polarisation Wenn es eine Vorzugsrichtung der Schwingungsebenen gibt, spricht man von P. Beim Aussenden einer elektromagnetischen Welle mit einem Dipol entsteht eine solche lineare P. Bei der Überlagerung frequenzgleicher, phasenverschobener Wellen entsteht elliptische P.

Poynting-Vektor Es handelt sich beim P. um einen Raumvektor, dessen Betrag die Energieflussdichte darstellt (Einheit des Betrages des P.s ist $\frac{\mathrm{W}}{\mathrm{m}^2} = \frac{\mathrm{N}}{\mathrm{m} \cdot \mathrm{s}}$). Der Energiefluss (also die Geschwindigkeit des Energieumsatzes) ist gleichbedeutend zur *Leistung*, und somit beschreibt der P. den Energiedurchsatz pro Zeiteinheit durch die Einheitsfläche, die senkrecht zum P. liegt. Man kann beispielsweise mit dem P. den Energietransport in einem Koaxialleiter definieren, wobei das Betrag-Maximum inmitten des Dielektrikums liegt.

Proximity-Effekt Fließt ein Strom in einer Leiterbahn auf der Oberseite, so fließt der Rückstrom auf einer durchgehenden Kupfermassefläche auf der Unterseite vornehmlich in der Nachbarschaft der Leiterbahn.

Quantisierung Bei der Wandlung eines analogen Signals erfolgt die Q., eine Aufteilung in (meist gleichmäßige) Intervalle des Analogbereiches. Jedem Intervall wird dann ein Binärcode zugeordnet.

Quasi-Peak-Detektor Einrichtung bei einem Messempfänger, um das demodulierte Störsignal auf definierte Art zu bewerten. Der Q. bewirkt, dass einzelne Störimpulse, die sich dem Störsignal addieren, eine weitere Erhöhung des detektierten Störpegels bewirken. Jedoch führt (im Gegensatz zum reinen Peak-Detektor) ein einzelner Nadelimpuls nur zu einer unwesentlichen Erhöhung, eine gesteigerte Häufigkeit der Impulse dagegen bewirkt zu einer merklichen Erhöhung des registrierten Störpegels, auch die Impulsbreite.

Rauschleistungsdichte Rauschsignale beinhalten über einen mehr oder weniger weiten Frequenzbereich verteilt Einzelsignale. Betrachtet man einen bestimmten Frequenzbereich Δf, innerhalb dessen statistisch konstante Leistung P_r vorliegt, so ergibt sich die R. durch $\frac{P_\mathrm{r}}{\Delta f}$. Bei *Weißem Rauschen* ist die R. konstant über den gesamten Frequenzbereich, während beim *Rosa Rauschen* (auch $1/f$-Rauschen genannt) sich die R. nach jeder Verdopplung der Frequenz (Oktave) halbiert (Pegelabfall um 3 dB).

Rauschspannungsdichte Siehe Rauschleistungsdichte. Betrachtet man einen bestimmten Frequenzbereich Δf, innerhalb dessen statistisch konstante Spannung U_r vorliegt, so ergibt sich die R. durch $\frac{U_\mathrm{r}}{\sqrt{\Delta f}}$.

Richtkoppler Der R. dient der Ermittlung des → Stehwellenverhältnisses. Es handelt sich um eine Anordnung, die die Erfassung der reflektierten und der vorwärtseilenden Welle erlaubt.

Schärfegrad Bei Untersuchungen nach einer Norm können verschiedene S.e darüber entscheiden, wie hoch der einzuhaltende Grenzwert sein soll. Beispielsweise bedeutet bei der Immunitätsmessung für schnelle Transienten des S.es 4, dass die Testspannung auf 4 kV (bei Kontaktentladung) einzustellen ist.

Scheitelwert Maximalwert einer Wechselgröße (auch Dachspannung oder -strom).

Skin-Effekt Die Stromdichte in durch Wechselstrom durchflossene Leiter nimmt zum Rande hin zu. Die Ursache hierzu sind Wirbelströme , die dem eigentlichen Strom entgegenwirken. Diese Wirbelströme sind im Zentrum des Leiters größer als außen, weil auch die Feldstärke dort größer ist.

Stehwellenverhältnis Das S. (auch VSWR genannt) hat die Bedeutung des Reflexionsgrades einer Leitung. Ist keine Reflexion vorhanden, ist das S. genau 1, bei totaler Reflexion geht es gegen unendlich.

Suszeptanz Blindleitwert, entspricht dem Blindanteil der → Admittanz.

VSWR siehe → Stehwellenverhältnis.

Wellenwiderstand Der W. ist ein Parameter einer Übertragungsstrecke (meist Leitungen). Wird das Leitungsende mit dem W. abgeschlossen, so bilden sich keine Reflexionen und somit keine stehenden Wellen. Der W. wird auch als Widerstand der unendlich langen, verlustfreien Leitung bezeichnet. In einem gewissen Frequenzbereich hängt der W. nur von der Leitungsinduktivität (Induktivitätsbelag L_0) und der Leitungskapazität (Kapazitätsbelag C_0) ab. Der Wellenwiderstand kann theoretisch mit einer LC-Messbrücke gemessen werden; die Kapazität wird bei offener Leitung und die Induktivität bei am anderen Ende kurzgeschlossener Leitung ermittelt, $\sqrt{L_0 / C_0}$ ergibt dann den W.

X-Kondensator Der X. verbindet beide Versorgungsanschlüsse über seine Kapazität. Er dient zu Entstörzwecken und muss spannungsfest sein und sollte keinen bleibenden Kurzschluss bilden können.

Y-Kondensator Der Y. verbindet (meist zu Entstörzwecken) den Schutzleiter PE mit einem der Versorgungsanschlüsse. Hierzu muss er besondere Sicherheits-Richtlinien erfüllen und darf unter keinen Umständen einen bleibenden Kurzschluss bilden. Außerdem darf ein möglicher Strom nach PE den Wert von 3,5 mA nicht überschreiten.

Zeitkonstante Passt sich ein System auf einen Sprung der Eingangsgröße zeitlich verzögert an, so ist dieser Vorgang mit der Z. n beschreibbar. Beispielsweise passt sich die Ausgangsspannung eines Tiefpasses, bestehend aus einem RC-Glied, mit einer e-Funktion einem Spannungssprung an. Dabei hat die Ausgangsspannung etwa 63 % $(1-\frac{1}{e})$ des Spannungssprunges absolviert nach der Zeit $\tau = R \cdot C$, der Z.

ZF-Bandbreite = Zwischenfrequenz-Bandbreite Beim Überlagerungsempfänger (Superheterodyn-) entsteht nach der Mischung aus Eingangssignal und Oszillatorsignal ein Signal mit Zwischenfrequenz (ZF), das sich als Differenz zwischen Oszillatorfrequenz und Eingangsfrequenz ergibt. Das ZF-Signal wird mit einer bestimmten Z. verstärkt und weiterverarbeitet. Somit wird vom Eingangssignal genau dieselbe Bandbreite berücksichtigt wie die Z.

Stichwortverzeichnis

D. Stotz, *Elektromagnetische Verträglichkeit in der Praxis*,
https://doi.org/10.1007/978-3-662-62221-6